信息通信专业教材系列

数据通信原理

（第 4 版）

毛京丽　董跃武　编著

U0291053

北京邮电大学出版社
www.buptpress.com

内 容 简 介

本书首先介绍了数据通信的基本概念,然后对数据信号的基带传输、频带传输和数字数据传输这三种基本传输方式进行了详细的论述,接着分析了差错控制的基本理论及应用、几种数据交换方式(电路交换、报文交换、分组交换、帧中继和 ATM 交换)及数据通信网络体系结构,继而介绍了分组交换网、帧中继网、数字数据网(DDN)和 ATM 网的基本构成及应用,论述了多协议标签交换(MPLS)网和下一代网络(NGN)。最后介绍了计算机网络的相关内容,主要包括局域网、宽带 IP 城域网、路由器与 Internet 的路由选择协议等。

全书共有 7 章:第 1 章概述,第 2 章数据信号的传输,第 3 章差错控制,第 4 章数据交换,第 5 章数据通信网络体系结构,第 6 章数据通信网,第 7 章计算机网络技术。

为便于学生学习过程的归纳总结和培养学生分析问题和解决问题的能力,在每章最后都附有本章重点内容小结和习题。

本书取材适宜、结构合理、阐述准确、文字简练、通俗易懂、深入浅出、条理清晰、逻辑性强,易于学习理解和讲授。

本书既可作为高等院校通信专业本、专科教材,也可作为从事通信工作的科研和工程技术人员学习参考书。

图书在版编目(CIP)数据

数据通信原理/毛京丽,董跃武编著 .--4 版.--北京:北京邮电大学出版社,2015.5(2022.12 重印)
ISBN 978-7-5635-4356-4

Ⅰ.①数… Ⅱ.①毛…②董… Ⅲ.数据通信－高等学校－教材 Ⅳ.①TN919

中国版本图书馆 CIP 数据核字(2015)第 095541 号

书　　　名:数据通信原理(第 4 版)
著作责任者:毛京丽　董跃武　编著
责 任 编 辑:李欣一
出 版 发 行:北京邮电大学出版社
社　　　址:北京市海淀区西土城路 10 号(邮编:100876)
发 　行　 部:电话:010-62282185　传真:010-62283578
E-mail: publish@bupt.edu.cn
经　　　销:各地新华书店
印　　　刷:保定市中画美凯印刷有限公司
开　　　本:787 mm×1 092 mm　1/16
印　　　张:22
字　　　数:548 千字
版　　　次:2000 年 12 月第 1 版　2007 年 12 月第 2 版　2011 年 6 月第 3 版
　　　　　　2015 年 5 月第 4 版　2022 年 12 月第 8 次印刷

ISBN 978-7-5635-4356-4　　　　　　　　　　　　　　　　定　价:45.00 元
· 如有印装质量问题,请与北京邮电大学出版社发行部联系 ·

前　　言

随着社会的不断进步和计算机技术的飞速发展,人们对数据业务的需求日益增长,数据通信已经成为人们生活、工作所必需的通信手段。数据通信网在各种通信网中将起着举足轻重的作用。

"数据通信"课程是通信与电子信息类的一门非常重要的专业课,为了使学生更好地掌握数据通信相关理论与技术,本教材在编写过程中注重教学改革实践效果和数据通信新技术的发展,在全面讲述了数据通信基本概念和基本原理的基础上,介绍了差错控制、数据交换方式、数据通信网络体系结构以及实用的数据通信网的内容,而且还研究了计算机网络技术。

《数据通信原理》(第 4 版)教材是在对《数据通信原理》(第 3 版)教材进行修订补充的基础上编写而成的,为了使本教材的系统性更强,在章节结构上进行了一些调整;同时为了使本教材更加实用、跟踪新技术,增加了一些新内容(并对有些内容进行了删减)。主要包括:第 1 章增加了数据通信业务、数据通信技术的标准化组织的介绍和多路复用技术;第 3 章增加了交织技术和差错控制协议;第 5 章内容和结构进行了合理调整;第 6 章增加了多协议标签交换(MPLS)网和下一代网络(NGN)的内容;第 7 章增加了 IGP 路由选择协议 IS-IS 等内容。此外,第 2 章和第 4 章内容均作了相应调整。

本教材相比于第 3 版教材,各章的结构更加合理,条理清晰、通俗易懂。

全书共有 7 章。

第 1 章概述,首先介绍了数据通信基本概念、数据通信系统的构成、数据通信传输信道、数据传输方式、数据通信系统的主要性能指标和多路复用技术,然后讨论了数据通信网的构成和分类、计算机网络基本概念以及数据通信技术的标准化组织等。

第 2 章数据信号的传输,首先分析了数据序列的电信号表示和功率谱特性,然后详细介绍了数据信号的三种基本传输方式:基带传输、频带传输和数字数据传输。

第 3 章差错控制,首先介绍了差错控制的基本概念及原理,然后分析了几种简单的差错控制编码、汉明码及线性分组码、循环码和卷积码的基本特性,探讨了交织技术,最后介绍了差错控制协议。

第 4 章数据交换,首先介绍了数据交换的必要性和分类,然后具体介绍了电路交换、报文交换、分组交换、帧中继和 ATM 交换,并对几种交换方式进行了比较,最后探讨了数据交换技术的发展。

第 5 章数据通信网络体系结构,首先介绍网络体系结构的基本概念,然后系统地论述开放系统互连参考模型(OSI-RM)和 TCP/IP 参考模型的各层协议。

第 6 章数据通信网,首先详细介绍了分组交换网、帧中继网、数字数据网(DDN)、ATM 网和多协议标签交换(MPLS)网的具体内容,最后讨论了下一代网络(NGN)。

第 7 章计算机网络技术,介绍了计算机网络的相关内容,主要包括局域网、宽带 IP 城域网、路由器与 Internet 的路由选择协议等。

本书第 1、3、4、5、6、7 章由毛京丽编写,第 2 章由董跃武编写。

本书在编写过程中,得到了李文海教授的指导以及柴炜晨、陈全、徐鹏、贺雅璇、黄秋钧、魏东红、齐开诚、夏之斌、胡凌霄、高阳、任永攀、许世纳等的帮助,在此表示感谢!

另外,本书参考了一些相关的文献,从中受益匪浅,在此对这些文献的著作者表示深深的感谢!

由于编者水平有限,若书中存在缺点和错误,恳请专家和读者指正。

编者

2015 年 3 月

目　　录

第1章 概　述

随着计算机的广泛应用,特别是因特网(Internet)的出现与发展,人们对信息技术的需求和依赖越来越大,也就促进了数据通信的快速发展。

本章简要介绍有关数据通信最基本的概念,使读者对数据通信有一个较全面的了解。主要内容包括:数据通信基本概念、数据通信系统的构成、数据通信传输信道、数据传输方式、数据通信系统的主要性能指标、多路复用技术、数据通信网概述、计算机网络基本概念以及数据通信技术的标准化组织等。

1.1　数据通信基本概念

1.1.1　数据与数据信号

1. 数据

数据是预先约定的、具有某种含义的任何一个数字或一个字母(符号)以及它们的组合。例如,约定用数字"1"表示电路接通,数字"0"表示电路断开。这里,数字"1"和"0"就是数据。

2. 数据信号

根据数据的定义可以看出,数据有很多,若通信过程中直接传输这些数据,要用许多不同形状的电压来表示它们,这是不现实的。解决办法是采用代码。例如用 1000001 表示 A,用 1011010 表示 Z,再把这些"1"和"0"代码用二电平电压(电流)波形来表示并传输,这就解决了用少量电压(电流)波形来表示众多数据字符的矛盾。这里所说的代码就是二进制的组合,即二进制代码。

数据用传输代码(二进制代码)表示(即用若干个"1"和"0"的组合表示每一个数据)就变成了数据信号。

1.1.2　数据通信的概念

1. 数据通信的概念

传输数据信号的通信是数据通信,为了使整个数据通信过程能按一定的规则有顺序地

1

进行,通信双方必须建立一定的协议或约定,并且具有执行协议的功能,这样才实现了有意义的数据通信。

严格来讲,数据通信的定义是:依照通信协议,利用数据传输技术在两个功能单元之间传递数据信息,它可实现计算机与计算机、计算机与终端以及终端与终端之间的数据信息传递。数据通信的终端设备(产生的是数据信号)可以是计算机,也可能是除计算机以外的一般数据终端,一般数据终端简称数据终端或终端。

通常而言,数据通信是计算机与通信相结合而产生的一种通信方式和通信业务。可见,数据通信是一种把计算机技术和通信技术结合起来的通信方式。

从以上数据通信的定义可以理解,数据通信包含两方面内容:数据的传输和数据传输前后的处理,例如数据的集中、交换、控制等等。

2. 数据信号的基本传输方式

数据信号的基本传输方式有三种:基带传输、频带传输和数字数据传输。

基带传输是基带数据信号(数据终端输出的未经调制变换的数据信号)直接在电缆信道上传输。换句话说,基带传输是不搬移基带数据信号频谱的传输方式。

频带传输是基带数据信号经过调制,将其频带搬移到相应的载频频带上再传输(频带传输时信道上传输的是模拟信号)。

数字数据传输是利用 PCM 信道传输数据信号,即利用 PCM30/32 路系统的某些时隙传输数据信号。

1.1.3 传输代码

目前,常用的二进制代码有国际 5 号码(IA5)、EBCDIC 码和国际电报 2 号码(ITA2)等。作为例子,下面介绍国际 5 号码(IA5)。

国际 5 号码是一种 7 单位代码,以 7 位二进制码来表示一个字母、数字或符号。这种码最早在 1963 年由美国标准协会提出,称为美国信息交换用标准代码(American Standard Code for Information Interchange,简称 ASCII 码)。7 位二进制码一共有 $2^7 = 128$ 种组合,可表示 128 个不同的字母、数字和符号,如表 1-1 所示。

表 1-1　国际 5 号码(IA5)编码表

b_4	b_3	b_2	b_1	行　列	b_5 0 0	1 1	0 2	1 3	0 4	1 5	0 6	1 7
0	0	0	0	0	NUL	TC$_7$ (DLB)	SP	0	@	P	`	p
0	0	0	1	1	TC$_1$ (SOH)	DC$_1$	1	1	A	Q	a	q
0	0	1	0	2	TC$_2$ (STX)	DC$_2$	"	2	B	R	b	r
0	0	1	1	3	TC$_3$ (ETX)	DC$_3$	#	3	C	S	c	s
0	1	0	0	4	TC$_4$ (EOT)	DC$_4$	¤	4	D	T	d	t
0	1	0	1	5	DC$_5$ (ENQ)	TC$_8$ (NAK)	%	5	E	U	e	u

续　表

b_4	b_3	b_2	b_1	b_5 行\列	0 0	1 1	0 2	1 3	0 4	1 5	0 6	1 7
0	1	1	0	6	TC_6 (ACK)	TC_9 (SYN)	&	6	F	V	f	v
0	1	1	1	7	BEL	TC_{10} (ETB)	'	7	G	W	g	w
1	0	0	0	8	FE_0 (BS)	CAN	(	8	H	X	h	x
1	0	0	1	9	FE_1 (HT)	EM	)	9	I	Y	i	y
1	0	1	0	10	FE_2 (LF)	SUB	*	:	J	Z	j	z
1	0	1	1	11	FE_3 (VT)	ESC	+	;	K	〔	k	{
1	1	0	0	12	FE_4 (FF)	IS_4 (FS)	,	<	L	\	l	|
1	1	0	1	13	FE_5 (CR)	IS_3 (GS)	—	=	M	〕	m	}
1	1	1	0	14	SO	IS_2 (RS)	·	>	N		n	
1	1	1	1	15	SI	IS_1 (US)	/	?	O	-	o	DEL

代码在顺序传输过程中以 b_1 作为第一位, b_7 为最后一位。

1.1.4　数据通信业务

数据通信提供的业务主要包括分组交换业务、数字数据业务、一线通业务、帧中继业务、数据增值业务、VSAT 通信业务和宽带业务等。

1. 分组交换业务

分组交换以 CCITT X.25 协议为基础,能满足不同速率、不同型号的终端与终端,终端与计算机,计算机与计算机间的通信,实现资源共享。

分组交换网提供的业务功能主要包括以下几种。

- 基本业务功能——是指分组交换网向所有网上的客户提供的基本服务功能,即要求网络能在客户之间"透明"地传送信息。分组交换网一般是通过"虚电路"来建立传送信息的信息通路,虚电路有两种方式:交换虚电路(SVC)和永久虚电路(PVC)。(有关分组交换、SVC 和 PVC 的概念详见第 4 章)
- 用户任选功能——主要有闭合用户群、反向计费、网络用户识别、呼叫转移、虚拟专用网、广播功能、对方付费、计费信息显示、直接呼叫等业务。
- 增值业务功能——分组交换网可以利用其网络平台提供多种数据通信增值业务,如电子信箱、电子数据互换(EDI)、可视图文、传真存储转发、数据库检索等。

2. 数字数据业务

数字数据业务是数字数据网(DDN)提供的、速率在一定范围内(200 bit/s～2 Mbit/s)任选的信息量大、实时性强的中高速数据通信业务。(DDN 的概念详见第 6 章)

DDN 的主要作用是作为分组交换网、公用计算机互联网等网络中继电路,可提供点对点、一点对多点的业务。主要包括:

- 帧中继业务;
- 语音、G3 传真、图像、智能用户电报等业务;
- 虚拟专用网业务。

3. 一线通业务

一线通业务即窄带综合业务数字网(N-ISDN)提供的业务,包括基本业务和补充业务。

基本业务又包括承载业务和用户终端业务。在承载业务中,网络向用户提供的只是一种低层的信息转移能力,与终端的类型无关,分为电路交换的承载业务和分组交换的承载业务。用户终端业务是指利用窄带综合业务数字网和一些特定的终端能够提供的业务,例如数字电话、智能用户电报、数据通信业务、视频业务等。

补充业务主要有三方会议、呼叫转接、呼叫等待等等。

4. 帧中继业务

帧中继业务是在帧中继用户-网络接口(UNI)之间提供用户信息流的双向传送,并保持原顺序不变的一种承载业务。帧中继网络提供的业务有两种:永久虚电路(PVC)和交换虚电路(SVC)。(帧中继的概念详见第 4 章)

5. 数据增值业务

数据增值业务是通过计算机处理的信息服务,以及计算机与通信网结合对传送的信息进行加工处理后提供的服务。主要包括:

- 电子信箱业务(E-mail)——是利用计算机网络系统的处理和存储能力,为用户提供能存取和传递文电、信函、传真、图像、话音或其他形式信息的业务。
- 电子数据互换业务(电子贸易)——是通过计算机网络将贸易、运输、保险、银行和海关等行业信息,用一种国际公认的标准格式,实现各有关部门或公司与企业之间的数据交换与处理,并完成以贸易为中心的全部过程。
- 传真存储转发业务——是一种具有存储转发功能的非实时性的传真通信,是现代通信技术与计算机应用相结合的产物,它利用分组网的通信平台为电话网上的传真用户提供高速、优质、经济、安全、便捷的传真服务;利用计算机存储的功能,将发送方的传真报文存储到主机里,然后通过通信网络将传真报文转发到被叫传真机上。
- 可视图文业务——可视图文(Videotex)是一种公用性的、开放性、交互性的信息服务系统,利用数据库通过公用电信网向配备专用终端设备或个人计算机等可视终端的用户提供文字、数据或图形等可视信息服务。

6. VSAT 通信业务

甚小天线地球站(VSAT)指具有甚小口径天线的智能化小型式微型地球站。VSAT 业务是通过多个小站和一个主站与通信卫星转发器组成的卫星通信网络,为用户提供点到点、点到多点的通信业务。

VSAT 系统具有广泛的业务功能,除了个别宽带业务外,VAST 网几乎可支持现有的多种业务,包括话音、数据、传真、LAN 互连、会议电视、可视电话,采用 FR 接口的活动图像和电视、数字音乐等。

7. 宽带业务

目前,对宽带还没有一个公认的定义,从一般的角度理解,它是能够满足人们感观所能感受到的各种媒体在网络上传输所需要的带宽,因此它是一个动态的、发展的概念。宽带对家庭用户而言是指可以满足语音、图像等大量信息传递的需求,一般以传输速率 512 kbit/s 为分界,将 512 kbit/s 以下的接入称为"窄带",512 kbit/s 及其之上的接入则归类于"宽带"。

宽带业务主要包括视频点播、远程教育、远程医疗、电子商务、举行电视会议、拨打视频电话等。

1.2 数据通信系统的构成

数据通信系统是通过数据电路将分布在远地的数据终端设备与计算机系统连接起来,实现数据传输、交换、存储和处理的系统。数据通信系统的基本构成如图 1-1 所示。

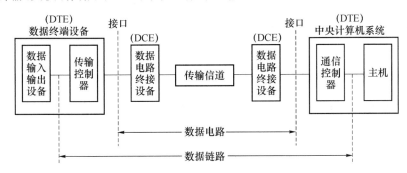

图 1-1 数据通信系统的基本构成

1.2.1 数据终端设备

数据终端设备(DTE)由数据输入设备(产生数据的数据源)、数据输出设备(接收数据的数据宿)和传输控制器组成。

数据输入输出设备的作用有点类似于电话与电报通信中的电话机和电传机,它在发送端把人们的数据信息变成以数字代码表示的数据信号,即将数据转换为数据信号;接收端完成相反的变换,即把数据信号还原为数据。

传输控制器的作用是完成各种传输控制,如差错控制、终端的接续控制、确认控制、传输顺序控制和切断等控制等。

DTE 是一个总称,根据实际需要采用不同的设备。例如,在发送数据中,DTE 可以用键盘输入器;在接收数据中,它可以是屏幕显示设备(CRT),也可以是激光打印机等等。当然,具有一定处理功能的个人计算机也可称为 DTE。

1.2.2 数据电路

数据电路位于 DTE 与计算机系统之间,它的作用是为数据通信提供传输通道。在数据电路两端收发的是二进制"1"或"0"的数据信号。数据传输电路要保证将 DTE 的数据信号送到计算机系统以及由计算机系统送回 DTE。

数据电路由传输信道及其两端的数据电路终接设备(DCE)组成。

1. 传输信道

传输信道包括通信线路和通信设备。通信线路一般采用电缆、光缆、微波线路等;而通信设备可分为模拟通信设备和数字通信设备,从而使传输信道分为模拟传输信道和数字传输信道。另外,传输信道中还包括通过交换网的连接或是专用线路的固定连接。

2. 数据电路终接设备(DCE)

DCE 是 DTE 与传输信道的接口设备。当数据信号采用不同的传输方式时,DCE 的功能有所不同。

基带传输时,DCE 是对来自 DTE 的数据信号进行某些变换,使信号功率谱与信道相适应,即使数据信号适合在电缆信道中传输。

频带传输时 DCE 具体是调制解调器(modem),它是调制器和解调器的结合。发送时,调制器对数据信号进行调制,将其频带搬移到相应的载频频带上进行传输(即将数据信号转换成适合于模拟信道上传输的模拟信号);接收时,解调器进行解调,将模拟信号还原成数据信号。

当数据信号在数字信道上传输(数字数据传输)时,DCE 是数据服务单元(Data Service Unit,DSU),其功能是信号格式变换,即消除信号中的直流成分和防止长串零的编码、信号再生和定时等等。

1.2.3 中央计算机系统

中央计算机系统由通信控制器、主机及其外围设备组成,具有处理从数据终端设备输入的数据信息,并将处理结果向相应的数据终端设备输出的功能。

1. 通信控制器

通信控制器是数据电路和计算机系统的接口,控制与远程数据终端设备连接的全部通信信道,接收远端 DTE 发来的数据信号,并向远端 DTE 发送数据信号。

通信控制器的主要功能,对远程 DTE 一侧来说,是差错控制、终端的接续控制、确认控制、传输顺序控制和切断等控制;对计算机系统一侧来说,其功能是将线路上来的串行比特信号变成并行比特信号,或将计算机输出的并行比特信号变成串行比特信号。另外,在远程 DTE 一侧有时也有类似的通信控制功能(就是传输控制器),但一般作为一块通信控制板合并在 DTE 之中。

2. 主机

主机又称中央处理机,由中央处理单元(CPU)、主存储器、输入输出设备以及其他外围设备组成,其主要功能是进行数据处理。

以上介绍了数据通信系统的基本构成,从图 1-1 中看到,数据链路是由控制装置(传输控制器和通信控制器)和数据电路所组成,控制装置是按照双方事先约定的规程进行控制的。一般来说,只有在建立起数据链路之后,通信双方才能真正有效、可靠地进行数据通信。

1.3 数据通信传输信道

1.3.1 信道类型及特性

传输信道是指信号的传输通道,对数据通信而言传输信道是指进行数据通信的两个数据终端之间各种信息传输和信息交换设施,而传输信道主要包括信息传输设施,在某些情况下也还与交换设施有一定关系。

根据信道上传输的信号形式不同,传输信道可以分为模拟信道和数字信道,模拟信道上传输的是模拟信号,而数字信道上传输的是数字信号。

若按照传输方式分,目前数据通信系统中的信道主要有三种类型:物理实线传输媒介信道,电话网传输信道,数字数据传输信道。这三种信道可以独立应用,也可以以不同方式串接应用。

1. 物理实线传输信道

物理实线传输媒介信道主要包括双绞线电缆、同轴电缆和光纤。

(1)双绞线电缆

双绞线是由两条相互绝缘的铜导线扭绞起来构成的,一对线作为一条通信线路。其结构如图 1-2(a)所示,通常一定数量这样的导线对捆成一个电缆,外边包上硬护套。双绞线可用于传输模拟信号,也可用于传输数字信号,其通信距离一般为几到几十公里,其传输衰减特性示意如图 1-3 所示。由于电磁耦合和集肤效应,线对的传输衰减随着频率的增加而增大,故信道的传输特性呈低通型特性。

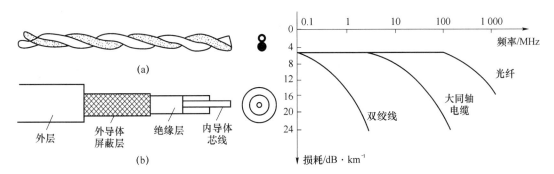

图 1-2　双绞线电缆和同轴电缆结构　　　图 1-3　双绞线电缆和同轴电缆传输衰减特性

由于双绞线成本低廉且性能较好,在数据通信和计算机网络中都是一种普遍采用的传输媒质。目前,在某些专门系统中,双绞线在短距离传输中的速率已达 $100 \sim 155$ Mbit/s。

(2)同轴电缆

同轴电缆也像双绞线那样由一对导体组成,但它们是按同轴的形式构成线对,其结构如图 1-2(b)所示。其中最里层是内导体芯线,外包一层绝缘材料,外面再套一个空心的圆柱形外导体,最外层是起保护作用的塑料外皮。内导体和外导体构成一组线对。应用时,外导体是接地的,故同轴电缆具有很好的抗干扰性,并且它比双绞线具有较好的频率特性。同轴电缆与双绞线相比成本较高。

与双绞线信道特性相同,同轴电缆信道特性也是低通型特性,但它的低通频带要比双绞线的频带宽。

(3)光纤

① 光纤的结构

光纤有不同的结构形式,目前通信用的光纤绝大多数是用石英材料做成的横截面很小的双层同心玻璃体,外层玻璃的折射率比内层稍低。折射率高的中心部分称作纤芯,其折射

率为 n_1，直径为 $2a$；折射率低的外围部分称为包层，其折射率为 n_2，直径为 $2b$。光纤的基本结构如图 1-4 所示。

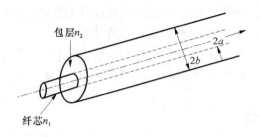

图 1-4 光纤的基本结构

② 光纤的种类

按照折射率分布、传输模式多少、材料成分等的不同，光纤可分为很多种类，下面简单介绍有代表性的几种。

(a) 按照折射率分布分

光纤按照折射率分布可以分为阶跃型光纤和渐变型光纤两种。

- 阶跃型光纤——如果纤芯折射率 n_1 沿半径方向保持一定，包层折射率 n_2 沿半径方向也保持一定，而且纤芯和包层的折射率在边界处呈阶梯型变化的光纤，称为阶跃型光纤，又可称为均匀光纤，它的结构如图 1-5(a)所示。

- 渐变型光纤——如果纤芯折射率 n_1 随着半径加大而逐渐减小，而包层中折射率 n_2 是均匀的，这种光纤称为渐变型光纤，又称为非均匀光纤，它的结构如图 1-5(b)所示。

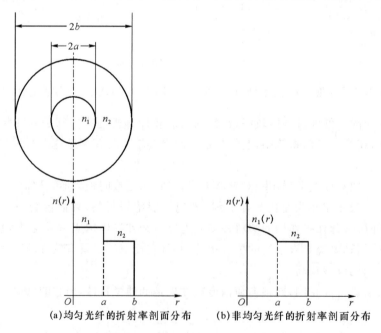

(a)均匀光纤的折射率剖面分布   (b)非均匀光纤的折射率剖面分布

图 1-5 光纤的折射率剖面分布

(b) 按照传输模式的多少来分

所谓模式，实质上是电磁场的一种场型结构分布形式，模式不同，其场型结构不同。根据光纤中传输模式的数量,可分为单模光纤和多模光纤。

- 单模光纤——光纤中只传输单一模式时,
  称作单模光纤。单模光纤的纤芯直径较
  小,约为 $4 \sim 10~\mu m$,通常纤芯中折射率的
  分布认为是均匀分布的。由于单模光纤只
  传输基模,从而完全避免了模式色散,使传
  输带宽大大加宽。因此,它适用于大容量、
  长距离的光纤通信。单模光纤中的射线轨
  迹如图 1-6(a)所示。

- 多模光纤——在一定的工作波长下,可以
  传输多种模式的介质波导,称为多模光纤。
  其纤芯可以采用阶跃折射率分布,也可以
  采用渐变折射率分布,它们的光波传输轨
  迹如图 1-6(b)、(c)所示。多模光纤的纤芯
  直径约为 $50~\mu m$,由于模色散的存在使多
  模光纤的带宽变窄,但其制造、耦合、连接
  都比单模光纤容易。

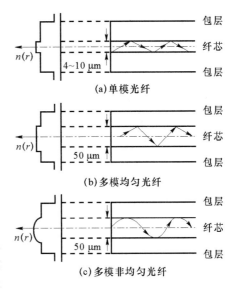

图 1-6　光纤中的光线轨迹

(c) 按光纤的材料来分

- 石英系光纤——这种光纤的纤芯和包层是由高纯度的 SiO_2 掺有适当的杂质制成,
光纤的损耗低,强度和可靠性较高,目前应用最广泛。
- 石英芯、塑料包层光纤——这种光纤的芯子是用石英制成,包层采用硅树脂。
- 多成分玻璃纤维——一般用钠玻璃掺有适当杂质制成。
- 塑料光纤——这种光纤的芯子和包层都由塑料制成。

2. 电话网传输信道

所谓电话网传输信道是指通过用于传输话音信号的电话网络传输数据信号,电话网络
的连接示意图如图 1-7 所示。

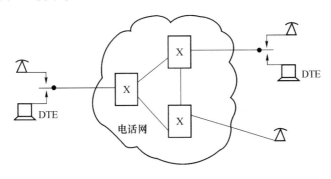

图 1-7　电话网络传输数据信号的连接示意图

电话网络是专门设计用于传输话音信号的,话音信号的频带范围是 $300 \sim 3~400~Hz$,属
于带通型信号,所以电话网的网络设计也是对应带通型信号的带通型信道。对当前广泛采
用的数字程控交换机电话网络而言,带通型信道的限制主要体现在交换机中的 PCM 编码、

解码的带限滤波器,它们的频带限制通常取为 300～3 400 Hz。电话网络的其他环节,如用户线部分一般是用双绞线对,属于低通型特性;中继线路,一般是采用光纤传输系统、数字微波及卫星传输系统等,属于数字型传输信道。

从上述说明可以看出,电话网传输信道的总和特性是:属于带通型信道,其通带频率范围是 300～3 400 Hz。

3. 数字数据传输信道

采用 PCM 数字信道作为数据信号传输信道称为数字数据传输信道。数字数据传输信道连接示意图如图 1-8 所示。这种信道的连接方式是,将多个低速数据终端输出的信号经时分多路复用或集中合成到 64 kbit/s 速率,然后直接以数字方式合入到 PCM30 路系统的某一个时隙,最后复用到 2.048 Mbit/s 在数字线路上传输。这时的数字线路可以是光纤传输系统,也可以是数字微波及卫星等传输系统。这种传输系统的传输速率高,传输质量好,是比较理想的数据传输信道,是当前大力发展的一种数据传输方法。

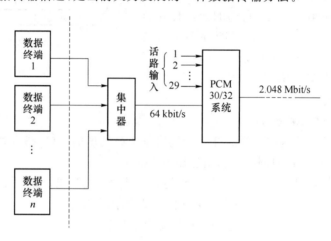

图 1-8　数字数据传输信道连接示意图

1.3.2　传输损耗

信号在传输介质中传播时将会有一部分能量转化成热能或者被传输介质吸收,从而造成信号强度不断减弱,这种现象称为传输损耗(或传输衰减)。衰减将对信号传输产生很大的影响,若不采取有效措施,信号在经过远距离传输后其强度甚至会减弱到接收方无法检测到的地步,如图 1-9 所示。

可见传输衰减是影响传输距离的重要因素之一。传输衰减的衡量是网络的输入端功率与输出端功率之差。衰减常用的电平符号是 dB(分贝),分贝(dB)是以常用对数表示两个功率之比的一种计量单位。

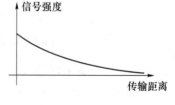

图 1-9　传输衰减

如设 0 点为发送源点,其发送功率为 P_0,传输终点为 1 点,接收点功率为 P_1,则 0 点到 1 点的传输损耗就是(单位 dB)

$$D=10\lg\frac{P_0}{P_1} \tag{1-1}$$

1.3.3 噪声与干扰

噪声是通信系统中存在的对正常信号传输起干扰作用的、不可避免的一种干扰信号。

信道内噪声的来源是很多的,它们表现的形式也多种多样。根据它们的来源不同,可以粗略地分为三类。

1. 工业噪声

工业噪声来源于各种电气设备,如电力线、点火系统、电车、电源开关、电力铁道、高频电炉等。这类干扰来源分布很广泛,无论是城市还是农村,内地还是边疆,各地都有工业干扰存在。尤其是在现代化社会里,各种电气设备越来越多,因此这类干扰的强度也就越来越大。

2. 天电噪声

天电噪声来源于雷电、磁暴、太阳黑子以及宇宙射线等。可以说整个宇宙空间都是产生这类噪声的根源,因此它的存在是客观的。由于这类自然现象与发生的时间、季节、地区等有关系,因此受天电干扰的影响也是大小不同的。

以上两类噪声所产生的干扰都称为脉冲干扰,它包括工业干扰中的电火花,断续电流以及天电干扰中的雷电等。它的特点是波形不连续,呈脉冲性质。并且发生这类干扰的时间很短,强度很大,而周期是随机的,因此它可以用随机的窄脉冲序列来表示。由于脉冲很窄,所以占用的频谱必然很宽。这类干扰对数据通信会造成较大影响,因此,为了保证数据通信的质量,在数据通信系统内经常采用差错控制技术,以有效地对抗突发性脉冲干扰。

3. 内部噪声

内部噪声来源于信道本身所包含的各种电子器件、转换器以及天线或传输线等。例如,电阻及各种导体都会在分子热运动的影响下产生热噪声,电子管或晶体管等电子器件会由于电子发射不均匀等产生器件噪声。这类干扰的特点是由无数个自由电子作不规则运动所形成的,因此它的波形也是不规则变化的,在示波器上观察就像一堆杂乱无章的茅草一样,常称之为起伏噪声。由于在数学上可以用随机过程来描述这类干扰,因此又可称为随机噪声,或者简称为噪声。

噪声按照统计特性分有高斯噪声和白噪声。高斯噪声是指它的概率密度函数服从高斯分布(即正态分布);白噪声是指它的功率谱密度函数在整个频率域($-\infty < \omega < +\infty$)内是均匀分布的,即它的功率谱密度函数在整个频率域($-\infty < \omega < +\infty$)内是常数(白噪声的功率谱密度通常以 N_0 来表示),它的量纲单位是瓦/赫(W/Hz)。

若噪声的概率密度函数服从高斯分布,功率谱密度函数在整个频率域($-\infty < \omega < +\infty$)内是常数,这类噪声称为高斯白噪声。实际信道中的噪声都是高斯白噪声。

1.3.4 信噪比

如前所述,信号在传输过程中不可避免地要受到传输损耗和信道噪声干扰的影响,信噪比就是用来描述信号传输过程所受到损耗和噪声干扰程度的量,它是衡量传输系统性能重要指标之一。信噪比是指某一点上的信号功率与噪声功率之比,可表示为

$$\frac{S}{N} = \frac{P_S}{P_N} \tag{1-2}$$

式中，P_S 是信号平均功率；P_N 是噪声平均功率。信噪比通常是以分贝(dB)来表示的，其公式为

$$\left(\frac{S}{N}\right)_{dB} = 10\lg\left(\frac{P_S}{P_N}\right) \tag{1-3}$$

1.4　数据传输方式

数据传输方式是指数据在信道上传送所采取的方式。如按数据代码传输的顺序可以分为并行传输和串行传输；如按数据传输的同步方式可分为同步传输和异步传输；如按数据传输的流向和时间关系可分为单工、半双工和全双工数据传输。

1.4.1　串行传输与并行传输

1. 串行传输

串行传输是数据码流以串行方式在一条信道上传输。在串行传输时，接收端如何从串行数据码流中正确地划分出发送的一个个字符所采取的措施称为字符同步。

串行传输的优点是易于实现。缺点是为解决收、发双方字符同步，需外加同步措施。通常，在远距离传输时串行传输方式采用较多。

2. 并行传输

并行传输是将数据以成组的方式在两条以上的并行信道上同时传输。例如采用 7 单位代码字符(再加 1 位校验码)时可以用 8 条信道并行传输，另加一条"选通"线用来通知接收器，以指示各条信道上已出现某一字符的信息，可对各条信道上的电压进行取样，如图 1-10 所示。

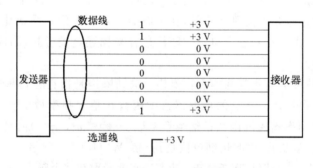

图 1-10　并行传输示意图

并行传输的优点是不需要另外措施就实现了收发双方的字符同步。缺点是需要传输信道多，设备复杂，成本高。所以并行传输一般适用于计算机和其他高速数字系统内部，外线传输时特别适于在一些设备之间的距离较近时采用。

1.4.2　异步传输与同步传输

1. 异步传输

根据实现字符同步方式的不同，数据传输有异步传输和同步传输两种方式。

异步传输是每次传送一个字符,各字符的位置不固定。为了在接收端区分每个字符,在发送每一个字符的前面均加上一个"起"信号,其长度规定为一个码元,极性为"0",后面均加一个"止"信号。对于国际电报 2 号码,"止"信号长度为 1.5 个码元,对于国际 5 号码或其他代码,"止"信号长度为 1 或 2 个码元,极性为"1"。

字符可以连续发送,也可以单独发送;不发送字符时,连续发送"止"信号。因此,每一字符的起始时刻可以是任意的(这正是称为异步传输的含义),但在同一个字符内各码元长度相等。这样,接收端可根据字符之间的从"止"信号到"起"信号的跳变("1"→"0")来检测识别一个新字符的"起"信号,从而正确地区分一个个字符。因此,这样的字符同步方法又称起止式同步。

异步传输的优点是实现字符同步比较简单,收发双方的时钟信号不需要精确的同步。缺点是每个字符增加了起、止的比特位,降低了信息传输效率,所以,常用于 1 200 bit/s 及其以下的低速数据传输。图 1-11(a)表示异步传输情况。

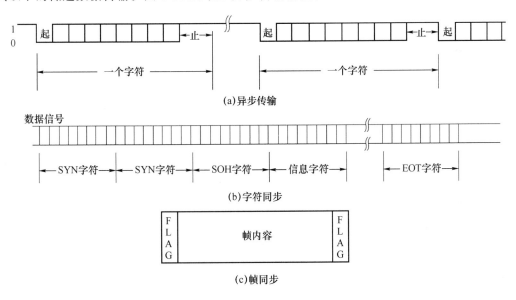

图 1-11 同步传输与异步传输示意图

2. 同步传输

同步传输是以固定时钟节拍来发送数据信号的,在串行数据码流中,各字符之间的相对位置都是固定的,因此不必对每个字符加"起"信号和"止"信号,只需在一串字符流前面加一个起始字符,后面加一个终止字符,表示字符流的开始和结束。

同步传输有两种同步方式:字符同步和帧同步。图 1-11(b)所示是字符同步,在一串字符流前面加 SYN 作为起始字符,后面加 EOT 作为终止字符。图 1-11(c)所示是帧同步,数据的发送是以一帧为单位,在一帧的前面加起始标志,表示一帧的开始;后面加结束标志,表示一帧的结束。

同步传输一般采用帧同步。接收端要从收到的数据码流中正确区分发送的字符,必须建立位定时同步和帧同步。位定时同步又叫比特同步,其作用是使接收端的位定时时钟信号和收到的输入信号同步,以便从接收的信息流中正确识别一个个信号码元,产生接收数据序列。

同步传输与异步传输相比,在技术上要复杂(因为要实现位定时同步和帧同步),但它不需要对每一个字符单独加起、止码元作为识别字符的标志,只是在一串字符的前后加上标志序列,因此传输效率较高。通常用于速率为 2 400 bit/s 及其以上的数据传输。

1.4.3 单工、半双工和全双工数据传输

根据实际需要数据通信可采用单工、半双工和全双工数据传输,如图 1-12 所示。通信一般总是双向的,有来有往,这里所谓单工、双工等,指的是数据传输的方向。

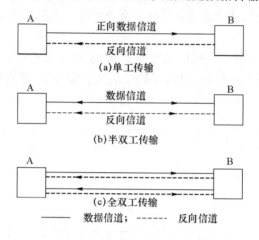

图 1-12 单工、半双工和全双工数据传输示意图

单工数据传输是两数据站之间只能沿一个指定的方向进行数据传输。如图 1-9(a)所示,数据由 A 站传到 B 站,而 B 站至 A 站只传送联络信号,前者称为正向信道,后者称为反向信道。一般正向信道传输速率较高,反向信道传输速率较低。

远程数据收集系统,如气象数据的收集,采用单工传输,因为在这种数据收集系统中,大量数据只需要从一端送到另一端,而另外需要少量联络信号(也是一种数据)通过反向信道传输。

半双工数据传输是两数据站之间可以在两个方向上进行数据传输,但不能同时进行。问询、检索、科学计算等数据通信系统适用于半双工数据传输。

全双工数据传输是在两数据站之间,可以在两个方向上同时进行传输,适用于计算机之间的高速数据通信系统。

通常四线线路实现全双工数据传输;二线线路实现单工或半双工数据传输。在采用频率复用、时分复用或回波抵消技术时,二线线路也可实现全双工数据传输。

1.5 数据通信系统的主要性能指标

各种通信系统有各自的技术性能指标,并互不相同。但衡量任何通信系统的优劣都是以有效性和可靠性为基础的,数据通信系统也不例外,它也有表示有效性和可靠性的指标。

1.5.1 有效性指标

1. 工作速率

工作速率是衡量数据通信系统传输能力的主要指标,通常使用 3 种不同的定义:调制速率、数据传信速率和数据传送速率。

(1) 调制速率

调制速率(即符号速率或码元速率,用 N_{Bd} 或 f_s 表示)的定义是每秒传输信号码元的个数,又称波特率,单位为波特(Baud)。如信号码元持续时间(时间长度)为 $T(s)$,那么,调制速率 N_{Baud} 为

$$N_{Baud} = \frac{1}{T(s)} \tag{1-4}$$

(2) 数据传信速率

数据传信速率(用 R 或 f_b 表示)的定义是每秒所传输的信息量。信息量是信息多少的一种度量,信息的不确定性程度越大,则其信息量越大。信息量的度量单位为"比特"(bit)。

在满足一定条件下,一个二进制码元(一个"1"或一个"0")所含的信息量是一个"比特"(条件为:随机的、各个码元独立的二进制序列,且"0"和"1"等概率出现),所以数据传信速率的定义也可以说成是:每秒所传输的二进制码元数,其单位为 bit/s。

数据传信速率和调制速率之间存在一定关系。为了说明这个问题,参见图 1-13。

图 1-13 给出了两种数据信号,其中(a)为二电平信号,即一个信号码元中有两种状态:±1,一个信号码元用一个代码("1"或"0")表示;(b)为四电平信号,它在一个码元 T 中可能取 4 种不同的值(状态):±3 和±1,因此每个信号码元可以代表 4 种情况之一,一个信号码元用 2 个代码(二进制码元)表示。

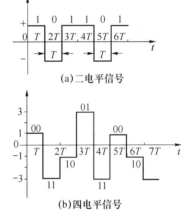

图 1-13 二电平信号和四电平信号

由此可见,当信号为 M 电平,即 M 进制时,传信速率与调制速率关系为

$$R = N\log_2 M \tag{1-5}$$

当数据信号是二进制脉冲(码元),即二状态时,两者的速率是相同的。但数据信号有时采用多状态制,或称多电平制、多进制,则两者的速率是不相同的。

(3) 数据传送速率

数据传送速率的定义是:单位时间内在数据传输系统中的相应设备之间传送的比特、字符或码组平均数。定义中的相应设备常指调制解调器、中间设备或数据源与数据宿。单位为比特/秒(bit/s)、字符/秒或码组/秒(码组的概念参见本书第 3 章)。

数据传信速率与数据传送速率不同。数据传信速率是传输数据的速率,而数据传送速率是相应设备之间实际能达到的平均数据转移速率。它不仅与发送的比特率有关,而且与差错控制方式、通信规程以及信道差错率有关,即与传输的效率有关。因此,数据传送速率总是小于数据传信速率。

数据传输速率的三个定义在实际应用上既有联系又有侧重。在讨论信道特性,特别是传输频带宽度时,通常使用调制速率;在研究传输数据速率时,采用数据传信率;在涉及系统实际的数据传送能力时,则使用数据传送率。

2. 频带利用率

数据信号的传输需要一定的频带。数据传输系统占用的频带越宽,传输数据信息的能力越大。因此,在比较不同数据传输系统的效率时,只考虑它们的数据传输速率是不充分的。因为,即使两个数据传输系统的传输速率相同,但它们的通信效率也可能不同,这还要看传输相同信息所占的频带宽度。

真正衡量数据传输系统有效性的指标是单位频带内的传输速率,即频带利用率。频带利用率的定义为

$$\eta = \frac{符号速率}{频带宽度}(\text{Baud/Hz}) \tag{1-6}$$

$$\eta = \frac{数据传信速率}{频带宽度}(\text{bit/(s·Hz)}) \tag{1-7}$$

1.5.2 可靠性指标

可靠性指标是用差错率来衡量的。由于数据信号在传输过程中不可避免地会受到外界的噪声干扰,信道的不理想也会带来信号的畸变,因此当噪声干扰和信号畸变达到一定程度时就可能导致接收的差错。衡量数据传输质量的最终指标是差错率。

差错率可以有多种定义,在数据传输中,一般采用误码率、误字符率、误码组率来表示,它们分别定义为:

$$误码率 = 接收出现差错的比特数/总的发送比特数 \tag{1-8}$$

$$误字符(码组)率 = 接收出现差错的字符(码组)数/总的发送字符(码组)数 \tag{1-9}$$

差错率是一个统计平均值,因此在测量或统计时,总的比特(字符、码组)数应达到一定的数量,否则得出的结果将失去意义。

例 1-1 某数据通信系统调制速率为 2 400 Baud,采用 8 电平传输,假设 1 000 秒误了 8 个比特。①求误码率;②设系统的带宽为 1 200 Hz,求频带利用率为多少 bit/(s·Hz)。

解 ① 数据传信速率为

$$R = N_{\text{Baud}} \log_2 M = 2\,400\,\log_2 8 = 7\,200 \text{ bit/s}$$

误码率 = 接收出现差错的比特数/总的发送比特数

$$= \frac{8}{1\,000 \times 7\,200} = 1.11 \times 10^{-6}$$

② 频带利用率为

$$\eta = \frac{R}{B} = \frac{7\,200}{1\,200} = 6 \text{ bit/(s·Hz)}$$

1.5.3 信道容量

信道容量是指信道在单位时间内所能传送的最大信息量,即信道的最大传信速率。信道容量的单位是比特/秒(bit/s)。

1. 模拟信道的信道容量

模拟信道的信道容量可以根据香农(Shannon)定律计算。香农定律指出:在信号平均

功率受限的高斯白噪声信道中,信道的极限信息传输速率(信道容量)为

$$C=B\log_2\left(1+\frac{S}{N}\right)\tag{1-10}$$

式中,B 为信道带宽,S/N 信号功率与噪声功率之比。

例 1-2　有一个经调制解调器传输数据信号的电话网信道,该信道带宽为 3 000 Hz,信道噪声为加性高斯白噪声,其信噪比为 20 dB,求该信道的信道容量。

解　　　　　$(S/N)_{dB}=10\lg(S/N)=20$ dB

$$S/N=10^2=100$$

$$C=B\log_2(1+S/N)=3\,000\log_2(1+100)\approx19\,975\ \text{bit/s}$$

实际通信系统的传信速率要低于信道容量,但随着技术进步,可接近极限值。

2. 数字信道的信道容量

典型的数字信道是平稳、对称、无记忆的离散信道,它可以用二进制或多进制传输。

- 离散——是指在信道内传输的信号是离散的数字信号;
- 对称——是指任何码元正确传输和错误传输的概率与其他码元一样;
- 平稳——是指对任何码元来说,错误概率 P_e 的取值都是相同的;
- 无记忆——是指接收到的第 i 个码元仅与发送的第 i 个码元有关,而与第 i 个码元以前的发送码元无关。

根据奈奎斯特(Nyquist)准则,带宽为 B 的信道所能传送的信号最高码元速率为 $2B$(单位 Baud),因此,无噪声数字信道容量为

$$C=2B\log_2M\tag{1-11}$$

其中,M 为进制数。

例 1-3　假设一个四进制无噪声数字信号,带宽为 3 000 Hz,求其信道容量。

解　　　$C=2B\log_2M=2\times3\,000\times\log_24=12\,000\ \text{bit/s}$

1.6　多路复用技术

为了提高通信信道的利用率,使信号沿同一信道传输而不互相干扰,这种通信方式称为多路复用。目前多路复用方法中用得最多的有频分复用、时分复用、波分复用和码分复用。

1.6.1　频分复用

1. 频分复用的概念

频分复用(Frequency Division Multiply,FDM)是按频率分割多路信号的方法,即将信道的可用频带分成若干互不交叠的频段,每路信号占据其中的一个频段,如图 1-14 所示。

在发送端要对各路信号进行调制,将各路信号搬移到不同的频率范围;在接收端采用适当的滤波器将多路信号分开,再分别进行解调和终端处理。

2. 频分复用的优缺点

频分多路复用系统的优点主要有:信道复用率高,分路方便。因此,频分多路复用是目前模拟通信中常采用的一种复用方式,特别是在有线和微波通信系统中应用十分广泛。

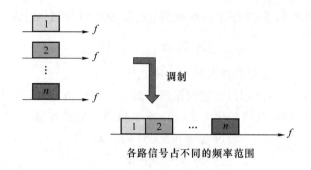

图 1-14　频分复用示意图

频分多路复用中的主要缺点是各路信号之间存在相互干扰,即串扰。引起串扰的主要原因是滤波器特性不够理想和信道中的非线性特性造成的已调信号频谱的展宽。调制非线性所造成的串扰可以部分地由发送带通滤波器消除,因而在频分多路复用系统中对系统线性的要求很高。

1.6.2　时分复用

时分复用包括一般的时分复用(简称时分复用)和统计时分复用,下面分别加以介绍。

1. 时分复用

所谓时分复用是利用各路信号在信道上占有不同的时间间隔的特征来分开各路信号的。具体来说,将时间分成为均匀的时间间隔,将各路信号的传输时间分配在不同的时间间隔内,以达到互相分开的目的,如图 1-15 所示。

图 1-15　时分复用示意图

在时分复用中,各路信号在线路上的位置是按照一定的时间间隔固定地、周期性地出现,靠位置可以识别每一路信号。比如 PCM30/32 路系统就属于时分复用。

时分复用的优点是简单,易于大规模集成,不会产生信号间的串话。但时分复用容易产生码间串扰,而且信道利用率比统计时分复用低。

SDH 传输网等采用时分复用。

2. 统计时分复用

统计时分复用(STDM)是根据用户实际需要动态地分配线路资源(逻辑子信道)的方法。即当用户有数据要传输时才给他分配资源,当用户暂停发送数据时,不给他分配线路资源,线路的传输能力可用于为其他用户传输更多的数据。通俗地说,统计时分复用是各路信号在线路上的位置不固定地、周期性地出现(动态地分配带宽),不能靠位置识别每一路信号,而是要靠标志识别每一路信号。

图 1-16 是统计时分复用的示意图。

由于统计时分复用的信道利用率较高,分组交换网、帧中继网、ATM 网、IP 网均采用统计时分复用。

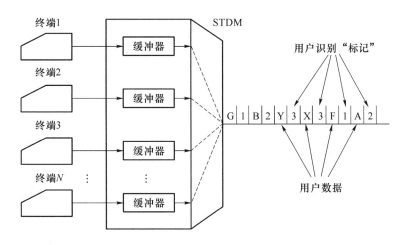

图 1-16 统计时分复用示意图

1.6.3 波分复用

1. DWDM 的概念

（1）WDM 的概念

光波分复用（WDM）是各支路信号在发送端以适当的调制方式调制到不同波长的光载频上，然后经波分复用器（合波器）将不同波长的光载波信号汇合，并将其耦合到同一根光纤中进行传输；在接收端首先通过波分解复用器（分波器）对各种波长的光载波信号进行分离，再由光接收机做进一步的处理，恢复为原信号。这种复用技术不仅适用于单模或多模光纤通信系统，同时也适用于单向或双向传输。

波分复用系统的工作波长可以从 0.8 μm 到 1.7 μm，其波长间隔为几十纳米。它可以适用于所有低衰减、低色散窗口，这样可以充分利用现有的光纤通信线路，提高通信能力，满足急剧增长的业务需求。

最早的 WDM 系统是 1310/1 550 nm 两波长系统，它们之间的波长间隔达两百多纳米，这是在当时技术条件下所能实现的 WDM 系统。随着技术的发展，使 WDM 系统的应用进入了一个新的时期。人们不再使用 1 310 nm 窗口，而使用 1 550 nm 窗口来传输多路光载波信号，其各信道是通过频率分割来实现的。

（2）DWDM 的概念

当同一根光纤中传输的光载波路数更多、波长间隔更小（通常 0.8～2 nm）时，则称为密集波分复用（DWDM），密集是针对波长间隔而言的。由此可见，DWDM 系统的通信容量成倍地得到提高，但其信道间隔小，在实现上所存在的技术难点也比一般的波分复用的大些。

2. DWDM 技术的特点

（1）光波分复用器结构简单、体积小、可靠性高

目前实用的光波分复用器是一个无源纤维光学器件，由于不含电源，因而器件具有结构简单、体积小、可靠、易于和光纤耦合等特点。

（2）充分利用光纤带宽资源

在目前实用的光纤通信系统中，多数情况是仅传输一个光波长的光信号，其只占据了光

纤频谱带宽中极窄的一部分,远远没能充分利用光纤的传输带宽。而 DWDM 技术使单纤传输容量增加几倍至几十倍,充分地利用了光纤带宽资源。

（3）提供透明的传送通道

波分复用通道各波长相互独立并对数据格式透明(与信号速率及电调制方式无关),可同时承载多种格式的业务信号,如 SDH、PDH、ATM、IP 等。而且将来引入新业务、提高服务质量极其方便,在 DWDM 系统中只要增加一个附加波长就可以引入任意所需的新业务形式,是一种理想的网络扩容手段。

（4）可更灵活地进行光纤通信组网

由于使用 DWDM 技术,可以在不改变光缆设施的条件下,调整光纤通信系统的网络结构,因而在光纤通信组网设计中极具灵活性和自由度,便于对系统功能和应用范围进行扩展。

波分复用技术是未来光网络的基石,光网络将沿着"点到点→链→环→多环→网状网"的方向发展。

（5）存在插入损耗和串光问题

光波分复用方式的实施,主要是依靠波分复用器件来完成的,它的使用会引入插入损耗,这将降低系统的可用功率。此外,一根光纤中不同波长的光信号会产生相互影响,造成串光的结果,从而影响接收灵敏度。

1.6.4　码分复用

码分多路复用是每个用户可在同一时间使用同样的频带进行通信,但使用的是基于码型的分割信道的方法,即利用一组正交码序列来区分各路信号,每个用户分配一个地址码,各个码型互不重叠,通信各方之间不会相互干扰。

码分复用的优点主要有:

- 码分复用具有抗干扰性能好;
- 复用系统容量灵活;
- 保密性好;
- 接收设备易于简化等。

码分多路复用技术主要用于无线通信系统,特别是移动通信系统。

1.7　数据通信网概述

1.7.1　数据通信网的构成

数据通信网是一个由分布在各地的数据终端设备、数据交换设备和数据传输链路所构成的网络,在网络协议(软件)的支持下实现数据终端间的数据传输和交换。数据通信网示意图如图 1-17 所示。

数据通信网的硬件构成包括数据终端设备、数据交换设备及传输链路。

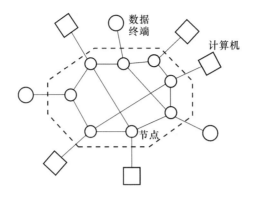

图 1-17　数据通信网示意图

1. 数据终端设备

数据终端设备是数据通信网中的信息传输的源点和终点,它的主要功能是向网络(向传输链路)输出数据和从网络中接收数据,并具有一定的数据处理和数据传输控制功能。

数据终端设备可以是计算机,也可以是一般的数据终端。

2. 数据交换设备

数据交换设备是数据通信网的核心。它的基本功能是完成对接入交换节点的数据传输链路的汇集、转接接续和分配。

这里需要说明的是:在数字数据网(DDN)中是没有交换设备的,它采用数字交叉连接设备(DXC)作为数据传输链路的转接设备(详见本书 6.4 节)。

3. 数据传输链路

数据传输链路是数据信号的传输通道,包括用户终端的入网路段(即数据终端到交换机的链路)和交换机之间的传输链路。

传输链路上数据信号传输方式有基带传输、频带传输和数字数据传输等。

1.7.2　数据通信网的分类

数据通信网可以从几个不同的角度分类。

1. 按网络拓扑结构分类

数据通信网按网络拓扑结构分类,有以下几种基本形式。

(1) 网状网与不完全网状网

网状网中所有节点相互之间都有线路直接相连,如图 1-18(a)所示。网状网的可靠性高,但线路利用率比较低,经济性差。

不完全网状网也叫网格形网,其中的每一个节点均至少与其他两个节点相连,如图 1-18(b)所示。

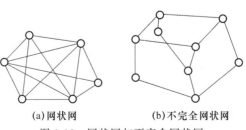

(a)网状网　　　　　　(b)不完全网状网

图 1-18　网状网与不完全网状网

网格形网的可靠性也比较高,且线路利用率又比一般的网状网要高(但比星形网的线路利用率低)。数据通信网中的骨干网一般采用这种网络结构,根据需要,也有采用网状网结构的。

(2) 星形网

星形网是外围的每一个节点均只与中心节点相连,呈辐射状,如图 1-19(a)所示。

星形网的线路利用率较高,经济性好,但可靠性低,且网络性能过多地依赖于中心节点,一旦中心节点出故障,将导致全网瘫痪。星形网一般用于非骨干网。

(3) 树形网

树形网是星形网的扩展,它也是数据通信非骨干网采用的一种网络结构。树形网如图 1-19(b)所示。

(4) 环形网

环形网是各节点首尾相连组成一个环状,如图 1-20 所示。

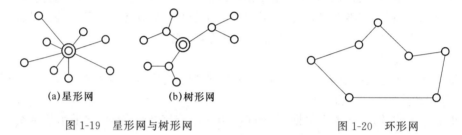

(a)星形网　　　　(b)树形网

图 1-19　星形网与树形网　　　　　　　图 1-20　环形网

2. 按传输技术分类

按传输技术分类,数据通信网可分为交换网和广播网。

(1) 交换网

根据采用的交换方式的不同,交换网又可分为电路交换网、报文交换网、分组交换网、帧中继网、ATM 网等。另外,还有采用数字交叉连接设备的数字数据网(DDN)。

(2) 广播网

在广播网中,每个数据站的收发信机共享同一传输媒质,从任一数据站发出的信号可被所有的其他数据站接收。在广播网中没有中间交换节点。

1.8　计算机网络基本概念

1.8.1　计算机网络的概念

将若干台具有独立功能的计算机通过通信设备及传输媒体互连起来,在通信软件(操作系统和网络协议)的支持下,实现计算机间信息传输与交换的系统,称之为计算机网络。

计算机网络涉及通信与计算机两个领域,计算机与通信的结合是计算机网络产生的主要条件。一方面,通信网络为计算机之间的数据传送和交换提供了必要的手段;另一方面,计算机技术的发展渗透到通信技术中,又提高了通信网的各种性能。当然,这两个方面的进展都离不开人们在微电子技术上取得的辉煌成就。

1.8.2　计算机网络的组成

计算机网络由一系列计算机、具有信息处理与交换功能的节点及节点间的传输线路组成,如图 1-21 所示。

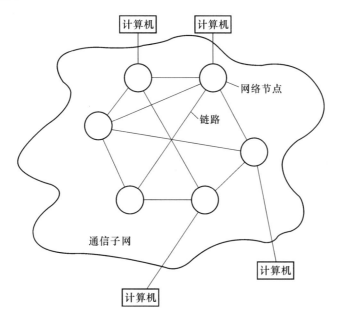

图 1-21　计算机网络的组成

计算机属于数据终端设备,发送和接收的是数据信号。网络节点(即交换机)及连接它们的传输链路组成通信子网,负责计算机之间的数据信息传输与交换。

1.8.3　计算机网络的分类

1. 根据网络的所有权性质进行分类

根据网络的所有权性质,可将计算机网络分成公用网和专用网。

公用网(Public Network)也称为公众网,是由国家邮电部门组建的网络。网络内的传输和转接装置可供任何部门使用,可联结众多的计算机和终端。所有愿意按邮电部门规定交纳费用的人都可以使用这个公用网,公用网是为全社会所有的人提供服务。

专用网(Private Network)是某个部门为本单位的特殊业务工作的需要而建造的网络。这种网络不向本单位以外的人提供服务,即不允许其他部门和单位使用。例如,军队、铁路、电力等系统均有本系统的专用网。

2. 按网络覆盖的范围进行分类

按网络覆盖的范围可将计算机网络分成局域网、城域网和广域网。

(1)局域网

局域网(Local Area Network,LAN)是局部区域网络,它由微型计算机通过高速通信线路相连(速率在 1 Mbit/s 上)。局域网通常由一个部门或公司组建,在地理位置上限制在较小的范围(一般为 0.1~10 km),如一幢楼房或一个单位。

（2）城域网

城域网（Metropolitan Area Network，MAN）作用范围在广域网和局域网之间（一般是一个城市），作用距离为 5～50 km，传输速率在 1 Mbit/s 以上。城域网实际上就是一个能覆盖一个城市的扩大的局域网。

（3）广域网

广域网（Wide Area Network，WAN）内，通信的传输装置和媒介由电信部门提供，其作用范围通常为几十到几千公里，可遍布一个城市、一个国家乃至全世界。

覆盖全世界的计算机网络就是 Internet，下面简单介绍 Internet 的基本概念。

1.8.4　Internet 的概念及特点

1. Internet 的概念

Internet 是由世界范围内众多计算机网络（包括各种局域网、城域网和广域网）连接汇合而成的一个网络集合体，它是全球最大的、开放的计算机互联网。互联网意味着全世界采用统一的网络互连协议，即采用 TCP/IP 协议的计算机都能互相通信，所以说，Internet 是基于 TCP/IP 协议的网间网。

从网络通信的观点看，Internet 是一个以 TCP/IP 协议将各个国家、各个部门和各种机构的内部网络连接起来的数据通信网，世界任何一个地方的计算机用户只要连在 Internet 上，就可以相互通信；从信息资源的观点看，Internet 是一个集各个部门、各个领域内各种信息资源为一体的信息资源网。Internet 上的信息资源浩如烟海，其内容涉及政治、经济、文化、科学、娱乐等各个方面。将这些信息按照特定的方式组织起来，存储在 Internet 上分布在世界各地的数千万台计算机中，人们可以利用各种搜索工具来检索这些信息。

2. Internet 的特点

Internet 具有以下几个特点：

（1）TCP/IP 协议是 Internet 的基础与核心；

（2）通过最大程度的资源共享，可以满足不同用户的需要，Internet 的每个参与者既是信息资源的创建者，也是使用者；

（3）"开放"是 Internet 建立和发展中执行的一贯策略，对于开发者和用户极少限制，使它不仅拥有极其庞大的用户队伍，也拥有众多的开发者；

（4）网络用户透明使用 Internet，不需要了解网络底层的物理结构；

（5）灵活多样的入网方式，任何计算机只要能运行 TCP/IP 均可接入 Internet。

1.8.5　数据通信网与计算机网络的关系

由上述内容，我们已经知道，一个完整的数据通信网是由分布在各处的数据终端设备（包括计算机和一般的数据终端）、数据交换设备（节点）及传输线路等组成。

那么数据通信网与计算机网络是什么关系呢？几乎所有计算机网络的书籍中会提到：数据通信网提供计算机之间的传输与交换。请读者注意，这里的数据通信网指的是只包括数据交换设备（节点）及传输线路，即通信子网。所以说，数据通信网是计算机网络中的通信子网。

1.9 数据通信技术的标准化组织简介

数据通信是在各种类型的数据终端和计算机之间进行的,通信中必须要共同遵守一系列行之有效的通信协议,制定通信协议的标准化组织主要包括以下几个。

1. 国际标准化组织(ISO)

国际标准化组织(International Standards Organization,ISO)成立于 1947 年,是世界上从事国际标准化的最大的综合性非官方机构,由各参与国的国家标准化组织选派代表组成。

ISO 下设近 200 个 TC(技术委员会),其中 TC97 负责 IT 技术有关标准的制定。TC97又下辖 16 个 SC(分委会)和一个直属组。其中 SC6 为数据通信分委会,制定了 HDLC(高级数据链路规程);SC16 致力于 OSI-RM(开放系统互连参考模型),后被改组为 SC21 负责解决"开放系统互连的信息检索、传输与管理"等问题。

2. 国际电信联盟(ITU)

国际电信联盟(International Telecommunication Union,ITU)成立于 1932 年,后成为联合国下属机构。

ITU 曾下辖总秘书处、国际频率注册委员会(IFRB)、国际无线电咨询委员会(CCIR)、国际电报电话咨询委员会(CCITT)和电信发展局(BDT)五个常设机构。

CCITT 主要由联合国各成员国的邮政、电报和电话管理机构的代表组成,是一个开发全球电信技术标准的国际组织,该机构已经为国际通信使用的各种通信设备及规程的标准化提出了一系列建议,主要包括:

- F 系列:有关电报、数据传输和远程信息通信业务(传真、可视图文等)的定义、操作和服务质量标准的建议;
- I 系列:有关数字网的建议,包括 ISDN 的若干建议;
- T 系列:有关终端设备的若干建议;
- V 系列:有关在电话网上进行数据通信的若干建议;
- X 系列:有关数据通信网的若干建议。

1993 年 3 月起,ITU 下属的 IFBR 改称无线通信部(RS),BDT 改称电信发展部(TDS),CCITT 与 CCIR 合并为电信标准化部(TSS),简称 ITU-T,ITU-T 由一个常设职能部门 TSB(电信标准局)和许多 SG(研究小组)构成,ITU-T 目前正与 ISO 合作,共同制定数据通信标准。

3. 电气与电子工程师学会(IEEE)

美国的电气与电子工程师学会(Institute of Electrical and Electronics Engineers,IEEE)是全球最大的专业学术团体,主要工作是开发通信和网络标准,研究领域主要涉及 ISO 的物理层与数据链路层。其中 IEEE 的 802 委员会制定的系列标准已成为当今主流的局域网标准。

4. 电子工业协会(EIA)

美国的电子工业协会(Electronic Industries Associations,EIA)主要制定过许多电子传输标准,包括 ISO 的物理层标准,它颁布的 RS-232 和 ES-449 已经成为全球广泛采用的DTE 和 DCE 之间串行接口标准。

5. 美国国家标准学会(ANSI)

美国国家标准学会(American National Standard Institute,ANSI)是一个非官方非营利

的民间组织,实际上是全美技术情报交换中心,并负责协调美国的标准化工作。其研究范围与 ISO 相对应,它是 ISO 中美国指定的代表,IEEE 和 EIA 都是 ANSI 的成员。

6. 欧洲电信标准学会(ETSI)

欧洲电信标准学会(European Telecommunication Standard Institute,ETSI)是一个由电信行业的厂商与研究机构参加并从事研究开发到标准制定的组织,由欧洲共同体各国政府资助。

7. 亚洲与泛太平洋电信标准化协会(ASTAP)

亚洲与泛太平洋电信标准化协会是 1998 年由日本与韩国发起成立的标准化组织,旨在加强亚洲与太平洋地区各国信息通信基础设施及其相互连接的标准化工作的协作。

8. 联邦通信委员会(FCC)

联邦通信委员会(Federal Communications Commission,FCC)是美国对通信技术的管理的官方机构,主要职责是通过对无线电、电视和有线通信的管理来保护公众利益,也对包括标准化在内的通信产品技术特性进行审查和监督。

另外,我国从事标准化工作的官方机构是国家标准局。

小　结

1. 数据通信是依照通信协议,利用数据传输技术在两个功能单元之间传递数据信息,它可实现计算机与计算机、计算机与终端以及终端与终端之间的数据信息传递。

数据信号的基本传输方式有三种:基带传输、频带传输和数字数据传输。

常用的二进制代码有国际 5 号码(IA5)、EBCDIC 码和国际电报 2 号码(ITA2)等。

数据通信提供的业务主要包括分组交换业务、数字数据业务、一线通业务、帧中继业务、数据增值业务、VSAT 通信业务和宽带业务等。

2. 数据通信系统由中央计算机系统、数据终端设备(DTU)、数据电路 3 个部分构成。数据终端设备由数据输入设备、数据输出设备和数据传输控制器组成;数据电路包括传输信道和它两端的数据电路终接设备;中央计算机系统则由通信控制器、主机组成。

3. 数据通信系统中的信道主要有三种类型:物理实线传输媒介信道、电话网传输信道、数字数据传输信道。

4. 数据传输方式如按数据代码传输的顺序可以分为串行传输和并行传输;如按数据传输的同步方式可分为同步传输和异步传输;如按数据传输的流向和时间关系可分为单工、半双工和全双工数据传输。

5. 衡量数据通信系统性能的指标是有效性和可靠性。

工作速率是衡量数据通信系统传输能力的主要指标,通常使用 3 种不同的定义:调制速率、数据传信速率和数据传送速率。真正衡量数据传输系统有效性的指标是单位频带内的传输速率,即频带利用率。

可靠性指标是用差错率来衡量的,差错率包括误码率、误字符率、误码组率。

6. 信道容量是在一定条件下能达到的最大传信速率。模拟信道的信道容量为 $C = B \log_2 \left(1 + \dfrac{S}{N}\right)$;无噪声数字信道容量为 $C = 2B \log_2 M$。

7. 多路复用方法中用得最多的有频分复用、时分复用、波分复用和码分复用。

8. 数据通信网是一个由分布在各地的数据终端设备、数据交换设备和数据传输链路所构成的网络,在网络协议(软件)的支持下实现数据终端间的数据传输和交换。

数据通信网按网络拓扑结构分有网状网与不完全网状网、星形网、树形网和环形网;按传输技术可分为交换网和广播网。根据采用的交换方式的不同,交换网又可分为电路交换网、报文交换网、分组交换网、帧中继网、ATM 网等。

9. 将若干台具有独立功能的计算机通过通信设备及传输媒体互连起来,在通信软件(操作系统和网络协议)的支持下,实现计算机间信息传输与交换的系统,称之为计算机网络。

计算机网络由一系列计算机、具有信息处理与交换功能的节点及节点间的传输线路组成。

根据网络的所有权性质分有公用网和专用网;按网络覆盖的范围可将计算机网络分成局域网、城域网和广域网。

覆盖全世界的计算机网络就是 Internet,Internet 是由世界范围内众多计算机网络(包括各种局域网、城域网和广域网)连接汇合而成的一个网络集合体,它是全球最大的、开放的计算机互联网。Internet 的基础与核心是 TCP/IP 协议。

数据通信网是计算机网络中的通信子网,提供计算机之间的传输与交换。

10. 数据通信技术的标准化组织主要包括:国际标准化组织(ISO)、国际电信联盟(ITU)、电气与电子工程师学会(IEEE)、电子工业协会(EIA)、美国国家标准学会(ANSI)、欧洲电信标准学会(ETSI)、亚洲与泛太平洋电信标准化协会(ASTAP)和联邦通信委员会(FCC)等。

习 题

1-1 什么是数据通信?说明数据通信系统的基本构成。

1-2 什么是数据电路?它的主要功能是什么?

1-3 异步传输中,假设停止位为 1 位,数据位为 8 位,无奇偶校验,求传输效率。

1-4 什么是单工、半双工、全双工数据传输?

1-5 设数据信号码元时间长度为 833×10^{-6} s,如采用 8 电平传输,试求数据传信速率和调制速率。

1-6 在 9 600 bit/s 的线路上,进行 1 小时的连续传输,测试结果为有 150 bit 的差错,求该数据通信系统的误码率。

1-7 设带宽为 3 000 Hz 的模拟信道,只存在加性高斯白噪声,如信号噪声功率比为 30 dB,试求这一信道的信道容量。

1-8 常用的多路复用方法有哪几种?

1-9 数据通信网的硬件构成有哪些?

1-10 数据通信网按网络拓扑结构分类有哪几种?

1-11 Internet 的概念是什么?

第 2 章　数据信号的传输

数据信号传输是数据通信的基本问题。对应于第 1 章中介绍的数据通信所使用的信道,数据信号的传输一般有 3 种方法:基带传输、频带传输和数字数据传输。

消息对应的原始信号所占据的频带通常从零频或低频开始,称为"基本频带",简称基带。有线信道进行近距离传输时,有些情况下可以不搬移基带信号频谱直接传输基带信号,这种方式称为基带传输。在另外一些信道中,特别是无线或者光通道中,需要经过调制将基带信号的频谱搬移到相应的载频频带再进行传输,这种方式称为频带传输。而在数字信道中传输数据信号称为数据信号的数字传输,简称为数字数据传输。

本章讨论这 3 种传输方式的基本原理及相关的一些技术,使读者对数据信号的传输有一个比较全面的了解。

2.1　数据信号及特性描述

2.1.1　数据序列的电信号表示

在数据通信系统中,数据终端(DTE)产生是以"1"和"0"两种代码(状态)为代表的随机序列,它可以采用不同形式的数字脉冲波形,例如最常用的矩形脉冲波形。对于实际的传输系统,视信道特性和指标的要求而选取相应的数字脉冲波形。下面以矩形脉冲为例介绍几种基本的基带数据信号,如图 2-1 所示。

图 2-1(a)为单极性不归零信号,它在一个码元间隔 T 内,脉冲的电位保持不变,用正电位表示"1"码,用零电位表示"0"码,极性单一。不归零信号即 NRZ(none-return to zero)信号。

图 2-1(b)为单极性归零信号,它用宽度为 $\tau(\tau < T)$ 的正脉冲表示"1"码,用零电位表示"0"码,极性单一。它与单极性不归零信号的区别是表示"1"码的脉冲在一个码元间隔 T 内,正电位只维持一段时间就返回零位。归零信号即 RZ(return to zero)信号。

图 2-1(c)和(d)是前述两种信号对应的双极性信号。这里的双极性是指用正和负两个极性的脉冲来表示"1"码和"0"码。双极性信号相比于单极性信号的特点是,在"1"和"0"等

概率出现的情况下,双极性信号中不含有直流分量,所以对传输信道的直流特性没有要求。

图 2-1(e)所示为差分信号,而相应地称前述的单极性和双极性信号为绝对码信号。它用前后码元的电位是否改变来表示"1"码和"0"码。本图中的差分信号是用前后码元电位改变表示信号"1",电位不变代表信号"0"(此规则也可以反过来)。图中设定初始状态为零电位,也可设定初始状态为正电位,此时两种波形正好相反,但所要传送的数据信息,即"1","0"是不变的。

图 2-1(f)为多电平信号,即多个二进制代码对应一个脉冲码元。本图中为四电平的情形,其中两个二进制代码 00 对应$+3A$,01 对应$+A$,10 对应$-A$,11 对应$-3A$。采用多电平传输,可以在相同的码元速率下提高信息传输速率。

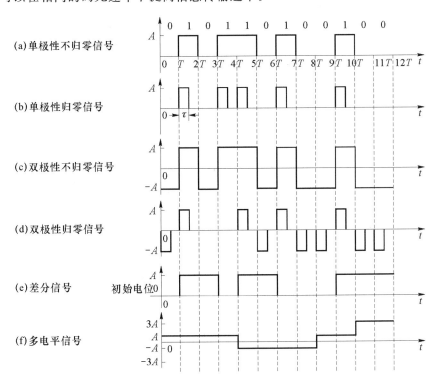

图 2-1　几种基本的基带数据信号

在实际应用中,组成数据信号的单个码元波形不一定是矩形脉冲,还可以有多种波形形式,例如升余弦脉冲,高斯形脉冲等。以上我们讨论的信号只是数据代码的一些电表示形式,并不是所有基带信号都能在信道中传输,例如单极性信号的特点是含有较大的直流分量,对传输信道的直流特性和低频特性要求较高。所以,为了使基带数据信号适合于信道的传输,还要经过码型或波形变换器,例如将 NRZ 码变为 AMI 或 HDB3 码(常用的传输码型及特性请参考《数字通信原理》)。

2.1.2　基带数据信号的功率谱特性

要把基带数据信号传送出去,研究其频谱特性是非常重要的。由于数据序列是随机的,基带数据信号就是随机信号,这样就不能用分析确定信号的方法来分析其频谱,只能用随机信号的分析理论研究它的功率谱密度。

1. 基带数据信号的一般表示式

图 2-1 给出的基带数据信号的单个码元波形都是矩形的,但实际上并非一定是矩形。不失一般性,我们令 $g_1(t)$ 代表二进制数据符号的"0", $g_2(t)$ 代表"1",码元的时间间隔为 T。假设数据序列出现"0"和"1"概率分别为 P 和 $1-P$,且认为它们的出现彼此统计独立,则基带数据信号可表示为

$$f(t) = \sum_{k=-\infty}^{\infty} g(t-kT) \tag{2-1}$$

式中

$$g(t-kT) = \begin{cases} g_1(t-kT), & \text{"0"以概率 } P \text{ 出现} \\ g_2(t-kT), & \text{"1"以概率 } 1-P \text{ 出现} \end{cases}$$

如一数据信号序列为 101101,可以用单极性矩形脉冲序列来表示,令 $g_1(t)=0$, $g_2(t)$ 是宽度 T 的为矩形脉冲,如图 2-2 所示。同理也可以画出其他形式的波形图来,但是很显然 $g_1(t) \neq g_2(t)$。

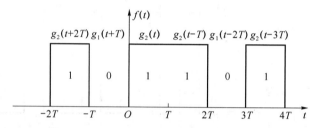

图 2-2 单极性不归零矩形脉冲序列示意图

2. 基带数据信号的功率谱密度

(1) 基本分析

利用随机信号的分析方法,可以得到式(2-1)所示基带数据信号的功率谱密度表示式为

$$\begin{aligned} p(f) &= p_u(f) + p_v(f) \\ &= f_s P(1-P) |G_1(f) - G_2(f)|^2 + \\ & \quad f_s^2 \sum_{n=-\infty}^{\infty} |PG_1(nf_s) + (1-P)G_2(nf_s)|^2 \delta(f-nf_s) \end{aligned} \tag{2-2}$$

式中, $f_s = 1/T$ 是码元速率。 P 和 $1-P$ 分别表示数据序列中出现信号 $g_1(t)$ 和 $g_2(t)$ 的概率, $G_1(f)$ 和 $G_2(f)$ 分别是 $g_1(t)$ 和 $g_2(t)$ 的傅里叶变换, $\sum_{n=-\infty}^{\infty} \delta(f-nf_s)$ 为频域上的单位冲激序列,如图 2-3 所示。

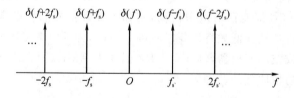

图 2-3 频域上的单位冲激序列

从式(2-2)可看出,随机基带数据信号的功率谱密度可能包括两个部分:连续谱 $p_u(f)$ 和离散谱 $p_v(f)$。因为表示数据代码的 $g_1(t)$ 和 $g_2(t)$ 是不能完全相同的,所以其对应的频谱 $G_1(f) \neq G_2(f)$,因而连续谱部分总是存在的。对于离散谱部分则与信号码元出现"1",

"0"的概率和码元的波形有关,在某些情况下可能没有离散谱分量。

例如,当 $P=1/2$, $G_1(f)=-G_2(f)=G(f)$ 时,式(2-2)变为

$$P(f)=f_\mathrm{s}|G(f)|^2 \tag{2-3}$$

这时功率谱密度中没有离散谱。

(2)几种基带数据信号的功率谱密度

下面来求以矩形脉冲为单个码元波形的几种基带数据信号的功率谱密度。首先,单个矩形脉冲可以表示为

$$g(t)=\begin{cases}A, & |t|\leqslant\dfrac{\tau}{2}\\[2mm] 0, & 其他\end{cases} \tag{2-4}$$

其傅里叶变换为

$$G(f)=A\tau\frac{\sin(\pi f\tau)}{\pi f\tau}=A\tau\mathrm{Sa}(\pi f\tau) \tag{2-5}$$

式中,A 为脉冲幅度,$\tau\leqslant T$ 为脉冲宽度,$\mathrm{Sa}(x)=\dfrac{\sin x}{x}$ 为采样函数,其波形如图 2-4 所示。

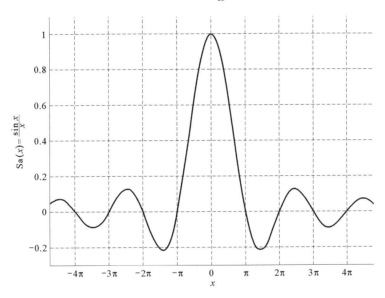

图 2-4　采样函数波形

另外,为了分析简便,我们假设"1"和"0"出现的概率相等,即 $P=1/2$。

① 单极性归零信号

设"0"码为 $g_1(t)=0$,"1"码为脉冲宽度为 τ 的矩形脉冲,即 $g_2(t)=g(t)$,其中 $\tau<T$,则由式(2-2)得其功率谱密度为

$$p(f)=\frac{A^2 f_\mathrm{s}\tau^2}{4}\mathrm{Sa}^2(\pi f\tau)+\frac{A^2 f_\mathrm{s}^2\tau^2}{4}\sum_{n=-\infty}^{\infty}\mathrm{Sa}^2(\pi n f_\mathrm{s}\tau)\delta(f-nf_\mathrm{s}) \tag{2-6}$$

特别地,当 $\tau=T/2$ 时,式(2-6)变为

$$p(f)=\frac{A^2 T}{16}\mathrm{Sa}^2\left(\frac{\pi fT}{2}\right)+\frac{A^2}{16}\sum_{n=-\infty}^{\infty}\mathrm{Sa}^2\left(\frac{n\pi}{2}\right)\delta(f-nf_\mathrm{s}) \tag{2-7}$$

② 单极性不归零信号

设"0"码为 $g_1(t)=0$,"1"码为脉冲宽度为 T 的矩形脉冲,即 $g_2(t)=g(t)$,其中 $\tau=T$,则

直接由式(2-6),得其功率谱密度为

$$p(f)=\frac{A^2 T}{4}\mathrm{Sa}^2(\pi f T)+\frac{A^2}{4}\delta(f) \tag{2-8}$$

③ 双极性归零信号

设"0"码和"1"码分别是脉冲宽度为 τ,幅度为 $\pm A$ 的矩形脉冲,即 $g_1(t)=-g_2(t)=g(t)$,其中 $\tau<T$,此时 $G_1(f)=G_2(f)$,则由式(2-2)得其功率谱密度为

$$p(f)=A^2 f_s \tau^2 \mathrm{Sa}^2(\pi f \tau) \tag{2-9}$$

特别地,当 $\tau=T/2$ 时,式(2-9)变为

$$p(f)=\frac{A^2 T}{4}\mathrm{Sa}^2\left(\frac{\pi f T}{2}\right) \tag{2-10}$$

④ 双极性不归零信号

设"0"码和"1"码分别是脉冲宽度为 T,幅度为 $\pm A$ 的矩形脉冲,则由式(2-9),令 $\tau=T$ 可得其功率谱密度为

$$p(f)=A^2 T \mathrm{Sa}^2(\pi f T) \tag{2-11}$$

为了便于对比,将式(2-7)、式(2-8)、式(2-10)和式(2-11)所示功率谱密度用图 2-5 表示。

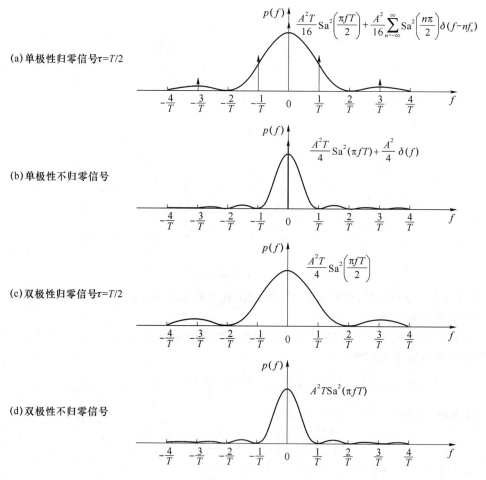

图 2-5 四种基带数据信号的功率谱密度

由以上功率谱分析及图 2-5 可以看出，$P=1/2$ 时，对于 $g_1(t)=-g_2(t)=g(t)$ 这样的双极性信号是不含有离散谱分量的，而单极性信号含离散谱分量，而离散谱分量的特征与单个码元的波形有关。

分析基带数据信号的功率谱密度是很有意义的。其一，离散谱是否存在决定了我们能否直接从基带数据信号中提取定时信息，或者如何才能提取定时信息，这对数据传输系统是非常重要的。其二，通过图 2-5 中对四种信号的对比分析发现，脉冲宽度越宽，其能量集中的范围就越小；脉冲宽度越窄，其能量集中的范围就越大，由此可大概了解传输这种数据信号所需要的基带宽度。

2.2　数据信号的基带传输

由数据终端设备产生的信号（例如单极性不归零信号）的频谱一般是从零开始，为了使这些原始的数据序列适合于信道传输，通常还要经过码型或波形变换。码型变换后信号的频谱仍是从近于零频率开始，这种不搬移基带信号频谱直接传输基带数据信号的方式称为基带传输。

基带传输是数据信号传输的一种最基本的方式，对其进行研究是十分必要的：①一般的数据传输系统，在进行与信道匹配的调制前，都有一个基带信号处理的过程（频带传输系统也如此，因为处理调制后的信号不方便）；②在频带传输系统中，如果把频带调制和解调部分包括在广义信道中，则该传输系统可以等效成一个基带传输系统。

2.2.1　基带传输系统的构成

通过 2.1 节对基带数据信号功率谱的分析可知：如果信号能量最集中的频率范围与实际信道的传输特性不匹配，则会使接收端的信号产生严重的波形失真。为了分析波形传输的失真问题，把基带传输系统用一个简单的模型来表示，如图 2-6 所示。

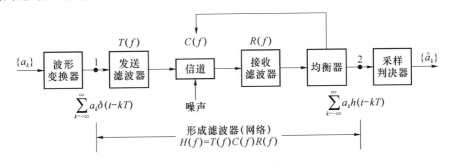

图 2-6　基带传输系统模型

图 2-6 中 $\{a_k\}$ 是终端发出的数据序列，为了便于分析，使波形变换器的输出为冲激脉冲序列，然后分析经过系统后信号的波形。即送入发送滤波器的波形 $f(t)$ 可写成

$$f(t)=\sum_{k=-\infty}^{\infty}a_k\delta(t-kT) \tag{2-12}$$

图 2-6 中，发送滤波器的作用是限制信号频带并和接收滤波器一起形成系统所需要的

波形(用于采样判决);信道是广义上的,可以是信号的传输媒介(例如各种形式的电缆),也可以包含通信系统的某些设备(例如调制解调器);如果波形完全由发送滤波器产生,则接收滤波器仅用来限制带外噪声;均衡器用来均衡信道畸变;采样判决器的作用是在最佳时刻对 2 点的信号进行采样,判定所传输的码元,即恢复发送端发送的数据序列。由于有噪声和码间干扰,恢复的数据序列可能有差错,故判决输出用 $\{\hat{a}_k\}$ 表示。

图 2-6 中的 1 点到 2 点可等效成一个传输频带有限的网络或系统,称为形成滤波器或形成网络;信号从 1 点到 2 点,形成用于采样判决的波形的过程叫波形形成。由于传输频带受限,所以从 1 点送入该网络的冲激脉冲序列传输到 2 点将会产生失真(主要是脉冲展宽,产生码间干扰等)。如何从 2 点的波形中准确地进行判决,从而恢复发送的数据序列,这是基带传输所要研究的主要问题。

2.2.2 几种基带形成网络

1. 理想低通形成网络

首先分析一个理想化的情况来说明频带限制与传输速率之间的重要关系。假设图 2-6 中形成网络的系统传输特性是理想低通滤波型,如图 2-7 所示。

其传递函数为

$$H(f)=\begin{cases}1 \cdot \mathrm{e}^{-\mathrm{j}2\pi f t_{\mathrm{d}}}, & |f|\leqslant f_{\mathrm{N}} \\ 0, & |f|>f_{\mathrm{N}}\end{cases} \tag{2-13}$$

式中,f_{N} 为截止频率,t_{d} 为固定时延。其对于单位冲激脉冲 $\delta(t)$ 的响应,就是网络传递函数的傅里叶逆变换,即

$$h(t)=\int_{-f_{\mathrm{N}}}^{f_{\mathrm{N}}} H(f)\mathrm{e}^{\mathrm{j}2\pi f t}\mathrm{d}f = 2f_{\mathrm{N}}\frac{\sin[2\pi f_{\mathrm{N}}(t-t_{\mathrm{d}})]}{2\pi f_{\mathrm{N}}(t-t_{\mathrm{d}})}=2f_{\mathrm{N}}\mathrm{Sa}[2\pi f_{\mathrm{N}}(t-t_{\mathrm{d}})]$$

$$\tag{2-14}$$

其 $t_{\mathrm{d}}=0$ 时的波形如图 2-8 所示。

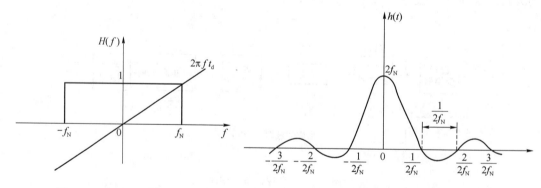

图 2-7 理想低通传输特性　　　　　　图 2-8 理想低通的冲激响应

理想低通冲激响应波形的特点是:

- 在 $t=t_{\mathrm{d}}$ 处有最大值,在最大值两边作均匀间隔的衰减波动,以 $t=t_{\mathrm{d}}$ 为中心每隔 $\dfrac{1}{2f_{\mathrm{N}}}$ 出现一个过零点;

- 波形"尾巴"以 $\dfrac{1}{t}$ 的速度衰减。

如用式(2-12)表示的冲激脉冲序列 $\displaystyle\sum_{k=-\infty}^{\infty} a_k \delta(t - kT)$ 加到理想低通网络的输入,即每隔码元间隔 T 发送一个强度为 a_k 的冲激脉冲,则按叠加定理,每个冲激脉冲在理想低通网络的输出都产生一个如图 2-8 所示的冲激响应 $a_k \cdot h(t)$。因为 $h(t)$ 在时域上是无限延伸的,则这些冲激响应之间存在干扰,称为码间干扰或符号间干扰。

特别地,如果选取系统的码元间隔 $T = \dfrac{1}{2f_N}$,设输入的数据序列 $\{a_k\}$ 是 101101,它通过理想低通网络形成的冲激响应序列如图 2-9 所示。由 $h(t)$ 波形特点可知,冲激响应序列的波形在峰值点上没有码间干扰(在其他点是有码间干扰的)。

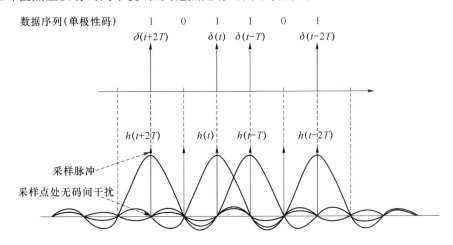

图 2-9　冲激脉冲序列通过理想低通网络

此时,采样判决器如按 $T = \dfrac{1}{2f_N}$ 进行采样,并且选取合适的采样时刻(图 2-9 画出了采样脉冲),则可以准确地恢复传输的数据序列。由此得到接收波形满足采样值无失真传输的条件是:仅在本码元的采样时刻上有最大值,在其他码元的采样时刻为 0(采样点无码间干扰),而不要求整个波形无码间干扰。用公式来表示为

$$h(kT) = \begin{cases} 1, & k = 0 \\ 0, & k \neq 0 \end{cases} \tag{2-15}$$

采样值无失真条件即奈奎斯特第一准则,也描述了码元传输速率与传输系统特性(对于理想低通形成网络主要是指截止频率 f_N)之间的关联关系。其详细表述是:如系统等效网络具有理想低通特性,且截止频率为 f_N 时,则该系统中允许的最高码元速率为 $2f_N$,这时系统输出波形在峰值点上不产生前后符号干扰。

由于该准则的重要性,国际上把 f_N 称为奈奎斯特频带,$2f_N$ 称为奈奎斯特速率,$T = \dfrac{1}{2f_N}$ 称为奈奎斯特间隔。这一定理表明,在采样值无失真的条件下,在频带 f_N 内,$2f_N$ 是极限速率,即所有数字传输系统的最高频带利用率为 2 Baud/Hz。

2. 具有幅度滚降特性的低通形成网络

虽然理想低通形成网络能够达到频带利用率的极限——2 Baud/Hz,但是实际应用时

存在两个问题:其一,理想低通的传输特性是无法物理实现的;其二,理想低通的冲激响应波形具有波动幅度很大的前导和后尾,对接收端定时精度要求很高(如果采样时刻发生偏差,则会引入较大的码间干扰)。因此,要设计一个传输系统,它既可以物理实现,又能满足奈奎斯特第一准则的基本要求:速率为 $2f_N$ 的数据序列通过该系统后,能在所有间隔为 $T=\dfrac{1}{2f_N}$ 的采样点处不产生码间干扰。

理想低通形成网络之所以不可物理实现,在于它的幅频特性在截止频率 f_N 处的垂直截止特性。如对理想低通特性的幅频特性加以修改,使它在 f_N 处不是垂直截止特性,而是有一定的滚降特性,如图 2-10 所示。这种滚降特性能满足奈奎斯特第一准则的条件是,滚降部分的波形关于 $\left(f_N,\dfrac{1}{2}\right)$ 点为奇对称。

滚降低通特性形成网络是可物理实现的,实际中一般采用具有升余弦频谱特性的形成网络,其幅频特性可表示如下:

$$|H(f)|=\begin{cases}1, & 0<f\leqslant(1-\alpha)f_N\\ \dfrac{1}{2}\left\{1+\cos\dfrac{\pi}{2\alpha f_N}[f-(1-\alpha)f_N]\right\}, & (1-\alpha)f_N<f\leqslant(1+\alpha)f_N\\ 0, & f>(1+\alpha)f_N\end{cases}$$

$$(2\text{-}16)$$

式中,α 为滚降系数($0<\alpha\leqslant1$),f_N 为对应理想低通幅频特性的截止频率,由于滚降而使网络的频带宽度增加了 $\alpha\cdot f_N$,其所占频谱宽度为 $B=(1+\alpha)f_N$。

升余弦低通形成网络的冲激响应 $h(t)$ 为

$$h(t)=\dfrac{1}{T}\cdot\dfrac{\sin(\pi t/T)}{\pi t/T}\cdot\dfrac{\cos(\alpha\pi t/T)}{1-4\alpha^2 t^2/T^2}\qquad(2\text{-}17)$$

其波形见图 2-11。

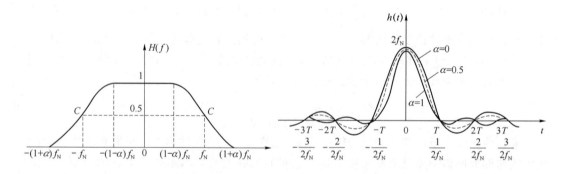

图 2-10 幅频特性滚降的传递特性   图 2-11 升余弦幅频特性网络的冲激响应

从图 2-11 中可以看到,$h(t)$ 波形在采样点($t=0$)处达到最大值,在其他采样点上都为零,而且增加了一些新的零点。另外,升余弦特性相对理想低通特性而言,其 $h(t)$ 波形的"尾巴"衰减比较快,所以对定时要求也较低。但是由于升余弦特性的频谱宽度有所增加,频带利用率就有所下降,表示为

$$\eta=\dfrac{2f_N}{(1+\alpha)f_N}=\dfrac{2}{1+\alpha}\text{Baud/Hz}\qquad(2\text{-}18)$$

例 2-1　一形成滤波器幅度特性如图 2-12 所示,如果符合奈奎斯特第一准则,问:①其符号速率为多少? α 为多少? ②采用八电平传输时,传信速率为多少? ③频带利用率 η 为多少 Baud/Hz?

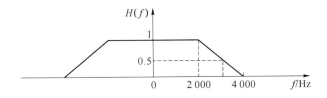

图 2-12　例 2-1 图

解　①如果符合奈奎斯特第一准则,则 $|H(f)|$ 应以 $(f_N, 0.5)$ 呈奇对称滚降,由图示可得

$$f_N = 2\,000 + \frac{4\,000 - 2\,000}{2} = 3\,000 \text{ Hz}$$

符号速率 $f_s = 2f_N = 2 \times 3\,000 = 6\,000$ Baud

滚降系数 $\alpha = \dfrac{4\,000 - 3\,000}{3\,000} = \dfrac{1\,000}{3\,000} = \dfrac{1}{3}$

② 传信速率 $R = f_s \log_2 M = 6\,000 \times \log_2 8 = 18\,000$ bit/s

③ 频带利用率 $\eta = \dfrac{f_s}{B} = \dfrac{6\,000}{4\,000} = 1.5$ Baud/Hz

3. 部分响应系统

(1) 基本原理

根据奈奎斯特第一准则,上面设计了两类采样点无码间干扰的基带形成网络。其中,理想低通形成网络的特点是频谱窄,且频带利用率能够达到理论上的极限(2 Baud/Hz),但缺点是波形"尾巴"衰减较慢,对定时要求比较严格,而且理想情况下的低通网络是无法物理实现的。滚降低通形成网络的波形"尾巴"衰减较快,但所需频带宽度增加了,使得频带利用率不能达到 2 Baud/Hz 的极限。那么能否找到一种形成网络,使其频带利用率能达到 2 Baud/Hz 的极限,而且冲激响应波形的"尾巴"衰减又较快?

奈奎斯特第二准则说明:有控制地在某些码元的采样时刻引入码间干扰,而在其余码元的采样时刻无码间干扰,就能使频带利用率达到理论上的最大值,同时又可降低对定时精度的要求。通常把满足奈奎斯特第二准则的波形称为部分响应波形,利用部分响应波形进行传送的基带传输系统称为部分响应系统。

(2) 第一类部分响应系统

部分响应系统的形成波形是两个或两个以上在时间错开的 $\text{Sa}(2\pi f_N t)$ 所组成,例如第一类部分响应系统的合成波表达式为

$$h(t) = \text{Sa}(2\pi f_N t) + \text{Sa}[2\pi f_N(t - T)] \tag{2-19}$$

此式在分母通分之后将出现 t^2 项,即波动衰减是随着 t^2 而增加,从而加快了响应波形的前导和后尾的衰减,其波形如图 2-13 所示。

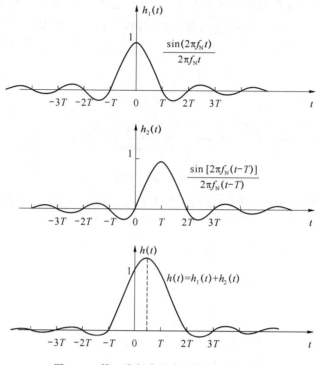

图 2-13　第一类部分响应系统的形成波形

虽然合成波解决了 $Sa(2\pi f_{N}t)$ 波形的定时精度的问题,但是它引入了相邻码元间的在采样时刻的干扰。例如,从图 2-13 中可以看出,假设按码元间隔 T 来发送和采样,$h(t)$ 波形在 0 与 T 时刻都等于 1(归一化值),在其他 kT 处为零,即存在码间干扰。但是可以看出,这种码间干扰是固定的,即如果已知前一码元发送的是"1"码,则对本码元采样时刻有一个固定为 1 的影响;如果已知前一码元为"0"码,则对本码元无影响。所以这种有控的、固定的码间干扰,在接收端是可以消除的。

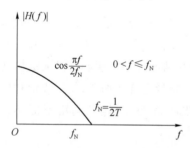

图 2-14　第一类部分响应系统的幅频特性

下面仍以第一类部分响应系统为例,分析其幅频特性,如图 2-14 所示。

其表达式为

$$H(f)=\begin{cases}2\cos\dfrac{\pi f}{2f_{N}}\cdot e^{-j\frac{\pi f}{2f_{N}}}, & 0<f\leqslant f_{N}\\[2mm]0, & f>f_{N}\end{cases}\qquad(2\text{-}20)$$

上述的 $|H(f)|$ 特性称为余弦低通特性,从式(2-20)和图 2-14 可以看出系统占用频带宽度 $B=f_{N}$,则其频带利用率 $\eta=\dfrac{2f_{N}}{f_{N}}=2\ \text{Baud/Hz}$。

（3）部分响应系统的一般表示

部分响应系统形成波形的一般形式可以是 N 个 $\dfrac{\sin 2\pi f_{N}t}{2\pi f_{N}t}$ 波形之和,其表达式为

$$h(t) = \sum_{k=1}^{N} R_k \frac{\sin 2\pi f_N [t - (k-1)T]}{2\pi f_N [t - (k-1)T]} \tag{2-21}$$

其中加权系数 $R_1, \cdots, R_N$ 为整数，$T = \dfrac{1}{2f_N}$。

常见的部分响应系统分别命名为第一、二、三、四和五类部分响应系统，如表 2-1 所示，目前应用最广的是第一类和第四类部分响应系统。

表 2-1　几种常见的部分响应系统

类别	R_1	R_2	R_3	R_4	R_5	$h(t)$	$\lvert H(f) \rvert$	二进制输入时采样值电平数
二进制	1							2
一	1	1						3
二	1	2	1					5
三	2	1	−1					5
四	1	0	−1					3
五	−1	0	2	0	−1			5

从前述讨论可知，部分响应系统有如下特点：

- 有码间干扰，但是固定的，在接收端可以消除；
- 频带利用率能达到 2 Baud/Hz 的极限；
- 形成波形的前导和后尾衰减较快，降低了对接收端定时的精度要求；
- 物理上可实现；
- 接收信号电平数大于发送信号电平数，抗干扰性能要差一些。

2.2.3　时域均衡

1. 时域均衡的作用

在实际的基带传输系统中，总的传输特性一般不能完全满足理想的波形传输无失真条件，这种情况会引起码间干扰。当码间干扰严重时，需要采用均衡器对系统的传递特性进行修正。均衡器的实现可以采用频域均衡方式或时域均衡方式。

频域均衡是在频域上进行的,其基本思路是利用幅度均衡器和相位均衡器来补偿传输系统幅频特性和相频特性的不理想,以达到所要求的理想形成波形,从而消除码间干扰。

时域均衡是在时域上进行的,其基本思路是消除传输波形在采样点处的码间干扰,并不要求传输波形的所有部分都与奈奎斯特准则所要求的理想波形一致。因此可以利用接收波形本身来进行补偿以消除采样点的码间干扰,提高判决的可靠性。时域均衡较频域均衡更直接,更直观,是实际数据传输中所使用的主要方法。

2. 时域均衡的基本原理

时域均衡的常用方法是在基带传输系统的接收滤波器之后(见图 2-6),加入一个可变增益的多抽头横截滤波器,其结构如图 2-15 所示。它是由多级抽头迟延线、可变增益电路和求和器组成的线性系统。

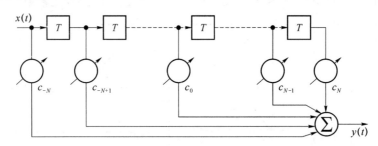

图 2-15 横截滤波器

从图 2-15 可以看出,$x(t)$ 是经过系统后非理想的形成波形,而横截滤波器是利用接收波形本身来进行补偿以消除采样点的码间干扰,提高判决的可靠性,其输出可表示为

$$y(t) = \sum_{k=-N}^{N} c_k x(t - kT) \tag{2-22}$$

我们只关心采样点上的值,即 $t=nT$,则式(2-22)可以写成

$$y(nT) = \sum_{k=-N}^{N} c_k x(nT - kT) \tag{2-23}$$

式(2-23)可简写为

$$y_n = \sum_{k=-N}^{N} c_k x_{n-k} \tag{2-24}$$

其中 $y(t)$ 应满足采样点无码间干扰,即

$$y_n = \begin{cases} 1, & n=0 \\ 0, & n=\pm 1, \pm 2, \cdots, \pm N \end{cases} \tag{2-25}$$

由此可得时域均衡的目标为:调整各增益加权系数 c_k,使得除 $n=0$ 以外的 y_n 值为零,这就消除了码间干扰。从理论上讲,只有横截滤波器的 $N \to \infty$ 时,才能完全消除码间干扰,但实际中,调整各增益系数使得 $y_n=0(n=\pm 1, \pm 2, \cdots, \pm N)$,而在 $|n|>N$ 外的 y_n 形成的码间干扰很小而不至于影响判决。

例 2-2 一个三抽头的时域均衡器,其输入波形如图 2-16 所示,已知其采样值中 $x_{-2}=0.1$,$x_{-1}=-0.2$,$x_0=1$,$x_1=0.4$,$x_2=-0.2$,当 $|k|>2$ 时,$x_k=0$,求输出波形 $y(t)$ 满足 $y_{-1}=0$,$y_0=1$,$y_1=0$ 时,各增益加权系数。

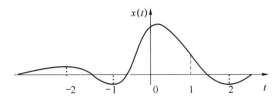

图 2-16　例 2-2 图

解

$$y_n = \sum_{k=-N}^{N} c_k x_{n-k} = \sum_{k=-1}^{1} c_k x_{n-k}$$

$$y_{-1} = c_{-1} x_0 + c_0 x_{-1} + c_1 x_{-2}$$

$$y_0 = c_{-1} x_1 + c_0 x_0 + c_1 x_{-1}$$

$$y_1 = c_{-1} x_2 + c_0 x_1 + c_1 x_0$$

满足 $y_{-1}=0, y_0=1, y_1=0$ 时, 有

$$c_{-1} - 0.2 c_0 + 0.1 c_1 = 0$$

$$0.4 c_{-1} + c_0 - 0.2 c_1 = 1$$

$$-0.2 c_{-1} + 0.4 c_0 + c_1 = 0$$

解方程求得

$$c_{-1} = 0.20, c_0 = 0.85, c_1 = -0.30$$

从例 2-2 可以进一步求得 $y_{-2}=0.045, y_2=-0.29, y_{-3}=0.02, y_3=0.06, |n|>3$ 时, $y_n=0$。由此可见, 虽然得到了 $y_{-1}=0, y_0=1, y_1=0$ 的结果, 但是在其他点还是有码间干扰, 完全消除是不可能的。

2.2.4　数据序列的扰乱与解扰

1. 扰乱与解扰的作用

在前面的讨论中, 我们都假定数据序列是随机的, 但是会有一些特殊情况, 例如一段短时间的连"0"或连"1"和一些短周期的确定性数据序列等。这样的数据信号对传输系统是不利的, 主要是由于:

- 可能产生交调串音。短周期或长"0"、长"1"序列具有很强的单频分量, 这些单频可能与载波或已调信号产生交调, 造成对相邻信道数据信号的干扰。
- 可能造成传输系统失步。长"0"或长"1"序列可能造成接收端提取定时信息困难, 不能保证系统具有稳定的定时信号。
- 可能造成均衡器调节信息丢失。时域均衡器调节加权系数需要数据信号具有足够的随机性, 否则可能导致均衡器中的滤波器发散而不能正常工作。

综上所述, 要使数据传输系统正常工作, 需要保证输入数据序列的随机性, 为了做到这一点, 在数据传输系统中常在发送端首先对输入数据序列进行扰乱。

所谓扰乱, 就是将输入数据序列按某种规律变换成长周期序列, 使之具有足够的随机性。经过扰乱的数据序列通过系统传输后, 在接收端再还原成原始的数据序列, 即为解扰。

2. 扰乱和解扰的基本原理

最有效的数据序列扰乱方法是用一个随机序列与输入数据序列进行逻辑加, 这样就能把任何输入数据序列变换为随机序列。扰乱器与解扰器原理如图 2-17 所示。

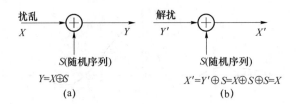

图 2-17 扰乱器与解扰器原理图

如图 2-17(a)所示,输入序列 X 与随机序列 S 进行模 2 加处理后即可得扰乱序列 Y,这时的 Y 就具有完全的随机性。接收端的解扰如图 2-17 (b)所示,将接收到的已扰序列与随机序列 S 进行模 2 加,即可恢复原始数据序列。

为了解扰,必须在接收端产生一个与发送端完全一致的,并在时间上同步的随机序列。实际上,完全随机的序列是不能再现的,因此一般用伪随机序列来代替完全随机序列进行扰乱与解扰。

3. 自同步扰乱器和解扰器

图 2-18(a)给出一个由 5 级移位存储器组成的扰乱器原理图,图 2-18(b)为相应的解扰器。图中经过一次移位,在时间上延迟一个码元时间,用运算符号 D 表示。

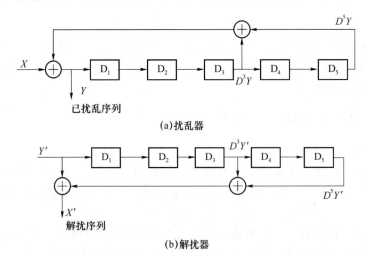

图 2-18 自同步扰乱器与解扰器

设 X 和 Y 分别表示扰乱器的输入和输出序列,X' 和 Y' 分别表示解扰器的输入和输出序列,则如图 2-18 所示逻辑关系,可有

发送端

$$Y = X \oplus D^3 Y \oplus D^5 Y$$

$$Y \oplus D^3 Y \oplus D^5 Y = X \oplus D^3 Y \oplus D^5 Y \oplus D^3 Y \oplus D^5 Y$$

因为自身序列的模 2 加为 0,所以有

$$Y(1 \oplus D^3 \oplus D^5) = X$$

$$Y = \frac{1}{1 \oplus D^3 \oplus D^5} X \tag{2-26}$$

接收端

$$X' = Y' \oplus D^3 Y' \oplus D^5 Y' = (1 \oplus D^3 \oplus D^5) Y'$$

无误码时 $Y = Y'$，则由式(2-26)得

$$X' = (1 \oplus D^3 \oplus D^5) \frac{1}{1 \oplus D^3 \oplus D^5} X = X \tag{2-27}$$

例 2-3　如数据序列为 10101010100000000000，求该序列通过图 2-18 所示扰乱器的输出序列。

解　将式(2-26)进行展开得

$$Y = (1 \oplus D^3 \oplus D^5 \oplus D^6 \oplus D^9 \oplus D^{10} \oplus D^{11} \oplus D^{12} \oplus D^{13} \oplus D^{17} \oplus D^{18} \oplus D^{29} \oplus \cdots) X$$

由于 $D^n X$ 只是将 X 序列延迟 n 个码元，所以将上式中各项对应的序列排列如下：

$$X = 1010101010 \quad 0000000000$$
$$D^3 X = 0001010101 \quad 0100000000 \quad 000$$
$$D^5 X = 0000010101 \quad 0101000000 \quad 00000$$
$$D^6 X = 0000001010 \quad 1010100000 \quad 000000$$
$$D^9 X = 0000000001 \quad 0101010100 \quad 000000000$$
$$D^{10} X = 0000000000 \quad 1010101010 \quad 0000000000$$
$$D^{11} X = 0000000000 \quad 0101010101 \quad 0000000000 \quad 0$$
$$D^{12} X = 0000000000 \quad 0010101010 \quad 1000000000 \quad 00$$
$$D^{13} X = 0000000000 \quad 0001010101 \quad 0100000000 \quad 000$$
$$D^{17} X = 0000000000 \quad 0000000101 \quad 0101010000 \quad 0000000$$
$$D^{18} X = 0000000000 \quad 0000000010 \quad 1010101000 \quad 00000000$$
$$D^{20} X = 0000000000 \quad 0000000000 \quad 1010101010 \quad 0000000000$$

得 $Y = 1011100001 \quad 0010110011$

从上式可以看出，比 $D^{20} X$ 更大的幂次，其延迟已经超出输入的码位数，可以不计。此时的已扰序列 Y 消除了短周期和长连"0"（也适用于长连"1"）。

2.2.5　数据传输系统中的时钟同步

由前述讨论可知，数据传输系统发送端送出的数据信号是等间隔、逐个传输的，接收端接收数据信号也必须是等间隔、逐个接收的。另外，为了消除码间干扰和获得最大判决信噪比也需在接收信号最大值时刻进行采样。为满足上述两点要求，接收端就需要有一个定时时钟信号，并且对定时时钟信号的要求是：定时时钟信号速率与接收信号码元速率完全相同，并使定时时钟信号与接收信号码元保持固定的最佳相位关系。接收端获得或产生符合这一要求的定时时钟信号的过程称为时钟同步，或称为位同步或比特同步。

在数据通信系统中通常是采用时钟提取的方法实现时钟同步，时钟提取的方法分为两类：自同步法和外同步法。在基带数据传输中，多数场合是采用自同步法。

自同步法又称内同步法。它是直接从接收的基带信号序列中提取定时时钟信号的方法。采用自同步法，首先要了解接收到的数据码流中是否有定时时钟的频率分量，即定时时钟频率的离散分量。如果存在这个分量，就可以利用窄带滤波器把定时时钟频率信号提取出来，再形成定时信号。如果接收信号序列中不含定时时钟频率分量，就不能直接用窄带滤波器提取。在这种情况下，需要对接收信号序列进行非线性处理，获得所需要的定时时钟频

率的离散分量后,就可以通过窄带滤波器来提取定时时钟频率信号,最后经脉冲形成获得定时时钟信号。自同步法的原理如图 2-19 所示。

图 2-19　自同步法提取定时信号的原理图

如果接收数据码流中含有定时时钟频率离散分量,图中的非线性处理电路可省略不用。

图 2-19 所示定时提取和形成电路较简单,但当数据序列中出现较长的连"1"或连"0"时,会影响定时信号的准确性。另外,传输过程中信号序列的瞬时中断会使定时时钟信号丢失,造成失步。因此,在实际应用中多采用锁相环的方法,其原理如图 2-20 所示。

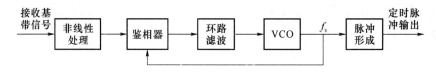

图 2-20　采用锁相环的定时提取原理

加入锁相环电路的作用是当传输信号瞬时中断或幅度衰减时,仍可维持有定时时钟信号输出,另外锁相环电路还可以平滑或减少定时时钟信号的相位抖动,提高定时信号的精度。

2.3　数据信号的频带传输

为了能在带通型信道中进行传输,需要对基带信号进行调制。例如,模拟电话网传输信道的通带范围是 300～3 400 Hz,而基带数据信号含有丰富低频分量,则需要进行调制,将其频谱搬移到适合的信道频带。

2.3.1　频带传输系统的构成

频带传输系统与基带传输系统的区别在于在发送端增加了调制,在接收端增加了解调,以实现信号的频谱变换。

图 2-21 给出了频带传输系统的两种基本结构。如图 2-21 (a)所示,数据信号经发送低通基本上形成所需要的基带信号,再经调制和发送带通形成信道可传输的信号频谱,送入信道。接收带通除去信道中的带外噪声,将信号输入解调器,接收低通的功能是除去解调中出现的高次产物并起基带波形形成的功能,最后将恢复的基带信号送入采样判决电路,完成数据信号的传输。

频带传输系统是在基带传输的基础上实现的,如图 2-21(a)中,在发送端把调制和发送带通去掉,在接收端把接收带通和解调去掉就是一个完整的基带传输系统。所以,实现频带传输仍然需要符合基带传输的基本理论。实际上,从信号传输的角度,一个频带传输系统就相当于一个等效的基带传输系统。

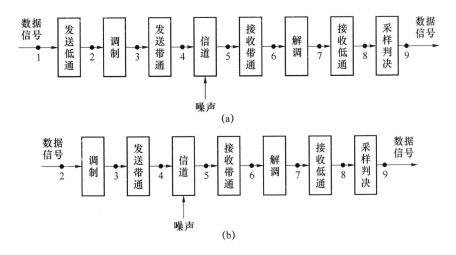

图 2-21　频带传输系统的构成

图 2-21(b)中没有发送低通作基带形成,而是直接以数据信号进行调制,在具体实现上是把发送低通的形成特性放在发送带通中一起实现。即把发送低通的特性合在发送带通特性中,图中的 4 点所对应的信号和频谱特性与图 2-21(a)是完全一样的。尽管没有实际的发送低通,但发送低通的形成特性还是实现了,也是一个等效的基带传输系统。

所谓调制就是用基带信号对载波波形的某些参数进行控制,使这些参量随基带信号的变化而变化。用以调制的基带信号是数字信号,所以又称为数字调制。在调制解调器中都选择正弦(或余弦)信号作为载波,因为正弦信号形式简单,便于产生和接收。由于正弦(或余弦)信号有幅度、频率、相位三种基本参量,因此,可以构成数字调幅、数字调相和数字调频三种基本调制方式,当然也可以利用其中两种方式的结合来实现数字信号的传输,如数字调幅调相等,从而达到更好的特性。

2.3.2　数字调幅

以基带数据信号控制一个载波的幅度,称为数字调幅,又称幅移键控,简写为 ASK。

1．二进制数字调幅

(1) 基本原理

通常,二进制数字调幅(2ASK)信号的产生方法有两种:相乘法和键控法,如图 2-22 所示。相乘法是将基带信号 $s(t)$ 与载波相乘,而键控法是用基带信号 $s(t)$ 控制载波的开关电路,此时的已调信号一般称为通断键控信号(OOK)。

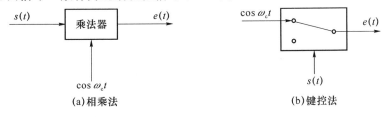

图 2-22　2ASK 的调制方法

下面以相乘法产生 2ASK 信号为例,分析其 2ASK 信号波形及功率谱。设用于调制的信号为 $s(t)$,则已调信号可以表示为

$$e(t) = s(t) \cdot \cos \omega_c t \tag{2-28}$$

式中,$s(t)$ 可以是基带形成信号,也可以是数据终端发出的单、双极性矩形脉冲等形式的信号。为了分析方便,当调制信号 $s(t)$ 分别是单极性不归零信号和双极性不归零信号时,将调制信号和已调信号波形画于图 2-23(假设载波频率与码元速率的关系为 $f_c = 2f_s$)。

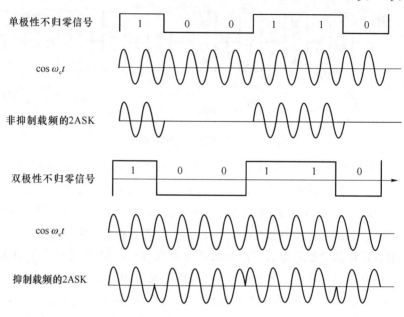

图 2-23 2ASK 信号波形

(2) 2ASK 信号功率谱密度

若设 $s(t)$ 的功率谱密度为 $p_S(f)$,则已调信号 $e(t)$ 的功率谱 $p_E(f)$ 可以表示为

$$p_E(f) = \frac{1}{4} [p_S(f+f_c) + p_S(f-f_c)] \tag{2-29}$$

由此可见,如果 $p_S(f)$ 确定,则 $p_E(f)$ 也可确定。下面分别讨论 $s(t)$ 为单极性不归零信号和双极性不归零信号时,已调信号的功率谱密度。为了简便起见,假设"1"码和"0"码等概出现,且前后码元独立。

① $s(t)$ 为单极性不归零信号时

从式(2-8)可以得其功率谱密度为 $p_S(f) = \dfrac{A^2}{4f_s} \mathrm{Sa}^2\left(\dfrac{\pi f}{f_s}\right) + \dfrac{A^2}{4}\delta(f)$,其中 $T = \dfrac{1}{f_s}$,则已调信号的功率谱密度 $p_E(f)$ 为

$$p_E(f) = \frac{A^2}{16f_s}\left\{\mathrm{Sa}^2\left[\frac{\pi(f+f_c)}{f_s}\right] + \mathrm{Sa}^2\left[\frac{\pi(f-f_c)}{f_s}\right]\right\} +$$
$$\frac{A^2}{16}[\delta(f+f_c) + \delta(f-f_c)] \tag{2-30}$$

其功率谱如图 2-24 所示。可见,2ASK 信号的功率谱密度也由连续谱和离散谱两个部分组成,基带信号的连续谱经调制后形成了双边带谱,离散谱则由基带信号的离散谱确定。其中假设载波频率 f_c 较大,$p_S(f+f_c)$ 和 $p_S(f-f_c)$ 在频率轴上没有重叠部分。

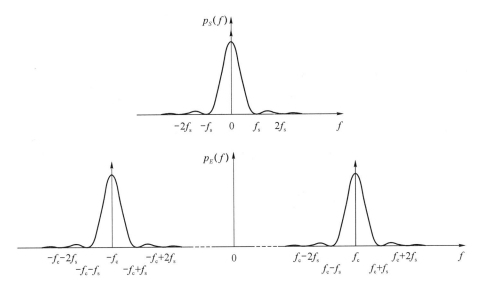

图 2-24　2ASK 已调信号功率谱密度示意图

② $s(t)$ 为双极性不归零信号时

从公式 (2-11) 可以得其功率谱密度为 $p_S(f) = \dfrac{A^2}{f_s} \mathrm{Sa}^2\left(\dfrac{\pi f}{f_s}\right)$，其中 $T = \dfrac{1}{f_s}$，则已调信号的功率谱密度 $p_E(f)$ 为

$$p_E(f) = \frac{A^2}{4f_s}\left\{ \mathrm{Sa}^2\left[\frac{\pi(f+f_c)}{f_s}\right] + \mathrm{Sa}^2\left[\frac{\pi(f-f_c)}{f_s}\right] \right\} \tag{2-31}$$

其功率谱如图 2-25 所示。由于双极性不归零信号中不含有直流分量，所以已调信号的功率谱中，在载波频率处就不含有离散谱分量，这称为抑制载频的 2ASK 调制。

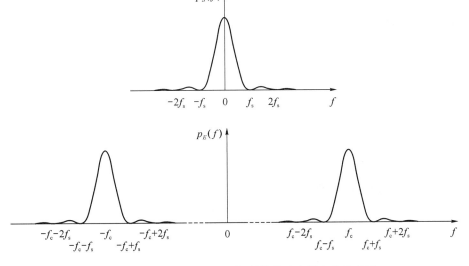

图 2-25　抑制载频的 2ASK 调制信号功率谱密度示意图

总结 2ASK 调制的特点如下：

• 实现了双边带调制；

- 调制信号功率谱密度决定了已调信号的功率谱密度;
- 调制后的带宽为基带信号带宽的 2 倍。

(3) 单边带和残余边带调制

2ASK 信号具有两个边带,并且两个边带含有相同的信息。为了提高信道频带利用率,只需传送一个边带就能实现信息传递。这样就能使用普通滤波器切除一个边带分量,从而实现单边带传输,使频带利用率是双边带传输的两倍。然而从图 2-24 和图 2-25 来看,有些基带信号含有丰富的低频分量,需要在载频 f_c 处尖锐截止的滤波器才能滤除其中一个边带,从而增加了滤波器的制作难度。实际中,在调制前要对基带信号进行处理,目的是使其不含直流分量,同时低频分量尽可能小。例如采用 2.2 节中介绍的第四类部分响应系统,如图 2-26 所示,已调信号的功率谱在上、下边带之间有一个明显的分界,且无离散谱分量。

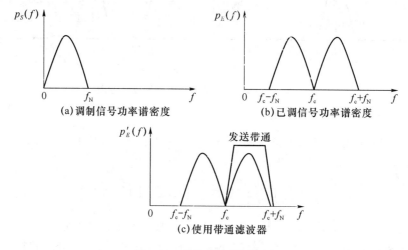

图 2-26 单边带调制示意图

残余边带调制是介于双边带和单边带之间的一种调制方法,它是使已调双边带信号通过一个残余边带滤波器,使其双边带中的一个边带的绝大部分和另一个边带的小部分通过,形成所谓的残余边带信号。残余边带信号所占的频带大于单边带,又小于双边带,所以残余边带系统的频带利用率也是小于单边带,大于双边带的频带利用率,如图 2-27 所示。

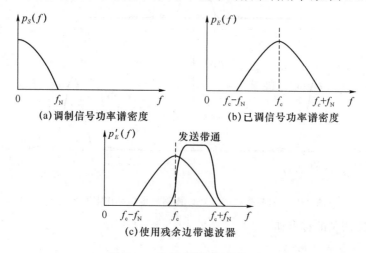

图 2-27 残余边带调制示意图

单边带和残余边带调制曾用于中、高速调制解调器,后来被正交幅度调制 QAM 取代(详见 2.3.5 节)。

2. 多进制数字调幅

多进制数字调幅(MASK)是利用多进制数字基带信号去调制载波的幅度,在原理上可以看成是 OOK 方式在多进制上的推广。其调制信号(单极性)和已调信号波形如图 2-28 所示。

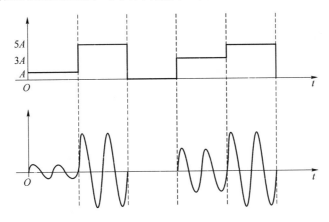

图 2-28　MASK 信号波形

由于 MASK 已调信号的幅度有 M 种可能的取值,与 2ASK 相比,MSK 具有高效率的特点,即在相同的码元速率下,多进制系统的信息传输速率是二进制系统的信息传输速率的 $\log_2 M$ 倍,且可以证明 MASK 和 2ASK 已调信号的带宽相同。但是多进制调幅的抗噪声能力不强,要获得和 2ASK 相同的误码率,需要增加系统的发送功率。目前,实用的多进制调幅形式有多进制残留边带调制、多电平正交幅度调制等。

3. 已调信号的星座图表示

MASK 调制是多进制幅度调制,其已调信号可以写成:

$$e(t) = A_m g(t) \cos \omega_c t \tag{2-32}$$

其中,$A_m = (2m+1-M)A$,　$m = 0, 1, \cdots, M-1$,$2A$ 是两相邻信号幅度之间的差值,假设 $g(t)$ 为单位矩形脉冲的简单情况,每个已调信号的波形可携带 $\log_2 M$ 比特的信息。

若以未调载波的相位作为基准相位或参考相位,则 MASK 已调信号相位有两种,即 $0°$ 和 $180°$,其幅度是 $|A_m|$。将已调信号映射到二维信号空间,用矢量来表示,则可以得到如图 2-29(a)所示的矢量图,若只画出矢量的端点,则得到相应的星座图表示,如图 2-29(b)所示。

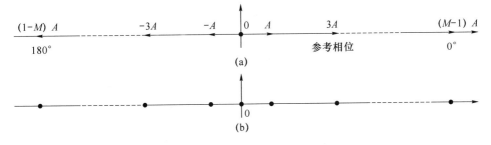

图 2-29　MASK 信号的矢量图与星座图

星座图是某种调制方式的信号点在信号空间分布的一种直观表示,对于判断该调制方式和比较不同调制方式的误码率等有很直观的效用。例如,星座图上各信号点之间的距离越大抗误码能力越强。

2.3.3 数字调相

以基带数据信号控制载波的相位,称为数字调相,又称相移键控,简写为 PSK。

1. 二进制数字调相

(1) 基本原理

二进制数字调相(2PSK)是用载波的两种相位来表示二进制的"1"和"0",这种用载波的不同相位直接去表示基带信号的方法,一般称为绝对调相。根据 CCITT(现为 ITU-T)的建议,有 A、B 两种相位变化方式,用矢量图表示如图 2-30 所示。

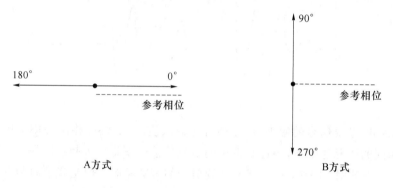

图 2-30 二进制数字调相的移相规则

二进制绝对调相信号的变换规则是:数据信号的"1"对应于已调信号的 0°相位;数据信号的"0"对应于已调信号的 180°相位,或反之。这里的 0°和 180°是以未调载波的 0°作参考相位的。

然而实际应用中,绝对调相的参考相位会发生随机转移(例如 0°变 180°),称为倒相现象,这会使解码出来的"1"和"0"颠倒,而且接收端无法判断是否已经发生了倒相,于是一般不采用绝对调相方式,而采用相对(差分)调相方式。

二进制相对调相信号的变换规则是:数据信号的"1"使已调信号的相位变化 0°相位;数据信号的"0"使已调信号的相位变化 180°相位,或反之。这里的 0°和 180°的变化是以已调信号的前一码元相位作参考相位的,即利用前后相邻码元的相对相位去表示基带信号。

如图 2-31 所示一个典型基带数据信号与相应的 2PSK 信号的波形图:①相位变化规则采用 A 方式;②2DPSK 中,参考相位为 0°,相对码变换公式为 $D_n = a_n \oplus D_{n-1}$;③码元速率与载波频率相等。

由图 2-31 可以看出,数字调相信号的每一个码元的波形,如果单独来看就是一个初始相位为 φ_n 的数字调幅信号。例如,抑制载波的双边带调幅信号就是二相绝对调相信号。故可知,数字调相信号功率谱与抑制载波的 2ASK 信号功率谱相同,也是双边带调制。

(2) 2PSK 信号的产生和解调

如前所述,2PSK 信号与抑制载波的 2ASK 信号等效,因此,可以利用双极性基带信号通过乘法器与载波信号相乘得到 2PSK 信号,也可以通过相位选择器来实现。

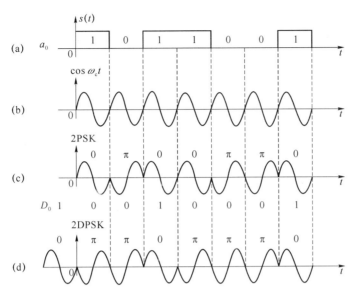

图 2-31 2PSK 信号波形

图 2-32(a)给出的是一种用相位选择法产生 2PSK 信号的原理框图。

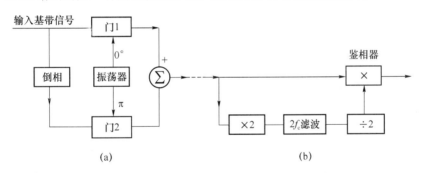

图 2-32 2PSK 信号的产生和解调

如图 2-32(a)所示,振荡器产生 0°,180°两种不同相位的载波,如输入基带信号为单极性脉冲,当输入高电位"1"码时,门电路 1 开通,输出 0°相位载波;当输入为低电位时,经倒相电路可以使门电路 2 开通,输出 180°相位载波,经合成电路输出即为 2PSK 信号。

图 2-32(b)为 2PSK 信号的解调电路原理框图。2PSK 信号的解调需要用相干解调的方式,即接收端需要获得相干载波,并与已调信号相乘。由于 2PSK 信号中无载频分量,无法从接收的已调信号中直接提取相干载波,所以一般采用倍频/分频法。首先将输入 2PSK 信号作全波整流,使整流后的信号中含有 $2f_c$ 频率的周期波。之后利用窄带滤波器取出 $2f_c$ 频率的周期信号,再经二分频电路得到相干载波 f_c。最后经过相乘电路进行相干解调即可得输出基带信号。但是,这种 2PSK 信号的解调存在一个问题,即二分频器电路输出存在相位不定性或称相位模糊问题,如图 2-33 所示。

当二分频器电路输出的相位为 0°或 180°不定时,相干解调的输出基带信号就会存在"0"或"1"倒相现象,这就是二进制绝对调相方式不能直接应用的原因。解决这一问题的方法就是采用相对调相,即 2DPSK 方式。

（3）2DPSK 信号的产生和解调

根据 2DPSK 信号和 2PSK 信号的内在联系,只要将输入的基带数据序列变换成相对序列,即差分码序列,然后用相对序列去进行绝对调相,便可得到 2DPSK 信号,如图 2-34(a)所示。

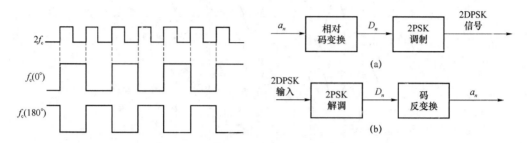

图 2-33　相位不定性示意图　　　图 2-34　2DPSK 信号的产生和 2DPSK 的极性比较法解调

设 a_n,D_n 分别表示绝对码序列和相对(差分)码序列,它们的转换关系为

$$D_n = a_n \oplus D_{n-1} \tag{2-33}$$

式中 $\oplus$ 为模 2 加,按上式计算时,初始值 D_{n-1} 可以任意假定,按式(2-33)应有

a_n		1	0	1	1	0	0	1	0	1
D_n	1	0	0	1	0	0	0	1	1	0
D_n	0	1	1	0	1	1	1	0	0	1

上例中的两个 D_n 序列都可以作为差分码序列,不管用哪一个序列,最后的结果都是一样的。用 D_n 序列进行绝对调相,已调波即是 a_n 的相对调相波形。

2DPSK 的解调有两种方法:极性比较法和相位比较法。其中,极性比较法是比较常用的方法,如图 2-34(b)所示,它首先对 2DPSK 信号先进行 2PSK 解调,然后用码反变换器将差分码变为绝对码。在进行 2PSK 解调时,可能会出现"1","0"倒相现象,但变换为绝对码后的码序列是唯一的,即与倒相无关。由 D_n 到 a_n 的变换如下:

$$a_n = D_n \oplus D_{n-1} \tag{2-34}$$

假定解调出现如下的倒相现象,但按式(2-34)还原的 a_n 是唯一的。

D_n	1	0	0	1	0	0	0	1	1	0
$\overline{D_n}$	0	1	1	0	1	1	1	0	0	1
a_n		1	0	1	1	0	0	1	0	1

2DPSK 的相位比较法解调,如图 2-35 所示。

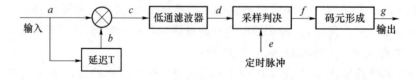

图 2-35　DPSK 的相位比较法解调

2DPSK 相位比较法解调的波形变换过程如图 2-36 所示。

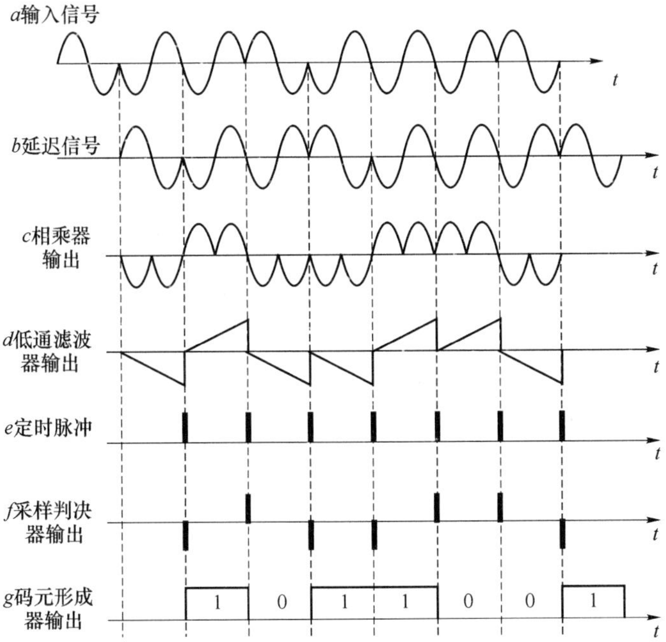

图 2-36　2DPSK 的相位比较法解调的波形变换过程

2. 多进制数字调相

在数字调相中,不仅可以采用二进制数字调制,还可以采用多进制相位调制(简称多相调相),即用多种相位或相位差来表示数字信息。如果把输入二进制数据的每 k 个比特编成一组,则构成所谓的 k 比特码元。每一个 k 比特码元都有 2^k 种不同状态,因而必须用 $M = 2^k$ 种不同相位或相位差来表示。

（1）四进制数字调相

四进制数字调相（QPSK）,简称四相调相,是用载波的四种不同相位来表征传送的数据信息。在 QPSK 调制中,首先对输入的二进制数据进行分组,将二位编成一组,即构成双比特码元。对于 $k = 2$,则 $M = 2^2 = 4$,对应四种不同的相位或相位差。

我们把组成双比特码元的前一信息比特用 A 代表,后一信息比特用 B 代表,并按格雷码排列,以便提高传输的可靠性。按国际统一标准规定,双比特码元与载波相位的对应关系有两种,称为 A 方式和 B 方式,如表 2-2 所示,其矢量表示如图 2-37 所示。

表 2-2　双比特码元与载波相位对应关系

双比特码元		载波相位	
A	B	A 方式	B 方式
0	0	0	$5\pi/4$
1	0	$\pi/2$	$7\pi/4$
1	1	π	$\pi/4$
0	1	$3\pi/2$	$3\pi/4$

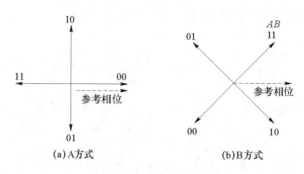

图 2-37 双比特码元与载波相位的对应关系

QPSK 信号可采用调相法产生,产生 QPSK 信号的原理如图 2-38(a)所示。QPSK 信号可以看作两个正交的 2PSK 信号的合成,可用串/并变换电路将输入的二进制序列依次分为两个并行的序列,分别对应双比特码元中 A 和 B 的数据序列。双极性 A 和 B 数据脉冲分别经过平衡调制器,对 $0°$ 相位载波 $\cos \omega_c t$ 和与之正交的载波 $\cos\left(\omega_c t + \dfrac{\pi}{2}\right)$ 进行二相调相,得到如图 2-38(b)所示四相信号的矢量表示图。

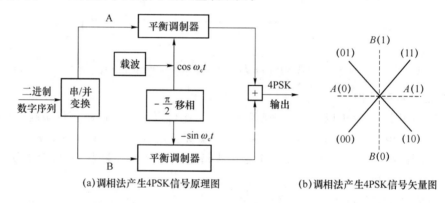

(a)调相法产生4PSK信号原理图   (b)调相法产生4PSK信号矢量图

图 2-38 QPSK 调制原理图

QPSK 信号可用两路相干解调器分别解调,而后再进行并/串变换,变为串行码元序列,其原理如图 2-39 所示。图中,上、下两个支路分别是 2PSK 信号解调器,它们分别用来检测双比特码元中的 A 和 B 码元,然后通过并/串变换电路还原为串行数据信息。

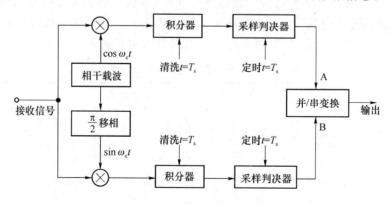

图 2-39 QPSK 解调原理图

图 2-38、图 2-39 分别是 QPSK 信号的产生和解调原理图,如在图 2-38 的串/并变换之前加入一个码变换器,即把输入数据序列变换为差分码序列,则即为 4DPSK 信号产生的原理图;相应的在图 2-39 的并/串变换之后再加入一个码反变换器,即把差分码序列变换为绝对码序列,则即为 4DPSK 信号的解调原理框图。

（2）多进制数字调相的频带利用率

设二元码的速率为 f_b（单位 bit/s）,现用 k 个二元码作为一组,即 k 个二元码组成一个符号,则符号速率为 $f_{s,k}=\dfrac{f_b}{k}$。k 个二元码可有 2^k 个组合,则所需的相位数为 $M=2^k$,即 $k=\log_2 M$。

如用基带传输,理论上频带利用率可达 2 kbit/（s·Hz）（此处 k 是组成一个符号的二元码的个数）。调制后是双边带,则频带利用率为 1 kbit/（s·Hz）。如基带形成采用滚降低通滤波器,并其滚降系数为 α,则多相调相的频带利用率为

$$\eta=\frac{k}{1+\alpha}=\frac{\log_2 M}{1+\alpha} \tag{2-35}$$

由式（2-35）可以看出,M 越大,频带利用率越高。但 M 越大,已调载波的相位差也就越小,接收端在噪声干扰下越容易判错,使可靠性下降。一般实际应用的是:数字调相中的 M 可以取 2、4、8、16 等。

2.3.4　数字调频

用基带数据信号控制载波的频率,称为数字调频,又称频移键控（FSK）。下面以 2FSK 为例,介绍其基本原理。

1. 2FSK 信号及功率谱密度

（1）2FSK 信号

二进制移频键控就是用二进制数字信号控制载波频率,当传送"1"码时输出频率 f_1;当传送"0"码时输出频率 f_0。根据前后码元载波相位是否连续,可分为相位不连续的移频键控和相位连续的移频键控,如图 2-40 所示（设相位不连续的 2FSK:$\cos\omega_0 t$ 的初始相位为 0,$\cos\omega_1 t$ 的初始相位为 $\pi/2$）。

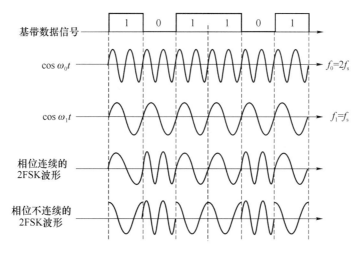

图 2-40　2FSK 信号波形

图 2-41 给出了一个典型的相位不连续的 2FSK 信号波形,它可以看作是载波频率 f_1

和 f_0 的两个非抑制载波的 2ASK 信号的合成。相位不连续的 2FSK 信号的功率谱密度,可利用 2ASK 信号的功率谱密度求得。

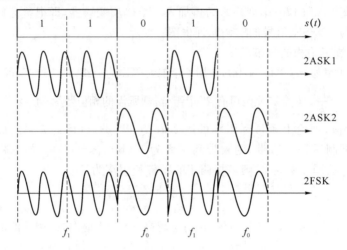

图 2-41 相位不连续的 2FSK 信号波形

(2) 2FSK 信号功率谱密度

如前所述,相位不连续的 2FSK 信号是由两个非抑制载波的 2ASK 信号合成,故其功率谱密度也是两个不抑制载波的 2ASK 信号的功率谱密度的合成,如图 2-42 所示(假设无发送低通,其作用由发送带通完成,且仅是简单的频带限制)。

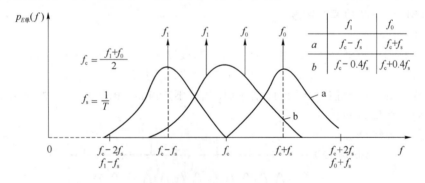

图 2-42 相位不连续的 2FSK 信号的功率谱密度

其中,曲线 a 所示功率谱密度曲线为两个载波频率之差满足 $f_0 - f_1 = 2f_s$ 的情形,此时两个 2ASK 信号的功率谱密度曲线的连续谱部分刚好在 f_c 相接,即若 $f_0 - f_1 > 2f_s$,则两个 2ASK 信号的功率谱密度曲线之间有一段间隔,且 2FSK 信号功率谱的连续谱呈现双峰;曲线 b 所示功率谱密度曲线为两个载波频率之差满足 $f_0 - f_1 = 0.8f_s$ 的情形,此时 2FSK 信号功率谱的连续谱呈现单峰。

由图 2-42 可以看出:

① 相位不连续的 2FSK 信号的功率谱密度是由连续谱和离散谱组成。

• 连续谱由两个双边带谱叠加而成;

• 离散谱出现在 f_1 和 f_0 的两个载波频率的位置上。

② 若两个载波频率之差较小,连续谱呈现单峰;如两个载波频率之差较大,连续谱呈现双峰。

对 2FSK 信号的带宽,通常是作如下考虑的:若调制信号的码速率以 f_s 表示,载波频率 f_1 的 2ASK 信号的大部分功率是位于 f_1-f_s 和 f_1+f_s 的频带内,而载波 f_0 的 2ASK 信号的大部分功率是位于 f_0-f_s 和 f_0+f_s 的频带内。因此,相位不连续的 2FSK 的带宽约为

$$B=2f_s+|f_1-f_0|=(2+h)f_s \qquad (2\text{-}36)$$

其中 $h=\dfrac{|f_1-f_0|}{f_s}$ 称为频移指数。

由于采用二电平传输,即 $f_b=f_s$,则频带利用率为

$$\eta=\frac{f_b}{B}=\frac{f_s}{(2+h)f_s}=\frac{1}{2+h}\text{bit}/(\text{s}\cdot\text{Hz}) \qquad (2\text{-}37)$$

2. 2FSK 信号的产生和解调

(1) 2FSK 信号的产生

前述已说明,2FSK 信号是两个数字调幅信号之和,故此,2FSK 信号的产生可用两个数字调幅信号相加的办法产生。图 2-43 所示为 2FSK 信号产生的原理图。

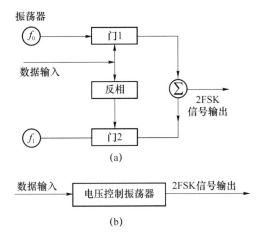

图 2-43　2FSK 信号的产生

图 2-43(a)为相位不连续的 2FSK 信号产生的原理,利用数据信号的"1"和"0"分别选通门电路 1 和 2,以分别控制两个独立的振荡源 f_1 和 f_0,并求和即可得到相位不连续的 2FSK 信号。

图 2-43(b)为相位连续的 2FSK 信号产生的原理图,利用数据信号的"1"和"0"的电压的不同控制一个可变频率的电压控制振荡器以产生两个不同频率的信号 f_1 和 f_0,这时两个频率变化时相位就是连续的。

(2) 2FSK 信号的解调

这里讨论两种简单的 2FSK 的解调方法,如图 2-44 所示。

图 2-44(a)是采用分路选通滤波器进行 2FSK 信号的非相干解调,当 2FSK 信号的频偏较大时,可以把 2FSK 信号当作两路不同载频的 2ASK 信号接收。为此,需要两个中心频率分别为 f_1 和 f_0 的带通滤波器,利用它们把代表"1"和"0"码的信号分离开,得到两个 2ASK 信号,再经振幅检波器得到两个解调电压,把这两个电压相减即可得到解调信号的输出。这

种解调方式要求有较大的频偏指数,故这种解调方式的频带利用率较低。

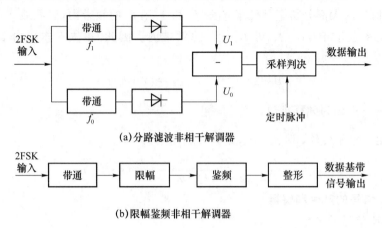

(a)分路滤波非相干解调器

(b)限幅鉴频非相干解调器

图 2-44　2FSK 的解调方法

鉴频器法在频带数据传输中较广泛用于 2FSK 信号的解调,图 2-44(b)是采用鉴频解调方法的简单框图。其中,2FSK 信号先经过带通滤波器滤除信道中的噪声,限幅器用以消除接收信号的幅度变化。

2.3.5　现代数字调制技术

随着通信容量日益增加,数据通信所用带宽越来越宽,频谱变得越来越拥挤,因此必须研究频谱高效调制技术以在有限的带宽资源下获得更高的传输速率。本节介绍几种现代数字调制技术,分别是正交幅度调制(QAM)、偏移(交错)正交相移调制(OQPSK)和最小频移键控(MSK)。

1. 正交幅度调制

(1)基本原理

正交幅度调制(Quadrature Amplitude Modulation,QAM),又称正交双边带调制。它是将两路独立的基带波形分别对两个相互正交的同频载波进行抑制载波的双边带调制,所得到的两路已调信号叠加起来的过程。由于两路已调信号频谱正交,可以在同一频带内并行传输两路数据信息,因此其频带利用率和单边带相同。在 QAM 方式中,基带信号可以是二电平,又可以为多电平的,若为多电平时,就构成多进制正交幅度调制(MQAM),其调制信号产生和解调原理如图 2-45 所示。

MQAM 信号的产生过程如图 2-45(a)所示:输入的二进制序列(总传信速率为 f_b)经串/并变换得到两路数据流,每路的信息速率为总传信速率的二分之一,即 $\frac{f_b}{2}$。因为要分别对同频正交载波进行调制,所以分别称它们为同相路和正交路。接下来两路数据流分别进行 2/L 电平变换,得到码元速率为 $\frac{f_b}{\log_2 M}$ 的 L 电平信号,即两路的电平数 $L = \sqrt{M}$。两路 L 电平信号通过基带形成,产生 $s_I(t)$ 和 $s_Q(t)$ 两路独立的基带信号,它们都是不含直流分量的双极性基带信号。

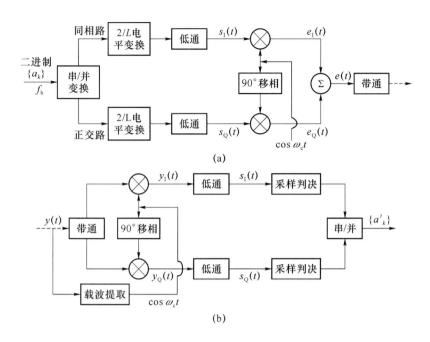

图 2-45 MQAM 调制和解调原理图

同相路的基带信号 $s_I(t)$ 与载波 $\cos \omega_c t$ 相乘,形成抑制载波的双边带调幅信号

$$e_I(t) = s_I(t) \cos \omega_c t \tag{2-38}$$

正交路的基带信号 $s_Q(t)$ 与载波 $\cos\left(\omega_c t + \dfrac{\pi}{2}\right) = -\sin \omega_c t$ 相乘,形成另外一路抑制载波的双边带调幅信号

$$e_Q(t) = s_Q(t) \cos\left(\omega_c t + \frac{\pi}{2}\right) = -s_Q(t) \sin \omega_c t \tag{2-39}$$

两路信号合成后即得 MQAM 信号

$$e(t) = e_I(t) + e_Q(t) = s_I(t) \cos \omega_c t - s_Q(t) \sin \omega_c t \tag{2-40}$$

由于同相路的调制载波与正交路的调制载波相位相差 $\pi/2$,所以形成两路正交的功率频谱,4QAM 信号的功率谱密度如图 2-46 所示(设同相路基带形成采用余弦低通,正交路基带形成采用正弦低通),两路都是双边带调制,而且两路信号同处于一个频段之中,可同时传输两路信号,故频带利用率是双边带调制的两倍,即与单边带方式或基带传输方式的频带利用率相同。

正交幅度调制信号的解调采用相干解调方法,其原理如图 2-45(b)所示。假定相干载波与已调信号载波完全同频同相,且假设信道无失真、带宽不限、无噪声,即 $y(t) = e(t)$,则两个解调乘法器的输出分别为

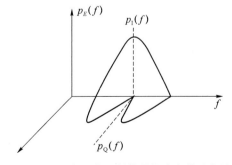

图 2-46 正交幅度调制信号的功率谱示意图

$$y_I(t) = y(t)\cos\omega_c t = [s_I(t)\cos\omega_c t - s_Q(t)\sin\omega_c t]\cos\omega_c t$$

$$= \frac{1}{2}s_I(t) + \frac{1}{2}[s_I(t)\cos 2\omega_c t - s_Q(t)\sin 2\omega_c t] \tag{2-41}$$

$$y_Q(t) = y(t)(-\sin\omega_c t) = [s_I(t)\cos\omega_c t - s_Q(t)\sin\omega_c t](-\sin\omega_c t)$$

$$= \frac{1}{2}s_Q(t) - \frac{1}{2}[s_I(t)\sin 2\omega_c t + s_Q(t)\cos 2\omega_c t] \tag{2-42}$$

经低通滤波器滤除高次谐波分量，上、下两个支路的输出信号分别为 $\frac{1}{2}s_I(t)$ 和 $\frac{1}{2}s_Q(t)$，经判决后，两路合成为原二进制数据序列。

（2）QAM 信号星座图

首先，以 4QAM 信号产生为例，其电路方框图及信号的矢量表示见图 2-47(a)。

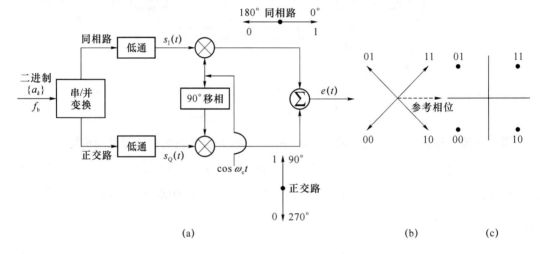

图 2-47　正交调幅信号产生电路方框图及星座图

由图 2-47(a)所示抑制载频双边带调幅的信号的矢量表示可以看出，以未调载波的相位作为基准相位或参考相位，对应 -1 或 $+1$ 信号的已调波信号相位相差 180°。同相路的"1"对应于 0°相位，"0"则对应于 180°相位；而正交路的载波与同相路相差 90°，则正交路的"1"对应于 90°相位，"0"对应于 270°相位。同相、正交两路调制输出经合成电路合成，则输出信号可有四种不同相位，可以用来表示一个 (A, B) 二元码组。

(A, B) 二元码共有四种组合，即 00，01，11，10。这四种组合所对应的相位矢量关系如图 2-47(b)所示。图中所示的对应关系是按格雷码规则变换的，这种变换的优点是相邻判决相位的码组只有一个比特的差别，相位判决错误时只造成一个比特的误码，所以这种变换有利降低传输误码率。

图 2-47(b)是 4QAM 信号的矢量表示，图 2-47(c)为 QAM 信号的星座表示。对前述讨论的 4QAM 方式是同相路和正交路分别传送的是二电平码的情况。如果采用 $2/L$ 电平变换，则两路用于调制的信号为 L 电平基带信号，这样就能更进一步提高频带利用率。例如，采用四电平基带信号，每路在星座上有 4 个点，于是 $4 \times 4 = 16$，组成 16 个点的星座图，如图 2-48所示。这种正交调幅称为 16QAM。同理，如果两路采用八电平基带信号，可得 64点星座图，称为 64QAM，更进一步还有 256QAM 等。由前述对应的数值可知，MQAM 的

每路电平数为 $L=\sqrt{M}$。

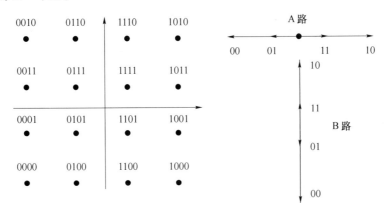

图 2-48　16QAM 星座图

（3）QAM 的频带利用率

QAM 方式的主要特点是有较高的频带利用率。现在来分析如何考虑 MQAM 的频带利用率，这里的 M 为星点数。设输入数据序列的比特率，即同相路和正交路的总比特率为 f_b，信道带宽为 B，则频带利用率为

$$\eta=\frac{f_b}{B} \tag{2-43}$$

由前述讨论可知，对 MQAM 系统，两路基带信号的电平数应是 $\sqrt{M}$，如 4QAM 时每路的基带信号是二电平，对 16QAM，则每路的基带信号是四电平。按多电平传输分析，每路每个符号（码元）含有的比特数应为 $\log_2\sqrt{M}=\frac{1}{2}\log_2 M$。如令 $k=\frac{1}{2}\log_2 M$，则相当于 $k/2$ 个二元码组成一个符号。设码元间隔为 $T_{k/2}=\frac{1}{f_{s,k/2}}$，即码元速率为 $f_{s,k/2}$。因为总速率为 f_b，则各路的比特率为 $f_b/2$，并有

$$\frac{f_b}{2}=f_{s,k/2}\cdot\frac{1}{2}\log_2 M \tag{2-44}$$

如果基带形成滤波器采用滚降特性，则有

$$(1+\alpha)f_N=(1+\alpha)\frac{1}{2T_{k/2}}=\frac{1+\alpha}{2}f_{s,k/2} \tag{2-45}$$

由于正交调幅是采用双边带传输，则调制系统带宽应为基带信号带宽的 2 倍，即

$$B=2(1+\alpha)f_N=(1+\alpha)f_{s,k/2} \tag{2-46}$$

将式（2-44）、式（2-46）代入式（2-43），则有 MQAM 的频带利用率为

$$\eta=\frac{\log_2 M}{1+\alpha} \tag{2-47}$$

这里的 M 为星点数，其值可取为 4、16、64、256 等。M 值越大，即星点数越多，其频带利用率就越高。但是 M 越大，相同信号空间内，星点的空间距离越小，则系统的抗干扰能下降，误码率增高。

例如利用电话网信道的 600～3 000 Hz 来传输数据信号，此时信道带宽为 $B=3\,000-600=2\,400$ Hz，采用 MQAM 时，其能够达到的极限频带利用率和最大信息传输速率（$\alpha=$

0,理想低通的情形)如表 2-3 所示。其中 $f_{bmax} = \eta_{max} \cdot B$。

表 2-3　电话信道中采用 MQAM 调制

	$\eta_{max}/(\text{bit} \cdot \text{s}^{-1} \cdot \text{Hz}^{-1})$	$f_{bmax}/(\text{kbit} \cdot \text{s}^{-1})$
4QAM	2	4.8
16QAM	4	9.6
32QAM	6	14.4
64QAM	8	19.2

例 2-4　一正交调幅系统,采用 MQAM,所占频带为 600～3 000 Hz,其基带形成滤波器滚降系数 α 为 1/3,假设总的数据传信速率为 14 400 bit/s,求:

① 调制速率;

② 频带利用率;

③ M 及每路电平数。

解　①　$B = 3\ 000 - 600 = 2\ 400$ Hz

因为 $B = 2(1+\alpha)f_N$,所以调制速率

$$f_s = 2f_N = \frac{B}{1+\alpha} = \frac{2\ 400}{1+\dfrac{1}{3}} = 1\ 800 \text{ Baud}$$

②
$$\eta = \frac{f_b}{B} = \frac{14\ 400}{2\ 400} = 6 \text{ bit/(s} \cdot \text{Hz)}$$

③ 因 $\eta = \dfrac{\log_2 M}{1+\alpha}$,所以

$$\log_2 M = \eta(1+\alpha) = 6 \times \left(1+\frac{1}{3}\right) = 8$$
$$M = 2^8 = 256$$

每路电平数为 $M^{\frac{1}{2}} = 256^{\frac{1}{2}} = 16$。

2. 偏移正交相移调制

偏移(交错)正交相移调制(OQPSK)是对四相调相(QPSK)的改进。在 2.3.3 节中介绍了使用两路正交的 2PSK 信号产生 QPSK,其中两个支路的基带波形在时间上是同步的,如图 2-49 给出了 QPSK 调制的一组数据信号波形表示。

图 2-49 表示的是用于调制的双极性基带数据信号〔如图 2-49(a)所示〕,经过串/并变换,成为两路数据流〔如图 2-49(b)和(c)所示〕,其中原始基带数据信号的码元间隔为 T,而分成两路后,每一路的码元间隔为 $2T$。对于 QPSK 来说,两路的基带波形是对齐的,分别进行 2PSK 调制,载波相位每隔 $2T$ 改变一次。如果某一个 $2T$ 间隔内,两路数据同时改变相位,则会产生 180°的载波相位改变,这会使信号通过带通滤波器(带限信道后),产生的波形不再是恒包络(甚至瞬间会变为 0)。这种信号通过采用非线性放大器(例如微波中继和卫星通信)的信道后,使已经滤除的带外分量又被恢复出来,导致频谱扩展,对相邻波道产生干扰。

图 2-50 所示为 OQPSK 调制的数据信号波形表示,其中也包括串/并变换和正交调制,但是与 QPSK 不同的是两路基带波形有了 T,即半个码元间隔(串/并变换后每路的码元间隔为 $2T$)的偏移,这使得任何 T 内的相位跳变只能是 0°和 ±90°。滤波后的 OQPSK 信号的

包络不会过零点，当通过非线性器件时，产生的包络波动小。因此，在非线性系统中，OQPSK 比 QPSK 的性能优越。

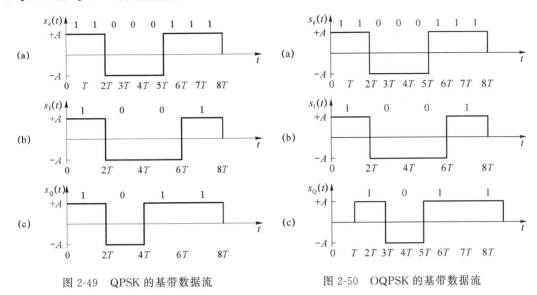

图 2-49　QPSK 的基带数据流　　　　图 2-50　OQPSK 的基带数据流

同 QPSK 信号一样，OQPSK 信号可以表示为两路正交 2PSK 信号的和，如下：

$$e_{OQPSK} = A[s_I(t)\cos\omega_c t - s_Q(t)\sin\omega_c t] \tag{2-48}$$

假设数据序列为 11000111，对比 QPSK 和 OQPSK 的已调波波形如图 2-51 所示。

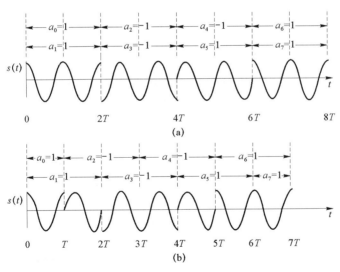

图 2-51　QPSK 与 OQPSK 波形

3. 最小频移键控与高斯最小频移键控

（1）最小频移键控调制

前述 OQPSK 的主要优点是在非线性带限信道中能抑制带外干扰，如果能避免间断的相位跳变，则会带来更好的性能。连续相位调制（Continuous-Phase Modulation，CPM）方式由此产生，而最小频移键控（Minimum Shift Keying，MSK）就是这类调制方式，即连续相位频移键控(Continuous-Phase Frequency Shift Keying,CPFSK)的特殊情况。从另外一个角度来看,MSK 可以是有正弦码加权 OQPSK 的特例。

若将 MSK 看成一类特殊的 OQPSK,则可将 MSK 信号表示为

$$e_{\mathrm{MSK}}(t)=A[s_{\mathrm{I}}(t)\cos 2\pi f_c t-s_{\mathrm{Q}}(t)\sin 2\pi f_c t] \tag{2-49}$$

式中,两路基带信号为正弦形脉冲替代,而非 OQPSK 的矩形波形,其调制的过程如图 2-52 所示。

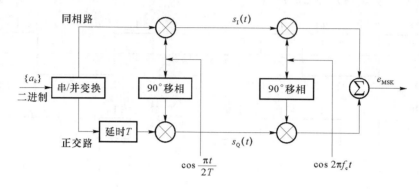

图 2-52　一种 MSK 调制方法

由图 2-52 可见,原始基带数据信号经过串/并变换分成两路,同相路数据流与 $\cos\left(\dfrac{\pi t}{2T}\right)$ 相乘$\left[\text{用}\cos\left(\dfrac{\pi t}{2T}\right)\text{加权}\right]$,形成正弦形脉冲 $s_{\mathrm{I}}(t)$;正交路数据流延时 T 后与 $\sin\left(\dfrac{\pi t}{2T}\right)$ 相乘$\left[\text{用}\sin\left(\dfrac{\pi t}{2T}\right)\text{加权}\right]$,形成正弦形脉冲 $s_{\mathrm{Q}}(t)$。$s_{\mathrm{I}}(t)$ 与 $s_{\mathrm{Q}}(t)$ 代替 OQPSK 中的矩形脉冲进行正交的幅度调制,两路已调波合成后即得 MSK 信号。

其中,$s_{\mathrm{I}}(t)$ 与 $s_{\mathrm{Q}}(t)$ 的典型波形如图 2-53(a)和(c)所示,与 OQPSK 的矩形脉冲相比,与正弦波相乘后的相位变化更平缓。图 2-53(b)和(d)分别表示了用正弦形脉冲调制后的相互正交的分量 $s_{\mathrm{I}}(t)\cos 2\pi f_c t$ 与 $s_{\mathrm{Q}}(t)\sin 2\pi f_c t$。图 2-53(e)则为 MSK 信号的波形。

MSK 的功率谱为

$$p_{\mathrm{MSK}}(f)=\frac{16A^2 T}{\pi^2}\left\{\frac{\cos[2\pi(f-f_c)T]}{1-[4(f-f_c)T]^2}\right\}^2 \tag{2-50}$$

为了比较方便,同时写出 OQPSK(同 QPSK)的功率谱

$$p_{\mathrm{QPSK}}(f)=2A^2 T\left\{\frac{\sin[2\pi(f-f_c)T]}{2\pi(f-f_c)T}\right\}^2 \tag{2-51}$$

可见,MSK 信号与 OQPSK 信号相比,MSK 信号的功率谱密度有较宽的主瓣,MSK 第一个谱零点在 $f-f_c=\dfrac{3}{4T}$ 处,而 OQPSK 第一个谱零点在 $f-f_c=\dfrac{1}{2T}$ 处。在主瓣外,MSK 信号的功率谱曲线比 OQPSK 衰减快,即 MSK 信号的功率谱随 $(f-f_c)^4$ 速度下降。

(2)高斯最小频移键控调制

高斯最小频移键控(GMSK)是 MSK 的改进,它在 MSK 调制器前加入一个高斯低通滤波器,即基带信号首先形成为高斯形脉冲,然后再进行 MSK 调制。

由 MSK 调制的讨论中可以看出,MSK 调制的优点是具有恒包络和主瓣外衰减快的特

性,而 GMSK 不但具有 MSK 的这些优点,而且具有更好的频谱和功率特性。即经过高斯低通滤波器成形后的高斯脉冲包络无陡峭边沿,亦无拐点,特别适用于功率受限和信道存在非线性、衰落以及多普勒频移的移动通信系统。

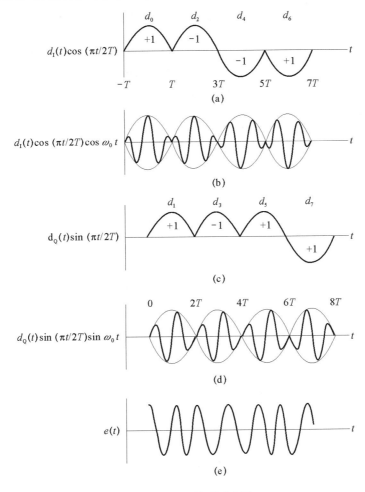

图 2-53　MSK 波形示意图

GMSK 在 MSK 的基础上得到更平滑的相位路径,但误比特率性能不如 MSK。

2.3.6　数字调制中的载波提取和形成

在数字调制传输系统中,许多类型的解调器都是采用相干解调的方式。这是因为在相当多的情况下,相干解调的接收性能较好。所谓相干解调就是用相关法实现最佳接收的具体应用。其具体实现是:在接收解调时需要产生一个相干载波,以此相干载波与接收信号相乘进行解调。对相干载波的要求是与发送端载波有相同的频率和相同的相位。

要在接收端产生和形成相干载波,需要获得发送载波的频率和相位信息,通常的方法是从接收信号中提取。接收到的已调信号中,有些具有载频分量(线谱),这样就可以直接获取所需要的频率和相位信息;而有些信号中虽然不存在载频分量,但是通过响应的波形处理,就可以取得所需要的频率和相位信息;另外的一些信号中无法通过以上方式获取频率和相位信息,这时需要通过发送端加入的特殊导频来取得载波信息。从而,接收端获取相干载波的方法主要有两类:直接从已调接收信号中提取(直接法)和利用插入导频提取(插入导频法)。

1. 直接法

从接收的已调信号中提取相干载波,首先要考虑的问题是接收的已调信号中是否含有载频分量。如果接收的已调信号中含有载频分量,就可以直接通过窄带滤波器或锁相环提取。

在数据传输中,因为载频分量本身不负载信息,所以多数调制方式中都采用抑制载频分量的方式,即已调信号中不直接含有载频分量,这时无法直接从接收信号中提取载波的频率和相位信息。但是对于某些信号,如 2PSK、QAM 等,只要对接收信号波形进行适当的非线性处理,就可以使处理后的信号中含有载波的频率和相位信息,然后通过窄带滤波器或锁相环获得相干载波。

例如,2PSK 信号可以表示为 $e(t)=s(t)\cos\omega_c t$,其中 $s(t)$ 为双极性基带信号,不含有直流分量(假设"1","0"等概出现),所以 $e(t)$ 中不含载频分量。如果对 $e(t)$ 进行平方处理(或全波整流),即

$$e^2(t)=s^2(t)\cos^2\omega_c t=\frac{1}{2}s^2(t)+\frac{1}{2}s^2(t)\cos 2\omega_c t \qquad (2\text{-}52)$$

式(2-52)所示即为平方处理后的波形,可见不论 $s(t)$ 是什么波形,$s^2(t)$ 中必然存在直流分量。因而,它与 $\cos 2\omega_c t$ 相乘就成为载波频率的 2 倍频项,只要用一只中心频率为 $2f_c$ 的窄带滤波器就能获取载波频率的 2 倍频的信息,再用一个二分频器就可得到频率为 f_c 的载波频率,如图 2-54 所示。

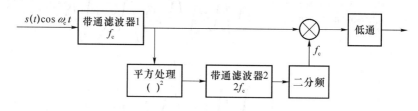

图 2-54　平方处理提取相干载波

利用这种方法提取的载波,频率能完全跟踪发送载频,而且由于直接处理接收信号,包括由信道引入的频率偏移在内的各种频率变化也能很好地跟踪,这是一种比较简单而又可靠的方法。这种方法的主要缺点是由于二分频电路输出的频率为 f_c 载波频率信号存在 0° 和 180° 的相位不定性,用这样的相干载波进行解调就会存在"1"和"0"反相的问题。为了克服这一缺点,在传输中可以采用相对码变换技术,如 DPSK 方式。

接收信号幅度波动和接收信号瞬时中断,会所造成提取的相干载波的频率和相位不稳定,也会引起相干载波的相位抖动,这时多采用锁相环的方式,图 2-55 所示。

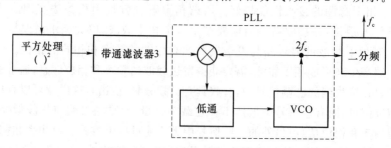

图 2-55　锁相环方式提取相干载波

图 2-55 中虚线框内部分为锁相环(PLL),代替了图 2-54 中的带通滤波器 2。适当地选择锁相环的增益,可以使静态相位差足够小,并使输出的提取载波相位抖动控制在许可的范围内。锁相环的另一作用是当接收信号瞬时中断时,由于锁相环内的压控振荡器的作用可以维持本地输出的相干载波不中断,以保持系统稳定。

2. 插入导频法

在某些情况下可能无法从接收的已调信号中获取所需要的相干载波的频率和相位信息,这时,只能利用发送端加入的特殊导频来取得载波的信息。所谓插入导频,就是在已调信号频谱中额外地加入一个低功率的载频或与其有关的频率的线谱,其对应的正弦波就称为导频信号。在接收端利用窄带滤波器把它提取出来,经过适当的处理,如锁相、变频、形成等,即可获得接收端的相干载波。

2.3.7　数字信号的最佳接收

1. 最佳接收的概念

通信系统中信道特性的不理想及信道噪声的存在,会直接影响接收系统的性能,而一个通信系统的质量优劣在很大程度上取决于接收系统的性能。因此把接收问题作为研究对象,研究在噪声条件下如何最好地提取有用信号,且在某个准则下构成最佳接收机,使接收性能达到最佳,这就是通信理论中十分重要的最佳接收。

最佳接收是从提高接收机性能角度出发,研究在输入相同信噪比的条件下,如何使接收机最佳地完成接收信号的任务。因此要研究最佳接收机的原理,讨论它们在理论上的最佳性能,并与现有各种接收方法比较。这里"最佳"或"最好"并不是一个绝对的概念,而是在相对意义上说的,使之在某一个"标准"或"准则"下是最佳,而对其他条件下,不同的准则也可能是等效的。数字通信中常用的"最佳"准则是指最小差错概率准则、最小均方误差准则、最大输出信噪比准则等。

2. 最小差错概率准则

在数字通信中最直观和最合理的准则应该是"最小差错概率"。在数字通信系统中,假设发送消息的信号空间为 $\{s_1, s_2, \cdots, s_m\}$,如果在传输过程中没有任何干扰以及其他可能的畸变,则在发送端就一定能够被无差错地做出相应判决结果 $\{y_1, y_2, \cdots, y_m\}$,注意这里信号空间和所期望的判决结果空间是一一对应的。实际上由于信道畸变和传输系统引入的噪声,这种理想情况是不可能发生的,例如发送 s_i 而可能判为非 y_i 的任何一个,即存在错误接收和判决。

简便起见,以 $m = 2$ 即二进制数字信号接收为例("1"码发信号 s_1,"0"码发信号 s_2),来讨论最佳接收准则。此时传输差错率为

$$P_e = P(s_1)P(y_2|s_1) + P(s_2)P(y_1|s_2) \tag{2-53}$$

式中,$P(s_1)$ 和 $P(s_2)$ 为先验概率,即发送 s_1 和发送 s_2 的概率;$P(y_2|s_1)$ 和 $P(y_1|s_2)$ 为错误概率,即发送 s_1 而判决成 y_2 的概率和发送 s_2 而判决成 y_1 的概率。这样即可得到一个最简单的最小差错概率准则,从而去设计一个最佳接收系统,使得传输发生差错的概率最小。

3. 二进制确知信号的最佳接收

在数据通信中,所传输的信号波形形式是确定的,如 2PSK 中的 $A\cos\omega_c t$ 表示"1";$A\cos(\omega_c t + \pi)$ 表示"0"。因此,接收端的任务是在一个码元间隔时间 T 内确定发送的是哪

一个确知信号,即在有噪声和信道畸变情况下,以最小错误概率来对信号进行判决。

这里,我们讨论二进制确知信号的最佳接收。假设接收机收到的两个可能信号为 $s_1(t)$ 和 $s_2(t)$,即"1"码信号为 $s_1(t)$,"0"码信号为 $s_2(t)$,系统中的噪声为加性高斯白噪声 $n(t)$。这时,在 $0\sim T$ 时间内,接收到的信号 $y(t)$ 可写成

$$y(t)=s(t)+n(t) \tag{2-54}$$

其中 $s(t)$ 可能是 $s_1(t)$ 或者是 $s_2(t)$,即 $y(t)=s_1(t)+n(t)$ 或 $y(t)=s_2(t)+n(t)$。

接收机预先知道 $s_1(t)$ 和 $s_2(t)$ 的具体波形,但需要判断在 $0\sim T$ 内收到的究竟是哪一个。所以,接收机的任务是根据 $0\sim T$ 内收到的 $y(t)$ 来判定信号是 $s_1(t)$ 还是 $s_2(t)$ 从而判定是"1"码还是"0"码。这里,最佳接收方法就是要使在高斯白噪声环境中的判决误码率最小。

可以证明,在高斯白噪声作用下,若发"1"码和"0"码的概率相等且前后码元独立,采用最小均方误差准则可使接收判决的误码率最小。由于接收端已知 $s_1(t)$ 和 $s_2(t)$ 的波形,在接收端可以在一个码元周期内,分别计算均方误差 $\int_0^T [y(t)-s_1(t)]^2\mathrm{d}t$ 和 $\int_0^T [y(t)-s_2(t)]^2\mathrm{d}t$,并用下列规则来判决:

$$\int_0^T [y(t)-s_1(t)]^2\mathrm{d}t < \int_0^T [y(t)-s_2(t)]^2\mathrm{d}t \tag{2-55}$$

则判为 $s_1(t)$ 出现,即认为发送端发送的是"1"码;若满足

$$\int_0^T [y(t)-s_2(t)]^2\mathrm{d}t < \int_0^T [y(t)-s_1(t)]^2\mathrm{d}t \tag{2-56}$$

则判为 $s_2(t)$ 出现,即认为发送端发送的是"0"码。这一准则就是最小均方误差准则。式(2-55)和式(2-56)的物理意义是:$y(t)$ 与 $s_1(t)$ 的均方误差小时,$y(t)$ 波形更像 $s_1(t)$,所以判为"1";$y(t)$ 与 $s_2(t)$ 的均方误差小时,$y(t)$ 波形更像 $s_2(t)$,所以判为"0"。

按最小均方误差准则构成的接收机即为最佳接收机,其构成如图 2-56 所示。

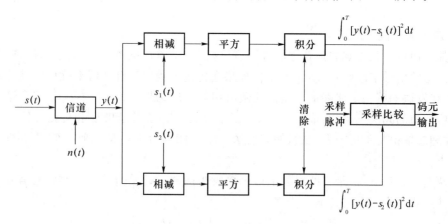

图 2-56 最佳接收机构成示意图

式(2-55)和式(2-56)的平方项展开可有

$$\begin{cases} \int_0^T [y^2(t)+s_1^2(t)-2y(t)s_1(t)]\mathrm{d}t < \int_0^T [y^2(t)+s_2^2(t)-2y(t)s_2(t)]\mathrm{d}t, & \text{判为 } s_1(t) \\ \int_0^T [y^2(t)+s_1^2(t)-2y(t)s_1(t)]\mathrm{d}t > \int_0^T [y^2(t)+s_2^2(t)-2y(t)s_2(t)]\mathrm{d}t, & \text{判为 } s_2(t) \end{cases} \tag{2-57}$$

对于许多实际通信系统,如采用抑制载波的 2ASK、PSK 等调制方式时,则到达接收机的两个确知信号 $s_1(t)$ 和 $s_2(t)$ 的持续时间相同,且有相等的能量,即

$$\int_0^T s_1^2(t)\mathrm{d}t = \int_0^T s_2^2(t)\mathrm{d}t = E \tag{2-58}$$

式(2-58)代入式(2-57),则展开式(2-57)可变为下述判别式

$$\begin{cases} -2\int_0^T y(t)s_1(t)\mathrm{d}t < -2\int_0^T y(t)s_2(t)\mathrm{d}t, & \text{判为 } s_1(t) \\ -2\int_0^T y(t)s_1(t)\mathrm{d}t > -2\int_0^T y(t)s_2(t)\mathrm{d}t, & \text{判为 } s_2(t) \end{cases} \tag{2-59}$$

去掉式(2-59)不等式两边负号,则大于、小于号反向,则有

$$\begin{cases} \int_0^T y(t)s_1(t)\mathrm{d}t > \int_0^T y(t)s_2(t)\mathrm{d}t, & \text{判为 } s_1(t) \\ \int_0^T y(t)s_1(t)\mathrm{d}t < \int_0^T y(t)s_2(t)\mathrm{d}t, & \text{判为 } s_2(t) \end{cases} \tag{2-60}$$

这一判别式称为相关接收判别式,其物理意义为:$\int_0^T y(t)s(t)\mathrm{d}t$ 的值表示两个信号的相关程度,$y(t)$ 与 $s_1(t)$ 的相关性大时,$y(t)$ 波形更像 $s_1(t)$,所以判决为"1"码;$y(t)$ 与 $s_2(t)$ 的相关性大时,$y(t)$ 波形更像 $s_2(t)$,所以判决为"0"码。

按式(2-60)构成的接收机称为相关接收机,其构成如图 2-57 所示。

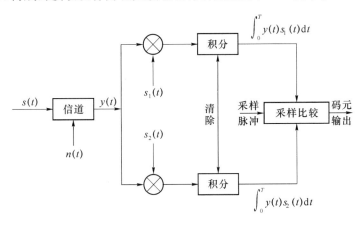

图 2-57　相关接收机构成示意图

4. 最佳接收时的误码率

图 2-57 中的两个积分器输出用 $u_1(T)$ 和 $u_2(T)$ 表示,即

$$u_1(T) = \int_0^T y(t)s_1(t)\mathrm{d}t \tag{2-61}$$

$$u_2(T) = \int_0^T y(t)s_2(t)\mathrm{d}t \tag{2-62}$$

图中采样比较可视为相减电路,即

$$D = u_1(T) - u_2(T) \tag{2-63}$$

此时,判决规则为:$D > 0$ 时判为"1",$D < 0$ 时判为"0"。

如果输入信号为 $y(t) = s(t) + n(t)$,则 D 中应包括两部分:一部分来自信号;另一部分

来自噪声 $n(t)$,这时式(2-63)可写为

$$D=D_s+D_n \tag{2-64}$$

当输入信号为 $y(t)=s_1(t)+n(t)$ 时,则

$$D_s=\int_0^T s_1^2(t)-\int_0^T s_1(t)s_2(t)\mathrm{d}t \tag{2-65}$$

令 ρ 为相关系数,可以表示为

$$\rho=\frac{\int_0^T s_1(t)s_2(t)\mathrm{d}t}{E} \tag{2-66}$$

则有

$$D_s=E(1-\rho) \tag{2-67}$$

由于 $n(t)$ 是均值为零的高斯噪声,所以 D_n 是一个均值为零的随机变量,其概率密度函数为

$$f_{D_n}(x)=\frac{1}{\sqrt{2\pi}\sigma}\exp\left(-\frac{x^2}{2\sigma^2}\right) \tag{2-68}$$

式中 $\sigma^2=N_0E(1-\rho)$,N_0 为高斯白噪声的功率谱密度。

当没有噪声时,即 $D_n=0$,因为 $\rho<1$,则

$$D=D_s=E(1-\rho)>0 \tag{2-69}$$

根据式(2-63)的判决准则,总能正确判为"1",即不存在误码。当有噪声时,由于 D_n 为随机变量,可取任意值,当 D_n 落在 $(-\infty,-D_s]$ 之间时,就将其错判为"0"码,即引起误码。其误码概率为

$$P(0\mid1)=\int_{-\infty}^{-E(1-\rho)}\frac{1}{\sqrt{2\pi}\sigma}\exp\left(-\frac{x^2}{2\sigma^2}\right)\mathrm{d}x \tag{2-70}$$

由式(2-68)可知,$f_{D_n}(x)$ 为偶对称,且 $(-\infty,0]$ 的积分为 $1/2$,若令 $t=\dfrac{x}{\sqrt{2}\sigma}$,则式(2-70)可写为

$$P(0\mid1)=\frac{1}{2}-\frac{1}{\sqrt{\pi}}\int_0^{\frac{E(1-\rho)}{\sqrt{2}\sigma}}\mathrm{e}^{-t^2}\mathrm{d}t \tag{2-71}$$

利用误差函数 $\mathrm{erf}(x)=\dfrac{2}{\sqrt{\pi}}\displaystyle\int_0^x\mathrm{e}^{-t^2}\mathrm{d}t$,得

$$P(0|1)=\frac{1}{2}\left[1-\mathrm{erf}\left(\frac{E(1-\rho)}{\sqrt{2}\sigma}\right)\right] \tag{2-72}$$

再将 $\sigma^2=N_0E(1-\rho)$ 代入式(2-72),则有

$$P(0|1)=\frac{1}{2}\left[1-\mathrm{erf}\left(\sqrt{\frac{E(1-\rho)}{2N_0}}\right)\right] \tag{2-73}$$

同理,可求得输入信号为 $y(t)=s_2(t)+n(t)$ 时,误判为"1"码的概率 $P(1|0)$。

当 $s_1(t)$ 和 $s_2(t)$ 的码元能量相同时,可得 $P(0|1)=P(1|0)$,于是总误码率为

$$P_e=P(1)P(0|1)+P(0)P(1|0) \tag{2-74}$$

当"1"和"0"以等概率发送时,即 $P(1)=P(0)=\dfrac{1}{2}$,则 $P_e=P(0|1)=P(1|0)$,总误码率为

$$P_e=\frac{1}{2}\left[1-\mathrm{erf}\left(\sqrt{\frac{E(1-\rho)}{2N_0}}\right)\right] \tag{2-75}$$

式(2-75)还可以用互补误差函数 $\mathrm{erfc}(x)$ 和 Q 函数来表示

$$P_e = \frac{1}{2}\mathrm{erfc}\left[\sqrt{\frac{E(1-\rho)}{2N_0}}\right] \tag{2-76}$$

$$P_e = Q\left[\sqrt{\frac{E(1-\rho)}{N_0}}\right] \tag{2-77}$$

其中 $Q(x) = \frac{1}{\sqrt{2\pi}}\int_x^{\infty}\mathrm{e}^{-\frac{t^2}{2}}\mathrm{d}t$ ，可以查表求值，可见 $Q(x)$ 与 x 成反比。

由式(2-77)可见，误码率与信号能量 E、噪声功率谱密度 N_0 和相关系数 ρ 有关。E 越大，误码率越小，P_e 与 $\frac{E}{N_0}$ 成反比（$\frac{E}{N_0}$ 与信噪比成正比），即与信噪比反比；$s_1(t)$ 和 $s_2(t)$ 选择得差别越大，即相关系数 ρ 越小，接收机越容易分辨它们，因而误码率越小，$\rho=-1$ 是 ρ 的最小值。

5. 二进制数字调相的误码率

下面以 2PSK 调制为例，计算其在最佳接收时的误码率。

2PSK 信号表示为："1"码对应的波形为 $s_1(t)=A\cos(\omega_c t+\theta)$；"0"码对应的波形为 $s_1(t)=-A\cos(\omega_c t+\theta)$，则由式(2-77)得

$$P_e = Q\left[\sqrt{\frac{E(1-\rho)}{N_0}}\right]$$

其中，

$$E = \int_0^T s_1^2(t)\mathrm{d}t = \int_0^T s_2^2(t)\mathrm{d}t$$

则

$$\rho = \frac{\int_0^T s_1(t)s_2(t)\mathrm{d}t}{E} = -1$$

可得

$$P_e = Q\left[\sqrt{\frac{2E}{N_0}}\right]$$

在给定 E 和 N_0 的条件下，查 Q 函数表，即可求得误码率。

例 2-5　某卫星传输气象云图数据系统，速率为 1.75 Mbit/s，采用 2PSK 调制方式。假设 $N_0=1.26\times10^{-20}$ W/Hz，若总的传输损失为 144 dB。试求 $P_e=10^{-7}$ 时，最小的卫星发射功率。

解　按式 $P_e = Q\left[\sqrt{\frac{2E}{N_0}}\right]$，又 $E=S_R T$，其中 E 为一个码元周期内的能量，单位为 W，S_R 为接收信号功率，单位为 W，T 为码元周期，单位为 s，则有

$$P_e = Q\left[\sqrt{\frac{2S_R T}{N_0}}\right] = 10^{-7}$$

查表得 $\sqrt{\frac{2S_R T}{N_0}} = 5.2$，则

$$S_R = \frac{(5.2)^2 N_0}{2T}$$

其中

$$N_0 = 1.26 \times 10^{-20}\,\text{W/Hz}, T = \frac{1}{f_s} = \frac{1}{f_b}$$

则

$$S_R = \frac{(5.2)^2 \times (1.26 \times 10^{-20}) \times (1.75 \times 10^6)}{2}$$

又 $10\lg \dfrac{S_T}{S_R} = 144$ dB，则

$$S_T = S_R \cdot 10^{14.4} = \frac{(5.2)^2 \times (1.26 \times 10^{-20}) \times (1.75 \times 10^6) \times 10^{14.4}}{2} \approx 75\ \text{W}$$

2.3.8 数字调制系统的比较

在选择数字调制方式时，要考虑的主要因素有频带利用率、已调信号的功率谱特性、高斯白噪声下的误码性能和设备的复杂性等，另外还应根据通信场景来考虑信道非线性、信道衰落特性、临道干扰等因素。下面即从频带利用率、误码性能和设备复杂性三个方面对各种调制方式做简要的分析及比较。

1. 频带利用率

频带利用率是衡量数据传输系统效率的指标，定义为单位频带内能够传输的信息速率，即 $\eta = f_b/B$，单位是 bit/$(s \cdot Hz)$（以下关于频带利用率的描述中略去了单位）。其中 f_b 为传信速率，B 为该传输系统带宽（最佳接收时为接收机带宽，与信号带宽一致，其定义不唯一，这里使用最常用、最简单的谱零点带宽，即以信号功率谱的主瓣宽度为带宽），对于采用等效的滚降低通基带波形形成的传输系统，假设其滚降系数为 α。

以基带传输系统为例，二电平传输时，其频带利用率为 $\dfrac{2}{1+\alpha}$，理论上的最大频带利用率为 2 bit/$(s \cdot Hz)$（$\alpha = 0$ 时）；M 电平传输时，其频带利用率为 $\dfrac{\log_2 M}{1+\alpha}$。前面我们讨论了几种调制方式的能够达到的极限频带利用率（$\alpha = 0$ 时），例如 MPSK 的极限频带利用率 $\eta_{max} = \log_2 M$，即多进制系统的频带利用率随 M 而增加，或者说在相同的信息传输速率下，可以占用较小的带宽。然而，带宽或频带利用率不是衡量的唯一指标，下面将讨论和比较不同调制方式在最佳接收时的误码性能。

2. 高斯白噪声下的误码性能

在数字信号的最佳接收中，我们讨论了最佳接收准则下二进制调制方式的误码率，为了在相同的平均信号发送功率、单边功率谱密度为 N_0 的高斯白噪声下比较各种调制方式的抗噪声性能，表 2-4 列出了各种调制方式的误比特率公式，并计算了在误比特率为 10^{-4} 时各种调制方式所需的 E_b/N_0 值，其中 E_b 为单位比特的平均信号能量，E_s 为单位符号的平均信号能量，且 $E_b = E_s/\log_2 M$。

由表 2-4 对比可见，2PSK 相干解调的抗噪声能力比 2ASK 和 2FSK 相干解调，即在相同误码率下，采用 2PSK 相干解调，则可以降低发送信号能量；多进制调制方式与二进制调制相比，虽然提高了频带利用率，但是需要增大发送信号功率以获得所需的误码率或误比特率（图 2-58 是误比特率为 10^{-6} 时、在理想情况下，不同调制方式的频带利用率与所需 E_b/N_0 的关系），可见误差性能同频带利用率（带宽）性能之间需要权衡；另外，$M > 4$ 时，MQAM 的性能要优于 MPSK，例如 16QAM 比 16PSK 有 3.8 dB 的 E_b/N_0 增益，因此，在频带利用率要求高的场合，QAM 比较常用。

表 2-4　各种数字调制方式误比特率计算公式及所需 E_b/N_0 值（误比特率 10^{-4}）

调制方式	解调方式	误比特率计算公式	E_b/N_0（单位 dB）
OOK	相干解调	$Q\left(\sqrt{\dfrac{E_b}{N_0}}\right)$	11.4
2PSK	相干解调	$Q\left(\sqrt{\dfrac{2E_b}{N_0}}\right)$	8.4
2DPSK	相位比较	$\dfrac{1}{2}\exp\left(-\dfrac{E_b}{N_0}\right)$	9.3
2DPSK	极性比较	$2Q\left(\sqrt{\dfrac{2E_b}{N_0}}\right)$	8.9
QPSK	相干解调	$\dfrac{1}{\log_2 M}\left\{2Q\left[\sqrt{\dfrac{2E_s}{N_0}\sin^2\left(\dfrac{\pi}{M}\right)}\right]\right\},M=4$	8.4
4DPSK	差分相干解调	$\dfrac{1}{\log_2 M}\left\{2Q\left[\sqrt{\dfrac{2E_s}{N_0}\sin^2\left(\dfrac{\pi}{\sqrt{2}M}\right)}\right]\right\},M=4$	10.7
8PSK	相干解调	同 QPSK，$M=8$	11.8
16PSK	相干解调	同 QPSK，$M=16$	16.2
2FSK（$\rho=0$）	相干解调	$Q\left(\sqrt{\dfrac{E_b}{N_0}}\right)$	11.4
2FSK	非相干解调	$\dfrac{1}{2}\exp\left(-\dfrac{E_b}{2N_0}\right)$	12.5
4QAM	相干解调	$\dfrac{2(1-L^{-1})}{\log_2 L}Q\left[\sqrt{\left(\dfrac{3\log_2 L}{L^2-1}\right)\dfrac{2E_b}{N_0}}\right],L=M^{\frac{1}{2}}=2$	8.4
16QAM	相干解调	同 4QAM，$L=4$	12.4
MSK	相干解调	同 QPSK，$M=4$	8.4

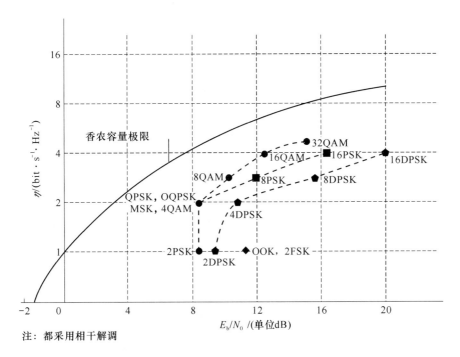

注：都采用相干解调

图 2-58　几种调制方式的频带利用率与 E_b/N_0 的关系

3. 设备的复杂性

除了频带利用率、误码性能,设备的复杂性也是一个重要因素,图 2-59 给出了各种数字调制设备复杂性的比较。

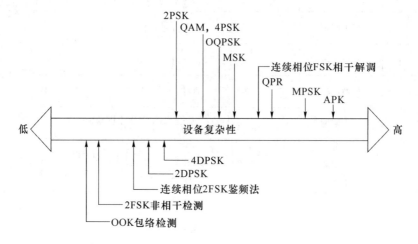

图 2-59　各种数字调制方式的相对复杂性比较

2.4　数据信号的数字传输

本章前面讲述了数据信号的两种传输方式:基带传输利用低通型信道来传输基带信号;频带传输利用带通型信道传输来传输经过载波调制以后的基带信号。接下来介绍另外一种方式:利用数字信道来直接传输数据信号,即数据信号的数字传输。

2.4.1　数据信号数字传输的概念及特点

在数字信道中传输数据信号称为数据信号的数字传输,简称数字数据传输。所谓数字信道是指传输时分制 PCM 信号所构成的信道,每路语音信号的经 PCM 处理后的编码速率是 64 kbit/s,多路合成后变成更高速率的数字信号后可经各种传输系统传输。

采用数字信道来传输数据信号与采用模拟信道的传输方式相比,主要有下述两个优点:

① 传输质量高。由于数据信号本身就是数字信号,直接或经过复用即可在数字信道上传输,无须经过频带 Modem 的调制和解调;传输距离较长时,数字数据传输的方式可以通过再生中继器使信道中引入的噪声和信号失真不发生累积,这都将导致数据传输质量的大大提高。

② 信道传输速率高。一个 PCM 数字话路的数据传输速率为 64 kbit/s 的数据,较低速率的数据可通过时分复用方式复用到 64 kbit/s,这比早期在模拟话路上采用调制解调技术的传输速率高;另外,可以利用 PCM30/32 的几个时隙(速率为 $n \times 64$ kbit/s)、整个基群(速率为 2 048 kbit/s)等传输数据信号,达到更高的数据传输速率。

2.4.2　数字数据传输的实现方式

要实现数字数据传输,虽然不需要模/数转换,但是要解决数据信号如何接入数字信道的问题,下面简单讨论同步方式和异步方式。

1. 同步方式

这里的"同步"是指数据终端设备 DTE 发出的数据信号和待接入的 PCM 信道的时钟是相互同步的,即 DTE 发出的数据信号在速率和时间上都受到 PCM 信道的时钟控制,如图 2-60 所示。

采用这种方式可实现同步时分复用,能充分利用 PCM 信道的传输容量。同步传输方式的缺点是,由于所有的 DTE 都处于受控从属地位,数据传输系统的灵活性较差。

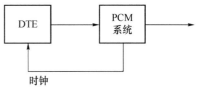

图 2-60　同步方式

2. 异步方式

如果 DTE 发出数据信号的时钟与 PCM 信道时钟是非同步的,即没有相互控制关系,则称为异步方式。异步传输方式又可以分为代码变换和脉冲塞入两类,其中代码变换方式还可以分为采样法、游标法和双模法,其中采样法如图 2-61 所示。

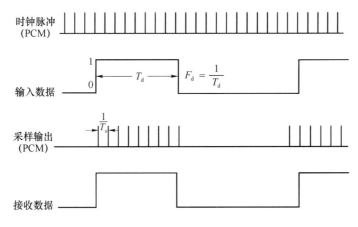

图 2-61　异步方式——采样法

异步传输方式实现较简单、灵活,但传输效率较低,不能充分利用 PCM 信道的传输容量,并会使传输信号有较大的时间抖动。

2.4.3　数字数据传输的时分复用

1. 时分复用的概念

数字数据传输中的时分复用就是将多个低速的数据流合并成高速的数据流,而后在一条信道上传输。即如果数据终端产生的是低速数据信号(9.6 kbit/s 或以下),需要将几路低速数据信号合成一个 64 kbit/s 的信号再在数字信道内传输。

时分复用的具体方法如图 2-62 所示。将被复用数据信道上的比特或字符交错排列,然后以高速送到集合数字信道上。在对端的复用器,从集合信道上将高速数据流分割成比特或字符送到相应的低速数据信道上去。

图 2-62 的两端可看成是同步旋转的开关,开关的每个接点与一低速信道相连。在发送端,当开关的接点旋转到某一个低速信道时,就将该接点所连信道上的数据采样出来,并送到集合信道上去。接收端的旋转开关与发送端的旋转开关完全同步旋转,并保证起始点相同,于是把集合信道上的高速数据流分路到相应的低速数据信道上去。

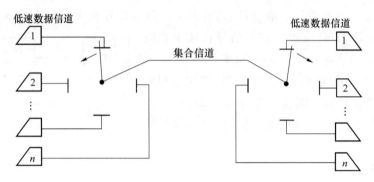

图 2-62 时分复用原理

2. 时分复用的方式

(1)比特交织和字符交织

根据图 2-62 的旋转开关在低速信道上停留时间的长短,可以把时分复用分为比特交织和字符交织两种方式。

比特交织复用又称按位复用。在高速数据信号集合帧里,每一个时隙只传送一个低速信道的 1 个比特数据,相当于图 2-62 中旋转开关的接点在每一个低速信道上仅停留 1 个比特的持续时间。

字符交织复用又称按字复用。在高速数据信号集合帧里,每次传送一个低速信道的一个字符(其长度视字符结构而定),即相当于图 2-62 中旋转开关的接点在每一个低速信道上停留 1 个字符的持续时间。

(2)速率适配

速率适配又称速度适配,它是把输入时分复用器的不等时的数据信号变为等时的数字信号,而该等时的数字信号的时钟与时分复用器的时钟同步。各低速信道输入的数据信号先经过各自的速率适配器,然后在时分复用器中合并成集合信道的高速数据流,如图 2-63 所示。

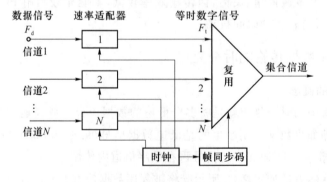

图 2-63 时分复用的速率适配示意图

（3）X.50 和 X.51 建议

在数字数据传输中，CCITT（现为 ITU-T）颁布了 X.50 建议和 X.51 建议来规范将用户数据流复用成 64 kbit/s 的复用信号的包封和复用方法。它们都采用字符交织的复用方式，其中 X.50 建议采用 8 bit 的包封格式，X.51 建议采用 10 bit 的包封格式，两种包封的包封格式如图 2-64 所示。

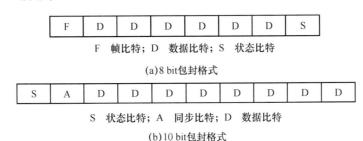

F　帧比特；D　数据比特；S　状态比特

(a)8 bit包封格式

S　状态比特；A　同步比特；D　数据比特

(b)10 bit包封格式

图 2-64　X.50 建议和 X.51 建议的包封格式

图 2-64(a)所示是 X.50 的 8 bit 包封格式，其中第 1 个比特（F）用于帧同步，在复用时构成复用帧的帧同步码；第 2 至第 7 个比特为用户数据信息；第 8 个比特（S）表示本包封中数据的状态，例如，S=1 表示包封内 D 比特为数据信息，S=0 表示包封内 D 比特为控制信息（如信令等）。

如上所述，在 8 bit 包封格式中，6 个比特用于用户数据的传输，增加了 2 个比特用于帧同步和管理信息的传输，这将数据速率提高了 33%。即对于速率为 9 600 bit/s 数据信号，经包封后的速率为 12 800 bit/s，在 64 kbit/s 的 PCM 信道上可以复用 5 路这样的信号。同理，对于其他速率的数据信号，包封后的速率和可复用的路数见表 2-5。

表 2-5　X.50 建议的包封组速率

数据速率/kbit·s^{-1}	包封后速率/kbit·s^{-1}	复用路数（复用后速率为 64 kbit/s）
9.6	12.8	5
4.8	6.4	10
2.4	3.2	20
0.6	0.8	80

图 2-64(b)所示是 X.51 的 10 bit 包封格式，其中第 1 个比特（S）为管理控制信息；第 2 个比特（A）为包封同步比特；第 3 至 10 个比特为用户数据比特。

由此可见，10 bit 包封格式中，8 个比特用于用户数据的传输，增加了 2 个比特（S 和 A），这将数据速率提高了 25%。即对于速率为 9 600 bit/s 的数据信号，经包封后的速率为 12 000 bit/s，在 64 kbit/s 的 PCM 信道上同样是复用 5 路这样的信号。

10 bit 包封的效率为 80%(8/10)，较 8 bit 包封格式要高，但对实际应用而言，两种包封格式在 PCM 信道上复用的路数是相同的。

由于目前的 PCM 通信系统均是以 8 比特为传输单位，因此，采用 8 bit 包封格式形成的复用帧更易于与现用的 PCM 数字通信系统配合，有利于实现。所以，实际应用中较多采用 X.50 的 8 bit 包封和复用方法。

小 结

1. 对应于三种类型的传输信道,有三种数据信号传输的基本方法,即基带传输、频带传输及数字数据传输。

2. 奈奎斯特第一准则:如系统等效网络具有理想低通特性,其截止频率为 f_N 时,则该系统中允许的最高码元(符号)速率为 $2f_N$,这时系统输出波形在峰值点上不产生前后码元干扰。其中 f_N 称为奈奎斯特频带、$2f_N$ 称为奈奎斯特速率,且系统的最高频带利用率为 2 Baud/Hz。

3. 对基带形成网络的要求是:(1)在有效的频带范围内,频带利用率要高;(2)采样点无码间干扰,或可消除的码间干扰;(3)易于实现,且对于收端定时精度要求不能太高。

4. 幅频特性满足关于 $C\left(f_N, \dfrac{1}{2}\right)$ 点成奇对称滚降的低通传输系统,既可以物理实现又能满足奈奎斯特第一准则的要求,同时可以降低收端定时精度的要求,这时的频带利用率为 $\eta = \dfrac{2}{(1+\alpha)}$(单位 Baud/Hz)。最常用的是升余弦形状的幅频特性。

5. 奈奎斯特第二准则:有控制地在某些码元的采样时刻引入码间干扰,而在其余码元的采样时刻无码间干扰,就能使频带利用率达到理论上的最大值——2 Baud/Hz,同时又可降低对定时精度的要求。通常把满足奈奎斯特第二准则的波形称为部分响应波形,利用部分响应波形进行传送的基带传输系统称为部分响应系统。最常采用的是第一、四类部分响应系统。

6. 时域均衡的基本思路利用接收波形本身来进行补偿以消除采样点处的码间干扰,常用方法是在接收滤波器后加入横截滤波器,它是由多级抽头(2N＋1)迟延线、可变增益电路和求和器组成的线性系统。通过适当调整抽头加权系数 c_k,可以达到消除码元干扰的目的。

7. 扰乱器的作用是在发送端将发送的数据序列中存在的短周期的序列或全"0"或全"1"序列,按照某种规律变换(扰乱)为长周期,"0"、"1"等概率且前后独立的随机序列。

8. 数据传输系统中时钟同步是必需的。时钟同步又称位同步、比特同步。位同步就是使接收端定时信号的间隔与接收信号码元间隔完全相等,并使定时信号与接收信号码元保持固定的最佳关系。

9. 当通过带通型信道传输数据信号时,如通过电话网信道传输数据信号时,必须采用调制解调方式。调制解调的作用就是进行频带搬移,即将数据信号的基带搬移到与信道相适应的带通频带中去。基本的数字调制的方式有:数字调幅、数字调相和数字调频。

10. 以基带数据信号控制载波的幅度,称为数字调幅。若用于调制的二进制序列是单极性码,称为非抑制载频的 2ASK;若用于调制的是双极性码,称为抑制载频的 2ASK。调制后实现了双边带调制,可以取出其中一个边带进行传输,也可以取一个边带的绝大部分和另一个边带的小部分进行传输,分别称为单边带调制和残余边带调制。

11. 以基带数据信号控制载波的相位,称为数字调相。数字调相按照参考相位分为:绝对调相和相对调相。绝对调相的参考相位是未调载波相位;相对调相的参考相位是前一符号的已调载波相位。二进制绝对调相的解调存在相位不确定问题,实际中使用 2DPSK。

12. 用基带数据信号控制载波的频率,称为数字调频。根据前后码元载波相位是否连续,可分为相位不连续的移频键控和相位连续的移频键控。相位不连续的 2FSK 信号是由两个非抑制载波的 2ASK 信号合成,故其功率谱密度也是两个不抑制载波的 2ASK 信号的功率谱密度的合成。

13. 正交幅度调制是两路正交的抑制载频的双边带调制的叠加,对 MQAM 系统,两路基带信号的电平数是 $\sqrt{M}$,其频带利用率为 $\eta = \dfrac{\log_2 M}{1+\alpha}$〔单位 bit/(s · Hz)〕。

14. 对接收端相干载波的要求是:与发送端的载波有相同的频率和相位。相干载波的获得方法是从接收的信号中提取载波的频率和相位信息,具体有两种方法:直接从已调接收信号中提取相干载波,利用插入导频提取相干载波。

15. 最佳接收就是在信道中存在加性高斯白噪声条件下,接收端判决的误码率最小。最佳接收的准则有:最佳接收判别式(均方误差准则)和相关接收判别式。

16. 在数字信道中传输数据信号称为数字数据传输,其传输方式有同步方式和异步方式两种。对于多个低速数据流,需通过比特交织复用或字符交织复用的方法合并成 64 kbit/s 的数据流,时分复用的方案可以依照 X.50 或 X.51 建议,实际中主要采用 X.50 建议的 8 bit 包封格式。

习　　题

2-1　设二进制数据序列为 11000111,试以矩形脉冲为例,分别画出单极性不归零、单极性归零、双极性不归零、双极性归零及差分信号的波形。

2-2　某一基带传输系统特性如题图 2-1 所示,试求:

(1) 奈氏频带 f_N;

(2) 系统滚降系数 α;

(3) 码元速率 N_{Bd};

(4) 采用四电平传输时传输速率 R;

(5) 频带利用率 η。

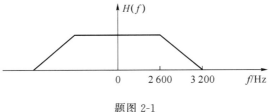

题图 2-1

2-3　形成滤波器幅度特性如题图 2-2 所示,求:

(1) 如果符合奈奎斯特第一准则,其符号速率为多少 Baud?

(2) 采用四电平传输时,传信速率为多少 bit/s?

(3) 其传信效率为多少 bit/(s · Hz)? 频带利用率为多少 Baud/Hz?

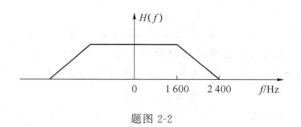

题图 2-2

2-4 设一个三抽头的时域均衡器,可变增益加权系数分别为 $c_{-1}=-\frac{1}{3}$,$c_0=1$,$c_1=-\frac{1}{4}$。$x(t)$ 在各采样点的值依次为 $x_{-2}=\frac{1}{8}$,$x_{-1}=\frac{1}{3}$,$x_0=1$,$x_1=\frac{1}{4}$,$x_2=\frac{1}{16}$,在其他采样点均为零,试求输出波形 $y(t)$ 在各采样点的值。

2-5 一个抑制载频的 2ASK 传输系统,带宽为 2400Hz,基带调制信号为不归零数据信号,如考虑该系统可通过基带频谱的第一个零点,求该系统的调制速率为多少?

2-6 一个相位不连续的 2FSK 系统(设仅是简单的频带限制),其 $f_1=980$ Hz,$f_0=1$ 180 Hz,$f_s=300$ Baud,计算它占用的频带宽度及频移指数。

2-7 设发送数据信号为 011010,分别画出非抑制载频 2ASK 和抑制载频的 2ASK 波形示意图。

2-8 设发送数据信号为 1001101,,试画出其 2PSK 和 2DPSK 波形(假设①数据信号为 "1" 时,载波相位改变 0,数据信号为"0"时,载波相位改变 л;②2DPSK 的初始相位为 0;③设 $f_c=2N_{Baud}$)。

2-9 一个正交调幅系统采用 16QAM 调制,带宽为 2 400 Hz,滚降系数 $\alpha=1$,试求每路有几个电平,调制速率、总比特率、频带利用率各为多少。

2-10 某一调相系统占用频带为 600～3 000 Hz,其基带形成滚降系数 $\alpha=0.5$,若要传信速率为 4 800 bit/s,问应采用几相的相位调制。

2-11 某一 QAM 系统,占用频带为 600～3 000 Hz,其基带形成 $\alpha=0.5$,若采用 16QAM 方式,求该系统传信速率可达多少。

2-12 一个 4DPSK 系统,其相位变换关系按 B 方式工作,设已调载波信号初相 $\theta=0$,试求输入双比特码元序列为 00,01,11,00,10 等的已调载波信号对应的相位 θ。

2-13 考虑一理想基带传输系统,若要求传输误码率不高于 10^{-5},试求二电平传输和传输时所要求的奈奎斯特频带内的信噪比,并比较两种传输方式。

2-14 试求误码率为 10^{-4} 时,2PSK 相干解调时所需要的信噪比为多少 dB。

2-15 数据信号的数字传输有哪些优点? 为什么数字数据传输的质量高?

第3章 差错控制

在第 2 章中讨论了数据信号的几种传输方式,不同的传输方式具有不同的传输性能,要提高传输的可靠性,除了根据不同信道条件选择合适的传输方式之外,还要依赖于差错控制技术。

本章首先讨论差错控制的基本概念及原理,然后详细介绍几种简单的差错控制编码、汉明码、循环码,并具体分析了线性分组码的一般特性,研究了卷积码的相关内容,探讨了交织技术,最后介绍了差错控制协议。

3.1 差错控制的基本概念及原理

数据通信要求信息传输具有高度的可靠性,即要求误码率足够低。然而,数据信号在传输过程中不可避免地会发生差错,即出现误码。造成误码的原因很多,但主要原因可以归结为两个方面:

- 信道不理想造成的符号间干扰——由于信道不理想使得接收波形发生畸变,在接收端采样判决时会造成码间干扰,若此干扰严重时则导致误码。这种原因造成的误码可以通过均衡方法予以改善以至消除。
- 噪声对信号的干扰——信道等噪声叠加在接收波形上,对接收端信号的判决造成影响,如果噪声干扰严重时也会导致误码。消除噪声干扰产生误码的方法就是进行差错控制。

3.1.1 差错控制的基本概念

1. 差错分类

数据信号在信道中传输,会受到各种不同的噪声干扰。噪声大体分为两类:随机噪声和脉冲噪声。前者包括热噪声、散弹噪声和传输媒介引起的噪声等;后者是指突然发生的噪声,比如雷电、开关引起的瞬态电信号变化等。随机噪声导致传输中的随机差错;脉冲噪声使传输出现突发差错。

随机差错又称独立差错,它是指那些独立地、稀疏地和互不相关地发生的差错。存在这种差错的信道称为无记忆信道或随机信道。

突发差错是指一串串,甚至是成片出现的差错,差错之间有相关性,差错出现是密集的。例如传输的数据序列为00000000…,由于噪声干扰,接收端收到的数据序列为01110100…,其中11101为一串互相关联的错误,即一个突发错误。突发长度即为第一个错误与最后一个错误之间的长度(中间可能有少数不错的码),本例中突发长度等于5。

产生突发错误的信道称为有记忆信道或突发信道。

实际信道是复杂的,所出现的错误也不是单一的,而是随机和突发错误并存的,只不过有的信道以某种错误为主而已,这两类错误形式并存的信道称为组合信道或复合信道。

2. 差错控制的基本思路

差错控制的核心是抗干扰编码,或差错控制编码,简称纠错编码,也叫信道编码。

差错控制的基本思路是:在发送端被传送的信息码序列(本身无规律)的基础上,按照一定的规则加入若干监督码元后进行传输,这些加入的码元与原来的信息码序列之间存在着某种确定的约束关系。在接收数据时,检验信息码元与监督码元之间存在既定的约束关系,如该关系遭到破坏,则接收端可以发现传输中的错误,乃至纠正错误。一般在 k 位信息码后面加 r 位监督码构成一个码组,码组的码位数为 n。即

$$信息码(k)+监督码(r)=码组(n)$$

可以看出,用纠(检)错进行控制差错的方法来提高数据通信系统的可靠性是以牺牲有效性为代价换取的。

一般来说,针对随机错误的编码方法及设备比较简单,成本较低,且效果较显著;而纠正突发错误的编码方法和设备较复杂,成本较高,效果不如前者显著。因此,要根据错误的性质设计编码方案和选择差错控制的方式。

3. 差错控制方式

在数据通信系统中,差错控制方式一般可以分为 4 种类型,如图 3-1 所示。

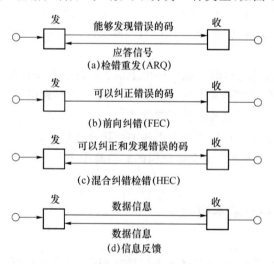

图 3-1 差错控制方式的 4 种类型

(1)检错重发(ARQ)

① ARQ 的思路

图 3-1(a)表示检错重发(ARQ)方式。这种差错控制方式在发送端对数据序列进行分

组编码,加入一定监督码元使之具有一定的检错能力,成为能够发现错误的码组。接收端收到码组后,按一定规则对其进行有无错误的判别,并把判决结果(应答信号)通过反向信道送回发送端。如有错误,发送端把前面发出的信息重新传送一次,直到接收端认为已正确接收到信息为止。

② ARQ 的重发方式

在具体实现检错重发系统时,通常有 3 种重发方式,即停发等候重发、返回重发和选择重发,图 3-2 给出了这 3 种形式的工作思路。

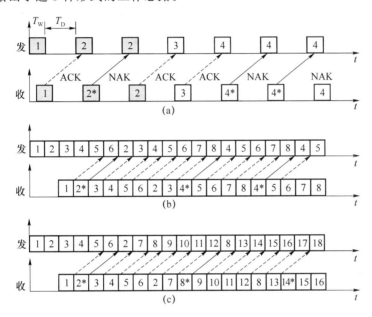

图 3-2　ARQ 的 3 种重发方式示意图

• 停发等候重发

停发等候重发是发送端每发送一个码组就停下来等候接收端的应答信号,若收到认可信号(ACK),则接着发下一个码组;若收到否认信号(NAK),则重发刚才所发的码组。

图 3-2(a)表示停发等候重发系统发送端和接收端信号的传递过程。发送端在 T_W 时间内发送码组 1 给接收端,然后停止一段时间 T_D,T_D 大于应答信号和线路延时的时间。接收端收到后经检验若未发现错误,则通过反向信道发回一个认可信号(ACK)给发送端,发送端收到 ACK 信号后再发出下一个码组 2。假设接收端检测出码组 2 有错(图中用 * 号表示),则由反向信道发回一个否认信号(NAK),请求重发。发送端收到 NAK 信号重发码组 2,并再次等候 ACK 或 NAK 信号。依次类推,可了解整个过程。图中用虚线表示应答信号 ACK,实线表示 NAK 信号。

这种工作形式在发送两个码组之间有停顿时间(T_D),使传输效率受到影响,但由于工作原理简单,在数据通信中仍得到应用。

• 返回重发

返回重发系统的工作原理如图 3-2(b)所示。与停发等候重发不同,其发送端无停顿地送出一个个连续码组,不再等候接收端返回的 ACK 信号,但一旦接收端发现错误并发回 NAK 信号,则发送端从下一个码组开始重发前一段 N 组信号,N 的大小取决于信号传输及处理所带来的延时。

图 3-2(b)假设 N＝5。接收端收到码组 2 有错,返回 NAK 信号。当码组 2 的 NAK 到达发送端时,发送端正在发送或刚发送完码组 6,发送端在发完码组 6 后重发码组 2,3,4,5,6,接收端重新接收。图中码组 4 连续两次出错,发送端重发两次。

这种返回重发系统的传输效率比停发等候重发系统有很大改进,在许多数据传输系统中得到应用。

- 选择重发

图 3-2(c)表示选择重发系统的工作过程。它也是连续不断地发送信号,接收端检测到错误后发回 NAK 信号。与返回重发系统不同的是,发送端不是重发前面的所有 N 个码组,而是只重发有错误的那一个码组。

图中显示发送端只重发接收端检出有错的码组 2,8 和 14,对其他码组不再重发。接收端已认可的码组,从缓冲存储器读出时重新排序,恢复出正常的码组序列。

显然,选择重发系统的传输效率最高,但它的成本也最贵,因为它要求较复杂的控制,在发送端和接收端都要求有数据缓存器。

根据不同思路,ARQ 还可以有其他的工作形式,如混合发送形式,它是将等候发送与连续发送结合起来的一种形式。发送端连续发送多个码组以后,再等候接收端的应答信号,以决定是重发还是发送新的码组。在 ISO(国际标准化组织)建议的高级数据链路控制规程(HDLC)和 ITU-T X.25 建议中就推荐采用这一工作形式。

③ ARQ 的优缺点

- 因为 ARQ 方式在接收端检测到错误后,要通过反向信道发回 NAK 信号,要求发送端重发,所以需反向信道,实时性差;
- ARQ 方式在信息码后面所加的监督码不多,所以信息传输效率较高;
- 译码设备较简单。

(2) 前向纠错(FEC)

① FEC 的思路

图 3-2(b)表示前向纠错(FEC)方式。前向纠错系统中,发送端的信道编码器将输入数据序列变换成能够纠正错误的码,接收端的译码器根据编码规律检验出错误的位置并自动纠正。

② FEC 的优缺点

- 纠错方式不需要反向信道,能自动纠错,不要求重发,因而延时小,实时性好;
- 缺点是所选择的纠错码必须与信道的错码特性密切配合,否则很难达到降低错码率的要求;
- 为了纠正较多的错码,译码设备复杂,而要求附加的监督码也较多,传输效率就低。

(3) 混合纠错检错(HEC)

① HEC 的思路

图 3-2(c)表示混合纠错检错(HEC)方式。混合纠错检错方式是前向纠错方式和检错重发方式的结合。在这种系统中,发送端发出同时具有检错和纠错能力的码,接收端收到码后,检查错误情况,如果错误少于纠错能力,则自行纠正;如果干扰严重,错误很多,超出纠正能力,但能检测出来,则经反向信道要求发送端重发。

② HEC 的优缺点

混合纠错检错方式在实时性和译码复杂性方面是前向纠错和检错重发方式的折中,因而近年来,在数据通信系统中采用较多。

(4) 信息反馈(IRQ)

① IRQ 的思路

图 3-2(d)表示信息反馈(IRQ)方式。信息反馈方式(IRQ)又称回程校验,这种方式在发送端不进行纠错编码,接收端把收到的数据序列全部由反向信道送回发送端,发送端自己比较发送的数据序列与送回的数据序列,从而发现是否有错误,并把认为错误的数据序列的原数据再次传送,直到发送端没有发现错误为止。

② IRQ 的优缺点

- 这种方式的优点是不需要纠错、检错的编译器,设备简单;
- 缺点是需要和前向信道相同的反向信道,实时性差;
- 发送端需要一定容量的存储器以存储发送码组,环路时延越大,数据速率越高,所需存储容量越大。

因而 IRQ 方式仅使用于传输速率较低,数据信道差错率较低,且具有双向传输线路及控制简单的系统中。

上述几种差错控制方式应根据实际情况合理选用。除 IRQ 方式外,都要求发送端发送的数据序列具有纠错或检错能力。为此,必须对信息源输出的信息码序列以一定规则加入多余码元(纠错编码)。对于纠错编码的要求是加入的多余码元尽量少而纠错能力却很高,而且实现方便,设备简单,成本低。

3.1.2 差错控制的基本原理

1. 差错控制的原理

前面介绍了差错控制的基本思路,那为什么加了监督码后,码组就具有检错和纠错能力了呢?

下面举例说明这个问题。

例如,要传送 A 和 B 两个消息,可以用"0"码来代表 A,用"1"码来代表 B。在这种情况下,若传输中产生错码,即"0"错成"1",或"1"误为"0",接收端都无从发现,因此这种情况没有检错和纠错能力。

如果分别在"0"和"1"后面附加一个"0"和"1",变为"00"和"11",即"00"表示 A,"11"表示 B。这时,在传输"00"和"11"时,如果发生一位错码,则接收端收到"01"或"10",译码器将可判决为有错,因为没有规定使用"01"或"10"码组。这表明附加一位码(称为监督码)以后码组具有了检出 1 位错码的能力。但因译码器不能判决哪位是错码,所以不能予以纠正,这表明没有纠正错码的能力。本例中"01"和"10"称为禁用码组,而"00"和"11"称为许用码组。

进一步,若在信息码之后附加两位监督码,即用"000"代表消息 A,用"111"表示 B,这时,码组成为长度为 3 的二进制编码,而 3 位的二进制码有 $2^3 = 8$ 种组合,本例中选择"000"和"111"为许用码组。此时,如果传输中产生一位错误,接收端将成为 001 或 010 或 100 或 011 或 101 或 110,这些(余下的 6 组)均为禁用码组。因此,接收端可以判决传输有错。不仅如此,接收端还可以根据"大数"法则来纠正一个错误,即 3 位码组中如有 2 个或 3 个"0"

码判为"000"码组(消息 A),如有 2 个或 3 个"1"码判为"111"码(消息 B),所以,此时还可以纠正一位错码。如果在传输中产生两位错码,也将变为上述的禁用码组,译码器仍可以判为有错。

归纳起来,若要传送 A 和 B 两个消息:若用 1 位码表示,则没有检错和纠错能力;若用 2 位码表示(加 1 位监督码),可以检错 1 位;若用 3 位码表示(加 2 位监督码),最多可以检错 2 位或纠错码 1 位。

由此可见,纠错编码之所以具有检错和纠错能力,是因为在信息码之外附加了监督码,即码的检错和纠错能力是用信息量的冗余度来换取的。监督码不载荷信息,它的作用是监督信息码在传输中有无差错,对用户来说是多余的,最终也不传送给用户,它提高了传输的可靠性。但是,监督码的加入,降低了信息传输效率。一般说来,加入监督码越多,码的检错、纠错能力越强,但信息传输效率下降也越多。

在纠错编码中将信息传输效率也称为编码效率,定义为

$$R=\frac{k}{n} \tag{3-1}$$

显然,R 越大编码效率越高,它是衡量码性能的一个重要参数。对于一个好的编码方案,不但希望它的抗干扰能力高,即检错纠错能力强,而且还希望它的编码效率高,但两方面的要求是矛盾的,在设计中要全面考虑。人们研究的目标是寻找一种编码方法使所加的监督码元最少而检错、纠错能力又高,且便于实现。

2. 汉明距离与检错和纠错能力的关系

(1) 几个概念

在信道编码中,定义码组中非零码元的数目为码组的重量,简称码重。例如"010"码组的码重为 1,"011"码组的码重为 2。把两个码组中对应码位上具有不同二进制码元的个数定义为两码组的距离,简称码距;而在一种编码中,任意两个许用码组间距离的最小值,称为这一编码的汉明(Hamming)距离,以 d_{min} 表示。

(2) 汉明距离与检错和纠错能力的关系

为了说明汉明距离与检错和纠错能力的关系,把 3 位码元构成的 8 个码组用一个三维立方体来表示,如图 3-3 所示。图中立方体的各顶点分别为 8 个码组,3 位码元依次表示为 A_1,A_2,A_3 轴的坐标。

在这个 3 位码组例子中,如 8 种码组都作为许用码组时,任两组码间的最小距离为 1,即这种编码的最小码距为 $d_{min}=1$;如果只选用最小码距 $d_{min}=2$ 的码组,则 4 种码组为许用码组;若只选用 $d_{min}=3$ 的码组,则有 2 种码组为许用码组。由图 3-3 可以看到,码距就是从一个顶点沿立方体各边移动到另一个顶点所经过的最少边数。图中粗线表示"000"与"111"之间的最短路径。

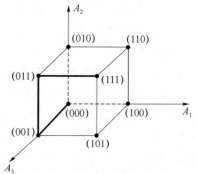

图 3-3　码距的几何解释

下面我们将具体讨论一种编码的最小码距(汉明距离)d_{min} 与这种编码的检错和纠错能力的数量关系。在一般情况下,对于分组码有以下结论:

① 为检测 e 个错码,要求最小码距为

$$d_{\min} \geqslant e+1 \tag{3-2}$$

或者说,若一种编码的最小距离为 $d_{\min}$,则它能检出 $e \leqslant d_{\min}-1$ 个错码。

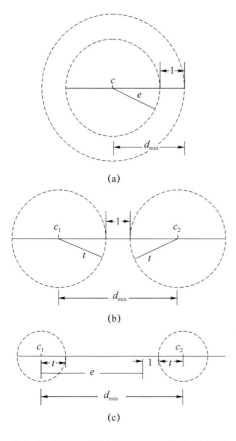

图 3-4　汉明距离与检错和纠错能力的关系

上式可以通过图 3-4(a)来证明。图中 c 表示某码组,当误码不超过 e 个时,该码组的位置将不超过以 c 为圆心以 e 为半径的圆(实际上是多维的球)。只要其他任何许用码组都不落入此圆内,则 c 码组发生 e 个误码时就不可能与其他许用码组相混。这就证明了其他许用码组必须位于以 c 为圆心,以 $e+1$ 为半径的圆上或圆外,所以,该码的最小码距 $d_{\min}$ 为 $e+1$。

② 为纠正 t 个错码,要求最小码距为

$$d_{\min} \geqslant 2t+1 \tag{3-3}$$

或者说,若一种编码的最小距离为 $d_{\min}$,则它能纠正 $t \leqslant \dfrac{d_{\min}-1}{2}$ 个错码。

上式可以用图 3-4(b)来说明。图中 c_1 和 c_2 分别表示任意两个许用码组,当各自错码不超过 t 个时,发生错码后两个许用码组的位置移动将分别不会超过以 c_1 和 c_2 为圆心,以 t 为半径的圆。只要这两个圆不相交,则当错码小于 t 个时,可以根据它们落在哪个圆内就能判断为 c_1 或 c_2 码组,即可以纠正错误。而以 c_1 和 c_2 为圆心的两个圆不相交的最近圆心距离为 $2t+1$,这就是纠正 t 个错误的最小码距了。

③ 为纠正 t 个错码,同时检测 $e(e>t)$ 个错码,要求最小码距为

$$d_{\min} \geqslant e+t+1 \tag{3-4}$$

在解释此式之前,先来说明什么是"纠正 t 个错码,同时检测 e 个错码"(简称纠检结合)。在某些情况下,要求对于出现较频繁但错码数很少的码组,按前向纠错方式工作,以节省反馈重发时间;同时又希望对一些错码数较多的码组,在超过该码的纠错能力后,能自动按检错重发方式工作,以降低系统的总误码率。这种方式就是"纠检结合"。

在上述"纠检结合"系统中,差错控制设备按照接收码组与许用码组的距离自动改变工作方式。若接收码组与某一许用码组间的距离在纠错能力 t 范围内,则将按纠错方式工作;若与任何许用码组间的距离都超过 t,则按检错方式工作。

我们可以用图 3-4(c)来证实式(3-4)。图中 c_1 和 c_2 分别为两个许用码组,在最不利情况下,c_1 发生 e 个错码而 c_2 发生 t 个错码,为了保证这时两码组仍不发生相混,则要求以 c_1 为圆心 e 为半径的圆必须与以 c_2 为圆心 t 为半径的圆不发生交叠,即要求最小码距 $d_{\min} \geqslant e+t+1$。同时,还可以看到若错码超过 t 个,两圆有可能相交,因而不再有纠错的能力,但

仍可检测 e 个错码。

在讨论了差错控制编码的纠错检错能力之后,现在转过来简要分析一下采用差错控制编码的效用,以便使读者有一些数量的概念。

设在随机信道中发送"0"时的错误概率和发送"1"的错误概率相等,均为 P_e,且 $P_e \ll 1$,则容易证明,在码长为 n 的码组中恰好发生 r 个错码的概率为

$$P_n(r) = C_n^r P_e^r (1-P_e)^{n-r} \approx \frac{n!}{r!\ (n-r)!} P_e^r \qquad (3\text{-}5)$$

例如,当码长 $n=7$ 时,$P_e = 10^{-3}$,则有

$$P_7(1) \approx 7P_e = 7 \times 10^{-3}$$
$$P_7(2) \approx 21P_e^2 = 2.1 \times 10^{-5}$$
$$P_7(3) \approx 35P_e^3 = 3.5 \times 10^{-8}$$

可见,采用差错控制编码后,即使只能纠正(或检测)这种码组中 1~2 个错误,也可以使误码率下降几个数量级。这就表明,就算是较简单的差错控制编码也具有较大实际应用价值。当然,如在突发信道中传输,由于误码是成串集中出现的,所以上述只能纠正码组中 1~2 个错码的编码,其效用就不像在随机信道中那样显著了,需要采用更为有效的纠错编码。

3. 差错控制编码的分类

从不同的角度出发,差错控制编码可有不同的分类方法。

(1) 按码组的功能分,有检错码和纠错码两类。一般地说,能在译码器中发现错误的,称为检错码,它没有自动纠正错误的能力。如在译码器中不仅能发现错误,又能自动纠正错误的,则称为纠错码,它是一种最重要的抗干扰码。

(2) 按码组中监督码元与信息码元之间的关系分,有线性码和非线性码两类。线性码是指监督码元与信息码元之间的关系呈线性关系,即可用一组线性代数方程联系起来,几乎所有得到实际运用的都是线性码;非线性码指的是监督码元与信息码元之间的关系是非线性关系,非线性码正在研究开发,它实现起来很困难。

(3) 按照信息码元与监督码元的约束关系,又可分为分组码和卷积码两类。所谓分组码是将 k 个信息码元划分为一组,然后由这 k 个码元按照一定的规则产生 r 个监督码元,从而组成长度 $n=k+r$ 的码组。在分组码中,监督码元仅监督本码组中的码元,或者说监督码元仅与本码组的信息码元有关。分组码一般用符号 (n,k) 表示,并且将分组码的结构规定为图 3-5 的形式,图中前面 k 位 $(a_{n-1}, a_{n-2}, \cdots, a_r)$ 为信息位,后面附加 r 个监督位 $(a_{r-1}, a_{r-2}, \cdots, a_0)$。

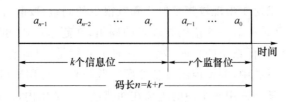

图 3-5　分组码的结构

在卷积码中,每组的监督码元不但与本组码的信息码元有关,而且还与前面若干组信息码元有关,即不是分组监督,而是每个监督码元对它的前后码元都实行监督,前后相连,因此有时也称为连环码。

（4）按照信息码元在编码前后是否保持原来的形式不变,可划分为系统码和非系统码。在差错控制编码中,通常信息码元和监督码元在码组内有确定的位置,而非系统码中信息码元则改变了原来的信号形式。系统码的性能大体上与非系统码的相同,但是在某些卷积码中非系统码的性能优于系统码,由于非系统码中的信息位已经改变了原有的信号形式,这对观察和译码都带来麻烦,因此很少应用,而系统码的编码和译码相对比较简单些,所以得到广泛应用。

（5）按纠正差错的类型可分为纠正随机错误的码和纠正突发错误的码。

（6）按照每个码元取值来分,可分为二进制码与多进制码。

3.2 简单的差错控制编码

这里先介绍几种出现较早也较为实用的简单的差错控制编码,它们都属于线性分组码一类,而且是行之有效的。

3.2.1 奇偶监督码

这是一种最简单的检错码,又称奇偶校验码,在数据通信中得到广泛的应用。其编码规则是先将所要传输的数据码元(信息码)分组,在分组信息码元后面附加 1 位监督,使得该码组中信息码和监督码合在一起"1"的个数为偶数(称为偶校验)或奇数(称为奇校验),表 3-1 是按照偶监督规则插入监督位的。

表 3-1　奇偶监督码举例

消息	信息位	监督位
晴	0 0	0
云	0 1	1
阴	1 0	1
雨	1 1	0

在接收端检查码组中"1"的个数,如发现不符合编码规律就说明产生了差错,但是不能确定差错的具体位置,即不能纠错。

奇偶监督码的这种监督关系可以用公式表示。设码组长度为 n,表示为 $(a_{n-1}, a_{n-2}, \cdots, a_1, a_0)$,其中前 $n-1$ 位为信息码元,第 n 位为监督位 a_0。在偶检验时有

$$a_0 \oplus a_1 \oplus \cdots \oplus a_{n-1} = 0 \tag{3-6}$$

其中 $\oplus$ 表示模 2 加,监督码元 a_0 可由下式产生

$$a_0 = a_1 \oplus a_2 \oplus \cdots \oplus a_{n-1} \tag{3-7}$$

在奇校验时有

$$a_0 \oplus a_1 \oplus \cdots \oplus a_{n-1} = 1 \tag{3-8}$$

监督码元 a_0 可由下式产生

$$a_0 = a_1 \oplus a_2 \oplus \cdots \oplus a_{n-1} \oplus 1 \tag{3-9}$$

这种奇偶检验只能发现单个或奇数个错误,而不能检测出偶数个错误,因而它的检错能力不高,但这并不表明它对随机奇数个错误的检错率和偶数个错误的漏检率相同。从式(3-5)容

易证明,当 $n \ll \dfrac{1}{P_e}$,出错位数为 $2t-1$ 奇数的概率总比出错位数为 $2t$ 偶数(t 为正整数)的概率大得多,即错 1 位码的概率比错 2 位码的概率大得多、错 3 位码的概率比错 4 位码的概率大得多。因此,绝大多数随机错误都能用简单奇偶检验查出,这正是奇偶校验码被广泛用于以随机错误为主的数据通信系统的原因。但这种奇偶校验码难于对付突发差错,所以在突发错误很多的信道中不能单独使用。最后指出,奇偶校验码的最小码距为 $d_{\min}=2$。

3.2.2 水平奇偶监督码

为了提高上述奇偶监督码的检错能力,特别是不能检测突发错误的缺点,引出了水平奇偶监督码。它的构成思路是:将信息码序列按行排成方阵,每行后面加一个奇或偶监督编码,即每行为一个奇偶监督码组(见表 3-2,以偶监督为例),但发送时则按列的顺序传输:111011100110000…10101,接收端仍将码元排成与发送端一样的方阵形式,然后按行进行奇偶校验。由于这种差错控制编码是按行进行奇偶校验,因此称为水平奇偶监督码。

表 3-2　水平偶监督码举例

信 息 码 元										监督码元
1	1	1	0	0	1	1	0	0	0	1
1	1	0	1	0	0	1	1	0	1	0
1	0	0	0	0	1	1	1	0	1	1
0	0	0	1	0	0	0	0	1	0	0
1	1	0	0	1	1	1	0	1	1	1

可以看出,由于发送端是按列发送码元而不是按码组发送码元,因此把本来可能集中发生在某一个码组的突发错误分散在了方阵的各个码组中,因此可得到整个方阵的行监督。采用这种方法可以发现某一行上所有奇数个错误以及所有长度不大于方阵中行数(表 3-2 例中为 5)的突发错误。

3.2.3 二维奇偶监督码

二维奇偶监督码是将水平奇偶监督码推广而得,又称水平垂直奇偶监督码、行列监督码和方阵码。它的方法是在水平监督基础上对表 3-2 方阵中每一列再进行奇偶校验,就可得表 3-3(以偶监督为例)所示的方阵。发送是按列或按行的顺序传输。接收端重新将码元排成发送时方阵形式,然后每行、每列都进行奇偶校验。

表 3-3　二维偶监督码举例

	信 息 码 元										监督码元
	1	1	1	0	0	1	1	0	0	0	1
	1	1	0	1	0	0	1	1	0	1	0
	1	0	0	0	0	1	1	1	0	1	1
	0	0	0	1	0	0	0	0	1	0	0
	1	1	0	0	1	1	1	0	1	1	1
监督码元	0	1	1	0	1	1	0	0	0	1	1

显然,这种码比水平奇偶监督码有更强的检错能力。它能发现某行或某列上奇数个错误和长度不大于方阵中行数(或列数)的突发错误;这种码还有可能检测出一部分偶数个错误,当然,若偶数个错误恰好分布在矩阵的四个顶点上时,这样的偶数个错误是检测不出来的;此外,这种码还可以纠正一些错误,例如当某行某列均不满足监督关系而判定该行该列交叉位置的码元有错,从而纠正这一位上的错误。

二维奇偶监督码检错能力强,又具有一定纠错能力,且实现容易,因而得到广泛的应用。

3.3　汉明码及线性分组码

3.3.1　汉明码

汉明码是一种能够纠正一位错码且编码效率较高的线性分组码。它是 1950 年由美国贝尔实验室提出来的,是第一个设计用来纠正错误的线性分组码,汉明码及其变形已广泛应用于数据存储系统中作为差错控制码。

1. (n,k) 汉明码

在前面讨论奇偶校验时,如按偶校验,由于使用了一位监督位 a_0,故它能和信息位 $a_{n-1}, a_{n-2}, \cdots, a_1$ 一起构成一个代数式,如式(3-6)所示。在接收端解码时,实际上就是在计算

$$S = a_{n-1} \oplus a_{n-2} \oplus \cdots \oplus a_1 \oplus a_0 \tag{3-10}$$

上式称为监督关系式(也叫监督方程),S 称为校正子(校正子的个数与 r 相等)。当 $S=0$,就认为无错;若 $S=1$,就认为有错。由于校正子 S 的取值只有两种,它就只能代表有错和无错这两种信息,而不能指出错码的位置。不难推想,如果监督位增加一位,即变成两位,则能增加一个类似于式(3-10)的监督关系式。由于两个校正子的可能值有 4 种组合:00,01,10,11,故能表示 4 种不同信息。若用其中 1 种表示无错,则其余 3 种就有可能用来指示一位错码的 3 种不同位置。同理,r 个监督关系式能指示一位错码的 $2^r - 1$ 个可能位置。

一般来说,若码长为 n,信息位数为 k,则监督位数 $r=n-k$。如果希望用 r 个监督位构造出 r 个监督关系式来指示一位错码的 n 种可能位置,则要求

$$2^r - 1 \geqslant n \text{ 或 } 2^r \geqslant k + r + 1 \tag{3-11}$$

设分组码 (n,k) 中 $k=4$,为了纠正一位错码,由式(3-11)可知,要求监督位数 $r \geqslant 3$。若取 $r=3$,则 $n=k+r=7$,这就是 $(7,4)$ 汉明码。

2. $(7,4)$ 汉明码

$(7,4)$ 汉明码的码组为 $a_6 a_5 a_4 a_3 a_2 a_1 a_0$,其中 $a_6 a_5 a_4 a_3$ 是信息码,$a_2 a_1 a_0$ 是监督码。

(1) $(7,4)$ 汉明码的纠检错

$(7,4)$ 汉明码 $r=3$,所以有 3 个校正子,用 S_1, S_2, S_3 表示三个监督关系式中的校正子。规定 S_1, S_2, S_3 的值与错码位置的对应关系如表 3-4 所列(自然,我们也可以规定成另一种对应关系,这不影响讨论的一般性)。

表 3-4　较正子与错码位置

S_1	S_2	S_3	错码位置	S_1	S_2	S_3	错码位置
0	0	0	无错	0	1	1	a_3
0	0	1	a_0	1	0	1	a_4
0	1	0	a_1	1	1	0	a_5
1	0	0	a_2	1	1	1	a_6

由表 3-4 的规定可知,当发生一个错码,其位置在 a_2,a_4,a_5 或 a_6 时,校正子 S_1 为 1;否则为 0。这就意味着 a_2,a_4,a_5 和 a_6 四个码元构成偶数监督关系,即

$$S_1 = a_6 \oplus a_5 \oplus a_4 \oplus a_2 \tag{3-12}$$

同理,a_1,a_3,a_5 和 a_6 以及 a_0,a_3,a_4 和 a_6 也分别构成偶数监督关系,于是有

$$S_2 = a_6 \oplus a_5 \oplus a_3 \oplus a_1 \tag{3-13}$$

$$S_3 = a_6 \oplus a_4 \oplus a_3 \oplus a_0 \tag{3-14}$$

综上所述,(7,4)汉明码是这样纠检错的:接收端收到某个(7,4)汉明码的码组,首先按照式(3-12)、式(3-13)和式(3-14)计算出校正子 S_1,S_2,S_3,然后根据表 3-4 便可知道此(7,4)汉明码是否有错以及差错的确切位置,既而纠正错误。

例 3-1　接收端收到某(7,4)汉明码为 1001010,此(7,4)汉明码是否有错? 错码位置为何?

解　计算较正子

$$S_1 = a_6 \oplus a_5 \oplus a_4 \oplus a_2 = 1 \oplus 0 \oplus 0 \oplus 0 = 1$$
$$S_2 = a_6 \oplus a_5 \oplus a_3 \oplus a_1 = 1 \oplus 0 \oplus 1 \oplus 1 = 1$$
$$S_3 = a_6 \oplus a_4 \oplus a_3 \oplus a_0 = 1 \oplus 0 \oplus 1 \oplus 0 = 0$$

较正子为 110,根据表 3-4 可知此(7,4)汉明码有错,错码位置为 a_5。

这里有一个问题需要说明:从表 3-4 可以看出,(7,4)汉明码无论是信息码还是监督码有错,都能够检测出来,即 r 个监督码对整个码组的 n 个码元都起监督作用。

(2)(7,4)汉明码的产生

以上我们知道了(7,4)汉明码是如何纠检错的了,但是(7,4)汉明码是如何产生的呢?下面加以介绍。

在发送端进行编码时,信息位 a_6,a_5,a_4,a_3 是数据终端输出的,它们的值是已知的。而监督位 a_2,a_1,a_0 应根据信息位的取值按监督关系来确定,即监督位应使(3-12)、式(3-13)和式(3-14)中的校正子 S_1,S_2,S_3 均为零(表示码组中无错,是正确的码组),于是有下列方程组

$$a_6 \oplus a_5 \oplus a_4 \oplus a_2 = 0$$
$$a_6 \oplus a_5 \oplus a_3 \oplus a_1 = 0 \tag{3-15}$$
$$a_6 \oplus a_4 \oplus a_3 \oplus a_0 = 0$$

由上式经移项运算,解出监督位为

$$a_2 = a_6 \oplus a_5 \oplus a_4$$
$$a_1 = a_6 \oplus a_5 \oplus a_3 \tag{3-16}$$
$$a_0 = a_6 \oplus a_4 \oplus a_3$$

已知信息位后,就可直接按式(3-16)计算出监督位。3 个监督位附在 4 个信息位后面便可

得到(7,4)汉明码的整个码组。由此可得出(7,4)汉明码的 $2^4 = 16$ 个许用码组,如表 3-5 所示。

表 3-5 　 (7,4)汉明码的许用码组

信息码				监督码			信息码				监督码		
a_6	a_5	a_4	a_3	a_2	a_1	a_0	a_6	a_5	a_4	a_3	a_2	a_1	a_0
0	0	0	0	0	0	0	1	0	0	0	1	1	1
0	0	0	1	0	1	1	1	0	0	1	1	0	0
0	0	1	0	1	0	1	1	0	1	0	0	1	0
0	0	1	1	1	1	0	1	0	1	1	0	0	1
0	1	0	0	1	1	0	1	1	0	0	0	0	1
0	1	0	1	1	0	1	1	1	0	1	0	1	0
0	1	1	0	0	1	1	1	1	1	0	1	0	0
0	1	1	1	0	0	0	1	1	1	1	1	1	1

例 3-2 已知信息码为 1101,求所对应的(7,4)汉明码。

解 由式(3-16)求监督码

$$a_2 = a_6 \oplus a_5 \oplus a_4 = 1 \oplus 1 \oplus 0 = 0$$
$$a_1 = a_6 \oplus a_5 \oplus a_3 = 1 \oplus 1 \oplus 1 = 1$$
$$a_0 = a_6 \oplus a_4 \oplus a_3 = 1 \oplus 0 \oplus 1 = 0$$

此(7,4)汉明码为 1101010。

(3)(7,4)汉明码的汉明距离及编码效率

① 汉明距离

汉明码属于线性分组码,根据线性分组码的性质可以求出(7,4)汉明码的汉明距离 $d_{\min} = 3$ (线性分组码的概念及性质见后)。因此由式(3-2)和式(3-3)可知,这种码能纠正一个错码或检测两个错码。

② 编码效率

(7,4)汉明码的编码效率为

$$R = \frac{k}{n} = \frac{4}{7} \approx 57\%$$

可以算出,当 n 很大时,(7,4)汉明码的编码效率接近于 1。与码长相同的能纠正一位错码的其他分组码比,汉明码的编码效率最高,且实现简单。因此,至今在码组中纠正一个错码的场合还广泛使用。

3.3.2 线性分组码

前面已经提到,线性码是指监督码元与信息码元之间满足一组线性方程的码;分组码是监督码元仅对本码组中的码元起监督作用,或者说监督码元仅与本码组的信息码元有关。既是线性码又是分组码的编码就叫线性分组码。

在差错控制编码中线性分组码是非常重要的一大类码,前面所介绍的各种差错控制编码都属于线性分组码。下面研究线性分组码的一般问题。

1. 监督矩阵

这里以(7,4)汉明码为例引出线性分组码监督矩阵的概念。

式(3-15)就是一组线性方程,现在将它改写成

$$1 \cdot a_6 + 1 \cdot a_5 + 1 \cdot a_4 + 0 \cdot a_3 + 1 \cdot a_2 + 0 \cdot a_1 + 0 \cdot a_0 = 0$$
$$1 \cdot a_6 + 1 \cdot a_5 + 0 \cdot a_4 + 1 \cdot a_3 + 0 \cdot a_2 + 1 \cdot a_1 + 0 \cdot a_0 = 0 \tag{3-17}$$
$$1 \cdot a_6 + 0 \cdot a_5 + 1 \cdot a_4 + 1 \cdot a_3 + 0 \cdot a_2 + 0 \cdot a_1 + 1 \cdot a_0 = 0$$

上式中已将"⊕"简写为"+",仍表示"模 2"加,本章以后各部分除非另加说明,这类式中的"+"都指"模 2"加。式(3-17)还可以写成矩阵形式

$$\begin{pmatrix} 1 & 1 & 1 & 0 & 1 & 0 & 0 \\ 1 & 1 & 0 & 1 & 0 & 1 & 0 \\ 1 & 0 & 1 & 1 & 0 & 0 & 1 \end{pmatrix} \begin{pmatrix} a_6 \\ a_5 \\ a_4 \\ a_3 \\ a_2 \\ a_1 \\ a_0 \end{pmatrix} = \begin{pmatrix} 0 \\ 0 \\ 0 \end{pmatrix} (模\ 2) \tag{3-18}$$

令

$$H = \begin{pmatrix} 1 & 1 & 1 & 0 & 1 & 0 & 0 \\ 1 & 1 & 0 & 1 & 0 & 1 & 0 \\ 1 & 0 & 1 & 1 & 0 & 0 & 1 \end{pmatrix} \tag{3-19a}$$

$$A = (a_6 \quad a_5 \quad a_4 \quad a_3 \quad a_2 \quad a_1 \quad a_0) \tag{3-19b}$$

$$\mathbf{0} = (0 \quad 0 \quad 0) \tag{3-19c}$$

式(3-18)可以简记为

$$H \cdot A^{\mathrm{T}} = \mathbf{0}^{\mathrm{T}} \quad 或\ A \cdot H^{\mathrm{T}} = \mathbf{0} \tag{3-20}$$

右上标"T"表示将矩阵转置。例如 H^{T} 是 H 的转置,即 H^{T} 的第一行为 H 的第一列,H^{T} 的第二行为 H 的第二列等等。由于式(3-17)来自监督方程,因此称 H 为线性分组码的监督矩阵。从式(3-17)和式(3-18)都可看出,H 的行数就是监督关系式的数目,它等于监督位的数目 r,而 H 的列数就是码长 n,这样 H 为 $r \times n$ 阶矩阵。监督矩阵 H 的每行元素"1"表示相应码元之间存在着偶监督关系,由此各监督码元是共同对整个码组进行监督,称为一致监督。例如 H 的第一行 1110100 表示监督位 a_2 是由信息位 a_6, a_5, a_4 之和(模 2 和)决定的。

式(3-19a)中的监督矩阵 H 可以分成两部分

$$H = \left(r \left\{ \begin{matrix} 1 & 1 & 1 & 0 & \vdots & 1 & 0 & 0 \\ 1 & 1 & 0 & 1 & \vdots & 0 & 1 & 0 \\ 1 & 0 & 1 & 1 & \vdots & 0 & 0 & 1 \end{matrix} \right. \right) = (P \cdot I_r) \tag{3-21}$$

式中,H 为 $r \times n$ 阶矩阵,I_r 为 $r \times r$ 阶单位方阵。我们将具有 $(P \cdot I_r)$ 形式的 H 矩阵称为典型形式的监督矩阵。

类似于式(3-15)改变成式(3-18)中矩阵形式那样,式(3-16)也可以改写成

$$\begin{pmatrix} a_2 \\ a_1 \\ a_0 \end{pmatrix} = \begin{pmatrix} 1 & 1 & 1 & 0 \\ 1 & 1 & 0 & 1 \\ 1 & 0 & 1 & 1 \end{pmatrix} \begin{pmatrix} a_6 \\ a_5 \\ a_4 \\ a_3 \end{pmatrix} \tag{3-22}$$

比较式(3-21)和式(3-22),可以看出式(3-22)等式右边前部矩阵即为 P。对式(3-22)两侧作矩阵转置,得

$$(a_2 a_1 a_0) = (a_6 a_5 a_4 a_3)\begin{pmatrix} 1 & 1 & 1 \\ 1 & 1 & 0 \\ 1 & 0 & 1 \\ 0 & 1 & 1 \end{pmatrix} = [a_6 a_5 a_4 a_3]Q \tag{3-23}$$

式中 Q 为一 $k \times r$ 阶矩阵,它是矩阵 P 的转置,即

$$Q = P^{\mathrm{T}} \tag{3-24}$$

式(3-23)表明,信息位给定后,用信息位的行矩阵乘 Q 矩阵就可计算出各监督位,即

$$[\text{监督码}] = [\text{信息码}] \cdot Q \tag{3-25}$$

综上所述,可以得到一个结论,即已知信息码和典型形式的监督矩阵 H,就能确定各监督码元。具体过程为:由 H 根据式(3-21)得出矩阵 P,然后求 P 的转置 Q,再根据式(3-25)即可求出监督码。

值得说明的是,虽然式(3-25)是由(7,4)汉明码推导得出的,但这个公式适合所有的线性分组码。

由线性代数理论得知,H 矩阵的各行应该是线性无关的,否则将得不到 r 个线性无关的监督关系式,从而也得不到 r 个独立的监督码位。若一矩阵能写成典型矩阵形式($P \cdot I_r$),则其各行一定是线性无关的。因为容易验证单位方阵(I_r)的各行是线性无关的,故($P \cdot I_r$)的各行也是线性无关的。

2. 生成矩阵

要求得整个码组,我们将 Q 的左边加上一个 $k \times k$ 阶单位方阵,就构成一个新的矩阵 G,即

$$G = [I_k Q] \tag{3-26}$$

式(3-26)的 G 称为典型的生成矩阵,由它可以产生整个码组 A,即有

$$A = [a_{n-1} a_{n-2} \cdots a_0] = [\text{信息码}] \cdot G(\text{典型的}) \tag{3-27}$$

因此,如果找到了码的典型的生成矩阵 G,则编码的方法就完全确定了。由典型的生成矩阵得出的码组 A 中,信息位不变,监督位附加于其后,这种码称为系统码。

以(7,4)汉明码为例可以验证式(3-27)的正确性。上述可知(7,4)汉明码 Q 的矩阵为

$$Q = \begin{pmatrix} 1 & 1 & 1 \\ 1 & 1 & 0 \\ 1 & 0 & 1 \\ 0 & 1 & 1 \end{pmatrix} \tag{3-28}$$

由式(3-26)可求出(7,4)汉明码典型的生成矩阵,为

$$G = (I_k Q) = \begin{pmatrix} 1 & 0 & 0 & 0 & \vdots & 1 & 1 & 1 \\ 0 & 1 & 0 & 0 & \vdots & 1 & 1 & 0 \\ 0 & 0 & 1 & 0 & \vdots & 1 & 0 & 1 \\ 0 & 0 & 0 & 1 & \vdots & 0 & 1 & 1 \end{pmatrix} \tag{3-29}$$

取表 3-5 中第 3 个码组中的信息码 0010,根据式(3-27)可求出整个码组 A 为

$$A = (a_6 a_5 a_4 a_3 a_2 a_1 a_0) = (a_6 a_5 a_4 a_3) \cdot G$$

$$= (0010) \cdot \begin{pmatrix} 1 & 0 & 0 & 0 & \vdots & 1 & 1 & 1 \\ 0 & 1 & 0 & 0 & \vdots & 1 & 1 & 0 \\ 0 & 0 & 1 & 0 & \vdots & 1 & 0 & 1 \\ 0 & 0 & 0 & 1 & \vdots & 0 & 1 & 1 \end{pmatrix} = (0010101) \tag{3-30}$$

可见,所求得的码组正是表 3-5 中第 3 个码组。

与 H 矩阵相似,我们也要求生成矩阵 G 的各行是线性无关的。因为由式(3-27)可以看出,任一码组 A 都是 G 的各行的线性组合。G 共有 k 行,若它们线性无关,则可组合出 2^k 种不同的码组 A,它们恰是有 k 位信息位的全部码组;若 G 的各行有线性相关的,则不可能由 G 生成 2^k 种不同的码组了。

实际上,G 的各行本身就是一个码组。下面还是以(7,4)汉明码为例说明这一点,在式(3-29)中,若 $a_6a_5a_4a_3=1000$,则码组 A 就等于 G 的第一行;若 $a_6a_5a_4a_3=0100$,则码组 A 就等于 G 的第二行;等等。因此,如果已有 k 个线性无关的码组,则可以用其作为生成矩阵 G,并由它生成其余的码组。

线性代数理论还指出,非典型形式的生成矩阵只要它的各行是线性无关的,则可以经过运算化成典型形式。因此,若生成矩阵是非典型形式的,则首先转化成典型形式后,再用式(3-27)求得整个码组。

3. 监督矩阵与生成矩阵的关系

典型的监督矩阵 H 与典型的生成矩阵 G 之间的关系可用式(3-21)、式(3-24)和式(3-26)表示,为方便读者学习,现重写于下:

$$H=(P \cdot I_r), Q=P^T, G=(I_k Q)$$

例 3-3 某(7,4)线性分组码,监督方程如下,求监督矩阵 H 和典型的生成矩阵 G。如信息码为 0010,求整个码组 A。

$$a_2=a_6 \oplus a_5 \oplus a_3$$
$$a_1=a_6 \oplus a_4 \oplus a_3$$
$$a_0=a_5 \oplus a_4 \oplus a_3$$

解 将已知监督方程改写为

$$1 \cdot a_6 \oplus 1 \cdot a_5 \oplus 0 \cdot a_4 \oplus 1 \cdot a_3 \oplus 1 \cdot a_2 \oplus 0 \cdot a_1 \oplus 0 \cdot a_0=0$$
$$1 \cdot a_6 \oplus 0 \cdot a_5 \oplus 1 \cdot a_4 \oplus 1 \cdot a_3 \oplus 0 \cdot a_2 \oplus 1 \cdot a_1 \oplus 0 \cdot a_0=0$$
$$0 \cdot a_6 \oplus 1 \cdot a_5 \oplus 1 \cdot a_4 \oplus 1 \cdot a_3 \oplus 0 \cdot a_2 \oplus 0 \cdot a_1 \oplus 1 \cdot a_0=0$$

由此可得出监督矩阵 H 为

$$H=\begin{pmatrix} 1101100 \\ 1011010 \\ 0111001 \end{pmatrix}=(P \cdot I_r)$$

$$Q=P^T=\begin{pmatrix} 110 \\ 101 \\ 011 \\ 111 \end{pmatrix}$$

典型的生成矩阵 G 为

$$G=(I_k Q)=\begin{pmatrix} 1000110 \\ 0100101 \\ 0010011 \\ 0001111 \end{pmatrix}$$

信息码为 0010 时,整个码组 A 为

$$A = [信息码] \cdot G = (0010) \cdot \begin{pmatrix} 1000110 \\ 0100101 \\ 0010011 \\ 0001111 \end{pmatrix}$$

$$= (0010011)$$

4. 线性分组码主要性质

（1）封闭性

所谓封闭性，是指一种线性分组码中的任意两个码组之逐位模 2 和仍为这种码中的另一个许用码组。这就是说，若 A_1 和 A_2 是一种线性分组码中的两个许用码组，则 $A_1 + A_2$ 仍为其中的另一个许用码组。这一性质的证明很简单，若 A_1,A_2 为许用码组，则按式(3-20)有

$$A_1 H^{\mathrm{T}} = 0, \quad A_2 H^{\mathrm{T}} = 0$$

将上两式相加，可得

$$A_1 H^{\mathrm{T}} + A_2 H^{\mathrm{T}} = (A_1 + A_2) H^{\mathrm{T}} = 0$$

可见 $A_1 + A_2$ 必定也是一许用码组。

（2）码的最小距离等于非零码的最小重量

因为线性分组码具有封闭性，因而两个码组之间的距离必是另一码组的重量，故码的最小距离即是码的最小重量（除全"0"码组外）。

3.4　循环码

循环码是线性分组码中一类重要的码，它是以现代代数理论作为基础建立起来的。循环码的编码和译码设备都不太复杂，且检错纠错能力较强，目前在理论和实践上都有较大的发展。这里，我们仅讨论二进制循环码。

3.4.1　循环码的循环特性

循环码属于线性分组码，它除了具有线性分组码的一般性质外，还具有循环性。在具体研究循环码的循环性之前，我们首先要了解码的多项式的含义。

1. 码的多项式

为了便于用代数理论来研究循环码，把长为 n 的码组与 $n-1$ 次多项式建立一一对应的关系，即把码组中各码元当作是一个多项式的系数，若码组 $A = (a_{n-1}, a_{n-2}, \cdots, a_1, a_0)$，则相应的多项式表示为

$$A(x) = a_{n-1}x^{n-1} + a_{n-2}x^{n-2} + \cdots + a_1 x^1 + a_0 x^0 \tag{3-31}$$

这种多项式中，x 的幂次仅是码元位置的标记。多项式中 x^i 的存在只表示该对应码位上是"1"码，否则为"0"码，我们称这种多项式为码的多项式。由此可知码组和码的多项式本质上是一回事，只是表示方法不同而已。

例如，一个码组为 $A = 1011011$，它所对应的多项式为

$$A(x) = x^6 + x^4 + x^3 + x + 1$$

2. 循环码的循环特性

循环码的循环性是指循环码中任一许用码组经过循环移位后(将最右端的码元移至左端,或反之)所得到的码组仍为它的一个许用码组。

表 3-6 给出一种(7,3)循环码的全部码组,由此表可直观看出这种码的循环性。例如,表中的第 2 码组向右循环移一位即得到第 5 码组,第 2 码组向左循环移一位即得到第 3 码组。

表 3-6　(7,3)循环码的一种码组

码组编号	信息位			监督位				码组编号	信息位			监督位			
	a_6	a_5	a_4	a_3	a_2	a_1	a_0		a_6	a_5	a_4	a_3	a_2	a_1	a_0
1	0	0	0	0	0	0	0	5	1	0	0	1	0	1	1
2	0	0	1	0	1	1	1	6	1	0	1	1	1	0	0
3	0	1	0	1	1	1	0	7	1	1	0	0	1	0	1
4	0	1	1	1	0	0	1	8	1	1	1	0	0	1	0

前面介绍了码的多项式的概念,表 3-6 中的(7,3)循环码中的任一码组$(a_6,a_5,\cdots,a_1,a_0)$所对应的多项式可以表示为

$$A(x)=a_6x^6+a_5x^5+a_4x^4+a_3x^3+a_2x^2+a_1x^1+a_0x^0 \tag{3-32}$$

对于循环码,一般来说,若 $\boldsymbol{A}=(a_{n-1},a_{n-2},\cdots,a_1,a_0)$ 是一个(n,k)循环码的码组,则

$$\boldsymbol{A}^1=(a_{n-2},a_{n-3},\cdots,a_0,a_{n-1}) \quad\text{(循环左移 1 位)}$$

$$\boldsymbol{A}^2=(a_{n-3},a_{n-4},\cdots,a_{n-1},a_{n-2}) \quad\text{(循环左移 2 位)}$$

$$\boldsymbol{A}^i=(a_{n-i-1},a_{n-i-2},\cdots,a_0,a_{n-1},\cdots,a_{n-i}) \quad\text{(循环左移 }i\text{ 位)}$$

也都是该编码中的码组($\boldsymbol{A}$ 的上标 i 表示移位次数)。它们所对应的多项式分别为

$$\left.\begin{aligned}A(x)&=a_{n-1}x^{n-1}+a_{n-2}x^{n-2}+\cdots+a_1x^1+a_0\\A^1(x)&=a_{n-2}x^{n-1}+a_{n-3}x^{n-2}+\cdots+a_0x^1+a_{n-1}\\A^i(x)&=a_{n-i-1}x^{n-1}+a_{n-i-2}x^{n-2}+\cdots+a_0x^i+a_{n-1}x^{i-1}+\cdots+a_{n-i}\end{aligned}\right\} \tag{3-33}$$

我们来看 $A^1(x)$,它等于 $xA(x)$ 用 x^n+1 多项式除后所得余式,即

$$xA(x)=a_{n-1}x^n+a_{n-2}x^{n-1}+\cdots+a_1x^2+a_0x^1$$

$$x^n+1\ \overline{\left)\ \begin{array}{l}\quad\quad a_{n-1}\\ a_{n-1}x^n+a_{n-2}x^{n-1}+\cdots+a_1x^2+a_0x^1\\ \underline{a_{n-1}x^n+a_{n-1}}\end{array}\right.}$$

$$余式=a_{n-2}x^{n-1}+a_{n-3}x^{n-2}+\cdots+a_0x^1+a_{n-1}$$

注意:在模 2 运算中可用加法代替减法。

依此类推,可以得到一个重要结论:在循环码中,若 $A(x)$ 对应一个长为 n 的许用码组,则 $x^iA(x)$ 用 x^n+1 多项式除后所得余式为 $A^i(x)$(习惯说成按模 x^n+1 运算),它对应的码组也是一个许用码组。记作

$$x^iA(x)\equiv A^i(x) \quad\quad (模\ x^n+1) \tag{3-34}$$

以上介绍了循环码的循环性,借助于其循环性,已知一个码组,可以很方便地求出其他许用码组,下面举例说明。

例 3-4 已知(7,3)循环码的一个许用码组,试将所有其余的许用码组填入下表。

序号	信 息 位			监 督 位				序号	信 息 位			监 督 位			
	a_6	a_5	a_4	a_3	a_2	a_1	a_0		a_6	a_5	a_4	a_3	a_2	a_1	a_0
1	0	0	1	0	1	1	1								

解　将表中所给第 1 码组循环左移一位后得到第 2 码组,第 2 码组循环左移一位后得到第 3 码组,依次类推,可得到第 4 码组~第 7 码组,第 8 码组为全 0。

序号	信 息 位			监 督 位				序号	信 息 位			监 督 位			
	a_6	a_5	a_4	a_3	a_2	a_1	a_0		a_6	a_5	a_4	a_3	a_2	a_1	a_0
1	0	0	1	0	1	1	1	5	1	1	1	0	0	1	0
2	0	1	0	1	1	1	0	6	1	1	0	0	1	0	1
3	1	0	1	1	1	0	0	7	1	0	0	1	0	1	1
4	0	1	1	1	0	0	1	8	0	0	0	0	0	0	0

3.4.2　循环码的生成多项式和生成矩阵

1. 生成多项式 $g(x)$

前面已知,对于线性分组码,有了典型的生成矩阵 G,就可以由 k 个信息码得出整个码组。如果知道监督方程,便可得到监督矩阵 H,而由监督矩阵 H 和生成矩阵 G 之间的关系则可以求出生成矩阵 G。这里介绍求生成矩阵 G 的另一种方法,即根据循环码的基本性质来找出它的生成矩阵。

由于 G 的各行本身就是一个码组,如果能找到 k 个线性无关的码组,就能构成生成矩阵 G。

如何来寻找这 k 个码组呢?

一个 (n,k) 循环码共有 2^k 个码组,其中有一个码组前 $k-1$ 位码元均为"0",第 k 位码元和第 n 位(最后一位)码元必须为"1",其他码元不限制(即可以是"0",也可以是"1")。此码组可以表示为

$$(\underbrace{000\cdots0}_{k-1} 1 \ g_{n-k-1}\cdots g_2 g_1 \ 1)$$

之所以第 k 位码元和第 n 位码元必须为"1"是因为:

- 在 (n,k) 循环码中除全"0"码组外,连"0"的长度最多只能有 $k-1$ 位,否则,在经过若干次循环移位后将得到一个 k 位信息位全为"0",但监督位不全为"0"的码组,这在线性码中显然是不可能的(信息位全为"0",监督位也必定全为"0")。

- 若第 n 位码元不为"1",该码组(前 $k-1$ 位码元均为"0")循环右移后将成为前 k 位信息位都是"0",而后面 $n-k$ 监督位不都为"0"的码组,这是不允许的。

以上证明 $(000\cdots0 \ 1 \ g_{n-k-1}\cdots g_2 g_1 \ 1)$ 为 (n,k) 循环码的一个许用码组,其对应的多项式为

$$g(x)=0+0+\cdots+x^{n-k}+g_{n-k-1}x^{n-k-1}+\cdots+g_1 x+1 \tag{3-35}$$

根据循环码的循环特性及式(3-34),$xg(x)$,$x^2 g(x)$,$\cdots$,$x^{k-1}g(x)$ 所对应的码组都是 (n,k) 循环码的一个许用码组,连同 $g(x)$ 对应的码组共构成 k 个许用码组。这 k 个许用码组便可构成生成矩阵 G,所以我们将 $g(x)$ 称为生成多项式。

归纳起来,(n,k)循环码的 2^k 个码组中,有一个码组前 $k-1$ 位码元均为 0,第 k 位码元 1,第 n 位(最后一位)码元为 1,此码组对应的多项式即为生成多项式 $g(x)$,其最高幂次为 x^{n-k}。

例 3-5 求表 3-6 所示$(7,3)$循环码的生成多项式。

解 表 3-6 所示$(7,3)$循环码对应生成多项式的码组为第 2 个码组 0010111,生成多项式为

$$g(x) = x^4 + x^2 + x + 1$$

2. 生成矩阵 G

由循环码的生成多项式 $g(x)$ 可得到生成矩阵 $G(x)$,为

$$G(x) = \begin{pmatrix} x^{k-1}g(x) \\ x^{k-2}g(x) \\ \vdots \\ xg(x) \\ g(x) \end{pmatrix} \tag{3-36}$$

生成矩阵 $G(x)$ 的每一行都是一个多项式,我们将每一行写出对应的码组则得到生成矩阵 G,这样求得的生成矩阵一般不是典型的生成矩阵,要将其转换为典型的生成矩阵。典型的生成矩阵为

$$G = (I_k Q)$$

可以通过线性变换将非典型的生成矩阵转换为典型的生成矩阵,具体方法是:任意几行模二加取代某一行,下面举例说明。

例如,我们要求表 3-6 所给的$(7,3)$循环码的典型的 G。

首先求其生成多项式,例 3-5 已求出表 3-6 所给的$(7,3)$循环码的生成多项式,为

$$g(x) = x^4 + x^2 + x + 1$$

根据式$(3-36)$得到生成矩阵 $G(x)$,为

$$G(x) = \begin{pmatrix} x^{k-1}g(x) \\ x^{k-2}g(x) \\ \vdots \\ xg(x) \\ g(x) \end{pmatrix} = \begin{pmatrix} x^2 g(x) \\ xg(x) \\ g(x) \end{pmatrix} = \begin{pmatrix} x^6 + x^4 + x^3 + x^2 \\ x^5 + x^3 + x^2 + x \\ x^4 + x^2 + x + 1 \end{pmatrix}$$

每一行写出对应的码组可得生成矩阵 G,为

$$G = \begin{pmatrix} 101\ 1100 \\ 010\ 1110 \\ 001\ 0111 \end{pmatrix}$$

这个生成矩阵 G 是非典型的,要将其转换为典型的生成矩阵。根据观察,第 1 行 $\oplus$ 第 3 行取代第 1 行,则得到

$$G = \begin{pmatrix} 100 & 1011 \\ 010 & 1110 \\ 001 & 0111 \end{pmatrix}$$

此生成矩阵 G 虚线前是一个 3 行 3 列的单位方阵,所以它是典型的生成矩阵。

将三位信息码 $a_6 a_5 a_4$($000,001,010,011,\cdots,111$)与典型的生成矩阵 G 相乘便可得到全部码组,即表 3-6 所示。

3. 生成多项式 $g(x)$ 的另一种求法

利用式(3-27),我们可以写出表 3-6 循环码组所对应的多项式,即

$$A(x)=(a_6 a_5 a_4) \cdot \boldsymbol{G}(x)=(a_6 a_5 a_4) \cdot \begin{pmatrix} x^2 g(x) \\ x g(x) \\ g(x) \end{pmatrix} \qquad (3\text{-}37)$$

$$=(a_6 x^2 + a_5 x + a_4)g(x)$$

由此可见,任一循环码多项式 $A(x)$ 都是 $g(x)$ 的倍数,即都可被 $g(x)$ 整除,而且任一幂次不大于$(k-1)$的多项式乘 $g(x)$ 都是码的多项式。

这样,循环码组的 $A(x)$ 也可写成

$$A(x)=h(x) \cdot g(x) \qquad (3\text{-}38)$$

其中,$h(x)$ 是幂次不大于 $k-1$ 的多项式。

已知生成多项式 $g(x)$ 本身就是循环码的一个码组,令

$$A_g(x)=g(x) \qquad (3\text{-}39)$$

因为 $A_g(x)$ 是一个$(n-k)$次多项式,所以 $x^k A_g(x)$ 为一个 n 次多项式。根据式(3-34)在模 x^n+1 运算下也是一个许用码组(即它的余式为一许用码组),故可以写成

$$\frac{x^k A_g(x)}{x^n+1}=Q(x)+\frac{A(x)}{x^n+1} \qquad (3\text{-}40)$$

上式左边的分子和分母都是 n 次多项式,所以其商式 $Q(x)=1$,这样,上式可简化成

$$x^k A_g(x)=(x^n+1)+A(x) \qquad (3\text{-}41)$$

将式(3-38)和式(3-39)代入式(3-41),并化简后可得

$$x^n+1=g(x)[x^k+h(x)] \qquad (3\text{-}42)$$

上式表明,生成多项式 $g(x)$ 必定是 x^n+1 的一个因式。这一结论为我们寻找循环码的生成多项式指出了一条道路,即循环码的生成多项式应该是 x^n+1 的一个$(n-k)$次因子。

例如,x^7+1 可以分解为

$$x^7+1=(x+1)(x^3+x^2+1)(x^3+x+1) \qquad (3\text{-}43)$$

为了求出$(7,3)$循环码的生成多项式 $g(x)$,就要从上式中找到一个 $n-k=7-3=4$ 次的因式。从式(3-43)不难看出,这样的因式有两个,即

$$(x+1)(x^3+x^2+1)=x^4+x^2+x+1 \qquad (3\text{-}44)$$

$$(x+1)(x^3+x+1)=x^4+x^3+x^2+1 \qquad (3\text{-}45)$$

以上两式都可以作为$(7,3)$循环码的生成多项式 $g(x)$ 用。不过,选用的生成多项式不同,产生出的循环码码组也不同。用式(3-44)作为生成多项式产生的$(7,3)$循环码即为表 3-6 所列。

3.4.3 循环码的编码方法

编码的任务是在已知信息位的条件下求得循环码的码组,而我们要求得到的是系统码,即码组前 k 位为信息位,后 $n-k$ 位是监督位。设信息位对应的码的多项式为

$$m(x)=m_{k-1}x^{k-1}+m_{k-2}x^{k-2}+\cdots+m_1 x+m_0 \qquad (3\text{-}46)$$

其中系数 m_i 为 1 或 0。

我们知道(n,k)循环码的码的多项式的最高幂次是 $n-1$ 次,而信息位是在它的最前面的 k 位,因此信息位在循环码的码多项式中应表现为多项式 $x^{n-k}m(x)$(成为最高幂次为

$n-k+k-1=n-1$)。显然

$$x^{n-k}m(x)=m_{k-1}x^{n-1}+m_{k-2}x^{n-2}+\cdots+m_1 x^{n-k+1}+m_0 x^{n-k} \tag{3-47}$$

它从幂次 x^{n-k-1} 起至 x^0 的 $n-k$ 位的系数都为 0。

如果用 $g(x)$ 去除 $x^{n-k}m(x)$，可得

$$\frac{x^{n-k}m(x)}{g(x)}=q(x)+\frac{r(x)}{g(x)} \tag{3-48}$$

其中 $q(x)$ 为幂次小于 k 的商多项式，而 $r(x)$ 为幂次小于 $n-k$ 的余式。

式(3-48)可改写成

$$x^{n-k}m(x)+r(x)=q(x)\cdot g(x) \tag{3-49}$$

上式表明：多项式 $x^{n-k}m(x)+r(x)$ 为 $g(x)$ 的倍式。根据式(3-37)或式(3-38)，$x^{n-k}m(x)+r(x)$ 必定是由 $g(x)$ 生成的循环码中的码组，而余式 $r(x)$ 即为该码组的监督码对应的多项式。

根据上述原理，编码步骤可归纳如下：

(1) 用 x^{n-k} 乘 $m(x)$ 得到 $x^{n-k}m(x)$

这一运算实际上是把信息码后附上 $(n-k)$ 个"0"。例如，信息码为 110，它相当于 $m(x)=x^2+x$。当 $n-k=7-3=4$ 时，$x^{n-k}m(x)=x^4(x^2+x)=x^6+x^5$，它相当于 1100000。

(2) 用 $g(x)$ 除 $x^{n-k}m(x)$，得到商 $q(x)$ 和余式 $r(x)$，即

$$\frac{x^{n-k}m(x)}{g(x)}=q(x)+\frac{r(x)}{g(x)}$$

例如，若选用 $g(x)=x^4+x^2+x+1$ 作为生成多项式，则

$$\frac{x^{n-k}m(x)}{g(x)}=\frac{x^6+x^5}{x^4+x^2+x+1}=(x^2+x+1)+\frac{x^2+1}{x^4+x^2+x+1} \tag{3-50}$$

显然，$r(x)=x^2+1$。

(3) 求多项式 $A(x)=x^{n-k}m(x)+r(x)$

$$A(x)=x^{n-k}m(x)+r(x)=x^6+x^5+x^2+1 \tag{3-51}$$

式(3-51)对应的码组即为本例编出的码组 $A=1100101$，这就是表 3-6 中的第 7 个码组。读者可按此方法编出其他码组。可见，这样编出的码就是系统码了。

上述编码方法，在用硬件实现时，可以由除法电路来实现。除法电路的主体由一些移位寄存器和模 2 加法器组成，码的多项式中 x 的幂次代表移位的次数，例如，图 3-6 给出了上述(7,3)循环码编码器的组成。

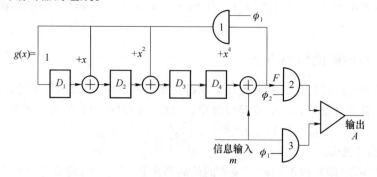

图 3-6　(7,3)循环码编码器的组成

图中对应 $g(x)$ 有 4 级移位寄存器,分别用 D_1,D_2,D_3 和 D_4 表示。$g(x)$ 多项式中系数是 1 或 0 表示该位上反馈线的有无,另外,图中信号 $\varnothing_1$ 和 $\varnothing_2$ 控制门电路 1～3。当信息位输入时,控制信号使门 1、门 3 打开,门 2 关闭,输入信息码元一方面送入除法器进行运算,另一方面直接输出。在信息位全部进入除法器后,控制信号使门 1、门 3 关闭,门 2 打开,这时移位寄存器通过门 2 和或门 1 直接输出,将移位寄存器中存储的除法余项依次取出,即将监督码元附加在信息码元之后。因此,编出的码组前面是原来的 k 个信息码元,后面是 $(n-k)$ 个监督码元,从而得到系统分组码。为了便于理解,上述编码器的工作过程示于表 3-7。这里设信息码元为 110,编出的监督码元为 0101,循环码组为 1100101。

表 3-7　(7,3)循环码编码器的工作过程

输入 m	移位寄存器				反馈 F	输出 A
	D_1	D_2	D_3	D_4		
0	0	0	0	0	0	0
1	1	1	1	0	1	1
1	1	1	0	1	1	1 与输入 m 相同
0	1	0	1	0	1	0
0	0	1	0	1	0	0
0	0	0	1	0	1	1 与 F 相同,即监督码元
0	0	0	0	1	0	0
0	0	0	0	0	1	1

顺便指出,由于微处理器和数字信号处理器的应用日益广泛,目前已多采用这些先进器件和相应的软件来实现上述编码。

3.4.4　循环码的解码方法

1. 检错的实现

接收端解码的要求有两个:检错和纠错。达到检错目的的解码原理十分简单。由于任一码组多项式 $A(x)$ 都应能被生成多项式 $g(x)$ 整除,所以在接收端可以将接收码组多项式 $R(x)$ 用原生成多项式 $g(x)$ 去除。当传输中未发生错误时,接收码组与发送码组相同,即 $R(x)=A(x)$,故接收码组多项式 $R(x)$ 必定能被 $g(x)$ 整除;若码组在传输中发生错误,则 $R(x)\neq A(x)$,$R(x)$ 被 $g(x)$ 除时可能除不尽而有余项,即有

$$\frac{R(x)}{g(x)}=Q'(x)+\frac{r'(x)}{g(x)} \tag{3-52}$$

因此,我们就以余项是否为零来判别码组中有无错码。这里还需指出一点,如果信道中错码的个数超过了这种编码的检错能力,恰好使有错码的接收码组能被 $g(x)$ 所整除,这时的错码就不能检出了,这种错误称为不可检错误。

下面举例说明循环码的编码和解码。

例 3-6　一组 8 比特的数据 11100110(信息码)通过数据传输链路传输,采用 CRC(循环冗余检验)进行差错检测,如采用的生成多项式对应的码组为 11001,写出

(1)监督码的产生过程;

(2)监督码的检测过程。

解　根据题意,信息码的码位 $k=8$;由生成多项式对应的码组 11001 可写出生成多项

式,为 $g(x)=x^4+x^3+1$,由此得出 $n-k=4$,所以 $n=12$,故 $r=4$。

对应于 11100110(信息码)的监督码的产生如图 3-7(a)所示。

开始,4 个"0"被加于信息码末尾,这等于信息码乘以 x^4。然后被生成多项式模 2 除,结果得到的 4 位(0110)余数即为监督码,把它加到数据 11100110(信息码)的末尾发送。

在接收机上,整个接收的比特序列被同一生成多项式除,举两个例子如图 3-7(b)所示。第一个例子中没发生错误,得到的余数为 0;第二个例子中,在发送比特序列的末尾发生了 4 bit 的突发差错,得到的余数不为 0,说明传输出现差错。

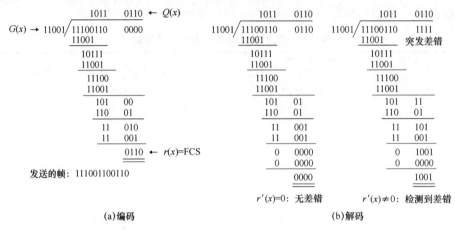

(a)编码   (b)解码

图 3-7 循环码的编码和解码过程举例

根据上述原理构成的解码器如图 3-8 所示。

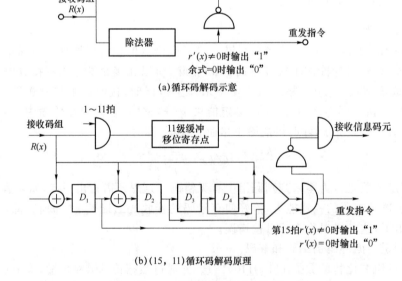

(a)循环码解码示意

(b)(15,11)循环码解码原理

图 3-8 循环码解码原理举例

由图 3-8 可见,解码器的核心就是一个除法电路和缓冲移存器。而且这里的除法电路与发送端编码器中的除法电路相同。若在此除法器中进行 $\dfrac{R(x)}{g(x)}$ 运算的结果,余项为零,则认为码组 R

(x) 无错,这时将暂存于缓冲移存器的接收码组送出到解码器输出端;若运算结果余项不等于零,则认为 $R(x)$ 中有错,但错在何位不知,这时,就可以将缓冲移存器中的接收码组删除,并向发送端发出一重发指令,要求重发一次该码组。图 3-8(b) 中还给出了稍具体一些的 $(15,11)$ 循环码的解码原理图。这里,移位寄存器级数 $k=11$, $g(x)=x^4+x+1$, 在第 $n=15$ 拍时检查余式 $r'(x)$ 是否为 "0"。当然,实际电路还要复杂些,图 3-8 只是用来说明循环码的检错功能。

2. 纠错的实现

在接收端为纠错而采用的解码方法自然比检错时复杂。为了能够纠错,要求每个可纠正的错误图样必须与一个特定余式有一一对应关系。余式是指接收码组多项式 $R(x)$ 被生成多项式 $g(x)$ 除后所得的余式 $r'(x)$, 这里解释一下错误图样的概念。

设发送码组为 $A=(a_{n-1},a_{n-2},\cdots,a_1,a_0)$, 接收码组为 $R=(r_{n-1},r_{n-2},\cdots,r_1,r_0)$, 由于发送码组 A 在传输中可能出现误码,因此接收码组 R 不一定与发送码组 A 相同。接收码组 R 与发送码组 A 之差为错误码组

$$R-A=E \qquad (模\ 2) \tag{3-53}$$

其中

$$E=(e_{n-1},e_{n-2},\cdots,e_1,e_0) \tag{3-54}$$

$$e_i=\begin{cases}0, & r_i=a_i \\ 1, & r_i\neq a_i\end{cases} \tag{3-55}$$

错误图样是指式 (3-54) 中错误码组的各种具体取样的图样。只有当错误图样必须与上述余式存在一一对应关系,才可能从余式唯一地决定错误图样,从而纠正错码。因此,原则上纠错可按下述步骤进行:

(1) 用生成多项式 $g(x)$ 除接收码组多项式 $R(x)=A(x)+E(x)$, 得出余式 $r'(x)$。

(2) 按余式 $r'(x)$ 用查表的方法或通过某种运算得到错误图样 E, 例如,通过计算校正子 S 和利用类似表 3-4 的关系,就可确定错码的位置。

(3) 从 $R(x)$ 中减去 $E(x)$, 便得到已纠正错误的原发送码组 $A(x)$。

上述第一步运算和检错解码时的相同,第三步也很简单。只是第二步可能需要较复杂的设备,并且在计算余式和决定 $E(x)$ 的时候需要把整个接收码组 $R(x)$ 暂时存储起来。第二步要求的计算,对于纠正突发错误或单个错误的编码还算简单,但对于纠正多个随机错误的编码却是十分复杂的。

前面介绍过的表 3-6 的 $(7,3)$ 循环码,可以看出,其码距为 4,因此它有纠正一个错误的能力。这里,我们以此码为例给出一种硬件实现的纠错解码器的原理方框图,如图 3-9 所示。

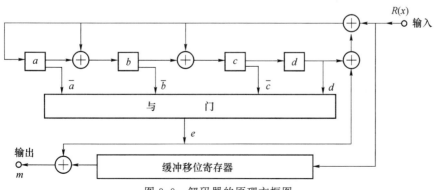

图 3-9 解码器的原理方框图

图 3-9 中上部为一个 4 级反馈移位寄存器组成的除法电路,它和图 3-6 中编码器的组成基本一样。接收到的码组,除了送入此除法电路外,同时还送入一缓冲寄存器暂存。假定现在接收码组为 1000101,其中左边第 2 位为错码。此码组进入除法电路后,移位寄存器各级的状态变化过程列于表 3-8 中。当此码组的 7 个码元全部进入除法电路后,移位寄存器的各级状态自右向左依次为 0100。其中移位寄存器 c 的状态为"1",它表示接收码组中第 2 位有错(接收码组无错时,移位寄存器中状态应为全"0",即表示接收码组可被生成多项式整除)。在此时刻以后,输入端使其不再进入信码,即保持输入为"0",而将缓冲寄存器中暂存的信码开始逐位移出。在信码第 2 位(错码)输出时刻,反馈移位寄存器的状态(自右向左)为 1000。"与门"输入为 $\overline{abcd}$,故仅当反馈移位寄存器状态为 1000 时,"与门"输出为"1"。输出"1"有两个功用:一是与缓冲寄存器输出的有错信码模 2 相加,从而纠正错码;二是与反馈移位寄存器 d 级输出模 2 相加,达到清除各级反馈移位寄存器的目的。

表 3-8 移位寄存器各级的状态变化过程

输入	移位寄存器				"与门"输出
$R(x)$	a	b	c	d	e
0	0	0	0	0	0
1	1	1	1	0	0
0*	0	1	1	1	0
0	1	1	0	1	0
0	1	0	0	0	0
1	1	0	0	1	0
0	0	1	0	1	0
1	0	0	1*	0	0
0	0	0	0	1	1
0	0	0	0	0	0

表中 * 表示错码位。

在实际使用中,一般情况下码组不是孤立传输的,而是一组组连续传输的。但是,由以上解码过程可知,除法电路在一个码组的时间内运算求出余式后,尚需在下一个码组时间中进行纠错。因此,实际的解码器需要两套除法电路(和"与门"电路等)配合一个缓冲寄存器,这两套除法电路由开关控制交替接收码组。此外,在解码器输出端也需有开关控制只输出信息位,删除监督位。这些开关图中均未示出。目前,解码器多采用微处理器或数字信号处理器实现。

这种解码方法称为捕错解码法。通常,一种编码可以有几种纠错解码法。对于循环码来说,除了用捕错解码、多数逻辑解码等方法外,其判决方法有所谓硬判决解码与软判决解码。在这里,只举例说明了捕错解码方法的解码过程,可以看到错码是可以自动纠正以及是如何自动纠正的。

在数据通信中广泛采用循环冗余检验(Cyclic Redundanry Checks,CRC),简称 CRC 校验,而循环冗余检验码就简称 CRC 码。在常用的 CRC 生成器协议中采用的标准生成多项式如表 3-9 所示,数字 12,16 是指 CRC 余数的长度。对应地,CRC 除数分别是 13,17 位长。

表 3-9　常用的 CRC 码

码	生成多项式
CRC-12	$x^{12}+x^{11}+x^3+x^2+x+1$
CRC-16	$x^{16}+x^{15}+x^2+1$
CRC-ITU	$x^{16}+x^{12}+x^5+1$

3.5　卷积码

卷积码又称连环码,首先是由伊利亚斯(P. Elias)于 1955 年提出来的。它与前面各节中讨论的分组码不同,是一种非分组码。在同等码率和相似的纠错能力下,卷积码的实现往往要比分组码简单。由于在以计算机为中心的数据通信中,数据通常是以组的形式传输或重传,因此分组码似乎更适合于检测错误,并通过反馈重传进行纠错,而卷积码将主要应用于前向纠错 FEC 数据通信系统中。另外,卷积码不像分组码有严格的代数结构,至今尚未找到严密的数学手段把纠错性能与码的结构十分有规律地联系起来。因此本节仅讨论卷积码的基本原理。

3.5.1　卷积码的基本概念

1. 卷积码的概念

在分组码中,任何一段规定时间内编码器产生的 n 个码元的一个码组,其监督位完全决定于这段时间中输入的 k 个信息位,这个码组中的 $n-k$ 个监督位仅对本码组起监督作用。

卷积码则不然,编码器在任何一段规定时间内产生的 n 个码元,其监督位不仅取决于这段时间中的 k 个信息位,而且还取决于前 $N-1$ 段规定时间内的信息位。换句话说,监督位不仅对本码组起监督作用,还对前 $N-1$ 个码组也起监督作用。

这 N 段时间内的码元数目 nN 称为这种卷积码的约束长度。通常把卷积码记作 (n, k, N),其编码效率为 $R=\dfrac{k}{n}$。

2. 卷积码的编码

下面我们通过一个简单例子来说明卷积码的编码和解码原理。图 3-10 是一个简单的卷积码的编码器。

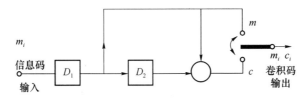

图 3-10　简单的卷积码的编码器

它由两个移位寄存器 D_1,D_2 和模 2 加电路组成。编码器的输入信息位,一方面可以直接输出,另一方面还可以暂存在移位寄存器中。每当输入编码器一个信息位,就立即计算出一监督位,并且此监督位紧跟此信息位之后发送出去,如图 3-11 所示。

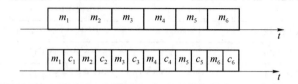

图 3-11　编码器的输入与输出关系

编码器工作过程是这样的:移位寄存器按信息位的节拍工作,输入一位信息,电子开关倒换一次,即前半拍(半个输入码元宽)接通 m 端,后半拍接通 c 端。因此,若输入信息为 $m_1,m_2,m_3,\cdots$,则输出卷积码为 $m_1,c_1,m_2,c_2,m_3,c_3,\cdots$,其中 c_i 为监督码元。从图 3-10 可见

$$c_1=0+m_1$$
$$c_2=m_1+m_2$$
$$c_3=m_2+m_3 \tag{3-56}$$
$$\vdots$$
$$c_i=m_{i-1}+m_i$$

显然,卷积码的结构是:"信息码、监督码、信息码、监督码、…"。本例中一个信息码与一个监督码组成一组,但每组中的监督码除了与本组信息码有关外,还跟上一组信息码有关。或者说,每个信息码除受本组监督码监督外,还受到下一组监督码的监督。本例中 $n=2,k=1$, $n-k=1,N=2$,可记作 (2,1,2) 卷积码。

为理解卷积码编码器的一般结构,图 3-12 给出了它的一般形式。它包括:一个由 N 段组成的输入移位寄存器,每段有 k 级,共 Nk 位寄存器;一组 n 个模 2 和加法器;一个由 n 级组成的输出移位寄存器。

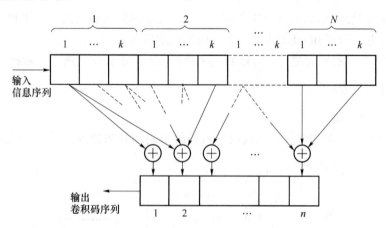

图 3-12　卷积码编码器的一般形式

对应于每段 k 个比特的输入序列,输出 n 个比特。由图 3-12 可知,n 个输出比特不但与当前的 k 个输入比特有关,而且与以前的 $(N-1)k$ 个输入比特有关。整个编码过程可以看成是输入信息序列与由移位寄存器模 2 和连接方式所决定的另一个序列的卷积,故称为卷积码。

3. 卷积码的解码

现在来讨论卷积码的解码。一般说来,卷积码有两类解码方法:

(1) 代数解码,这是利用编码本身的代数结构进行解码,不考虑信道的统计特性;

(2) 概率解码,这种解码方法在计算时要用到信道的统计特性。

这里,我们先结合上例介绍门限解码原理。门限解码属于代数解码,它对于约束长度较短的卷积码最为有效,而且设备较简单,还可以应用于一些分组码的解码。可见,这种解码方法是有典型意义的。

图 3-13 是与图 3-10 对应的解码器。设接收到的码元序列为 $m_1'c_1', m_2'c_2', m_3'c_3', \cdots$,解码器输入端的电子开关按节拍把信息码元与监督码元分接到 m' 端与 c' 端,3 个移位寄存器的节拍比码序列的节拍低一倍。其中移位寄存器 D_1, D_2 在信息码元到达时移位,监督码元到达期间保持原状;而移位寄存器 D_3 在监督码元到达时移位,信息码元到达期间保持原状。移位寄存器 D_1, D_2 和模 2 加电路构成与发送端一样的编码器,它从接收到的信息码元序列中计算出对应的监督码元序列。模 2 加法器把上述计算的监督码元序列与接收到的监督码元序列进行比较,如果两者相同,则输出"0",如果不同,输出"1"。

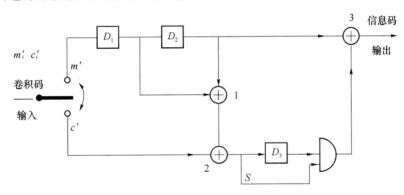

图 3-13　与图 3-10 对应的解码器

显然,当按接收到的信息码元中计算出的监督码元与实际收到的监督码元不符合时,必定出现了差错,要确定差错的位置,将模 2 加法器输出记作 S(校正子),根据图 3-13 可以写出 S 的方程为

$$
\begin{aligned}
S_0 &= (0 + m_1') + c_1' \\
S_1 &= (m_1' + m_2') + c_2' \\
S_2 &= (m_2' + m_3') + c_3' \\
&\vdots \\
S_i &= (m_i' + m_{i+1}') + c_{i+1}'
\end{aligned}
\tag{3-57}
$$

上式可见,每个信息码元出现在两个 S 方程中。例如,m_2' 就与 S_1 和 S_2 有关,m_3' 就与 S_2 和 S_3 有关,$\cdots$,m_i' 就与 S_{i-1} 和 S_i 有关。我们来分析 m_2',在判决 m_2' 是否有错误时,应根据 S_1 和 S_2 的值。决定 S_1 和 S_2 值的共有 5 个码元:m_1', m_2', m_3', c_2' 及 c_3',但其中只有 m_2' 与 S_1 和 S_2 两个值都有关,而其他码元只与一个值有关。这种情况称为方程 S_1 与 S_2 正交于 m_2',或者说校验子方程 S_1 与 S_2 构成 m_2' 的正交方程组。在差错不超过一个的条件下,根据正交性得到判决规则如下:

（1）当 S_1，S_2 都为"0"时，解码方程式（3-57）与编码方程式（3-56）完全一致，可判决无错；

（2）当 S_1，S_2 都为"1"时，必定是 m_2' 出错，可判 m_2' 有错（从而可纠正）；

（3）当 S_1，S_2 中只有一个"1"时，必定是 m_1'，m_3'，c_2' 及 c_3' 中有一个出错，所以可判决 m_2' 无错。

对于其他信息码元也可根据两个相对应的 S 值来判决是否有错。

完成上述判决规则的电路就是图 3-13 中的移位寄存器 D_3、与门及模 2 加法器 3。例如，在判决 m_2' 时，D_1 寄存 m_3'，D_2 寄存的是 m_2'，而 D_3 寄存的是 S_1。当 m_3' 到达时，模 2 加法器 2 中就输出 S_2，与门判断 S_1 和 S_2 是否都是"1"。如果都是"1"，它的输出为"1"，否则输出为"0"。与门输出与 D_3 输出相加，即为 m_2 的解码输出。当 $S_1 = S_2 = 1$ 时，表示 m_2' 有错，与门输出"1"，在模 2 加法器 3 中将该信码纠正；当与门输出为"0"时，表明 m_2' 无错，将该信码输出。其余各信码的解码与纠错依次类推。在这一例子中可以看到，在解码时的正交方程组中，涉及 5 个码元，即 3 个码组，所以这个简单的卷积码可以在连续 3 个码组中纠正一位差错。

从以上介绍可以看出，卷积码是一种非分组码，但它是线性码。卷积码的构造比较简单，在性能上也相当优越。不过，正如前面所提到的，卷积码的数学理论尚不像循环码那样完整严密。

3.5.2 卷积码的图解表示

根据卷积码的特点，它还可以用树状图、网格图和状态图来表示，它与卷积码的编码过程和解码方法有密切关系。

1. 树状图

我们从图 3-14 所示的（2,1,3）卷积码编码器来讨论。与一般形式相比，输出移位寄存器用转换开关代替，转换开关每输入一个比特转换一次，这样，每输入一个比特，经编码器产生两个比特。图 3-14 中 m_1，m_2，m_3 为移位寄存器，假设移位寄存器的起始状态全为 0，即 m_1，m_2，m_3 为 000。c_1 与 c_2 表示为

$$\left.\begin{array}{l} c_1 = m_1 + m_2 + m_3 \\ c_2 = m_1 + m_3 \end{array}\right\} \tag{3-58}$$

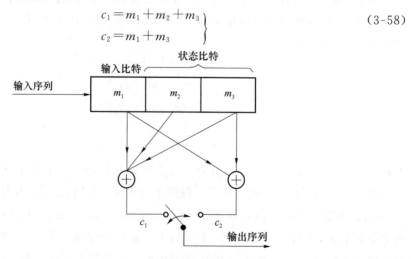

图 3-14　（2,1,3）卷积码编码器

m_1 表示当前的输入比特,而移位寄存器 m_3, m_2 存储以前的信息,表示编码器状态。

为了说明编码器的状态,表 3-10 列出了它的状态变化过程,当第一个输入比特为 1 时,即 $m_1 = 1$,因 $m_3 m_2 = 00$,所以输出码元 $c_1 c_2 = 11$;第二个输入比特为 1,这时 $m_1 = 1, m_3 m_2 = 01, c_1 c_2 = 01$,依此类推,为保证输入的全部信息位(11010)都能通过移位寄存器,还必须在输入信息位后加 3 个 0。

表 3-10　(2,1,3)卷积码编码器的状态变化过程

m_1	1	1	0	1	0	0	0	0
$m_3 m_2$	00	01	11	10	01	10	00	00
$c_1 c_2$	11	01	01	00	10	11	00	00
状态	a	b	d	c	b	c	a	a

编码器中移位过程可能产生的各种序列可以用树状图来表示,如图 3-15 所示。

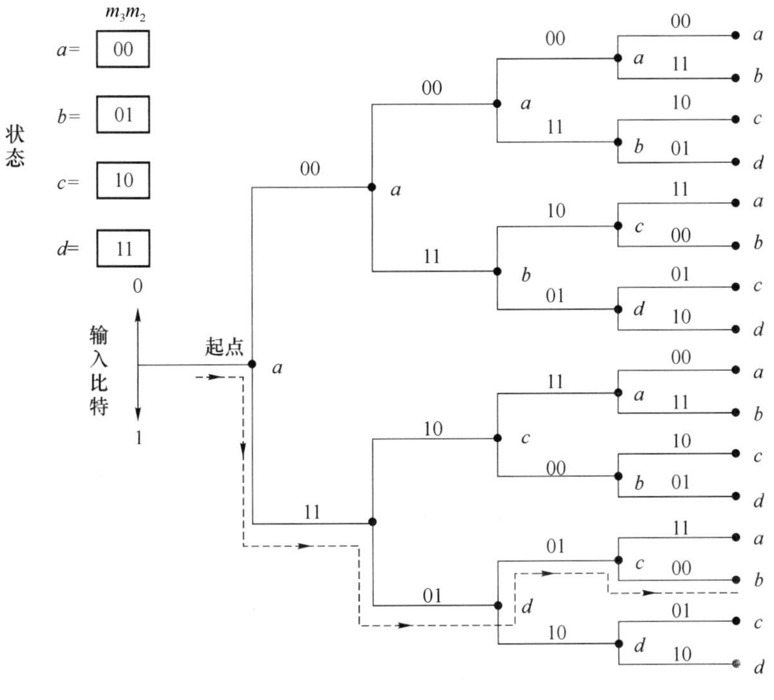

图 3-15　(2,1,3)卷积码的树状图

图 3-15 中和表 3-10 中用 a, b, c 和 d 分别表示 $m_3 m_2$ 的 4 种可能状态,即 a 表示 $m_3 m_2 = 00, b$ 表示 $m_3 m_2 = 01, c$ 表示 $m_3 m_2 = 10$ 和 d 表示 $m_3 m_2 = 11$。树状图从节点 a 开始画,此时移位寄存器状态(即存储内容)为 00。当输入第一个比特 $m_1 = 0$ 时,输出比特 $c_1 c_2 = 00$;若 $m_1 = 1$,则 $c_1 c_2 = 11$,因此,从 a 点出发有两条支路(树叉)可供选择,$m_1 = 0$ 时取上面一条支路,$m_1 = 1$ 则取下面一条支路。当输入第二个比特时,移位寄存器右移一位后,上支路情况下移位寄存器的状态仍为 00,下支路的状态则为 01,即 b 状态。再输入比特时,随着移位寄存器和输入比特的不同,树状图继续分叉成 4 条支路,2 条向上,2 条向下,上支路对应于输入比特为 0,下支路对应于输入比特为 1,如此继续下去,即可得到图 3-15 所示的树状图。

树状图上,每条树叉标注的码元为输出比特,每个节点上标注的 a, b, c 和 d 为移位器

$(m_3 m_2)$ 的状态。从该图可以看出,从第 4 条支路开始,树状图呈现出重复性,即图中标明的上半部与下半部完全相同。这表明从第 4 位输入比特开始,输出码元已与第 1 位输入比特无关,正说明 $(2,1,3)$ 卷积码的约束长度为 $nN = 2 \times 3 = 6$ 的含义。当输入序列为 (11010) 时,在树状图上用虚线标出了它的轨迹,并得到输出码元序列为 $(11010100\cdots)$,可见,该结果与表 3-10 一致。

2. 网格图

网格图又称格状图。卷积码的树状图中存在着重复性,据此可以得到更为紧凑的图形表示。在网格图中,把码树中具有相同的节点合并在一起,码树中的上支路对应于输入比特 0,用实线表示;下支路对应于输入比特 1,用虚线表示。网格图中支路上标注的码元为输出比特,自上而下 4 行节点分别表示 a,b,c 和 d 四种状态,如图 3-16 所示。一般情况下有 2^{N-1} 种状态,从第 N 节(从左向右计数)开始,网格图图形开始重复而完全相同。

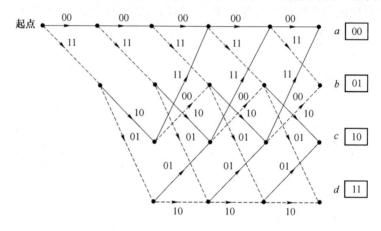

图 3-16　$(2,1,3)$ 卷积码的网格图

3. 状态图

从树状图 3-15 的第三级各节点状态 a,b,c 和 d 与第四级各节点 a,b,c 和 d 之间的关系,或者取出已达到稳定状态的一节网格(图 3-16 中第三级到第四级节点间的一节网格),我们就可将当前状态与下一个状态之间的关系用状态图来表示,如图 3-17(a)所示。

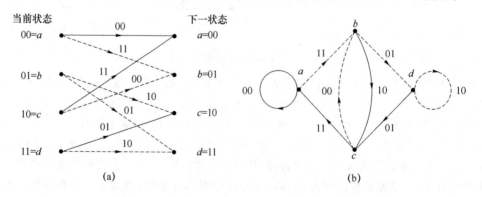

图 3-17　$(2,1,3)$ 卷积码的状态图

图 3-17(a)中实线表示输入比特为 0 的路径,虚线表示输入比特为 1 的路径,并在路径上写出了相应的输出码元,再把当前状态与下一个状态重叠起来,即可得到图 3-17(b)所示

的反映状态转移的状态图。在图(b)中有四个节点,即 a,b,c 和 d,其对应取值与图(a)相同。每个节点有两条离开的弧线,实线表示输入比特为 0,虚线表示输入比特为 1,弧线旁的数字为输出码元。当输入比特序列为(11010)时,状态转移过程为 $a \to b \to d \to c \to b$,相应输出码元序列为 11010100…,与表 3-10 的结果相一致。注意,图(b)中两个自闭合圆环分别表示 $a \to a$ 和 $d \to d$ 状态转移。

由以上可见,当给定输入信息比特序列和起始状态时,可以用上述 3 种图解表示法的任何一种,找到输出序列和状态变化路径。

例 3-7 图 3-14 所示卷积码,若起始状态为 0,输入比特序列为 110100,求输出序列的状态变化路径。

解 由卷积码的网格图 3-16,找出编码时网格图中的路径如图 3-18 所示,由此可得到输出序列和状态变化路径,示于同一图中的上部。

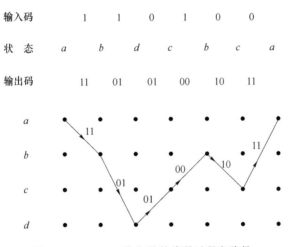

图 3-18 (2,1,3)卷积码的编码过程和路径

3.5.3 卷积码的概率解码

前面提到过,卷积码的解码一般有两类:代数解码和概率解码。有关代数解码已经做过介绍,如图 3-13 所示。

这里讨论概率解码,我们知道它要利用信道的统计性质进行解码。

在卷积码的概率解码中,有一类称为最大似然算法,其思路是:把接收序列与所有可能的发送序列(相当于网格图中的所有路径)相比较,选择一种码距最小的序列作为发送序列。在这一思路下,如果发送一个 k 位序列,则有 2^k 种可能序列,计算机应存储这些序列,以便用作比较。因此,当 k 较大时,存储量和计算量太大,受到限制。1967 年维特比(Viterbi)对最大似然解码作了简化,称为维特比算法(简称 VB 算法)。VB 算法不是一次比较网格图上所有可能的序列(路径),而是根据网格图每接收一段就计算一段,比较一段后挑出并存储码距小的路径,最后选择出那条路径就是具有最大似然函数(或最小码距)的路径,即为解码器的输出序列。

我们用一个例子来说明 VB 算法的概念。当发送序列为 11010 时,为了使全部信息位能通过编码器,在发送序列后加上 3 个 0,使输入编码器序列变为 11010000。经过卷积编码,编码器输出序列为1101010010110000,如表3-10所示。假设接收序列有差错,序列变成0101011010010001。现在我们对照图3-16的网格图来介绍VB的解码过程,如图3-19所示。

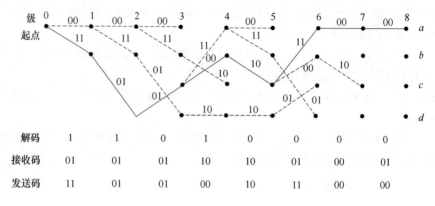

图 3-19　VB解码图解举例

在本例中,编码约束长度 $nN=2×3=6$,可以前3段6位码的接收序列010101作为计算的标准。如果把网格图的起点作为0级,则6位码正好到达第3级的4个节点(状态),从网格图上可知从0级起点到第3级的4个节点一共有8条路径。到达第3级节点 a 的路径有两条:000000与111000,它们和010101之间的码距分别是3和5,其中码距较小的路径称为幸存路径,保留下来。同理,到达第3级节点 b,c,d 的路径中,各选一条幸存路径,分别为000000,000011,110101和001101,它们与010101的对应码距分别是3,3,1和2。从第3级再推进到第4级也同样有8条路径(参阅图3-16),例如到达第4级节点 a 的两条路径为00000000和11010111,与接收序列01010110的码距为4和2,把路径11010111作为幸存路径,同理,到达第4级的 b,c,d 的幸存路径为11010100,00001110和00110110,逐步按级依次选择幸存路径。由于本例中,要求发送端在发送信息序列后面加上3个0,因此最后路径必然终结于 a 状态(见表3-10)。这样,在到达第7级时只要选出节点 a 和 c 的两条路径即可,因为到达终点 a 只可能从第7级的节点 a 或 c 出发。在比较码距后,得到一条通向终点 a 的幸存路径,即解码路径,如图中实线所示。再对照图3-16中的实线表示0码,虚线表示1码,可确定每段解码幸存路径所对应的码元是1或是0,即得到解码码元,如图中的11010000,与发送信息序列一致。

3.6　交织技术

3.6.1　交织技术基本概念

1. 交织技术的概念

在陆地移动通信这种变参信道上,由于持续较长的深衰落谷点会影响到相继一串的比特,所以比特差错经常是成串发生的。而信道编码仅在检测和校正单个差错和不太长的差错串(突发差错)时才有效。为了解决这一问题,引出了交织技术。

交织技术是将一数据序列中的相继比特以非相继方式发送出去,以减小信道中错误的相关性。这样即使在传输过程中发生了成串差错,恢复成一条相继比特串的数据序列时,差错也就变成单个(或长度很短),即把长突发差错离散成短突发差错或随机差错,这时再用信道编码纠错功能纠正差错,恢复原信息。

交织技术与其他编码方式(如分组编码)组合在一起,这样不仅可以纠随机错误,还可以用来纠突发错误,进一步提高抗干扰性能。

2. 交织技术一般原理

假定由一些 4 比特组成的信息分组,把 4 个相继分组中的第 1 个比特取出来,并让这 4 个第 1 比特组成一个新的 4 比特分组,称作第一帧,4 个信息分组中的比特 2~4,也作同样处理,如图 3-20 所示。

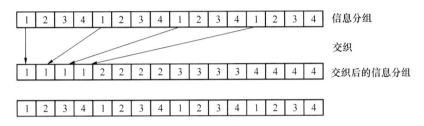

图 3-20 交织技术原理

然后依次传送第 1 比特组成的帧,第 2 比特组成的帧,……假如在传输期间,第二帧丢失,如果没有交织,那就会丢失某一整个信息分组,但由于采用了交织技术,只是每个信息分组的第 2 比特丢失,再利用信道编码,全部分组中的信息仍能得以恢复,这就是交织技术的基本原理。概括地说,交织就是把分组的 b 个比特分散到 m 个帧中,以改变比特间的邻近关系。m 值越大,传输特性越好,但传输时延也越大,所以在实际使用中必须作折中考虑。

3. 交织技术分类

交织技术按交织方式可分为分组交织和卷积交织两种,下面重点介绍分组交织。

3.6.2 分组交织

1. 分组交织原理

分组交织又称矩阵交织或块交织,编码后的码组序列被按行填入一个大小为 $m \times n$ 的

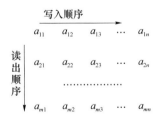

图 3-21 分组交织原理示意图

矩阵,矩阵填满以后,再按列发出(即把待交织的码组序列按行写成一个 m 行 n 列的矩阵,再按列读出)。同样,接收端的解交织器将接收到的信号按列填入 $m \times n$ 的矩阵,填满后再按行读出(即在接收端则按列写入再按行读出,即得解交织后的数据),然后送往解码器进行正常解码。这样,信道中的连续突发错误被解交织器以 m 个比特为周期进行分隔再送往解码器,如图 3-21 所示。其中,m 称为交织深度,n 被称为交织约束长度或宽度。

2. 分组交织特性

分组交织具有以下几个重要特性。

（1）任何长度 $b \leqslant m$ 的突发差错经解交织后,成为至少被 n 个比特所隔开的一些单个差错;

（2）任何长度 $b = rm (r > 1)$ 的突发差错经解交织后,成为至少被 $n-r$ 个比特所隔开的长度低于 r 的突发差错;

（3）若纠错编码能纠正码组中的 t 个错误,则采用分组交织技术可纠正任何长度为 $b \leqslant tm$ 的单个突发错误或纠正 t 个长度为 $b \leqslant tm$ 的突发错误。

分组交织的优点是原理简单,易于硬件实现。但主要缺点是由于交织矩阵的深度和宽度固定,不能够根据信道(特别是变参信道)中突发差错长度、纠错码的约束长度、纠错能力做出调整,这样,信息序列中出现的突发差错就不能够尽量随机分布在数据帧内。交织后,输入至编码器中的信息序列仍有很大的相关性。这就导致了译码器在相继译码中不能正确地译码,会产生较高的译码错误。

3.7 简单差错控制协议

本章 3.1 节介绍了差错控制方式的 4 种类型,其中检错重发 ARQ 和混合纠错检错 HEC (若工作在检错重发状态时)都涉及当接收端发现有错,要通知发送端重发。我们知道重发方式有 3 种:停发等候重发、返回重发和选择重发。数据通信针对这三种重发方式制定了相应的协议,即停止等待协议、自动重发请求(ARQ)协议等,下面分别加以介绍。

3.7.1 停止等待协议

1. 停止等待协议的概念

当重发方式采用停发等候重发时,应该遵循停止等待协议。

停止等待协议规定:发送端每发送一个数据帧(对应一个码组)就暂停下来,等待接收端的应答。接收端收到数据帧进行差错检测,若数据帧没错,就向发送端返回一个确认帧 ACK,发送端再发送下一个数据帧;若接收端检验出数据帧有错,就向发送端返回一个否认帧 NAK,发送端重发刚才所发数据帧,直到没错为止。

2. 停止等待协议算法

数据帧在实际链路上传输有四种情况,如图 3-22 所示。

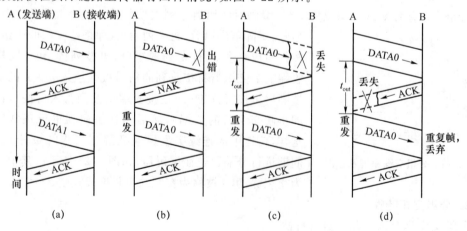

图 3-22　数据帧在实际链路上传输的几种情况

（1）正常情况

正常情况是指数据帧在传输时没出现错误，也没丢失。接收端 B 接收到一个数据帧后，经差错检验是正确的，向发送端 A 发送一个确认帧 ACK。当终端 A 收到确认帧 ACK 后，则可继续发送下一数据帧，如图 3-22(a)所示。

（2）数据传输出错

接收端 B 检验出收到的数据帧出现差错时，向发送端 A 发送一个否认帧 NAK，告诉发送端 A 应重发出错的该数据帧。发送端 A 可多次重发，直至接收到接收端 B 发来的确认帧 ACK 为止，如图 3-22(b)所示。如果通信线路的质量太差，则发送端 A 在重发一定次数后不再重发，而要将此情况报告上一层。

（3）数据帧丢失

由于各种原因，终端 B 收不到终端 A 发来的数据帧，这种情况称为数据帧丢失。发生数据帧丢失时，终端 B 一直在等待接收数据，是不会向终端 A 发送任何应答帧的。终端 A 由于收不到应答帧，或是应答帧发生了丢失，它就会一直等待下去。这时，系统就会出现死锁现象。

解决死锁问题的方法是设置超时定时器。当终端 A 发送完一个数据帧时，就启动一个超时定时器。若在超时定时器规定的定时时间 t_{out} 到了，仍没有收到终端 B 的任何应答帧，终端 A 就重发这一数据帧。终端 A 在超时定时时间内收到了确认帧，则将超时定时器停止计时并清零。超时定时器的定时时间一般设定为略大于"从发完数据帧到收到应答帧所需的平均时间"，如图 3-22(c)所示。

（4）确认帧丢失的情况

当确认帧丢失时，超时重发将会使终端 B 收到两个相同的数据帧。如果终端 B 无法识别重发的数据帧，导致在其收到的数据中出现重复帧的差错。

重复帧是一种不允许出现的差错。解决的方法是使在发送端给每一个数据帧带上不同的发送序号。若接收端连续收到发送序号相同的数据帧，就可以认为是重复帧，将其丢掉。同时必须向终端 A 发送一个确认帧 ACK，如图 3-22(d)所示。

在停止等待协议中，由于发送端每发送完一个数据帧就停下来，等待接收端的应答信息，因此数据帧编号只需用一个比特就够了。这样，有"0"和"1"两种不同的序号交替出现在数据帧中，可以使接收端分辨出新的数据帧还是重发的数据帧。任何一个编号系统所占用的比特数都会增加系统的额外开销，所以应使编号的比特数尽量少。

通过以上的分析可以看出：停止等待协议具有有效的检错重发机制，但由于是停止等待发送，所以传输效率较低。

3.7.2　自动重发请求(ARQ)协议

1. ARQ 协议的概念

为了提高通信信道的利用率，满足数据传输高效率的要求，要使发送端能够连续发送数据帧(对应一个码组)，而不是在每发送完一个数据帧后，就停下来等待接收端的应答。发送端在连续发送数据帧的同时，接收对方的应答帧。若收到确认帧，继续发送数据帧。但若收到否认帧，将出错数据帧或出错数据帧及以后的各帧重发。

根据重发方式的不同，ARQ 协议分为：连续 ARQ 协议和选择重发 ARQ 协议。

2. 连续 ARQ 协议

连续 ARQ 协议的重发方式是返回重发,即发送端从出错数据帧及以后的各帧都要重发,其工作原理如图 3-23 所示。

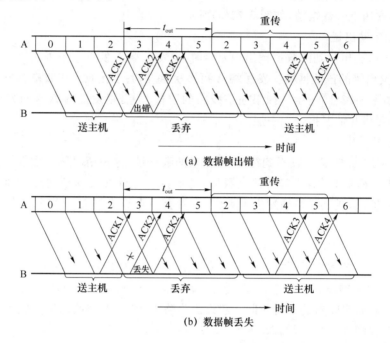

图 3-23　连续 ARQ 协议的工作原理

由图 3-23 可见终端 A 向终端 B 发送数据帧,发完 0 号数据帧后,不是停下来等待,而是继续发送后续的 1 号、2 号、3 号等数据帧。同时终端 A 每发送完一个数据帧就要为该帧设置超时定时器。终端 B 连续接收各个数据帧,并经过差错检验后向终端 A 发回应答帧。由于发送端是连续发送,在应答帧中要说明对哪个数据帧的确认,所以应答帧需要编号。

需要说明的是:随着通信技术的发展,也为了与 Internet 的 TCP 协议的确认相一致。在连续 ARQ 协议中应答只采用确认帧,不用否认帧。ACK(n) 表示对 $(n-1)$ 号帧的确认,即通知发送端准备接收 (n) 号帧。例如确认帧 ACK2,在通知发送端 1 号数据帧已正确到达接收端,接收端等待接收 2 号数据帧。

另外,在连续 ARQ 协议中,接收端必须按序接收数据。当连续接收时发现数据帧出错,将出错帧丢弃并发回应答后,由于失序要将后续再接收到的正确帧也一并丢弃,直到出错帧重发正确后,再连续接收。

在图 3-23(a)中,假设 2 号数据帧出错,终端 B 发出 ACK2(表示准备接收 2 号帧)后,又连续接收到三个正确的数据帧(3 号、4 号、5 号),因为 2 号数据帧还没有正确接收,则这三个数据帧都必须丢弃。可以看到,在连续 ARQ 协议中,出错重发需连续重发"N"个帧。图 3-23(a)显示当 ACK2 返回到终端 A 时,终端 A 正在发 5 号帧,等发送完 5 号帧,则从出错的 2 号帧开始重发 2、3、4、5 号帧。

连续 ARQ 协议在处理数据帧丢失时,仍是采用超时定时器的方法,从丢失的某个帧开始及以后的各帧都要重发。如图 2-23(b)所示。

在连续 ARQ 协议的实际应用中,为减少接收端的开销,不必对每个接收正确的数据帧立即应答,而是在连续收到多个正确的数据帧后,只对最后的一个发出确认帧,表示为 ACK(n)。其中序号 n 有两层意思:一是向发送端表明确认发送序号为 n-1 及以前各个数据帧;二是向发送端表示期望接收序号为 n 的数据帧。例如:发送端收到确认帧 ACK4,则知道 3 号及以前的各个数据帧已正确到达接收端;接收端等待接收 4 号数据帧。

连续 ARQ 协议采用连续发送方式提高了数据传输效率,但如果出错重传的数据帧较多时,又将使效率降低。所以连续 ARQ 协议适用于传输质量较高的通信信道使用。

3. 选择重发 ARQ 协议

选择重发 ARQ 协议的重发方式是选择重发,即发送端只重发出错数据帧,其工作原理如图 3-24 所示。

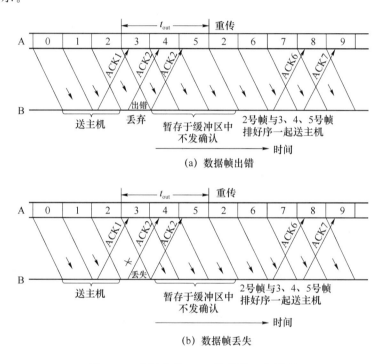

图 3-24　选择重发 ARQ 协议的工作原理

图 3-24(a)中,假设 2 号数据帧出错,终端 B 发出 ACK2 后,又连续接收到三个正确的数据帧(3 号、4 号、5 号),这三个数据帧不丢弃,在接收缓冲存储器暂存下来。3-25(a)显示当 ACK2 返回到终端 A 时,终端 A 正在发 5 号帧,等发送完 5 号帧,只重发出错的 2 号帧。接收端收到 2 号帧若无错,则与 3 号、4 号、5 号帧排好序后一并送交主机。

图 3-24(b)中,假设 2 号数据帧丢失,接着传送的 3 号至 5 号数据帧在接收端不是被丢弃,而是先暂存下来。等到 2 号数据帧由于超时定时器时间到而重传并到达接收端时,再将数据帧按序号顺序交付给主机。

选择重发 ARQ 协议可以避免重复传送那些本来已经正确到达接收端的数据帧,但是要求在接收端占用更多的缓冲区。

4. 连续 ARQ 协议与选择重发 ARQ 协议的比较

以上介绍了两种 ARQ 协议,下面将它们做个简单的比较,如表 3-11 所示。

表 3-11　连续 ARQ 协议与选择重发 ARQ 协议的比较

协议 项目	连续 ARQ 协议	选择重发 ARQ 协议
发送方式	连续发送	连续发送
传输效率	比较高	最高
控制方法	比较简单	比较复杂
缓冲存储器	发送端有	发送端和接收端都要求有
成本	比较低	比较高

由此可见,连续 ARQ 协议与选择重发 ARQ 协议各有利弊,实际中根据具体情况决定采用哪种 ARQ 协议。

小　结

1. 差错分为随机差错和突发差错两类。随机差错是指那些独立地、稀疏地和互不相关地发生的差错;突发差错是指一串串,甚至是成片出现的差错。

2. 差错控制的基本思路是:在发送端被传送的信息码序列的基础上,按照一定的规则加入若干监督码元后进行传输,这些加入的码元与原来的信息码序列之间存在着某种确定的约束关系。在接收数据时,检验信息码元与监督码元之间的既定的约束关系,如该关系遭到破坏,则接收端可以发现传输中的错误,乃至纠正错误。

3. 差错控制方式分为 4 种类型:检错重发(ARQ)、前向纠错(FEC)、混合纠错检错(HEC)和信息反馈(IRQ)。其中实时性最好的是 FEC,实时性最差的是 IRQ,不需要反向信道的是 FEC,不需要纠错、检错编译码器的是 IRQ。

ARQ 的重发方式有三种:停发等候重发、返回重发和选择重发。

4. 码的检错和纠错能力是用信息量的冗余度来换取的。一般在 k 位信息码后面加 r 位监督码构成一个码组,码组的码位数为 n。加入的监督码越多,码的检错、纠错能力越强,但信息传输效率(编码效率)下降也越多。编码效率的定义为 $R=\dfrac{k}{n}$。

5. 在一种编码中,任意两个许用码组间距离的最小值,称为这一编码的汉明距离,以 $d_{\min}$ 表示。汉明距离越大,纠检错能力越强,具体关系可以用三个公式来体现,见式(3-2)~(3-4)。

6. 差错控制编码可从不同的角度分类:(1)按码组的功能分,有检错码和纠错码两类;(2)按码组中监督码元与信息码元之间的关系分,有线性码和非线性码两类;(3)按照信息码元与监督码元的约束关系,又可分为分组码和卷积码两类;(4)按照信息码元在编码前后是否保持原来的形式不变,可划分为系统码和非系统码;(5)按纠正差错的类型可分为纠正随机错误的码和纠正突发错误的码;(6)按照每个码元取值来分,可分为二进制码与多进制码。

7. 几种简单的差错控制编码主要包括奇偶监督码、水平奇偶监督码和二维奇偶监督码,它们都属于线性分组码,其中二维奇偶监督码的检错能力最强。

8. 汉明码是一种能够纠正一位错码且编码效率较高的线性分组码。(n,k)汉明码 r 个监督位与码长为 n 的关系为：$2^r - 1 \geqslant n$。

$(7,4)$汉明码是一种简单的汉明码。根据监督关系可以确定监督位 a_2, a_1, a_0，继而可以产生$(7,4)$汉明码。$(7,4)$汉明码的汉明距离 $d_{\min} = 3$，这种码能纠正一个错码或检测两个错码。

9. 线性码是指监督码元与信息码元之间满足一组线性方程的码；分组码是监督码元仅对本码组中的码元起监督作用，或者说监督码元仅与本码组的信息码元有关。既是线性码又是分组码的编码就叫线性分组码。

线性分组码主要性质有两个：(1)封闭性(是指一种线性分组码中的任意两个码组之逐位模 2 和仍为这种码中的另一个许用码组)；(2)码的最小距离等于非零码的最小重量。

10. 循环码属于线性分组码，它除了具有线性分组码的一般性质外，还具有循环性。循环性是指循环码中任一许用码组经过循环移位后(将最右端的码元移至左端，或反之)所得到的码组仍为它的一个许用码组。

循环码的生成多项式 $g(x)$ 的定义为：(n,k)循环码的 2^k 个码组中，有一个码组前 $k-1$ 位码元均为 0，第 k 位码元 1，第 n 位(最后一位)码元为 1，此码组对应的多项式即为生成多项式 $g(x)$，其最高幂次为 x^{n-k}。

根据式(3-36)，由生成多项式可以求生成矩阵 $\boldsymbol{G}(x)$，经过变换可以得到典型的生成矩阵，最终可求出整个码组。

11. 卷积码是编码器在任何一段规定时间内产生的 n 个码元，其监督位不仅取决于这段时间中的 k 个信息位，而且还取决于前 $N-1$ 段规定时间内的信息位。换句话说，监督位不仅对本码组起监督作用，还对前 $N-1$ 个码组也起监督作用。这 N 段时间内的码元数目 nN 称为这种卷积码的约束长度。通常把卷积码记作(n,k,N)，其编码效率为 $R = \dfrac{k}{n}$。

12. 交织技术是将一数据序列中的相继比特以非相继方式发送出去，以减小信道中错误的相关性，这样即使在传输过程中发生了成串差错，恢复成一条相继比特串的数据序列时，差错也就变成单个(或长度很短)，即把长突发差错离散成短突发差错或随机差错，这时再用信道编码纠错功能纠正差错，恢复原信息。

交织技术按交织对象分可分为符号交织和比特交织；按交织方式可分为分组交织和卷积交织两种。

分组交织又称矩阵交织或块交织，编码后的码组序列被按行填入一个大小为 $m \times n$ 的矩阵，矩阵填满以后，再按列发出。同样，接收端的解交织器将接收到的信号按列填入 $m \times n$ 的矩阵，填满后再按行读出。

13. 差错控制协包括停止等待协议、自动重发请求(ARQ)协议等。

停止等待协议规定：发送端每发送一个数据帧(对应一个码组)就暂停下来，等待接收端的应答。

ARQ 协议是发送端能够连续发送数据帧,而不是在每发送完一个数据帧后,就停下来等待接收端的应答。发送端在连续发送数据帧的同时,接收对方的应答帧。若收到确认帧,继续发送数据。但若收到否认帧,将出错数据帧或出错数据帧及以后的各帧重发。

根据重发方式的不同,ARQ 协议分为两种:连续 ARQ 协议和选择重发 ARQ 协议。连续 ARQ 协议的重发方式是返回重发,即发送端从出错数据帧及以后的各帧都要重发;选择重发 ARQ 协议的重发方式是选择重发,即发送端只重发出错数据帧。

习　　题

3-1　已知发送数据序列和接收数据序列如下,求差错序列。

发送数据序列:1 0 0 1 0 1 1 1 0 0 1

接收数据序列:1 1 1 1 1 0 0 1 1 1 0

3-2　差错控制方式有哪几种类型?比较它们的主要优缺点。

3-3　某数据通信系统采用停发等候重发的差错控制方式,请在题图 3-1 的"?"处填入 ACK、NAK 或码组号。

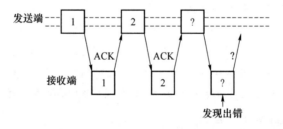

题图 3-1

3-4　某数据通信系统采用选择重发的差错控制方式,发送端要向接收端发送 7 个码组 (序号 0~6),其中 1 号码组出错,请在题图 3-2 中的空格里填入正确的码组号。

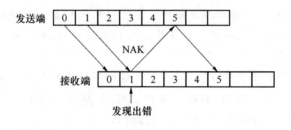

题图 3-2

3-5　已知线性分组码的 8 个码组为 000000,001110,010101,011011,100011,101101, 110110,111000,求该码组的最小码距。

3-6　上题给出的码组若用于检错,能检出几位错码?若用于纠错能纠正几位错码?若同时用于检错与纠错,问纠错、检错的性能如何?

3-7　某系统采用水平奇监督码,其信息码元如下表,试填上监督码元,并写出发送的数据序列。

信息码元										监督码元
1	0	0	0	0	1	1	1	0	1	
0	0	0	1	0	0	0	0	1	0	
1	1	0	1	0	0	1	1	0	1	
1	1	1	0	0	1	1	0	0	0	
1	1	0	0	1	1	1	0	1	1	

3-8　某系统采用水平垂直奇监督码,其信息码元如下表,试填上监督码元,并写出发送的数据序列(按行发送)。

	信息码元								监督码元
	1	1	0	0	1	1	1	0	
	1	0	0	1	1	0	0	1	
	0	1	1	0	0	0	1	1	
	1	0	1	1	0	0	0	1	
监督码元									

3-9　某系统采用水平垂直偶校验码,试填出下列矩阵中 5 个空白码位。

$$
\begin{array}{cccccccc}
0 & 1 & 0 & 1 & 1 & 0 & 1 & 0 \\
1 & 1 & 1 & 0 & 0 & 0 & 0 & ( ) \\
0 & 0 & 0 & ( ) & 1 & 1 & 0 & 0 \\
1 & 0 & ( ) & 1 & 1 & 1 & 0 & 1 \\
0 & 0 & 0 & 0 & ( ) & 0 & 1 & ( ) \\
\end{array}
$$

3-10　如信息位为 7 位,要构成能纠正 1 位错码的汉明码,至少要加几位监督码? 其编码效率为多少?

3-11　已知信息码为 1101,求所对应的(7,4)汉明码。

3-12　接收端收到某(7,4)汉明码为 1001010,此(7,4)汉明码是否有错? 错码位置为何?

3-13　已知(7,3)循环码的一个许用码组,试将所有其余的许用码组填入下表。

信 息 位			监 督 位				信 息 位			监 督 位			
a_6	a_5	a_4	a_3	a_2	a_1	a_0	a_6	a_5	a_4	a_3	a_2	a_1	a_0
1	1	1	0	0	1	0							

3-14 接上题,求上表循环码的典型的生成矩阵 **G**,设信息码为 101,求整个码组。

3-15 已知循环码的生成多项式为 $g(x)=x^3+x+1$,当信息位为 1000 时,写出它的监督位和整个码组。

3-16 某 (n,k,N) 卷积码,设约束长度为 35,$N=5$,监督位 $r=3$,求此卷积码的编码效率。

3-17 交织技术的概念是什么?

3-18 简述连续 ARQ 协议的原理。

第4章 数据交换

前面几章介绍了数据传输的基本原理,按照这些基本原理可以实现用户终端之间的相互通信。为了提高线路利用率,用户终端之间需通过一个具有交换功能的网络连接起来。即用户终端之间的通信要经过交换设备。

本章主要介绍常见的几种数据交换方式,即电路交换、报文交换、分组交换、帧中继及ATM交换的基本原理、优缺点及适用场合,并对这几种交换方式的主要性能加以比较,最后探讨了数据交换技术的发展。

4.1 概述

4.1.1 数据交换的必要性

两端用户通过信道直接连接起来所构成的通信方式是点对点的通信。多个用户之间要进行数据通信,如果任意两个用户之间都有直达线路连接的话,虽然简单方便,但线路利用率低。为此,一般将各个用户终端通过一个具有交换功能的网络连接起来,使得任何接入该网络的两个用户终端由网络来实现适当的交换操作,如图 4-1所示。

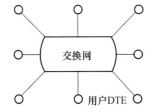

图 4-1 DTE 用户接入交换网

4.1.2 数据交换方式

利用交换网实现数据通信,主要有两种情况:利用公用电话交换网和公用数据交换网进行数据传输和交换。

1. 利用公用电话网进行数据交换

公用电话网是目前最普及的网络,为了充分利用现有公用电话网的资源,可利用公用电话网进行数据传输和交换,在公用电话网上只需增添少量设备,进行一些必要的测试之后,就可开放数据通信业务。

利用公用电话网进行数据传输和交换,其优点是投资少,实现简易和使用方便。正因为如此,不仅是在数据通信发展的初级阶段,即使在建立了公用数据网后,公用电话网都是一种不容忽视的数据传输和交换手段。

然而,由于电话网是专为电话通信设计的,所以对于数据通信来说存在一定限制和缺陷,主要体现在:

(1) 传输速率低。一般只能开通 200～4 800 bit/s 的数据业务,目前最高速率达 56 kbit/s。

(2) 传输差错率高。比特误码率一般只在 10^{-3}～10^{-5} 之间。而且由于每次呼叫所连的通路都不相同,所以传输质量很不稳定。

(3) 线路接续时间长。不适合高速数据传输。

(4) 传输距离受限制。长途线路经多段转接,群时延叠加使信道恶化,要保证数据长距离传输的质量,要采取线路均衡等措施,经济上又造成浪费。

(5) 接通率低,不易增加新功能。

为了克服上述缺点,适合数据通信业务的公用数据网则应运而生。

2. 利用公用数据网进行数据交换

利用公用数据网进行数据交换有两种交换方式:电路交换方式和存储-转发交换方式。电路交换方式又分为空分交换方式和时分交换方式;存储-转发交换方式又分为报文交换方式、分组交换方式、帧中继及 ATM 交换等。下面分别加以介绍。

4.2 电路交换方式

4.2.1 电路交换方式的原理

1. 电路交换的概念

数据通信中的电路交换方式是指两台计算机或终端在相互通信之前,需预先建立起一条物理链路,在通信中自始至终使用该条链路进行数据信息传输,并且不允许其他计算机或终端同时共享该链路,通信结束后再拆除这条物理链路。

电路交换方式分为空分交换方式和时分交换方式。

空分交换方式是不同的用户在交换机内部所用的接续转接线路不同,即占不同的空间位置。空分交换方式中通信之前所建立的物理链路指的就是实际的物理链路。目前这种方式很少采用,一般都采用时分交换方式。

时分交换方式是不同的用户在交换机内部占同一条接续转接线路,但时间位置不同,即占不同的时隙。时分交换方式中通信之前所建立的物理链路指的是等效的物理链路,它是由若干个时隙(包括用户在各交换机内部占的接续转接线路的时隙及在各中继线上所占的时隙)链接起来的。

2. 电路交换方式的原理

电路交换方式的原理如图 4-2 所示。

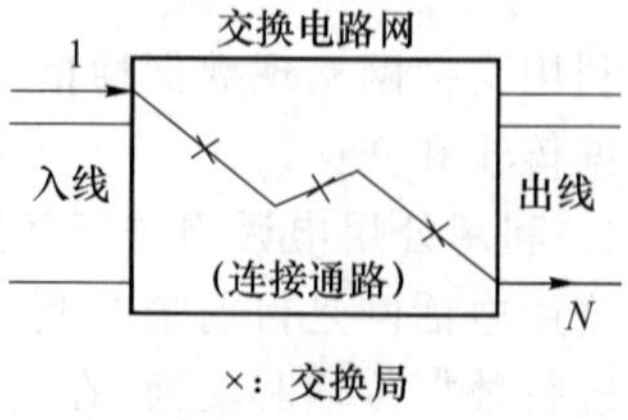

当用户要求发送数据时,向本地交换局呼叫,在得到应答信号后,主叫用户开始发送被叫用户号码或地址,本地交换局根据被叫用户号码确定被叫用户属于哪一个局的管辖范围,并随之确定传输路由。如果被叫用

图 4-2 电路交换方式原理

户属于其他交换局,则将有关号码经局间中继线传送给被叫用户所在局,并呼叫被叫用户,从而在主叫和被叫用户之间建立一条固定的通信链路。在数据通信结束时,当其中一个用户表示通信完毕需要拆线时,该链路上各交换机将本次通信所占用的设备和通路释放,以供后续呼叫使用。

由此可见,采用电路交换方式,数据通信需经历呼叫建立(即建立一条实际的物理链路)、数据传输和呼叫拆除三个阶段。

电路交换属于预分配电路资源,即在一次接续中,电路资源就预先分配给一对用户固定使用,不管在这条电路上有无数据传输,电路一直被占用着,直到双方通信完毕拆除电路连接。

值得注意的是,数据通信中的电路交换是根据电话交换原理发展起来的一种交换方式,但又不同于利用电话网进行数据交换的方法。

基于电路交换的数据网称为电路交换数据网(Circuit Switched Data Network,CSDN),它改造了用户线,允许直接进行数字信号的传输,这样整个网络的数据传输为全数字化,即数字接入、数字传输和数字交换。

在电路交换数据网上进行数据传输和交换与利用电话网进行数据传输和交换的不同点主要表现在:一是不必需要调制解调器;二是电路交换数据网采用的信令格式和通信过程不相同。

实现电路交换的主要设备是电路交换机,它由交换电路部分和控制电路部分构成。交换电路部分实现主、被叫用户的连接,其核心是交换网,可以采用空分交换方式和时分交换方式;控制部分的主要功能是根据主叫用户的选线信号控制交换电路完成接续。

4.2.2 电路交换的优缺点

1. 电路交换的优点

电路交换方式的优点主要有:

(1) 信息的传输时延小,且对一次接续而言,传输时延固定不变;

(2) 交换机对用户的数据信息不存储、分析和处理,所以,交换机在处理方面的开销比较小,传用户数据信息时不必附加许多控制信息,信息传输的效率比较高;

(3) 信息的编码方法和信息格式由通信双方协调,不受网络的限制。

2. 电路交换的缺点

电路交换方式的缺点主要有:

(1) 电路接续时间较长。当传输较短信息时,电路接续时间可能大于通信时间,网络利用率低。

(2) 电路资源被通信双方独占,电路利用率低。

(3) 不同类型的终端(终端的数据速率、代码格式、通信协议等不同)不能相互通信。这是因为电路交换机不具备变码、变速等功能。

(4) 有呼损。当对方用户终端忙或交换网负载过重而叫不通,则出现呼损。

(5) 传输质量较差。电路交换机不具备差错控制、流量控制等功能,只能在"端-端"间进行差错控制,其传输质量较多地依赖于线路的性能,因而差错率较高。

正因为电路交换自身的特点,使其适合于传输信息量较大、通信对象比较确定的用户。需要说明的是,对于公用数据网来说,电路交换不是一种很好的交换方式。所以目前数据网一般不采用电路交换方式。

4.3 报文交换方式

为了克服电路交换方式中各种不同类型和特性的用户终端之间不能互通、电路利用率低以及有呼损等方面的缺点,发展了报文交换方式。

4.3.1 报文交换方式的原理

1. 报文交换的概念

报文交换属于存储-转发交换方式,当用户的报文到达交换机时,先将报文存储在交换机的存储器中(内存或外存),当所需要的输出电路有空闲时,再将该报文发向接收交换机或用户终端。

在报文交换方式中是以报文为单位接收、存储和转发信息。为了准确地实现转发报文,一份报文应包括 3 个部分:

(1)报头或标题。它包括发信站地址、终点收信地址和其他辅助控制信息等。

(2)报文正文。传输用户信息。

(3)报尾。表示报文的结束标志,若报文长度有规定,则可省去此标志。

2. 报文交换方式的原理

报文交换方式原理如图 4-3 所示。

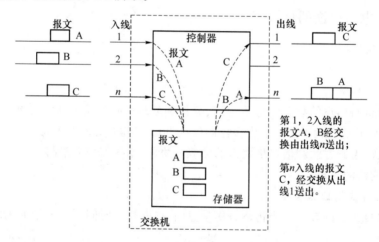

图 4-3 报文交换方式原理示意图

报文交换机主要由通信控制器、中央处理机和外存储器等组成,如图 4-4 所示。

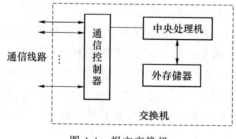

图 4-4 报文交换机

实现报文交换的过程是这样的:交换机中的通信控制器探询各条输入用户线路,若某条用户线路有报文输入,则向中央处理机发出中断请求,并逐字把报文送入内存储器。一旦接收到报文结束标志,则表示一份报文已全部接收完毕,中央处理机对报文进行处理,如分析报头、判别和确定路由,登输出排队表等。然后,将报文转存到外部大容量存储器,等待一条空闲的输出线路。一旦线路空闲,就再把报文从外存储器调入内存储器,经通信控制器向线路发送出去。

由图 4-3 可见,对于报文交换,来自交换机不同输入线路的报文(不同用户的报文)可以去往同一条输出线路,在交换机内部要排队等待,一般本着先进先出的原则。而在局间中继线上不同用户的报文占用同一条线路传输,采用统计时分复用(统计时分复用的概念后述)。

在报文交换中,由于报文是经过存储的,因此通信就不是交互式或实时的。不过,对不同类型的信息流设置不同的优先等级,则优先级高的报文可以缩短排队等待时间。采用优先等级方式也可以在一定程度上支持交互式通信,在通信高峰时也可把优先级低的报文送入外存储器排队,以减少由于繁忙引起的阻塞。

4.3.2　报文交换的优缺点

由上述可知,报文交换方式的特征是交换机存储整个报文,并可对之进行必要的处理。

1. 报文交换的优点

报文交换的主要优点有:

(1) 可使不同类型的终端设备之间相互进行通信。因为报文交换机具有存储和处理能力,可对输入输出电路上的速率、编码格式进行变换。

(2) 在报文交换的过程中没有电路接续过程,来自不同用户的报文可以在同一条线路上以报文为单位实现统计时分多路复用,线路可以以它的最高传输能力工作,大大提高了线路利用率。

(3) 用户不需要叫通对方就可以发送报文,所以无呼损。

(4) 可实现同文报通信,即同一报文可以由交换机转发到不同的收信地点。

2. 报文交换方式的缺点

报文交换方式的主要缺点为:

(1) 信息的传输时延大,而且时延的变化也大;

(2) 要求报文交换机有高速处理能力,且缓冲存储器容量大,因此交换机的设备费用高。

可见,报文交换不利于实时通信,它适用于公众电报和电子信箱业务。

4.4　分组交换方式

4.4.1　分组交换方式的原理

前面介绍的电路交换和报文交换各有优缺点。电路交换传输时延小,但电路接续时间长,线路利用率低,且不利于不同类型的终端相互通信;而报文交换虽可解决上述问题,但信息传输时延又太长,不满足许多数据通信系统的实时性要求。而数据交换既要求接续速度快、线路利用率高,又要求传输时延小,不同类型的终端能相互通信。为了满足这些要求,则发展了分组交换技术。

1. 分组交换的概念

分组交换是吸取报文交换的优点,而仍然采用"存储-转发"的方式,但不像报文交换那样以报文为单位交换,而是把报文截成若干比较短的、规格化了的"分组"(或称包)进行交换和传输。

换句话说,分组交换是以分组为单位存储-转发,当用户的分组到达交换机时,先将分组存储在交换机的存储器中,当所需要的输出电路有空闲时,再将该分组发向接收交换机或用户终端。

分组是由分组头和其后的用户数据部分组成的。分组头包含接收地址和控制信息,其长度为 3~10 个字节;用户数据部分长度一般是固定的,平均为 128 字节,最大不超过 256字节(分组格式详见第 5 章)。

由于分组长度较短,具有统一的格式,便于在交换机中存储和处理,分组进入交换机后只在存储器中停留很短的时间,进行排队和处理,一旦确定了新的路由,就很快输出到下一个交换机或用户终端。一般,分组经交换机或网络的时间很短,通常一个交换机的平均时延为数毫秒或更短,所以,能满足绝大多数数据通信用户对信息传输的实时性要求。

2. 分组交换的原理

分组交换的工作原理如图 4-5 所示。

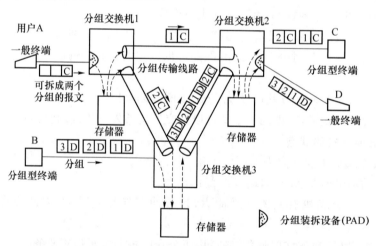

图 4-5　分组交换工作原理

假设分组交换网有 3 个交换中心(又称交换节点),分设有分组交换机 1,2,3。图中画出 A、B、C、D 4 个数据用户终端,其中 B 和 C 为分组型终端,A 和 D 为一般终端。分组型终端以分组的形式发送和接收信息,而一般终端(即非分组型终端)发送和接收的不是分组,而是报文(或字符流)。所以,一般终端发送的报文要由分组装拆设备 PAD 将其拆成若干个分组,以分组的形式在网中传输和交换;若接收终端为一般终端,则由 PAD 将若干个分组重新组装成报文再送给一般终端。

图 4-5 中存在两个通信过程,分别是非分组型终端 A 和分组型终端 C 之间的通信,以

及分组型终端 B 和非分组型终端 D 之间的通信。

非分组型终端 A 发出带有接收终端 C 地址号的报文,分组交换机 1 将此报文拆成两个分组,存入存储器并进行路由选择,决定将分组 C1 直接传送给分组交换机 2,将分组 C2 先传给分组交换机 3(再由交换机 3 传送给分组交换机 2),路由选择后,等到相应路由有空闲,分组交换机 1 便将两个分组从存储器中取出送往相应的路由。其他相应的交换机也进行同样的操作,最后由分组交换机 2 将这两个分组送给接收终端 C。由于 C 是分组型终端,因此在交换机 2 中不必经过 PAD,直接将分组送给终端 C。

图 4-5 中另一个通信过程,分组型终端 B 发送的数据是分组,在交换机 3 中不必经过 PAD,D1、D2、D3 这 3 个分组经过相同的路由传输,由于接收终端为一般终端,所以在交换机 2 由 PAD 将 3 个分组组装成报文送给一般终端 C。

这里有几个问题需要说明一下:

(1) 来自不同终端的不同分组可以去往分组交换机的同一出线,这就需要分组在交换机中排队等待,一般本着先进先出的原则(也有采用优先制的),等到交换机相应的输出线路有空闲时,交换机对分组进行处理并将其送出;

(2) 一般终端需经分组装拆设备(PAD)才能接入分组交换网;

(3) 分组交换最基本的思想就是实现通信资源的共享,具体采用统计时分复用(STDM)。

4.4.2　分组交换的优缺点

1. 分组交换的优点

分组交换方式的主要优点如下。

(1) 传输质量高

分组交换机具有差错控制、流量控制等功能,可实现逐段链路的差错控制(差错校验和重发),而且对于分组型终端,在接收端也可以同样进行差错控制。所以,分组在网内传输中差错率大大降低(一般 $P_e \leqslant 10^{-10}$),传输质量明显提高。

(2) 可靠性高

在电路交换方式中,一次呼叫的通信电路固定不变,而分组交换方式则不同。每个分组可以自由选择传输途径。由于分组交换机至少与另外两个交换机相连接。当网中发生故障时,分组仍能自动选择一条避开故障地点的迂回路由传输,不会造成通信中断。

(3) 为不同种类的终端相互通信提供方便

分组交换网进行存储-转发交换,并以 X.25 建议的规程向用户提供统一的接口,从而能够实现不同速率、码型和传输控制规程终端间的互通,同时也为异种计算机互通提供方便。

(4) 能满足通信实时性要求

信息的传输时延较小,而且变化范围不大,能够较好地适应会话型通信的实时性要求。

(5) 可实现分组多路通信

由于每个分组都含有控制信息,所以,分组型终端尽管和分组交换机只有一条用户线相连,但可以同时和多个用户终端进行通信。这是公用电话网和用户电报网等现有的公用网以及电路交换公用数据网所不能实现的。

(6) 经济性好

在网内传输和交换的是一个个被规范化了的分组,这样可简化交换处理,不要求交换机具有很大的存储容量,降低了网内设备的费用。此外,由于进行分组多路通信(统计时分复用),可大大提高通信线路的利用率,并且在中继线上以高速传输信息,而且只有在有用户信息的情况下使用中继线,因而降低了通信线路的使用费用。

2. 分组交换的缺点

分组交换方式的主要缺点是:

(1) 由于传输分组时需要交换机有一定的开销,使网络附加的传输信息较多,对长报文通信的传输效率比较低。

为了保证分组能按正确的路由安全准确地到达终点,要给每个数据分组加上控制信息(分组头),除此之外还要设计若干不含数据信息的控制分组,用来实现数据通路的建立、保持和拆除,并进行差错控制和数据流量控制等。可见,在交换网内除了传输用户数据外,还有许多辅助信息在网内流动,对于较长的报文来说,分组交换的传输效率不如电路交换和报文交换的高。

(2) 要求交换机有较高的处理能力。分组交换机要对各种类型的分组进行分析处理,为分组在网中的传输提供路由,并在必要时自动进行路由调整,为用户提供速率、代码和规程的变换,为网络的维护管理提供必要的信息等,因而要求具有较高处理能力的交换机,故大型分组交换网的投资较大。

4.4.3 分组的传输方式

由于每个分组都带有地址信息和控制信息,所以分组可以在网内独立地传输,并且在网内可以以分组为单位进行流量控制、路由选择和差错控制等通信处理。分组在分组交换网中的传输方式有两种:数据报方式和虚电路方式。

1. 数据报方式

(1) 数据报方式的概念

数据报方式类似于报文交换方式,将每个分组单独当作一份报一样对待,分组交换机为每一个数据分组独立地寻找路径,同一终端送出的不同分组(分组型终端送出的不同分组或一般终端送出的一份报文拆成的不同分组)可以沿着不同的路径到达终点。在网络终点,分组的顺序可能不同于发端,需要重新排序。图 4-5 中一般终端 A 和分组型终端 C 之间的通信采用的就是数据报。

这里需要说明的是:分组型终端有排序功能,而一般终端没有排序功能。所以,如果接收终端是分组型终端,排序可以由终点交换机完成,也可以由分组型终端自己完成;但若接收端是一般终端,排序功能必须由终点交换机完成,并将若干分组组装成报文再送给一般终端。

(2) 数据报方式的特点

归纳起来,数据报方式有以下几个特点:

① 用户之间的通信不需要经历呼叫建立和呼叫清除阶段,对于数据量小的通信,传输效率比较高。

② 数据分组的传输时延较大(与虚电路方式比),且离散度大(即同一终端的不同分组的传输时延差别较大)。因为不同的分组可以沿不同的路径传输,而不同传输路径的延迟时间差别较大。

③ 同一终端送出的若干分组到达终端的顺序可能不同于发送端,需重新排序。

④ 对网络拥塞或故障的适应能力较强,一旦某个经由的节点出现故障或网络的一部分形成拥塞,数据分组可以另外选择传输路径。

2. 虚电路方式

(1) 虚电路方式的概念

虚电路方式是两个用户终端设备在开始互相传输数据之前必须通过网络建立一条逻辑上的连接(称为虚电路),一旦这种连接建立以后,用户发送的数据(以分组为单位)将通过该路径按顺序通过网络传送到达终点。当通信完成之后用户发出拆链请求,网络清除连接。

图 4-5 中终端 B 和 D 之间的通信采用的是虚电路方式。虚电路方式原理如图 4-6 所示。

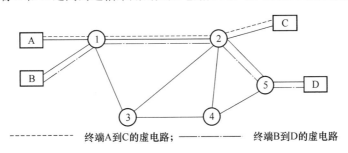

────────── 终端A到C的虚电路;　──────── 终端B到D的虚电路

图 4-6　虚电路方式原理

假设终端 A 有数据要送往终端 C,主叫终端 A 首先要送出一个"呼叫请求"分组到节点 1,要求建立到被叫终端 C 的连接。节点 1 进行路由选择后决定将该"呼叫请求"分组发送到节点 2(节点 1 要将"呼叫请求"分组转换成网络规程的呼叫请求格式),节点 2 又将该"呼叫请求"分组(此"呼叫请求"分组由于是送给被叫终端的,又称为"呼入"分组)送到终端 C。如果终端 C 同意接受这一连接的话,它发回一个"呼叫接受"分组到节点 2,这个"呼叫接受"分组再由节点 2(通过网络规程)送往节点 1,最后由节点 1 送回给主叫终端 A(此时"呼叫接受"也叫作"呼叫连通"分组)。至此,终端 A 和 C 之间的逻辑连接(即虚电路)建立起来了。此后,所有终端 A 送给终端 C 的分组(或终端 C 送给终端 A 的分组)都沿已建好的虚电路传送,不必再进行路由选择。

假设终端 B 和终端 D 要通信,也预先建立起一条虚电路,其路径为终端 B—节点 1—节点 2—节点 5—终端 D。由此可见,终端 A 和终端 C 送出的分组都要经节点 1 到节点 2 的路由传送,即共享此路由(还可与其他终端共享)。也就是说,一条物理链路上可以建立多条虚电路。那么如何区分不同终端的分组呢?

为了区分一条线路上不同终端的分组,对分组进行编号(即分组头中的逻辑信道号,详见第 5 章),不同终端送出的分组其逻辑信道号不同,就好像把线路也分成了许多子信道一样,每个子信道用相应的逻辑信道号表示,我们称之为逻辑信道,即逻辑信道号相同的分组就认为占的是同一个逻辑信道。那逻辑信道号是如何分配的呢?

为了帮助读者更好地理解这个问题,我们仍以图 4-6 中终端 A 和 C 之间以及终端 B 和 D 之间建立的虚电路为例加以说明,参见图 4-7。

图 4-7(a)中,终端 A 和终端 C 之间在建立虚电路时,假设主叫终端 A 发出的"呼叫请求"分组被分配的逻辑信道号为 10,此"呼叫请求"分组到达交换机 1 时,交换机 1 查内部的逻辑信道号翻译表,将其逻辑信道号改为 50(网络协议规定经过交换节点时,逻辑信道号要改变。),逻

辑信道号为 50 的"呼叫请求"经过线路传输到达交换机 2 时,交换机 2 又将其逻辑信道号改为6,然后送给被叫终端 C。如果终端 C 同意建立虚电路,发回"呼叫接受"分组,这个"呼叫接受"分组在各段线路上的逻辑信道号与"呼叫请求"分组的相同。当终端 A 和终端 C 之间建立起虚电路后,双方开始沿建立好的虚电路顺序传数据分组。所有终端 A 和终端 C 之间传输的数据分组在终端 A 和交换机 1 之间的逻辑信道号一律为 10,在交换机 1 和交换机 2 之间的逻辑信道号一律为 50,在交换机 2 和终端 C 之间的逻辑信道号一律为 6。

按照同样的方法,终端 B 和终端 D 之间在建立虚电路时各段线路上分配了相应的逻辑信道号如图 4-7 所示。

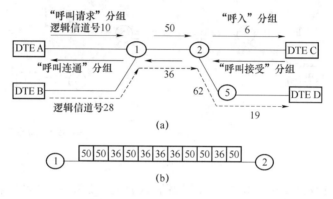

图 4-7 虚电路的建立过程

本例中,就交换机 1 和交换机 2 之间的线路来说,可以同时传输终端 A 和终端 C 之间及终端 B 和终端 D 之间的分组。由于分组交换采用统计时分复用,我们要根据逻辑信道号来区分不同终端的分组,只要是逻辑信道号为 50 的分组(不管在线路上何位置)就认为占的是一个逻辑信道,它们是终端 A 和终端 C 之间传输的分组;只要是逻辑信道号为 36 的分组就认为占的是另一个逻辑信道,它们是终端 B 和终端 D 之间传输的分组,如图 4-7(b)所示。

由上述可知,经过交换机逻辑信道号要改变,即逻辑信道号只有局部意义,多段逻辑信道连接起来构成一条端到端的虚电路。当两个终端暂时无数据分组可传,只要没拆除虚电路,那些各段线路上的逻辑信道号(号码资源)就给它们保留,其他终端不能占用。但这两个终端只是占用了逻辑信道号,并没有占用线路,即虚电路并不独占线路和交换机的资源。在一条物理线路上可以同时有多条虚电路,当某一条虚电路没有数据要传输时,线路的传输能力可以为其他虚电路服务。同样,交换机的处理能力也可以为其他虚电路服务。即虚电路方式通信之前建立的电路连接是逻辑上的,即只是为收、发两端之间建立逻辑通道,并不是像电路交换中建立的物理链路。这就是虚电路所建立的逻辑连接与电路交换建立的物理链路的本质区别。

虚电路可以分为两种:交换虚电路(SVC)和永久虚电路(PVC)。一般的虚电路属于交换虚电路,但如果通信双方经常是固定不变的(如几个月不变),则可采用所谓的永久虚电路方式。用户向网络预约了该项服务之后,就在两用户之间建立了永久的虚电路连接,用户之间的通信,可直接进入数据传输阶段,就好像具有一条专线一样。

(2) 虚电路方式的特点

虚电路方式有以下几个特点:

① 一次通信具有呼叫建立、数据传输和呼叫清除 3 个阶段。对于数据量较大的通信传输效率高。

② 终端之间的路由在数据传送前已被决定(建立虚电路时决定的)。不必像数据报那样节点要为每个分组作路由选择的决定,但分组还是要在每个节点上存储、排队等待输出。

③ 数据分组按已建立的路径顺序通过网络,在网络终点不需要对分组重新排序,分组传输时延较小,而且不容易产生数据分组的丢失。

④ 虚电路方式的缺点是当网络中由于线路或设备故障可能使虚电路中断时,需要重新呼叫建立新的连接,但现在许多采用虚电路方式的网络已能提供重连接的功能,当网络出现故障时将由网络自动选择并建立新的虚电路,不需要用户重新呼叫,并且不丢失用户数据。

(3) 虚电路的重连接

虚电路的重连接是由以虚电路方式工作的网络提供的一种功能。在网络中当由于线路或设备故障而导致虚电路中断时,与故障点相邻的节点检测到该故障,并向源节点和终点节点发送清除指示分组(该分组中包含了清除的原因等)。当源节点接收到该清除指示分组之后就会发送新的呼叫请求分组,而且将选择新的替换路由与终点节点建立新的连接。所有未被证实的分组将沿新的虚电路重新传送,保证用户数据不会丢失,终端用户也感觉不到网络中发生了故障,只是出现暂时性的分组传输时延加大。如果新的虚电路建立不起来,网络的源节点和终点节点交换机才向终端用户发送清除指示分组。

仍以图 4-6 的网络为例加以说明。假设终端 B 到 D 的虚电路上节点 2 和节点 5 之间线路故障,如图 4-8 所示。

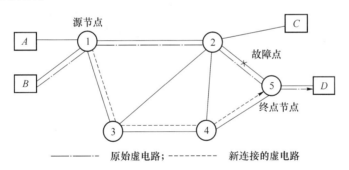

图 4-8　虚电路重连接

节点 2 和节点 5 都可以检测到故障,并且沿着原来的虚电路发清除指示分组,要求重新建立连接。源节点 1 收到清除指示分组后,重新使用原虚电路的目的地址发送呼叫请求分组,建立新的虚电路(例如终端 B—节点 1—节点 3—节点 4—节点 5—终端 D)。

上述虚电路重连接方式要求在源节点中保留用户呼叫的信息(至本次通信结束为止)。网络也可以设计为由与故障点相邻的位于主叫方一侧的节点(例如图 4-8 中的节点 2)发送呼叫请求分组,重新建立连接(例如虚电路终端 B—节点 1—节点 2—节点 4—节点 5—终端 D)。这时节点 2 不必发送清除指示分组到源节点 1。这种方式的好处是虚电路重连接的时间缩短,但要求在虚电路途径的各节点中都要保留用户呼叫信息。

综上所述,两种虚电路重连接方式各有利弊。由于网络中故障并不多见,为避免各节点都要保留用户呼叫信息,增加节点负担,网络一般采用由源节点重新建立连接的方式。

以上介绍了分组的两种传输方式:数据报方式和虚电路方式。值得说明的是,分组交换网一般采用虚电路方式。

4.4.4 分组长度的选取

分组交换网中分组长度的选取至关重要。分组长度的选取与交换过程中的延迟时间、交换机费用(包括存储器费用和分组处理费用)、信道传输质量以及正确传输数据信息的信道利用率等因素有关,具体分析如下。

1. 分组长度与延迟时间

设分组长度为 L,其中 h 为分组头长,数据长度为 x,单位 bit,即有

$$L = h + x \tag{4-1}$$

分组在交换过程中的延迟时间主要包括排队等待时延和分组处理时延。经过推导得出分组交换机发送一个分组的时间为

$$t_q = \frac{L}{c - nL} = \frac{1}{\dfrac{c}{L} - n} \tag{4-2}$$

式中,L 为分组长度(单位 bit);c 为输出线路的传输能力,也是交换机的吞吐量(单位 bit/s);n 为分组到达率,即每秒到达的分组数。

图 4-9 给出了不同 n,c 情况下,分组长度与交换过程中延迟时间的关系。可见,分组长度越长,交换过程中的延迟时间越大。

2. 分组长度与交换机费用

分组交换机费用主要包括两部分:存储器费用和分组处理费用。

存储器费用与分组长度成正比,分组越长,存储器费用越高。而交换机的分组处理费用是与分组数量成正比,如果把具有一定信息量的报文划分成较长的分组进行传送,由于分组数量少,分组处理费用可以降低,即分组越长(报文长度一定时),分组处理费用越低。分组长度与交换机费用的关系如图 4-10 所示。

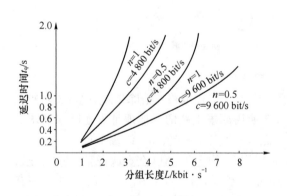
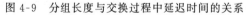
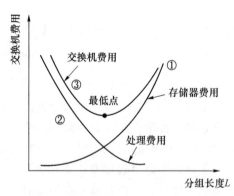

图 4-9 分组长度与交换过程中延迟时间的关系　　　图 4-10 分组长度与交换机费用的关系

图 4-10 中交换机费用是存储器费用和分组处理费用之和。考虑交换机费用时的最佳分组长度应是交换机费用曲线最低点所对应的分组长度。

3. 分组长度与误码率

经过推导可以得出最佳分组长度 L_{opt} 与误码率 P_e 的关系为

$$L_{\text{opt}} = \sqrt{\frac{h}{P_{\text{e}}}} \tag{4-3}$$

可见,最佳分组长度与误码率成反比,其关系曲线如图 4-11 所示。

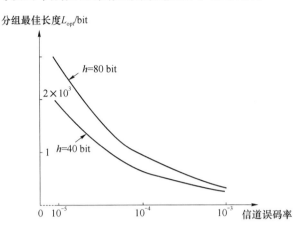

图 4-11 最佳分组长度与信道误码率关系

4. 分组长度与正确传输数据信息的信道利用率

在信道存在误码条件下,正确传输 x 比特数据,需要传输 m 比特,正确传输数据信息的信道利用率 η 的定义为

$$\eta = \frac{x}{m} \tag{4-4}$$

根据推导,得出最高的信道利用率为

$$\eta_{\text{max}} = (1 - \sqrt{h P_{\text{e}}})^2 = \left(1 - \frac{h}{L_{\text{opt}}}\right)^2 \tag{4-5}$$

由式(4-5)可见,最佳分组长度与最高的正确传输数据信息的信道利用率成正比。

综上所述,若分组选取长些,对降低误码率、提高正确传输数据信息的信道利用率及降低分组处理费用有利,但会导致交换过程的延迟时间加大,且使交换机存储器费用升高。综合考虑,CCITT(ITU-T)规定:分组长度以 16 字节到 4 096 字节之间的 2^n 字节为标准分组长度,如 32,64,128,256,512 和 1 024 个字节等。一般,选用分组长度为 128 字节,不超过 256 字节(不包括分组头)。分组头长度为 3～10 字节。

4.5 帧中继

前面介绍了分组交换,由于它具有线路利用率高、可靠性好、不同类型的终端可相互通信等优点,是几十年来数据通信网一直采用的一种交换方式。但是,分组交换也有一些缺点,如时延较大,且信息传输效率较低(开销大)等,使之不适合传输对时延和吞吐量要求严的数据业务。为了改进分组交换的缺点,发展了一种较新的交换方式,即帧中继。

4.5.1 帧中继的概念

帧中继(Frame Relay,FR)技术是分组交换的升级技术,它是在 OSI 参考模型(见第 5

章)第二层上用简化的方法传送和交换数据单元的一种技术,以帧为单位存储-转发。

帧中继交换机仅完成 OSI 物理层和链路层核心层的功能,将流量控制、纠错控制等留给终端去完成,大大简化了节点机之间的协议,缩短了传输时延,提高了传输效率。

那么,会不会由于帧中继交换机不再进行纠错控制和流量控制而导致传输质量有所下降呢?或者说帧中继技术是否可行呢?

4.5.2 帧中继发展的必要条件

帧中继技术是在分组交换技术充分发展,数字与光纤传输线路逐渐替代已有的模拟线路,用户终端日益智能化的条件下诞生并发展起来的。帧中继的发展有以下两个必要条件。

1. 光纤传输线路的使用

随着光纤传输线路的大量使用,数据传输质量大大提高,光纤传输线路的误码率一般低于 10^{-11}。也就是说在通信链路上很少出现误码,即使偶尔出现的误码也可由终端处理和纠正。

2. 用户终端的智能化

由于用户终端的智能化(比如计算机的使用),使终端的处理能力大大增强,从而可以把分组交换网中由交换机完成的一些功能比如流量控制、纠错等能够交给终端去完成。

正由于帧中继的发展具备这两个必要条件,使得帧中继交换机可以省去纠错控制等功能,从而使其操作简单,既降低了费用,又减少了时延,提高了信息传输效率,同时又能够保证传输质量。

4.5.3 帧中继技术的功能

所谓帧中继技术的功能也就是帧中继技术的几个重要方面,包括以下几点。

1. 主要用于传递数据业务

帧中继使用一组规程将数据以帧的形式有效地进行传送。帧(交换单元)的信息长度远比分组长度要长,预约的最大帧长度至少要达到 1600 字节/帧。

2. 帧中继交换机的功能简化

帧中继交换机(节点)取消了 X.25 的第三层功能(实际是取消了大部分网络层的功能,剩余的网络层功能压到了数据链路层),只采用物理层和链路层的两级结构,在链路层也仅保留了核心子集部分。

帧中继节点在链路层完成统计时分复用、帧透明传输和错误检测,但不提供发现错误后的重传操作(检测出错误帧,便将其丢弃),省去了帧编号、流量控制、应答和监视等机制。这就使得交换机的开销减少,提高了网络吞吐量,降低了通信时延。一般 FR 用户的接入速率为 64 kbit/s~2 Mbit/s,FR 网的局间中继传输速率一般为 2 Mbit/s、34 Mbit/s,现在已达到 155 Mbit/s。

3. 建立逻辑连接

帧中继传送数据信息所使用的传输链路是逻辑连接,而不是物理连接,在一个物理连接上可以复用多个逻辑连接。帧中继采用统计时分复用,动态分配带宽(即按需分配带宽),向用户提供共享的网络资源,每一条线路和网络端口都可由多个终端按信息流共享,大大提高了网络资源利用率。

4. 提供带宽管理和防止阻塞的机制

帧中继提供一套合理的带宽管理和防止阻塞的机制,用户有效地利用预先约定的带宽,并且还允许用户的突发数据占用未预定的带宽,以提高整个网络资源的利用率。

5. 可以提供 SVC 业务和 PVC 业务

与分组交换一样,FR 采用面向连接的虚电路交换技术,可以提供 SVC(交换虚电路)业务和 PVC(永久虚电路)业务。

交换虚电路是指在两个帧中继终端用户之间通过虚呼叫建立电路连接,网络在建好的虚电路上提供数据信息的传送服务,终端用户通过呼叫清除操作终止虚电路。

永久虚电路是指在帧中继终端用户之间建立固定的虚电路连接,并在其上提供数据传送业务,它是端点和业务类别由网络管理定义的帧中继逻辑链路。

目前世界上已建成的帧中继网络大多只提供永久虚电路(PVC)业务,对交换虚电路(SVC)业务的研究正在进行之中,将来可以提供 SVC 业务。

4.5.4　帧中继的特点

帧中继的特点概括起来主要有以下几点。

1. 高效性

帧中继的高效性可以从几个方面反映出来。

(1) 有效的带宽利用率。由于帧中继使用统计时分复用技术向用户提供共享的网络资源,大大提高了网络资源的利用率。

(2) 传输速率高。

(3) 网络时延小。由于帧中继简化了节点机之间的协议处理,因而能向用户提供高速率、低时延的业务。

2. 经济性

正因为帧中继技术可以有效地利用网络资源,从网络运营者的角度出发,可以经济地将网络空闲资源分配给用户使用。而作为用户可以经济灵活地接入帧中继网,并在其他用户无突发性数据传送时,共享资源。

3. 可靠性

虽然帧中继节点仅有 OSI 第一层和第二层核心功能,无纠错和流量控制功能,但由于光纤传输线路质量好,终端智能化程度高,前者保证了网络传输不易出错,即使有少量错误也由后者去进行端到端的恢复。另外,网络中采取了永久虚电路(PVC)管理和阻塞管理,保证了网络自身的可靠性。

4. 灵活性

(1) 帧中继网组建方面

由于帧中继的协议十分简单,利用现有数据网上的硬件设备稍加修改,同时进行软件升级就可实现,而且操作简便,所以实现起来灵活方便。

(2) 用户接入方面

帧中继网络能为多种业务类型提供共用的网络传送能力,且对高层协议保持透明,用户可方便接入,不必担心协议的不兼容性。

(3) 帧中继所提供的业务方面

帧中继网为用户提供了灵活的业务。虽然目前帧中继只提供 PVC,但不久的将来就可以提供 SVC 业务。

5. 长远性

与完美的 ATM 技术相比,帧中继有简便而且技术成熟等优点,另外,两者本质上都是包(Packet)的交换,兼容起来也比较容易。因此,帧中继决不会因 ATM 的发展而被淘汰,相反,帧中继与 ATM 相辅相成,会成为用户接入 ATM 的最佳机制。

帧中继的适用范围如下:

- 当用户需要数据通信,其带宽要求为 64 kbit/s～2 Mbit/s,而参与通信的各方多于两个的时候使用帧中继是一种较好的解决方案;
- 当通信距离较长尤其是城际或省际电路时,应优选帧中继,因为帧中继的高效性使用户可以享有较好的经济性;
- 当数据业务量为突发性时,由于帧中继具有动态分配带宽的功能,选用帧中继可以有效地处理突发性数据;
- 当用户出于经济性的考虑时,帧中继的灵活计费方式和相对低廉的价格是用户的理想选择。

4.6 ATM 交换

4.6.1 ATM 的定义

1. B-ISDN 的概念

B-ISDN(Broad and Integrated Service Digital Network,宽带综合业务数字网)中不论是交换节点之间的中继线,还是用户和交换机之间的用户环路,一律采用光纤传输。这种网络能够提供高于 PCM 一次群速率的传输信道,能够适应全部现有的和将来的可能的业务,从速率最低的遥控遥测(几个比特每秒)到高清晰度电视 HDTV(100～150 Mbit/s),甚至最高速率可达几个吉比特每秒。

B-ISDN 支持的业务种类很多,这些业务的特性在比特率、突发性(突发性是指业务峰值比特速率与均值比特速率之比)和服务要求(是否面向连接、对差错是否敏感、对时延是否敏感)三个方面相差很大。

要支持如此众多且特性各异的业务,还要能支持目前尚未现而将来会出现的未知业务,无疑对 B-ISDN 提出了非常高的要求。B-ISDN 必须具备以下条件:

- 能提供高速传输业务的能力。为能传输高清晰度电视节目、高速数据等业务,要求 B-ISDN 的传输速率要高达几百 Mbit/s。
- 能在给定带宽内高效地传输任意速率的业务,以适应用户业务突发性的变化。
- 网络设备与业务特性无关,以便 B-ISDN 能支持各种业务。
- 信息的传递方式与业务种类无关,网络将信息统一地传输和交换,真正做到用统一的交换方式支持不同的业务。

除此之外,B-ISDN 还对信息传递方式提出了两个要求:保证语义透明性(差错率低)和时间透明性(时延和时延抖动尽量小)。

为了满足以上要求,B-ISDN 的信息传递方式采用异步转移模式 ATM(Asynchronous Transfer Mode)。

2. ATM 的定义

人们习惯上把电信网分为传输、复用、交换、终端等几个部分,其中除终端以外的传输、复用和交换三个部分合起来统称为传递方式(也叫转移模式)。传递方式可分为同步传递方式(STM)和异步传递方式(ATM)两种。

同步传递方式(如 PCM 系统的复用等级)的主要特征是采用时分复用,各路信号都是按一定时间间隔周期性出现,可根据时间(或者说靠位置)识别每路信号。异步传递方式则采用统计时分复用,各路信号不是按照一定时间间隔周期性地出现,要根据标志识别每路信号。

ATM 的具体定义为:ATM 是一种转移模式(即传递方式),在这一模式中信息被组织成固定长度信元,来自某用户一段信息的各个信元并不需要周期性地出现,从这个意义上来看,这种转移模式是异步的(统计时分复用也叫异步时分复用)。

4.6.2　ATM 信元

1. ATM 信元

ATM 信元(cell)实际上就是分组,只是为了区别于 X.25 的分组,才将 ATM 的信息单元叫做信元。ATM 的信元具有固定的长度,从传输效率、时延及系统实现的复杂性考虑,CCITT 规定 ATM 信元长度为 53 字节。信元的结构如图 4-12 所示。

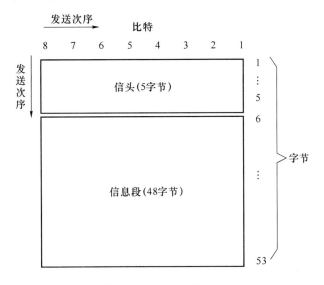

图 4-12　ATM 信元结构

其中前 5 个字节为信头(header),包含有各种控制信息,主要是表示信元去向的逻辑地址,还有一些维护信息、优先级以及信头的纠错码。后面 48 字节是信息段,也叫信息净负荷(payload),它载荷来自各种不同业务的用户信息。信元的格式与业务类型无关,任何业务的信息都经过切割封装成统一格式的信元;另外,用户信息透明地穿过网络(即网络对它不进行处理)。

2. ATM 信头结构

下面具体看一下 ATM 信元的信头结构,如图 4-13 所示。图(a)是用户-网络接口 UNI (User-Network Interface,ATM 网与用户终端之间的接口)上的信头结构,图(b)是网络节点接口 NNI(Network-Node Interface,ATM 网内交换机之间的接口)上的信头结构。

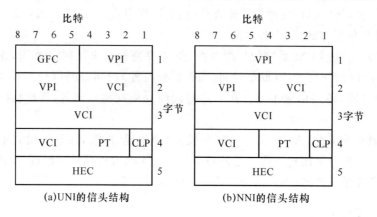

图 4-13　ATM 信元的信头结构

图 4-13 中:

GFC——一般流量控制。它为 4 bit,用于控制用户向网上发送信息的流量,只用在 UNI(其终端不是一个用户,而是一个局域网),在 NNI 不用。

VPI——虚通道标识符。UNI 上 VPI 为 8 bit,NNI 上 VPI 为 12 bit。

VCI——虚通路标识符。UNI 和 NNI 上,VCI 均为 16 bit。VPI 和 VCI 合起来构成了一个信元的路由信息,即标识了一个虚电路,VPI/VCI 为虚电路标志(详情后述)。

PT——净荷类型(3 bit)。它指出信头后面 48 字节信息域的信息类型。

CLP——信元优先级比特(1 bit)。CLP 用来说明该信元是否可以丢弃。CLP=0,表示信元具有高优先级,不可以丢弃;CLP=1 的信元可以被丢弃。

HEC——信头校验码(8 bit)。采用循环冗余校验 CRC,用于信头差错控制,保证整个信头的正确传输。HEC 产生的方法是:信元前 4 个字节所对应的多项式乘 x^8,然后除(x^8+x^2+x+1),所得余数就是 HEC。

4.6.3　ATM 的特点

归纳起来,ATM 具有以下一些特点。

1. ATM 以面向连接的方式工作

为了保证业务质量,降低信元丢失率,ATM 以面向连接的方式工作,即终端在传递信息之前,先提出呼叫请求,网络根据现有的资源情况及用户的要求(如峰值比特率、平均比特率、信元丢失率、信元时延和时延变化等指标),决定是否接受这个呼叫请求。如果网络接受这个呼叫请求,则保留必要的资源,即分配 VPI/VCI 和相应的带宽,并在交换机中设置相应的路由,建立起虚电路(虚连接)。网络依据 VPI/VCI 对信元进行处理,当该用户没有信元发送时,其他用户可占用这个用户的带宽。虚电路标志 VPI/VCI 用来标识不同的虚电路。

2. ATM 采用异步时分复用

ATM 的异步时分复用的优点是:一方面使 ATM 具有很大的灵活性,网络资源得到最大限度的利用;另一方面 ATM 网络可以适用于任何业务,不论其特性如何,网络都按同样的模式来处理,真正做到了完全的业务综合。

3. ATM 网中没有逐段链路的差错控制和流量控制

由于 ATM 的所有线路均使用光纤,而光纤传输的可靠性很高,一般误码率(或者说误比特率)低于 10^{-8},没有必要逐段链路进行差错控制。而网络中适当的资源分配和队列容量设计将会使导致信元丢失的队列溢出得到控制,所以也没有必要逐段链路的进行流量控制。为了简化网络的控制,ATM 将差错控制和流量控制都交给终端完成。

4. 信头的功能被简化

由于不需要逐段链路的差错控制、流量控制等,ATM 信元的信头功能十分简单,主要是标志虚电路和信头本身的差错校验,另外还有一些维护功能(比 X.25 分组头的功能简单得多)。所以信头处理速度很快,处理时延很小。

5. ATM 采用固定长度的信元,信息段的长度较小

为了降低交换节点内部缓冲区的容量,减小信息在缓冲区内的排队时延,与分组交换相比,ATM 信元长度比较小,这有利于实时业务的传输。

4.6.4 ATM 的虚连接

前面介绍 ATM 的特点时说过 ATM 是面向连接的,即在传递信息之前先建立虚连接。ATM 的虚连接建立在两个等级上:虚通路 VC 和虚通道 VP,ATM 信元的复用、传输和交换过程均在 VC 和 VP 上进行。下面介绍有关 VC、VP 以及相关的一些基本概念。

1. 虚通路 VC 和虚通道 VP

- VC(Virtual Channel)——虚通路(也叫虚信道),是描述 ATM 信元单向传送能力的概念,是传送 ATM 信元的逻辑信道(子信道)。
- VCI——虚通路标识符。ATM 复用线上具有相同 VCI 的信元是在同一逻辑信道(即虚通路)上传送。
- VP(Virtual Path)——虚通道是在给定参考点上具有同一虚通道标识符(VPI)的一组虚通路(VC)。实际上 VP 也是传送 ATM 信元的一种逻辑子信道。
- VPI——虚通道标识符。它标识了具有相同 VPI 的一束 VC。

VC,VP 与物理媒介(或者说传输通道)之间的关系如图 4-14 所示(此图是一个抽象的示意图)。

图 4-14 VC,VP 与物理媒介的关系示意图

可以这样理解:将物理媒介划分为若干个 VP 子信道,又将 VP 子信道进一步划分为若干个 VC 子信道。由图 4-13 可知 VPI 有 8 bit(UNI)和 12 bit(NNI),VCI 有 16 bit,所以,一条物理链路可以划分成 $2^8 \sim 2^{12} = 256 \sim 4\,096$ 个 VP,而每个 VP 又可分成 $2^{16} = 65\,536$ 个

VC。也就是一条物理链路可建立 $2^{24} \sim 2^{28}$ 个虚连接(VC)。由于不同的 VP 中可有相同的 VCI 值,所以 ATM 的虚连接由 VPI/VCI 共同标识(或者说只有利用 VPI 和 VCI 两个值才能完全地标识一个 VC),VPI,VCI 合起来构成了一个路由信息。

2. 虚通路连接 VCC 和虚通道连接 VPC

- VC 链路(VC link)——两个存在点(VC 连接点)之间的 link,经过该点 VCI 值转换。VCI 值用于识别一个具体的 VC 链路,一条 VC 链路产生于分配 VCI 值的时候,终止于取消这个 VCI 值的时候。
- 虚通路连接 VCC(Virtual Channel Connection)——由多段 VC 链路链接而成。一条 VCC 在两个 VCC 端点之间延伸(在点到多点的情况下,一条 VCC 有两个以上的端点)。
- VP 链路(VP link)——两个存在点(VP 连接点)之间的 link,经过该点 VPI 值改变。VPI 值用于识别一个具体的 VP 链路,一条 VP 链路产生于分配 VPI 值的时候,终止于取消这个 VPI 值的时候。
- 虚通道连接 VPC(Virtual Parth Connection)——由多条 VP 链路链接而成。一条 VPC 在两个 VPC 端点之间延伸(在点到多点的情况下,一条 VPC 有两个以上的端点),VPC 端点是虚通路标志 VCI 产生、变换或终止的地方。

虚通路连接 VCC 与虚通道连接 VPC 的关系如图 4-15 所示。

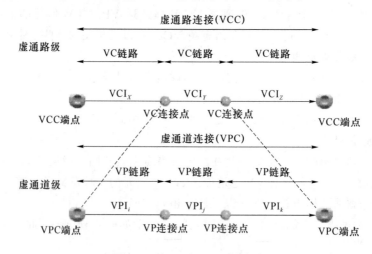

图 4-15　VCC 与 VPC 的关系

由图 4-15 可见:VCC 由多段 VC 链路链接成,每段 VC 链路有各自的 VCI。每个 VPC 由多段 VP 链路连接而成,每段 VP 链路有各自的 VPI 值。每条 VC 链路和其他与其同路的 VC 链路(两个 VC 连接点之间可以有多条 VC 链路,它们称为同路的 VC 链路)一起组成了一个虚通道连接 VPC。

3. VP 交换和 VC 交换

(1) VP 交换

它仅对信元的 VPI 进行处理和变换,或者说经过 VP 交换,只有 VPI 值改变,VCI 值不变。VP 交换可以单独进行,它是将一条 VP 上的所有 VC 链路全部转送到另一条 VP 上去,而这些 VC 链路的 VCI 值都不改变,如图 4-16 所示。

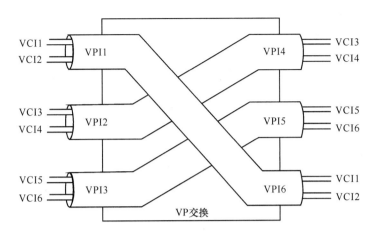

图 4-16 VP 交换

VP 交换的实现比较简单,图 4-15 中的 VP 连接点就属于 VP 交换点。可以进行 VP 交换的设备有以下两种:

① VP 交叉连接设备:用作 VP 的固定连接和半固定连接,接受网络管理中心的控制。

② VP 交换设备:用于 VP 的动态连接,接受信令的控制。

(2) VC 交换

VC 交换同时对 VPI,VCI 进行处理和变换,也就是经过 VC 交换,VPI,VCI 值同时改变。VC 交换必须和 VP 交换同时进行。当一条 VC 链路终止时,VPC 也就终止了。这个 VPC 上的多条 VC 链路可以各奔东西加入到不同方向的新的 VPC 中去。VC 交换可参见图 4-17。

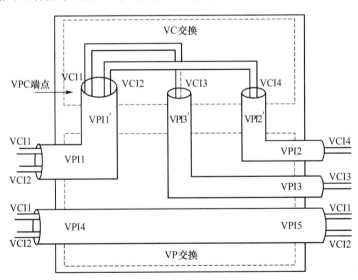

图 4-17 VC 和 VP 交换

VC 和 VP 交换合在一起才是真正的 ATM 交换。VC 交换的实现比较复杂,图 4-15 中的 VC 连接点就属于 VC 交换点。可以进行 VC 交换的设备也有两种:

① VC 交叉连接设备:用作 VC 的固定连接和半固定连接,接受网络管理中心的控制。

② VC 交换设备:用于 VC 的动态连接,接受信令的控制。

4. 有关虚连接的几点说明

以上介绍了 VC,VP,VCC,VPC 等概念,这些概念比较抽象难懂,为了帮助大家理解,特作几点说明。

(1) 一条物理链路可以建立很多个虚连接 VCC,每个 VCC 由多段 VC link 链接而成,其中每一段 VC link(与其他同路的 VC link 一起)对应着一个 VPC,可以认为是多段 VPC 链接成一个 VCC(这是"纵向"考虑)。

(2) 如图 4-14 所示,每一个 VP(由 VPI 标识)由多个 VC 组成(或聚集),这是"横向"考虑,与前面的"纵向"考虑不是一回事,不要搞混。图 4-14 只是一个为了说明 VP 与 VC 关系的抽象的示意图。读者要这样理解:把一条物理链路分成若干个逻辑子信道,只不过 ATM 中的子信道分成两个等级——VP 和 VC(分两个等级的主要目的是:网络的主要管理和交换功能可集中在 VP 一级,减少了网管和网控的复杂性)。在一条物理链路上一个接一个传输许多个信元,其中所有 VPI 相同的信元属于同一 VP,所有 VPI 和 VCI 都相同的信元才属于同一 VC(不同的 VP 中 VCI 值可相同,所以只有 VCI 相同的信元不一定属于同一 VC),要根据 VPI 和 VCI 值才能确定信元属于哪一 VC。

(3) 因为经过 VP 交换点,VPI 值要改变,经过 VC 交换点,VPI 和 VCI 都要变,所以 VPI/VCI 只有局部意义,多个链接的 VPI/VCI 标识一个全程的虚连接。

4.6.5 ATM 交换的特点及原理

1. ATM 交换的特点

在 ATM 网中,ATM 交换机占据核心位置,ATM 交换技术是一种融合了电路交换方式和分组交换方式的优点而形成的新型交换技术,它具有以下主要特点:

(1) ATM 交换是以信元为单位进行交换,且采用硬件进行交换处理,提高了交换机的处理能力;

(2) ATM 交换简化了分组交换中的许多通信规程,去掉了差错控制和流量控制功能,可节约开销,增加了网络吞吐量;

(3) ATM 交换采用了建立虚电路的连接方式,减少了信元传输处理时延,保证了交换的实时性。

2. ATM 交换的基本原理

ATM 交换的基本原理如图 4-18 所示。

图 4-18 中的交换节点有 n 条入线($I_1 \sim I_n$),q 条出线($O_1 \sim O_q$)。每条入线和出线上传送的都是 ATM 信元流,信元的信头中 VPI/VCI 值表明该信元所在的逻辑信道(即 VP 和 VC)。ATM 交换的基本任务就是将任一入线上的任一逻辑信道中的信元交换到所要去的任一出线上的任一逻辑信道上去,也就是入线 I_i 上的输入信元被交换到出线 O_i 上,同时其信头值(指的是 VPI/VCI)由输入值 α 变成(或翻译成)输出值 β。例如图中入线 I_1 上信头为 x 的信元被交换到出线 O_1 上,同时信头变成 k;入线 I_1 上信头为 y 的信元被交换到出线 O_q 上,同时信头变为 m 等等。输入、输出链路的转换及信头的改变是由 ATM 交换机中的翻译表来实现的。请读者注意,这里的信头改变就是 VPI/VCI 值的转换,这是 ATM 交换的基本功能之一。

综上所述,ATM 交换有以下基本功能。

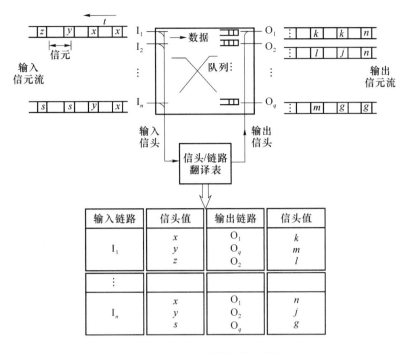

图 4-18　ATM 交换的基本原理

（1）空分交换（空间交换）

将信元从一条传输线改送到另一条传输线上去，这实现了空分交换。在进行空分交换时要进行路由选择，所以这一功能也称为路由选择功能。

（2）信头变换

信头变换就是信元的 VPI/VCI 值的转换，也就是逻辑信道的改变（因为 ATM 网中的逻辑信道是靠信头中的 VPI/VCI 来标识的）。信头的变换相当于进行了时间交换。但要注意，ATM 的逻辑信道和时隙没有固定的关系。

（3）排队

由于 ATM 是一种异步传递方式，信元的出现是随机变的，所以来自不同入线的两个信元可能同时到达交换机，并竞争同一条出线，由此会产生碰撞。为了减少碰撞，需在交换机中提供一系列缓冲存储器，以供同时到达的信元排队用。因而排队也是 ATM 交换机的一个基本功能。

4.7　数据交换方式的比较及数据交换技术的发展

4.7.1　数据交换方式的比较

以上介绍了电路交换、报文交换、分组交换、帧中继以及 ATM 交换，它们各有其特点，表 4-1 给出了这几种交换方式的主要特性的比较。

表 4-1 几种交换方式的比较

方式 性能 项目	电路交换	报文交换	分组交换	帧中继	ATM 交换
网络时延	最小	大	较小	小	小
可靠性	一般	较高	高	高	高
统计时分复用	不是	是	是	是	是
突发业务适用性	无	较好	好	好	好
电路利用率	低	高	高	高	高
异种终端相互通信	不可以	可以	可以	可以	可以
实时性会话业务	适用	不适用	较适用	适用	适用
信息传输效率	高	较低	低	较高	较高
费用	低	较高	较高	较低	高

由表 4-1 可见,这 5 种交换方式各有优缺点。与电路交换相比,分组交换电路利用率高,可实现变码、变速、差错控制和流量控制等功能。与报文交换相比,分组交换时延小,具备实时通信特点。而且分组交换还具有多逻辑信道的通信的能力。但分组交换获得的优点是有代价的,每个分组前要加上一个有关控制与监督信息的分组头,增加了网络开销。

帧中继是分组交换的升级技术,它保留了分组交换统计时分复用、电路利用率高、突发业务适用性强等优点,克服了分组交换开销大等缺点,而且进一步减小时延,提高了网络吞吐量。所以帧中继是最具优越性的交换方式。

ATM 交换可以传输各种业务,当然包括数据业务,它具备传输质量好、可靠性高、电路利用率高等诸多优点,但是建设 ATM 网所花费用较高。

综上所述,最适合作为数据通信网交换方式的是分组交换和帧中继。过去我国的公用数据通信网大多采用分组交换网,近些年发展了帧中继网。由于帧中继的性能优于分组交换,目前数据通信业务主要是利用帧中继网来传输和交换的。

4.7.2 数据交换技术的发展

近年来,人类社会对网络业务需求急剧增长,因此对网络也提出了更高的要求,不仅要提供话音、数据、视频业务,也要同时支持实时多媒体流的传送,并且要求网络具有更高的安全性、可靠性和高性能。下一代网络应是一个能够屏蔽底层通信基础设施多样性,并能提供一个统一开放的、可伸缩的、安全稳定和高性能的融合服务平台,能够支持快速灵活地开发、集成、定制和部署新的网络业务。

下一代网络将是一个以软交换为核心、以光网络为基础、采用分组型传送技术的开放式的融合网。软交换不仅仅提供用户音频、视频的通信要求,对于数据传播、多媒体业务的开展都会有全新的体现。所以软交换的出现,可通过一个融合的网络为用户同时提供话音、数据和多媒体业务,实现国际电联提出的"通过互联互通的电信网、计算机网和电视网等网络资源的无缝融合,构成一个具有统一接入和应用界面的高效率网络,使人类能在任何时间和地点,以一种可以接受的费用和质量,安全地享受多种方式的信息应用"的目标。

小 结

1. 为提高线路利用率,用户终端要通过交换网连接起来,即通过交换网实现数据传输和交换。

利用交换网实现数据通信,主要有两种情况:利用公用电话网进行数据交换和利用公用数据网进行数据交换。

利用公用电话网实现数据交换具有投资少、实现简单和使用方便等优点,但其缺点是传输速率低、传输质量差,而且传输距离受到限制等。

利用公用数据网进行数据交换有两种交换方式:电路交换方式和存储-转发交换方式。电路交换方式又分为空分交换方式和时分交换方式;存储-转发交换方式又分为报文交换方式、分组交换方式、帧中继及 ATM 交换。

2. 电路交换方式是两台计算机或终端在相互通信之前,需预先建立起一条实际的物理链路,在通信中自始至终使用该条链路进行数据传输,并且不允许其他计算机或终端同时共享该链路,通信结束后再拆除这条物理链路。

电路交换虽然信息传输时延小,信息传输效率高,但电路接续时间较长(还可能有呼损),电路利用率低,传输质量较差,而且不同类型的终端不能相互通信。

3. 报文交换属于存储-转发交换方式,它以报文为单位存储-转发。当用户的报文到达交换机时,先将报文存储在交换机的存储器中,当所需要的输出电路有空闲时,再将该报文发向接收交换机或用户终端。

报文交换方式的优点是在主、被叫用户之间不需要建立物理链路,无呼损,很容易实现不同类型终端的相互通信,可采用统计时分多路复用,线路利用率较高,并能实现同文报通信。报文交换方式的缺点是传输时延较长,报文交换机要具有高速处理能力和大的存储器容量。

4. 分组交换是以分组为单位存储-转发。同一终端送出的不同分组可以在网内独立传输,进行流量控制、路由选择和差错控制等通信处理。分组交换采用统计时分复用,动态分配带宽。

分组交换方式的传输质量高,可靠性好,可实现不同种类的终端相互通信,能满足通信实时性要求,线路利用率高,且经济性好。但分组交换方式要求交换机有一定的开销,使网络附加的控制信息较多,所以对长报文通信的传输效率较低。

5. 分组交换网中分组的传输方式有两种:数据报方式和虚电路方式。

数据报是将每一个数据分组单独作为一份报来处理的,同一终端送出的不同分组可以在网内沿着不同的路径传输,它们到达终端的顺序可能不同于发送端,需要重新排序。数据报方式不需要经历呼叫建立和呼叫清除阶段,对于数据量小的通信,传输效率比较高,而且对网络拥塞或故障的适应能力较强,但分组传输时延较大。

虚电路方式在双方用户通信之前先建立一条逻辑上的连接(虚电路),数据分组按已建立的路径顺序通过网络,在网络终点不需要对分组重新排序,分组传输时延小,也不容易丢失数据分组,但对网络拥塞或故障的适应能力不如数据报灵活。

6. 分组长度的选取与交换过程中的延迟时间、交换机费用(包括存储器费用和分组处理费用)、误码率以及正确传输数据信息的信道利用率等因素有关。综合考虑,一般分组长度选为 128 字节,不超过 256 字节,分组头长度为 3～10 字节。

7. 帧中继是分组交换的升级技术,它是在 OSI 参考模型链路层上使用简化的方式传送和交换数据单元的一种方式。帧中继简化了分组交换网中分组交换机的功能,从而降低了时延,节省了开销,提高了信息传输效率。

由于光纤传输线路的使用,用户终端的智能化以及采取了带宽管理、阻塞管理等措施,使得帧中继网的可靠性得以保证。

帧中继的特点主要有高效性、经济性、可靠性、灵活性和长远性。帧中继既可以提供 PVC 业务,也可以提供 SVC 业务,目前暂时只提供 PVC 业务。

8. ATM 是一种异步转移模式,在这一模式中信息被组织成固定长度信元,来自某用户一段信息的各个信元并不需要周期性地出现。

ATM 具有以下一些特点:ATM 以面向连接的方式工作、ATM 采用异步时分复用、ATM 网中没有逐段链路的差错控制和流量控制、信头的功能被简化、ATM 采用固定长度的信元且信息段的长度较小。

ATM 交换具有空分交换、信头变换(信元的 VPI/VCI 值的转换)和排队三个基本功能。

9. 电路交换、报文交换、分组交换、帧中继以及 ATM 交换各有其特点(详见表 4-1),其中最适合作为数据通信网交换方式的是分组交换和帧中继。

10. 下一代网络将是一个以软交换为核心、以光网络为基础、采用分组型传送技术的开放式的融合网。

习　　题

4-1　利用交换网实现数据通信,主要有哪几种情况?

4-2　利用公用数据网进行数据交换,其交换方式有哪几种?

4-3　电路交换方式的优、缺点有哪些? 其适用于何种场合?

4-4　简述报文交换方式的优、缺点及适用场合。

4-5　分组交换最基本的思想是什么?

4-6　一般终端能否直接接入分组交换网?

4-7　分组交换的优、缺点有哪些?

4-8　数据报方式的特点是什么?

4-9　为什么虚电路不同于电路交换中建立的物理信道?

4-10　虚电路的特点有哪些?

4-11　分组长度的选取与哪些因素有关?

4-12　某分组交换网,假设最佳分组长度为 128 字节,信道误码率为 10^{-5},求分组头长度为多少字节。

4-13　帧中继发展的必要条件是什么?

4-14　帧中继的特点有哪些?

4-15　ATM 交换有哪些基本功能?

4-16　从可靠性和统计时分复用这两个方面,对电路交换、报文交换、分组交换、帧中继和 ATM 交换几种交换方式加以比较。

第5章 数据通信网络体系结构

数据通信是在各种类型的数据终端和计算机之间进行的,它不同于电话通信方式,其通信控制也复杂得多,因此必须有一系列行之有效的、共同遵守的通信协议。

本章首先介绍网络体系结构的基本概念,然后系统地论述开放系统互连参考模型(OSI-RM)和 TCP/IP 参考模型的各层协议。

5.1 网络体系结构概述

5.1.1 网络体系结构的定义及分类

1. 通信协议及分层

数据通信是机器之间的通信,是利用物理线路和交换设备将若干台计算机连接成网络来实现的。但是要顺利地进行信息交换,仅有这些硬件设备是不够的,还必须事先制定一些通信双方共同遵守的规则、约定,我们将这些规则、约定的集合叫做通信协议。

协议比较复杂,为了描述上方便和双方共同遵守上方便,通常将协议分层,每一层对应着相应的协议,各层协议的集合就是全部协议。

2. 网络体系结构的定义

网络体系结构是指计算机网络的各组成部分及计算机网络本身所必须实现的功能的精确定义,更直接地说,网络体系结构是计算机网络中的层次、各层的功能及协议、层间的接口的集合。

3. 网络体系结构的分类

应用比较广泛的网络体系结构主要有开放系统互连参考模型(OSI-RM)和 TCP/IP 分层模型。

我们知道数据通信系统中的终端设备主要是计算机,而不同厂家生产的计算机的型号和种类不同,为了使不同类型的计算机或终端能互连,以便相互通信和资源共享。1977 年,国际标准化组织(ISO)提出了开放系统互连参考模型(OSI-RM),并于 1983 年春定为正式国际标准,同时也得到了国际电报电话咨询委员会 CCITT 的支持。

随着 Internet 的飞速发展,TCP/IP 分层模型的应用越来越广泛。本章具体介绍 OSI 参考模型和 TCP/IP 模型。

5.1.2 网络体系结构相关的概念

为了更好地理解开放系统互连参考模型(OSI-RM)和 TCP/IP 分层模型,我们首先介绍几个网络体系结构相关的概念。

1. 开放系统

所谓开放系统是指能遵循 OSI 参考模型等实现互连通信的计算机系统。

2. 实体

网络体系结构的每一层都是若干功能的集合,可以看成它由许多功能块组成,每一个功能块执行协议规定的一部分功能,具有相对的独立性,我们称之为实体。实体即可以是软件实体(如一个进程),也可以是硬件实体(如智能输入输出芯片)。每一层可能有许多个实体,相邻层的实体之间可能有联系,相邻层之间通过接口通信。

3. 服务访问点(SAP)

在同一系统中,一个第(N)层实体和一个第(N+1)层实体相互作用时,信息必须穿越上下两层之间的边界。OSI-RM 中将第(N)层与第(N+1)层这样上下相邻两层实体信息交换的地方,称为服务访问点(Service Access Point,SAP),表示为(N)SAP。(N)SAP 实际上就是(N)实体与(N+1)实体之间的逻辑接口。

4. (N)服务

网络体系结构中的服务是指某一层及其以下各层通过接口提供给上层的一种能力。网络体系结构包含一系列的服务,而每个服务则是通过某一个或某几个协议来实现。

(N)服务是由一个(N)实体作用在一个(N)SAP 上来提供的;或者,(N+1)实体通过(N)SAP 取得(N)实体提供的(N)服务。

5. 协议数据单元(PDU)

协议数据单元(Protocol Data Unit,PDU)是指在不同开放系统的各层对等实体之间,为实现该层协议所交换的信息单元(通常称为本层的数据传送单位)。一般将(N)层的协议数据单元记为(N)PDU。

(N)PDU 由两部分组成:

(1) 本层的用户数据,记为(N)用户数据;

(2) 本层的协议控制信息(Protocol Control Information,PCI),记为(N)PCI。

5.2 开放系统互连参考模型(OSI-RM)

OSI 参考模型涉及的是为完成一个公共(分布的)任务而相互配合的系统能力及开放式系统之间的信息交换,但它不涉及系统的内部功能和与系统互连无关的其他方面,也就是说系统的外部特性必须符合 OSI 的网络体系结构,而其内部功能不受此限制。采用分层结构的开放系统互连大大降低了系统间信息传递的复杂性。应当理解 OSI 参考模型仅仅是一个概念性和功能性结构,它并不涉及任何特定系统互连的具体实现、技术或方法。

具体地说,OSI 参考模型是将计算机之间进行数据通信全过程的所有功能逻辑上分成若干层,每一层对应有一些功能,完成每一层功能时应遵照相应的协议,所以 OSI 参考模型是功能模型,也是协议模型。

5.2.1　OSI 参考模型的分层结构及各层功能概述

1. OSI-RM 的分层结构

OSI 参考模型共分 7 层。这 7 个功能层自下而上分别是:①物理层;②数据链路层;③网络层;④运输层;⑤会话层;⑥表示层;⑦应用层。图 5-1 表示了两个计算机通过交换网络(设为分组交换网)相互连接和它们对应的 OSI 参考模型分层的例子。分组交换网包括若干分组交换机以及连接它们的链路。

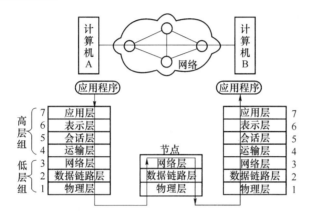

图 5-1　OSI 参考模型分层结构

其中计算机的功能和协议逻辑上分为 7 层;而分组交换机仅起通信中继和交换的作用,其功能和协议只有 3 层。通常把 1～3 层称为低层或下 3 层,它是由计算机和分组交换网络共同执行的功能,而把 4～7 层称为高层,它是计算机 A 和计算机 B 共同执行的功能。

通信过程是:发端信息从上到下依次完成各层功能,收端从下到上依次完成各层功能。如图 5-1 中箭头所示。

系统中为某一具体应用而执行信息处理功能的一个元素称为应用进程。应用进程可以是手控进程、计算机控制进程或物理进程,如正在操纵的某自动银行终端的操作员,属于手控应用进程;如在某 PC 上正在运行的,访问远端数据库的应用程序,属于计算机控制进程;又如工业控制系统中的专用计算机上执行的过程控制程序属于物理应用进程。

2. OSI-RM 各层功能及协议概述

(1) 物理层

物理层并不是物理媒体本身,它是开放系统利用物理媒体实现物理连接的功能描述和执行连接的规程。物理层提供用于建立、保持和断开物理连接的机械的、电气的、功能的和规程的手段。简而言之,物理层提供有关同步和全双工比特流在物理媒体上的传输手段。

物理层传送数据的基本单位是比特。

物理层典型的协议有 RS232C,RS449/422/423,V.24,V.28,X.20 和 X.21 等。

(2) 数据链路层

我们在第 1 章介绍了数据链路的概念,并指出只有建立了数据链路,才能有效可靠地进行数据通信。数据链路层的一个功能就是负责数据链路的建立、维持和拆除。

数据链路层传送数据的基本单位一般是帧。

在物理层提供比特流传送服务的基础上,数据链路层负责建立数据链路连接,将它上一层(网络层)传送下来的信息组织成"数据帧"进行传送。每一数据帧中包括一定数量的数据信息和一些必要的控制信息。为保证数据帧的可靠传送,数据链路层应具有差错控制、流量控制等功能。这样就将一条可能有差错的实际(物理)线路变成无差错的数据链路,即从网络层向下看到的好像是一条不出差错的链路。

数据链路层常用的协议有基本型传输控制规程和高级数据链路控制规程(HDLC)。

(3) 网络层

在数据通信网中进行通信的两个系统之间可能要经过多个节点和链路,也可能还要经过若干个通信子网。网络层负责将高层传送下来的信息分组,再进行必要的路由选择、差错控制、流量控制等处理,使通信系统中的发送端的运输层传下来的数据能够准确无误地找到接收端,并交付给其运输层。

网络层传送数据的基本单位是分组。

网络层的协议是 X.25 分组级协议。

(4) 运输层

运输层也称计算机-计算机层,是开放系统之间的传送控制层,实现用户的端到端的或进程之间数据的透明传送,使会话层实体不需要关心数据传送的细节,同时,还用于弥补各种通信子网的质量差异,对经过下 3 层仍然存在的传输差错进行恢复。另外,该层给予用户一些选择,以便从网络获得某种等级的通信质量。具体来说其功能包括端到端的顺序控制、流量控制、差错控制及监督服务质量。

运输层传送数据的基本单位是报文。

(5) 会话层

为了两个进程之间的协作,必须在两个进程之间建立一个逻辑上的连接,这种逻辑上的连接称之为会话。会话层作为用户进入运输层的接口,负责进程间建立会话和终止会话,并且控制会话期间的对话。提供诸如会话建立时会话双方资格的核实和验证,由哪一方支付通信费用,及对话方向的交替管理、故障点定位和恢复等各种服务。它提供一种经过组织的方法在用户之间交换数据。

会话层及以上各层中,数据的传送单位一般都称为报文,但与运输层的报文有本质的不同。

(6) 表示层

表示层提供数据的表示方法,其主要功能有:代码转换、数据格式转换、数据加密与解密、数据压缩与恢复等。

(7) 应用层

应用层是 OSI 参考模型的最高层,它直接面向用户以满足用户的不同需求,是利用网络资源唯一向应用进程直接提供服务的一层。

应用层的功能是确定应用进程之间通信的性质,以满足用户的需要。同时应用层还要负责用户信息的语义表示,并在两个通信用户之间进行语义匹配。

3. 信息在 OSI-RM 各层的传递过程

OSI-RM 中,不同系统的应用进程在进行数据传送时,其信息在各层之间的传递过程及所经历的变化如图 5-2 所示。

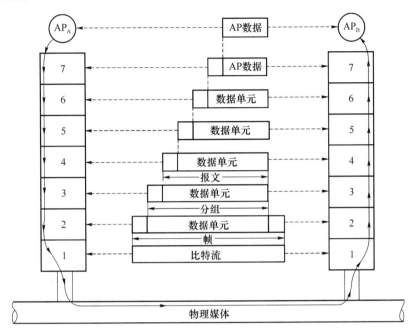

图 5-2　信息在各层之间的传递过程

为叙述方便,在图 5-2 中假定两个开放系统(计算机系统 A 和计算机系统 B)是直接相连的。由计算机系统 A 的应用进程 AP_A 向计算机系统 B 的应用进程 AP_B 传送数据。

由计算机系统 A 的应用进程 AP_A 先将用户数据送至最高层(应用层),该层在用户数据前面加上必要的控制信息,形成应用层的数据单元后送至第六层(表示层)。第六层收到这一数据单元后,在前面加上本层的控制信息,形成表示层的数据单元后送至第五层(会话层)。信息按这种方式逐层向下传送,第四层的数据服务单元称为报文,第三层的数据服务单元称为分组,到达第二层(数据链路层),在此层控制信息分为两个部分,分别加在本层用户数据的首部和尾部,构成数据帧送达最低层(物理层)。物理层实现比特流传送,不需再加控制信息。

当这样一串比特流经过传输媒体到达计算机系统 B 后,再从最低层逐层向上传送,且在每一层都依照相应的控制信息完成指定操作,再去掉本层的控制信息,将剩下的用户数据上交给高一层。依次类推,当数据达到最高层时,再由应用层将用户数据提交给应用进程 AP_B。最终实现了应用进程 AP_A 与应用进程 AP_B 之间的通信。

5.2.2　物理层协议

1. 物理层协议基本概念

(1)物理接口的位置

由前述可知,物理层是 OSI 参考模型中的最低层,它建立在物理媒体的基础上,实现系统与物理媒体的接口。通过物理媒体来建立、维持和断开物理连接,为数据终端链路层提供比特流的同步和全双工传输。数据通信系统中物理接口指的是数据终端设备(主要包括计算机)与物理线路的接口,其实就是第 1 章介绍的 DTE 与 DCE 之间的接口,如图 5-3 所示。

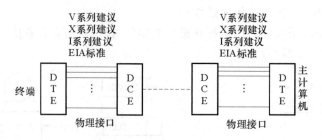

图 5-3　物理接口的位置

（2）物理接口标准的概念

为了使不同厂家的产品能够互换和互连，物理接口处插接方式、引线分配、电气特征和应答关系上均应符合统一的标准，称为物理接口标准（或规程或协议）。其实此标准就是物理层协议。

（3）物理接口标准的分类

物理层是实现所有高层协议的基础，为了统一物理层的操作，国际标准化组织(ISO)、国际电报电话咨询委员会(CCITT)和美国电子工业协会(EIA)等均制定了相应的标准和建议。

① ISO 制定的物理接口标准

ISO 提出的是 ISO 系列物理接口标准，主要包括 ISO1177、ISO2110 和 ISO4902 等。

② CCITT 制定的物理接口标准

CCITT 制定了通过电话网进行数据传输的 V 系列建议、通过公用数据网进行数据传输的 X 系列建议及有关综合业务数字网的 I 系列建议，具体有 V.24、V.28、X.20、X.21、I.430 和 I.431 等。

③ EIA 制定的物理接口标准

EIA 提出的是 RS 系列物理接口标准，如 RS-232C、RS449 等。

2. 物理接口标准的基本特性

物理接口标准描述了物理接口的四种基本特性：机械特性、电气特性、功能特性和规程特性。

（1）机械特性

机械特性描述连接器即接口接插件的插头（阳连接器）、插座（阴连接器）的规格、尺寸、针的数量与排列情况等，如图 5-4 所示。这些机械标准主要由 ISO 制定，主要有：

① ISO 2110——规定 25 芯 DTE/DCE 接口接线器及引线分配，用于串行和并行音频调制解调器、公用数据网接口、电报网接口和自动呼叫设备。

② ISO 2593——规定 34 芯高速数据终端设备备用接口接线器和引线分配，用于 CCITT V.35 的宽带调制解调器。

③ ISO 4902——规定 37 芯和 9 芯 DTE/DCE 接线器及引线分配，用于音频调制解调器和宽带调制解调器。

④ ISO 4903——规定 15 芯 DTE/DCE 接线器及引线分配，用于 CCITT 建议 X.20、X.21 和 X.22 所规定的公用数据网接口。

（2）电气特性

接口的电气特性描述接口的电气连接方式（不平衡型、半平衡型和平衡型）和电气参数，如信号源侧和负载侧的电压（或电流）值、阻抗值和等效电路、分布电容值、信号上升时间等。

相关建议有 CCITT V. 28、V. 35、V. 10/X. 26、V. 11/X. 27。

（3）功能特性

接口的功能特性描述了接口电路的名称和功能定义，主要建议 V. 24 和 X. 24。

（4）规程特性

接口的规程特性描述了接口电路间的相互关系、动作条件，及在接口传输数据需要执行的事件顺序。相关协议有 CCITT V. 24、V. 55、V. 54。

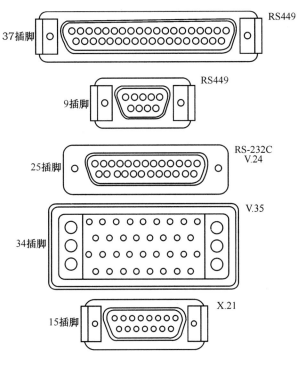

图 5-4　ISO 物理层连接器

3．几种常见的物理接口协议

（1）CCITT V. 24/RS-232C 建议

① 功能特性

CCITT V. 24 建议定义了 V 系列接口电路的名称和功能。它按接口功能特性定义了100 系列接口电路和 200 系列接口电路。100 系列接口电路适用于 DTE 与调制解调器（DCE）之间的接口电路。200 系列接口电路适用于 DTE 与并行自动呼叫器（ACE）之间的接口电路，如图 5-5 所示。

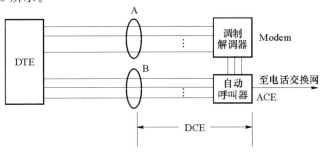

图 5-5　100 系列接口和 200 系列接口

100 系列接口电路主要用于完成 DTE 与 DCE 间数据收发、定时供给、各类状态和控制信号交换所需的接口线。它可以分为 4 部分,信号地线与公共回线、数据电路、控制电路和定时电路,如图 5-6 所示。

图 5-6　V.24 100 系列接口电路

200 系列接口电路只用于完成自动呼叫功能,不需要自动呼叫时,可以不使用,如图 5-7所示。

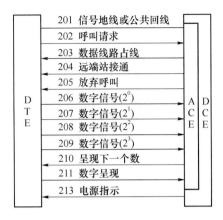

图 5-7　V.24 200 系列接口电路

RS-232C 本质上是与 V.24 相同的，只是信号引线的命名有些差别。它定义了 20 根接口线，与 V.24 接口线的对应关系如表 5-1 所示。

表 5-1　RS-232C 与 V.24 接口线的对应关系

25 芯连接器引脚号	RS-232C	V.24	接口电路名称		方向 DTE DCE
1	AA	101	保护地线	PG	—
7	AB	102	信号地线	SG	—
2	BA	103	发送数据	TxD	→
3	BB	104	接收数据	RxD	←
4	CA	105	请求发送	RTX	→
5	CB	106	允许发送	CTX	←
6	CC	107	数据设备准备好	DSR	←
20	CD	108/2	数据终端准备好	DTR	→
8	CF	109	数据载波检测	DCD	←
21	CG	110	信号质量检测	SQD	←
23	CH	111	数据信号速率选择(DTE)		→
23	CI	112	数据信号速率选择(DCE)		←
24	DA	113	发送信号码元定时(DTE)	TxC	→
15	DB	114	发送信号码元定时(DCE)	TxC	←
17	DD	115	接收信号码元定时(DCE)	RxC	←
14	SBA	118	反向信道发送数据		→
16	SBB	119	反向信道接收数据		←
19	SCA	120	反向信道请求发送		→
13	SCB	121	反向信道允许发送		←
12	SCF	122	反向信道载波检测		←
22	CE	125	呼叫指示器		←
9/10	—	—	留作数据装置测试用		—
11	—	—	未指定		—

② 电气特性

同一种功能的接口电路可以根据数据信号速率和电缆长度的要求采取不同的电气特性。如 V.24 建议中定义的数据线可以用 V.28、V.35、V.10、V.11 中的任何一种电气特性来实现。因此,电气特性是功能特性的基础。RS-232C 的电气特性采用 V.28 建议。

③ 机械特性

V.24 没有对机械特性作规定,使用 ISO 2110 标准。连接器使用 25 针的 D 型插座和插头,称为 DB-25 连接器。如图 5-7 所示,一般阳连接器(插头)与 DTE 相连,阴连接器(插座)与 DCE 相连。RS-232C 与 V.24 采用相同的连接器,DB-25 的引脚分配如表 5-1 所示。

限于篇幅,V.24 的规程特性略去不讲。

(2) X 系列建议的物理层协议

X 系列建议是专为数据通信制定的,符合开放系统互连的 7 层协议。X 系列建议的物理层协议规定了 DTE-DCE 接口电路的电气特性、功能待性、规程特性等。

① 电气特性

电气特性由 X.26 和 X.27 规定。X.26 规定了用于集成电路设备的不平衡双流接口电路的电气特性,在功能上它与 V.10 建议等效。X.27 规定了用于集成电路设备的平衡双流接口电路的电气特性,在功能上它与 V.11 建议等效。

② 功能特性

X.24 建议规定了 DTE-DCE 接口电路的功能特性,它的作用相当于 V.24 建议对接口电路的功能定义,但接口电路的设计思想发生了较大的变化,这种变化主要表现在接口控制功能的实现。V.24 建议为每一种控制功能定义了一条接口电路,导致接口电路数量很多,如果要增加新的功能,还要增加接口电路。而 X.24 则采用一线多功能、功能复用和用多条电路的组合状态来决定工作状态等,使接口线的数量只有 11 条。X.24 建议定义的接口电路如表 5-2 所示。

表 5-2 X.24 接口电路

电路符号	电路名称	数据		控制		定时	
		来自 DCE	到 DCE	来自 DCE	到 DCE	来自 DCE	到 DCE
G	信号地线或公共回线						
Ga	DTE 公共回线				×		
Gb	DCE 公共回线			×			
T	发送线		×		×		
R	接收线	×		×			
C	控制线				×		
I	指示线			×			
S	信号码元定时					×	
B	字节定时					×	
F	帧开始识别					×	
X	DTE 信号码元定时						×

③ 规程特性

• X.20 建议

X.20 建议定义了在公用数据网上提供起止式传输服务的数据终端设备(DTE)和数据电路终接设备(DCE)之间的接口,它所使用的接口电路是 X.24 的子集,如表 5-3 所示。X.20接口的电气特性在 DTE 一侧应符合 X.27 或 X.26 建议,但 X.20 接口的 DTE 也可以是电气特性符合 X.28 的终端。

表 5-3　X.20 接口电路

电路符号	电路名称	方向	
		到 DCE	来自 DCE
G	信号地线或公共回线		
Ga	DTE 公共回线	×	
Gb	DCE 公共回线		
T	发送线	×	×
R	接收线		×

X.20 建议描述了接口的通信控制过程,它是通过发送(T)和接收(R)电路传送控制字符码组和转换电路的二进制状态来实现通信控制的,并用状态转换图来描述通信控制过程。

• X.21 建议

X.21 建议定义了公用数据网上提供同步工作的数据终端设备 DTE 和数据电路终接设备 DCE 之间的接口,它使用的接口电路是 X.24 的子集,如图 5-8 所示。X.21 建议接口的电气特性在 DCE 一侧应符合 X.27 建议,在 DTE 一侧应符合 X.27 或 X.26 建议。X.21 建议的机械接口由 ISO 4903 规定,采用 15 针连接器。

X.21 接口的工作过程可分为三个阶段:

(a) 空闲或静止阶段——在此阶段接口不工作。

(b) 呼叫建立和清除阶段——呼叫建立是指通过交换控制信号来建立主叫 DTE 和被叫 DTE 之间的关系;呼叫清除是指通过交换控制信号来中继它们之间的通信关系。

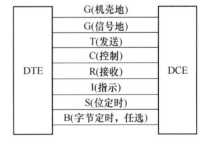

图 5-8　X.21 接口电路

(c) 数据传输阶段——在此阶段,通信双方互相交换数据。

• X.20 bis

考虑到符合 X 系列建议的设备应能够与符合 V 系列建议的设备互通,CCITT 又制定了 X.20bis 和 X.21bis 建议。

X.20bis 定义了在公用数据网中与异步全双工 V 系列调制解调器接口的数据终端设备(DTE)的操作规程。

X.20bis 接口电路的功能特性和 V.24 兼容,电气特性符合 V.28 建议,并使用 ISO 2110 规定的 25 针连接器。X.20bis 使用的接口电路是 V.24 的子集,如表 5-4 所示。

表 5-4　X. 20bis 接口电路

电路号	说　明	电路号	说　明
102	信号地线或公共回线	108/2	数据终端准备好
103	发送数据	109	数据信道接收线路信号检测器
104	接收数据	125	呼叫指示器
106	准备发送	141	本地回路
107	数据设备准备好	142	测试指示器
108/1	连接数据设备到线路		

- X. 21bis

X. 21bis 定义了在公用数据网上与同步 V 系列调制解调器接口的数据终端设备(DTE)的操作规程。

该接口电路的电气特性符合 V. 28 建议,并使用 ISO 2110 规定的 25 针连接器,或者符合 X. 26 定义的电气特性,使用 ISO 4902 37 针连接器。对于数据传信速率为 48 kbit/s 的应用,使用 ISO 2593 和 V. 35 建议规定的 34 针连接器,并符合 V. 35 建议规定的电气特性。作为一种替换方式,对于 48 kbit/s 速率接口也可以采用 X. 26/X. 27 电气特性和 ISO 4902 连接器。使用部门可选用其中的一种方式。

X. 21bis 使用的接口电路也是 V. 24 的子集,如表 5-5 所示。

表 5-5　X. 21bis 接口电路

电路号	说　明	电路号	说　明
102	信号地线或公共回线	109	数据信道接收线路信号检测器
103	发送数据	114	发送器信号码元定时
104	接收数据	115	接收器信号码元定时
105	请求发送	125	呼叫指示器
106	准备发送	140	回路/维护测试
107	数据设备准备好	141	本地回路
108/1	连接数据设备到线路	142	测试指示器
108/2	数据终端准备好		

5.2.3　数据链路层协议

OSI 参考模型数据链路层的功能比较多,需要进行差错控制(包括检错和纠错)、流量控制等,所以其协议复杂,称为数据链路传输控制规程,它分为两种:基本型控制规程和高级数据链路控制规程(HDLC)。

1. 数据链路传输控制规程基本概念

(1)数据链路传输控制规程的概念

第 1 章介绍过,数据链路是由数据电路和两端的通信控制器(或传输控制器)构成的,如图 5-9 所示。数据链路是在数据电路已建立的基础上,通过两端的控制装置使发送方和接收方之间交换握手信号,双方确认后可开始传输数据。

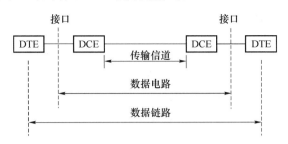

图 5-9　传输信道、数据电路与数据链路

为了在 DTE 与网络之间或 DTE 与 DTE 之间有效、可靠地传输数据信息,必须在数据链路这一层次上采取必要的控制手段对数据信息的传输进行控制,即传输控制。传输控制是遵照数据链路层协议来完成的,习惯上把数据链路层协议称为数据链路传输控制规程。

(2) 数据链路传输规程的功能

为了充分理解数据链路控制规程的功能,我们先来分析一下一次数据通信的过程。

① 数据通信的过程

与电话通信过程类似,一次完整的数据通信过程包括以下 5 个阶段:

(a) 阶段 1:建立物理连接

所谓物理连接就是若干数据电路的互连。数据电路可以是交换型的,也可以是专用线路。专用线路为租用线路,它在通信双方之间提供永久性的固定的连接,所以对专用线路来说,本阶段没有操作;对交换型数据电路来说,则必须按交换网络的要求进行呼叫连接,如电话网的 V.25 和数据网的 X.21 呼叫应答规程。

该阶段与电话通信的呼叫建立阶段是类似的。

(b) 阶段 2:建立数据链路

该阶段类似于在电话通信中建立起物理连接之后,相互证实的过程。如主叫方询问被叫方“你是谁”或“你是××”,如果是要找的对象,双方就进入通话阶段。而在数据通信的这个阶段,为了能可靠而有效地传输数据信息,收发双方也要交换一些控制信息,包括呼叫对方、确认对方是否是所要通信的对象;确定接收和发送状态;哪一方为发送状态,哪一方为接收状态;指定双方的输入输出设备。

(c) 阶段 3:数据传送

该阶段类似于电话通信的通话阶段。电话通信中双方要进行通话,首先必须使用相同的语言,否则要借助翻译;其次双方要相互配合,说和听要有一定的顺序,不能同时讲和连续讲而不管对方是否听懂;另外如果没有听清或漏听对方的话,要求对方重讲,直到听清为止。数据的传送也是类似的,在本阶段按规定的格式组织数据信息,并按规定的顺序沿所建立的数据链路向对方发送,同时要进行差错控制、流量控制等,以保证透明和相对无差错地传送数据信息。

(d) 阶段 4:传送结束,拆除数据链路

对电话通信,当确认双方均无信息传送之后进入通信结束阶段。数据通信中的结束则是通过规定的结束字符来拆除数据链路,需注意的是拆除数据链路并不是拆除物理连接,该阶段后可以又一次进入第二阶段,建立新的数据链路(即一个数据通信系统可以建立一个或

多个数据链路),这就类似于主叫方同一个人讲完话后,可能还想同另一个人讲话,则进入第二阶段。

(e)阶段 5:拆除物理连接

电话通信中,通话结束后,任何一方挂机,交换网络就拆除物理连接。数据通信中,当数据链路的物理连接是交换型电路时,数据传送结束后,只要任何一方发出拆线信号,便可拆除通信线路,双方数据终端恢复到初始状态。

以上 5 个阶段,第 2 到第 4 阶段属于数据链路控制规程的范围,而第 1 和第 5 阶段是在公用交换网上完成的操作。

② 数据链路控制规程的功能

概括起来,数据链路控制规程应具备以下功能:

* 帧控制:在数据链路中数据以"帧"为单位进行传送。"帧"是具有一定长度和一定格式的信息块。在不同的应用中,帧的长度和格式可以不同。帧控制功能要求发送方把从上层来的数据信息分为若干组,并分别在各组中加入开始与结束标志、地址字段和必要的控制信息字段以及校验字段,组成一帧;要求接收方在接收到的帧中去掉帧标志和地址等字段,还原成原始数据信息后送到上层。

* 透明传送:在所传输的信息中,若出现了与帧开始、结束标志字符和控制字符相同的字符序列,在组帧过程中要采取措施打乱这些序列,以区别以上各种标志和控制字符,这样可保证用户传输的信息不受限制,即不必考虑可能出现的任何比特组合的含义(详见后述)。

* 差错控制:控制规程应能采用纠错编码技术如:水平和垂直冗余校验和循环冗余校验进行差错检测,同时,对正确接收的帧进行认可,对接收有差错的帧要求发方重发。为了防止帧的重收和漏收,必须采用帧编号发送,接收时按编号认可。

* 流量控制:为了避免链路阻塞,控制规程应能对数据链路上的信息流量进行调节,能够决定暂停、停止或继续接收信息。

* 链路管理:控制信息的传输方向,建立和结束链路的逻辑连接,显示站的工作状态等。

* 异常状态的恢复:当链路发生异常情况时,例如:收到含义不清的序列、数据码组不完整或超时收不到响应,能够自动地重新启动恢复到正常工作状态。

(3)数据链路传输控制规程的种类

目前已采用的传输控制规程基本上分为两大类:基本型控制规程和高级数据链路控制规程(HDLC)。

基本型控制规程是面向字符型的传输控制规程,具有如下特征:

① 以字符作为传输信息的基本单位,并规定了 10 个控制字符用于传输控制;

② 差错控制方式采用检错重发(ARQ),具体重发方式是停止等待发送,即主站在送出一组信息之后要等待对方的应答,收到肯定应答后,再发送下一组信息,不然则重发刚才发送的信息;

③ 多半采用半双工通信方式,这样在双方在进行通信时往往有多次收发状态的转换,会影响线路和通道的利用率;

④ 可以采用异步(起止式)和同步传输方式;

⑤ 传输代码采用国际 5 号码;

⑥ 一般采用二维奇偶监督码(即水平垂直奇偶监督码)检错。

基本型传输控制规程与高级数据链路控制规程(HDLC)相比,可靠性和传输效率均较低,所以 HDLC 应用较广泛。下面重点介绍高级数据链路控制规程(HDLC)。

2. 高级数据链路控制规程(HDLC)

(1) HDLC 的特征

HDLC 是面向比特的传输控制规程,以帧为单位传输数据信息和控制信息,其发送方式为连续发送(一边发一边等对方的回答),传输效率比较高,而且 HDLC 采用循环码进行差错校验,可靠性高。

(2) 链路结构

数据链路中的 DTE 可能是不同类型的终端或计算机,它们向数据电路发送和接收数据。我们把不同类型的 DTE 统称为“站”。通常把发送信息或命令的站称为“主站”,接收信息或命令而发出认可信息或响应的站称为“次站”(主站和次站是可以倒换的),而同时能发送信息、命令、认可或响应的站称为“组合站”。

HDLC 规定链路结构可以分为不平衡型、对称型和平衡型 3 种,如图 5-10 所示。

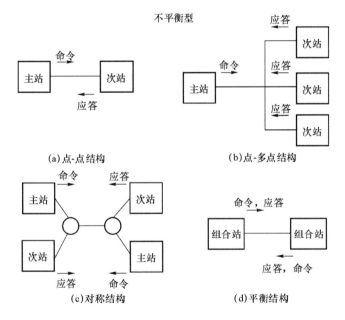

图 5-10　HDLC 的链路结构

① 不平衡型链路结构

不平衡型链路结构是由一个主站和若干个次站组成。按次站的数量又可分为点-点式,即一个主站和一个次站组成如图 5-10(a)所示;点-多点式,即由一个主站和多个次站组成,如图 5-10(b)所示。在链路中主站负责控制各次站,向其发送工作方式命令。

② 对称型链路结构

对称型链路结构如图 5-10(c)所示,指的是链路两端的站均由主站和次站叠合而成。它可以看作两个独立的点对点不平衡链路结构的复合,即在链路的两端各有一个主站和次站,两个主站分别向对方的次站发送命令,从而构成两条不平衡的链路。实际上,该结构中命令

165

和响应都是通过同一条物理链路来传输的。这种结构目前很少使用。

③ 平衡结构

平衡结构如图 5-10(d)所示，指的是链路两端均由组合站构成，它们处于同等地位，共同负责链路控制。它为点-点结构。每个组合站均能以半双工或全双工的方式向对方发送命令、响应和数据。

(3) 操作方式与非操作方式

因为 HDLC 是为了满足各种应用而设计的，所以考虑了它既能在交换线路上工作，也能在专用线路上工作，既能用于点对点结构，也能用于一点对多点结构；既能采用双向交替方式专输，也能采用双向同时的方式传输。故根据通信双方的链路结构和应答方式，HDLC 为通信操作定义了两种类型，即操作方式和非操作方式。

① 操作方式

操作方式有 3 种：正常响应方式(NRM)、异步响应方式(ARM)和异步平衡方式(ABM)。

- NRM：NRM 适用于不平衡型点-点或点-多点的数据链路，以集中的方式操作，即由主站控制整个链路的操作，负责链路的初始化、数据流控制和不可恢复系统差错情况下的链路复位等。从站的功能很简单，它只有在收到主站的明确允许后，才能启动一次响应传输。

- ARM：ARM 也适用于不平衡的数据链路结构。与 NRM 不同的是，在 ARM 方式下，从站可以不必得到主站的允许就可开始数据传输。这样的异步传输可以包含一帧或多帧，可用于传输信息字段或表明从站的状态变化信息(如所期望的下一个信息帧的编号，从站状态由准备好变为忙等)。很显然 ARM 的传输效率比 NRM 高一些。

- ABM：ABM 适用于通信双方均为组合站的平衡链路结构。在 ABM 方式下，链路上的任何一个组合站可在任意时刻发送命令，并且无须得到对方的明确允许，就可以传送响应帧。这样的异步传输可以包含一帧或多帧，可用于传输信息字段和(或)表明组合站状态变化信息。因此，一般对组合站的要求较高，并且从上可知链路两端的组合站具有同等的通信能力。

② 非操作方式

非操作方式也有 3 种：正常断开方式(NDM)、异步断开方式(ADM)和初始化方式(IM)。其中 NDM 和 ADM 为断开方式，要求次站/组合站在逻辑上与数据链路断开，即不再进行各种帧的发送和接收，NDM 适用于不平衡数据链路结构，ADM 适用于不平衡或平衡数据链路；IM 方式属于初始化方式，这时次站/组合站的数据链路控制程序需要重新生成，或者需要更换操作方式中的参数。

(4) HDLC 帧结构

在高级数据链路控制规程中，在链路上以帧作为传输信息的基本单位，HDLC 的帧的基本格式如图 5-11 所示。

标志字段	地址字段	控制字段	信息字段	校验字段	标志字段
F	A	C	I	FCS	F
8 bit	8 bit	8 bit	任意(8n bit)	16 bit	8 bit

图 5-11 HDLC 帧的基本格式

① 标志字段(F)

HDLC 规程指定采用 8 bit 组 01111110 为标志序列,称为 F 标志。用于帧同步,表示一帧的开始和结束。相邻两帧之间的 F,既可作为前一帧的结束,又可作为下一帧的开始。标志序列也可作帧间填充字符,因而在数据链路上的各个数据站都要不断地搜索 F 标志,以判断帧的开始和结束。

因为 F 的特殊作用,若一帧内两个 F 之间的其他各字段 A,C,I,FCS 中出现类似标志序列的比特组合,接收端则会错误地认为一帧结束,即过早地终止帧。必须避免这种现象发生,所以在一帧内两个 F 之间的各字段 A,C,I,FCS 不允许出现类似标志序列的比特组合。但又要保证数据的透明传输(所谓透明传输是针对终端而言的,即对终端发出的数据序列不加以任何限制)。

这显然是矛盾的,为了解决这个矛盾,HDLC 规程所采取的措施是"0"插入和删除技术。即在发送站将数据信息和控制信息组成帧后,检查两个 F 之间的字段,若有 5 个连"1"就在第 5 个"1"之后插入一个"0"。在接收站根据 F 识别出一个帧的开始和结束后,对接收帧的比特序列进行检查,当发现起始标志和结束标志之间的比特序列中有连续 5 个"1"时,自动将其后的"0"删去,如图 5-12 所示。这样使 HDLC 帧所传送的用户信息内容不受任何限制,从而达到数据的透明传输,又可避免过早地终止帧。

图 5-12　"0"比特插入和删除示意图

② 地址字段(A)

地址字段表示数据链路上发送站和接收站的地址。在命令帧中,地址字段标识该命令的目的站,在响应帧中标识发出响应的站。地址字段一般是 8 bit,共可表示 $2^8 = 256$ 个站的地址。

当站的个数大于 256 个时,可使用扩充字段,扩充为两个字节,这时,每个地址字节的最低比特位用作扩充指示,即最低位置"0",表示后续字节为扩充字段;最低位为"1"时,后续字节不是扩充字段。扩充的 8 bit 字节格式和基本地址的 8 bit 格式一样,这样就扩展了地址范围。当然,每一组 8 bit 可表示的地址只有 $2^7 = 128$ 个。

③ 控制字段(C)

控制字段为 8 bit,用于表示帧类型、帧编号以及命令、响应等。根据 C 字段的构成不同,可以把 HDLC 帧分成 3 种类型:信息帧(简称 I 帧)、监控帧(简称 S 帧)和无编号帧(简称 U 帧)。它们的具体操作较为复杂,稍后将予以详细介绍。另外 C 字段也可扩充到 2 个字节。

④ 信息字段(I)

信息字段包含了用户的数据信息和来自上层的控制信息,它不受格式或内容的限制,具体说其长度没有具体规定,但必须是 8 bit 的整倍数,而且最大长度受限。在实际应用中,信息长度受收发站缓冲存储区大小和信道差错率的限制。

⑤ 帧校验字段(FCS)

帧校验字段(FCS)用于对帧进行循环冗余校验,校验的范围包括除标志字段之外的所有字段,但为了进行透明传输而插入的"0"不在校验范围内。该字段一般为 16 bit,其生成多项式为 $x^{16}+x^{12}+x^5+1$。对于要求较高的场合,FCS 可以用 32 bit,其生成多项式为 $x^{32}+x^{26}+x^{23}+x^{22}+x^{16}+x^{12}+x^{11}+x^{10}+x^8+x^7+x^5+x^4+x^2+x+1$。

(5) HDLC 控制字段(C)的格式与 3 种类型的帧

在每一个 HDLC 帧中,控制字段 C 决定了帧的类型,HDLC 规定了 3 种控制字段的格式,也就定义了 HDLC 3 种类型的帧。控制字段的格式如图 5-13 所示。

	1	2	3	4	5	6	7	8
信息帧(I帧)	0	N(S)			P/F	N(R)		
监控帧(S帧)	10		S		P/F	N(R)		
无编号帧(U帧)	11		M		P/F	M		

(a) C字段基本格式

	1	2	3	4	5	6	7	8	9	10	11	12	13	14	15	16
I帧	0	← N(S) →							P/F	← N(R) →						
S帧	1	0	S	S	×	×	×	×	P/F	← N(R) →						
U帧	1	I	M	M	U	M	M	M	P/F	×	×	×	×	×	×	×

(b) C字段扩充格式

图 5-13 控制字段格式

图 5-13 中:

N(S):发送端发送帧的编号;

N(R):准备接收的对方发送帧的编号,即对 N(R)-1 以前的所有 I 帧的确认;

S:监控功能比特(2 个 S 定义了监控帧的四种不同格式);

M:附加修正功能比特(5 个 M 定义了 32 种附加控制功能);

P/F:探询/终止位,当主站传输时,若此位为"1",表示探询,用来授权次站传输;次站传输时,若此位为"1",表示次站应答的最后一帧。

C 字段扩充格式中,×为保留比特,置为"0";U:没有规定。

下面对 HDLC 3 种类型的帧分别予以介绍。

① 信息帧(I 帧)

控制字段的第 1 个比特为 0 表示信息帧。信息帧用来实现数据信息的传输。

按这种格式发送时,发送站应对所发送的每一帧进行计数编号,接收站则对收到的帧检查其编号的顺序性。每个数据站(主站、次站或组合站)对发往和接收对方数据站的 I 帧都设置一个各自独立的状态变量 V(S)和 V(R)。

V(S)为发送状态变量,表示本站(作为发送站)待发送的下一个 I 帧的编号;V(R)为接收状态变量,表示本站(作为接收站)待接收的下一个 I 帧的编号。正常情况下,发送的 V(S)与接收站的 V(R)相等。

V(S)、V(R)和 N(S)、N(R)的长度一致,当 C 字段为一个字节时,它们都为 3 bit,采用模 8 运算,循环使用编号 0~7。C 字段为两个字节时,它们都为 7 bit,采用模 128 运算,循环使用编号 0~127。

V(S)、V(R)和 N(S)、N(R)主要用于差错控制。在通信开始时,两端的数据站的 V(S)=V(R)=0,通信过程中,发送站每发出一帧则将 V(S)的值赋予 N(S),即 N(S)←V(S),并且V(S)的值加 1,即 V(S)←V(S)+1;当接收到对方 N(R)编号的帧时,发送站就用它本身的 V(S)与接收到的 N(R)进行比较,若 N(R)=V(S),则表明发送站发出的'0~V(S)-1'号帧被接收站正确接收,下一个将发出的帧应是第 V(S)号帧。若 N(R)≠V(S),则表明接收站的接收顺序有错。接收站每正确接收一帧都更新本身的 V(R),使 V(R)的值加 1,即 V(R)←V(R)+1,并把 N(R)←V(R)回送给发送站;若来自对方发送站的 N(S)与本站的 V(R)相等,则表明接收顺序正确,否则表明接收顺序有错。当出现序号错误时可以要求对方重发。

这里需要说明的是,接收端收到一个帧,根据帧校验字段(FCS)对其进行有无错误的判别,而借助于 N(S)和 N(R)对数据帧证实、通知发送端重发哪些数据帧。

N(S)和 N(R)除了用于差错控制外,还可用于流量控制(有关流量控制详见本书第 6章)。

② S 帧

控制字段的第 1,2 比特为 10 表示监控帧。S 帧用来实现对数据链路的监控。该帧内没有信息字段,N(R)和 P/F 的功能是相互独立的。N(R)是确认编号,接收站可以用 N(R)来确认或不确认其接收的 I 帧,N(R)的含义随 S 帧类型的不同而不同。它可以是命令帧,也可以是响应帧。C 字段的第 3,4 比特有 4 种组合,故监控帧具有 4 种不同的格式。其含义如下:

- RR(接收准备好):表示主站或次站已准备好接收 I 帧,并确认前面收到的至 N(R)-1为止的所有的 I 帧。
- REJ(拒绝):用于 Go-back-N 策略。主站或次站用它来请求重发编号为 N(R)开始的 I 帧,而对编号为 N(R)-1 及以前的 I 帧予以确认。当收到一个 N(S)等于 REJ帧中的 N(R)的 I 帧时,REJ 异常状态可被清除。
- RNR(接收未准备好):主站或次站用 RNR 帧表示它正处于忙状态,不能接收后续的 I 帧,而对 N(R)-1 及以前的 I 帧予以确认。用 RNR 表示忙状态,必须通过发送RR 帧或 REJ 帧予以清除,以开始 I 帧的传输。
- SREJ(选择拒绝):用于选择重发策略。主站或次站用 SREJ 帧请求重传编号为N(R)的单个 I 帧,而对编号为 N(R)-1 及以前的 I 帧予以确认。以后收到一个N(S)等于 SREJ 帧中的 N(R)的 I 帧时,清除 SREJ 的异常状态。

③ 无编号帧(U 帧)

控制字段的第 1,2 比特为 11 表示无编号帧。U 帧用来提供链路的建立和拆除等多种附加的数据链路控制功能和无编号信息的传输功能。因而不包含任何确认信息。由于帧中无顺序号,故这些帧称作无编号帧。它用 5 个 M 比特定义了 32 种附加控制功能。

5.2.4　网络层协议

OSI 参考模型的网络层采用的协议是 X.25 建议分组级协议。分组交换网的协议是由CCITT 提出的 X 系列建议,其中最重要的一个协议是 X.25 建议。

1. X.25 建议的概念

X.25 建议是公用数据网上以分组方式工作的数据终端设备(DTE)与数据电路终接设备(DCE)之间的接口规程。

需要注意的是,X.25 建议有三个内含:

(1) DTE 通常是主计算机、个人计算机、智能终端等分组型终端。

(2) X.25 建议的 DCE 是指与 DTE 连接的网络中的分组交换机即入口交换节点机。如果 DTE 与入口交换节点之间的传输线路采用模拟线路(即频带传输),则 DCE 也把安装在用户宅内的调制解调器包括在内。

(3) DTE 经租用专线接入分组网。

X.25 建议如图 5-14 所示。

2. X.25 建议的层次结构

X.25 建议的分层结构如图 5-15 所示,它包含 3 个独立的层:物理层、链路层和分组层,分别对应于 OSI 参考模型的下 3 层,只是将 OSI 参考模型的网络层改为分组层,其基本功能是一致的。

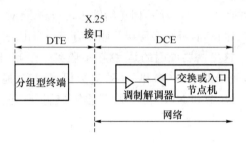

图 5-14　X.25 建议示意图

X.25 建议的物理层定义了 DTE 和 DCE 之间的电气接口和建立物理的信息传输通路的过程,其标准有:X.21、X.21bis 和 V 系列建议,后两者实际上是兼容的,因此认为 X,25 物理层有两种物理接口标准。

X.25 建议的链路层协议采用 LAPB(平衡型链路访问规程),它是 HDLC 规程的一个子集。

X.25 建议的分组层协议采用 X.25 建议分组级协议。

3. 通过 X.25 建议各层的信息

X.25 建议各层之间的信息关系如图 5-16 所示。

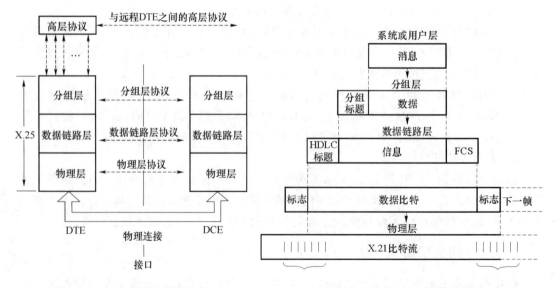

图 5-15　X.25 建议的分层结构　　　　图 5-16　通过 X.25 各层的信息

4. X. 25 分组层(级)协议

(1) 分组层的功能

X. 25 建议的分组层利用链路层提供的服务在 DTE-DCE(注意是指 X. 25 环境下的 DCE,即本地交换机)接口交换分组,定义了 DTE 和 DCE 之间传输分组的过程。前面第 4 章介绍过分组的传输方式有两种:数据报和虚电路方式,一般采用的是虚电路方式,所以 X. 25分组层的主要功能是建立和拆除虚电路。具体功能如下:

① 在 X. 25 接口为每个用户呼叫提供一个逻辑信道(LC)(所谓"呼叫"是指一次通信过程);

② 通过逻辑信道号(LCN)区分与每个用户呼叫有关的分组;

③ 为每个用户的呼叫连接提供有效的分组传输,包括顺序编号、分组的确认和流量控制过程;

④ 提供交换虚电路(SVC)和永久虚电路(PVC)连接;

⑤ 提供建立和清除交换虚电路的方法;

⑥ 检测和恢复分组层的差错。

(2) 分组类型及一般格式

在分组层上,分组是传送运输层来的数据信息或控制信息的基本单位,它们送入链路层后,在链路层帧的 I 字段进行透明传输。

① 分组类型

分组可以按其所执行的功能进行分类,主要有:

- 呼叫建立分组:用于在两个 DTE 之间建立交换虚电路,这类分组有呼叫请求分组/呼入分组、呼叫接收分组/呼叫连通分组。

- 数据传输分组:用于在两个 DTE 之间实现数据传输。这类分组有数据分组、流量控制分组、中断分组和在线登记分组。

- 恢复分组:实现分组层的差错恢复,包括复位分组、再启动分组和诊断分组。

- 呼叫释放分组:用于在两个 DTE 之间断开虚电路,包括呼叫释放请求分组/释放指示分组和释放确认分组。

② 分组的一般格式

X. 25 建议定义了每一种分组格式和它们的功能,这里先介绍分组的一般格式。

分组包括分组头和用户数据两部分,其长度随分组类型不同而有所不同。所有分组都有一个共同的部分——分组头,它一般由 3 个字节构成,包括 4 个部分:通用格式识别符、逻辑信道组号、逻辑信道号和分组类型识别符。分组头格式如图 5-17 所示。

- GFI:通用格式识别符,由分组头第一字节的 5~8 位组成,它为分组定义了一些通用的功能。其格式如图 5-18 所示。

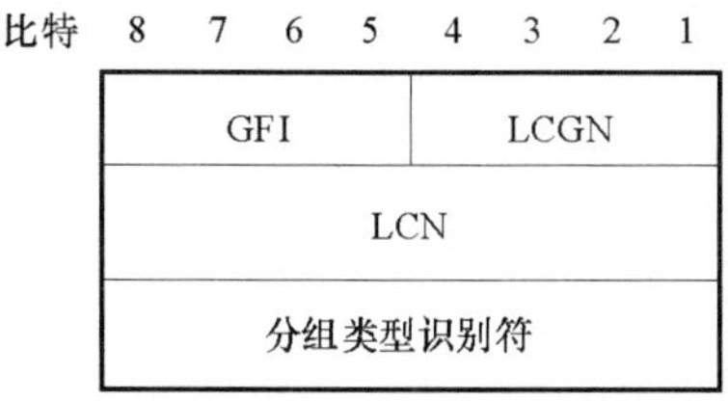

图 5-17　分组头格式

GFI　通用格式识别符;LCGN　逻辑信道群号;
LCN　逻辑信道号

图 5-18　GFI 格式

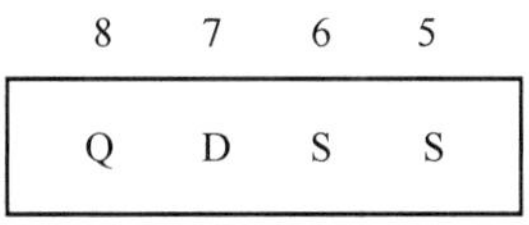

Q　限定符比特;D　传送确认比特;
SS　模式比特

171

其中 Q 比特用来区分传输的分组是用户数据还是控制信息。Q＝0 表示是用户数据，Q＝1 表示是控制信息。它是数据分组中的限定符比特，用于 PAD 之间或 PAD 与分组型终端之间的通信控制，X.29 使用了 Q＝1 的分组。而在所有其他分组中均置为 0。

D 是确认比特，用于数据和呼叫建立分组中的传送证实。当 D＝0 表示分组由本地(DTE 与 DCE 之间的接口)确认；当 D＝1 表示分组由端到端(DTE 和 DTE)确认。该比特在其他分组中均被置为 0。

SS 比特表示分组的顺序编号的方式，SS＝01 为按模 8 编号；SS＝10 为按模 128 编号。

- 逻辑信道组号(LCGN)：由第一个字节的 1～4 位组成，系统对每个交换虚电路(SVC)和永久虚电路(PVC)都分配一个逻辑信道组号和逻辑信道号。它们合起来表示为分组所分配的逻辑信道号，用来区分 DTE-DCE 接口中许多不同的逻辑子信道(经过交换机逻辑信道号要改变)。在重新开始分组和登记分组中 LCGN 这 4 个比特均为 0。
- 逻辑信道号(LCN)：除了重新开始分组、诊断分组和登记分组之外，分组的第二个字节均为逻辑信道号。LCGN 为 4 比特，LCN 为 8 比特，共 12 比特，可以表示 4 096 个逻辑信道。在不使用永久虚电路的情况下，逻辑信道 1 可分配给 LIC(单向输入)；逻辑信道 0 只用于重新开始分组、诊断分组、登记请求分组、登记证实分组。用户可使用的逻辑信道为 4 094 个。对于使用虚呼叫和永久虚电路的用户，逻辑信道组号和逻辑信道号应在签订业务时与主管部门协商分配。
- 分组类型识别符：它位于分组头的第 3 个字节，用于区分各种不同的分组。

以上介绍了分组的一般格式，数据通信系统中有几种常用的分组，如建立虚电路时用到的呼叫请求分组/呼入分组、呼叫接收分组/呼叫连通分组，释放虚电路时用到的释放请求分组/释放指示分组、释放确认分组，数据传输时用到的数据分组等，这几种分组的具体格式稍有不同。

(3) 虚电路的建立和释放

前面介绍了 X.25 分组层的功能，其中最主要的功能是建立和释放虚电路。

① 虚电路的建立过程

有关虚电路的概念在第 4 章已作过探讨，下面具体分析虚电路的建立过程。

为了便于理解，我们举数据终端 DTE-A 和 DTE-B 经两个分组交换机建立虚电路的例子，如图 5-19 所示。

当 DTE-A 想建立虚电路时，DTE 中的用户系统进程就向网络(本地交换机)发送一个呼叫请求分组。

交换机 A(本地交换机)收到呼叫请求分组后选择通往交换机 B(远端交换机)的路由，并由交换机 A 将呼叫请求分组转换成网络规程的呼叫请求分组格式，发送给交换机 B，该分组中也包含逻辑信道组号和逻辑信道号，但是由于交换机 A 和交换机 B 之间的时分复用信道与 DTE-A 到交换机 A 之间信道的具体情况不同，所以两者的逻辑信道号不同。因此交换机 A 应建立一个如图 5-19 所示的逻辑信道翻译表，设在 DTE-A 至交换机 A 的分组采用的逻辑信道号为 10，而该分组在交换机 A 至交换机 B 之间的逻辑信道号为 50。

交换机 B 收到网络规程的呼叫请求分组后，将其转换成呼入分组，发往 DTE-B。同样在交换机 B 中也建立一张类似的逻辑信道翻译表，在交换机 A 和交换机 B 之间的分组逻辑信道号为 50，而该分组在交换机 B 和 DTE-B 之间的逻辑信道号为 6。呼入分组的格式与呼叫建立分组的格式相同。该分组使用准备就绪的逻辑信道中最小的逻辑信道。

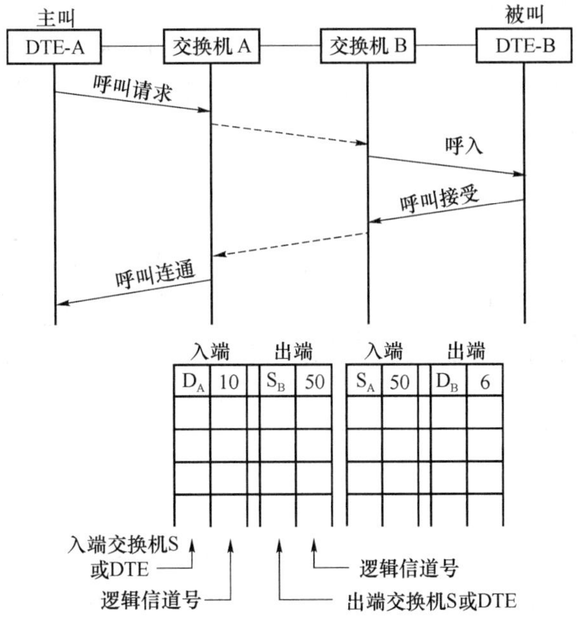

图 5-19 虚电路的建立过程

如果 DTE-B 可以接受该呼叫,就发出呼叫接受分组。该呼叫接受分组采用与呼叫请求分组相同的逻辑信道,同时把该逻辑信道置于数据传输状态。由于此刻 DTE-A 至 DTE-B 的路由已经确定,所以呼叫接受分组只有逻辑信道号,而不需要主叫、被叫地址了。

交换机 B 收到呼叫接受分组,通过网络规程把呼叫接受分组传送到交换机 A,交换机 A 接收到该分组后,再向 DTE-A 发送呼叫连通分组,该分组的逻辑信道号同呼叫请求分组的逻辑信道号,用以表示被叫 DTE 已接受了呼叫,此时应把逻辑信道也置于数据传输状态。呼叫连通分组的格式同呼叫接受分组。

如果 DTE 和网络同时使用同一逻辑信道号传送呼叫请求分组和呼入分组,就会发生呼叫碰撞,这时交换机 A 将继续发送呼叫请求分组,并废弃呼入分组。

② 虚电路的释放过程

任何一方 DTE 当想释放虚电路时都可以发送释放请求分组,并由本地交换机回送释放确认分组就算释放了虚电路,表明此信道已回到空闲状态,本地交换机通知远端交换机呼叫已释放,而本地交换机同样通过发送一个释放指示分组通知远端的 DTE,远端 DTE 则通过发送证实分组予以确认,如图 5-20 所示。

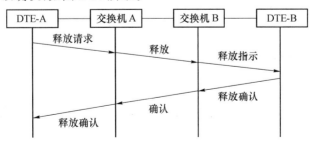

图 5-20 虚呼叫的释放过程

（4）数据传输

① 数据传输阶段的基本操作

虚电路一经建立，双方 DTE 就进入数据传输阶段，DTE 和交换机对应的逻辑信道都处于数据传输状态。此时，在两个 DTE 之间交换的分组包括数据分组、流量控制分组（RR，RNR，REJ）和中断分组。

数据分组的格式如图 5-21 所示。

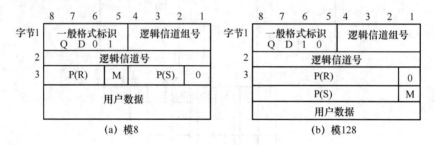

图 5-21　数据分组的格式

其中 P(S)为分组发送顺序号，只有数据分组才包含 P(S)。P(R)为分组接收顺序号，表示期望接收的下一个分组的编号，意味着编号为 P(R)−1 及 P(R)−1 以前的分组已正确接收。P(S)，P(R)类似于 HDLC 中的 N(S)和 N(R)，用于分组层的排序、流量控制和差错控制。同样，在分组层必须为每个逻辑信道保持类似于数据链路层 V(S)和 V(R)的状态变量。P(S)和 P(R)的编号也可以是模 8 和模 128。不同的是数据链路层帧的确认和流量控制是在每条链路的两端之间进行的；而分组的证实和确认可以在 DTE 和 DCE 之间进行，也可以在终端和终端(DTE 和 DTE)之间进行。在第二层使用序列号的主要目的是对相对易出差错的数据链路进行差错控制，而在第三层虚电路相对来说是无差错的。因此，此层着重于流量控制，即通过限制网络可以接受的分组数目来防止拥塞(详见 6.1.4 节)。

② 数据传输过程中几个特殊比特的应用

在图 5-21 所示的数据分组的格式中，有几个特殊比特如 D 比特、M 比特等，它们有其特殊作用。

- D 比特：D 比特用来表示 DTE 是否希望用分组接收序列号 P(R)来对它正在发送的分组给予端到端的确认。在 X.25 中规定 D 比特为 1 是端到端的确认；D 为 0 是本地确认。

- M 比特：M 比特为待续比特，它表示是否有待续分组。M＝1 表示后面还有数据分组，M＝0 表示报文结束，说明后面的数据分组已经不属于同一个报文了。例如发送一份 356 个字节的报文，把它们分成 3 个分组，最后一个分组 M＝0，表示报文结束。

5.3　TCP/IP 参考模型

TCP/IP 协议是 Internet 的基础与核心，Internet 采用的参考模型是 TCP/IP 分层模型，下面详细介绍。

5.3.1　TCP/IP 参考模型的分层结构

1. TCP/IP 分层模型

TCP/IP 分层模型(简称 TCP/IP 模型)及与 OSI 参考模型的对应关系如图 5-22 所示。

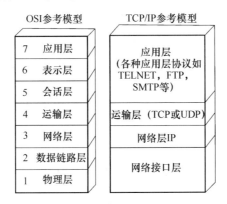

图 5-22　TCP/IP 模型及与 OSI 参考模型的对应关系

由图 5-22 可见,TCP/IP 模型包括以下 4 层:

- 网络接口层——对应 OSI 参考模型的物理层和数据链路层;
- 网络层——对应 OSI 参考模型的网络层;
- 运输层——对应 OSI 参考模型的运输层;
- 应用层——对应 OSI 参考模型的 5、6、7 层。

值得强调的是,TCP/IP 模型并不包括物理层,网络接口层下面是物理网络。下面概要地介绍 TCP/IP 模型各层功能及协议。

2. TCP/IP 模型各层功能及协议概述

(1)应用层

TCP/IP 应用层的作用是为用户提供访问 Internet 的高层应用服务,例如文件传送、远程登录、电子邮件、WWW 服务等。为了便于传输与接收数据信息,应用层要对数据进行格式化。

应用层的协议就是一组应用高层协议,即一组应用程序,主要有文件传送协议 FTP、远程终端协议 TELNET、简单邮件传输协议 SMTP、超文本传送协议 HTTP 等等。

(2)运输层

TCP/IP 运输层的作用是提供应用程序间(端到端)的通信服务,确保源主机传送的数据正确到达目的主机。

运输层提供了两个协议:

① 传输控制协议 TCP:负责提供高可靠的、面向连接的数据传送服务,主要用于一次传送大量报文,如文件传送等。

② 用户数据报协议 UDP:负责提供高效率的、无连接的服务,用于一次传送少量的报文,如数据查询等。

运输层的数据传送单位是 TCP 报文段或 UDP 报文(统称为报文段)。

(3)网络层

网络层的作用是提供主机间的数据传送能力,其数据传送单位是 IP 数据报。

网络层的核心协议是 IP。它非常简单,提供的是不可靠、无连接的 IP 数据报传送服务。

网络层的辅助协议是协助 IP 更好地完成数据报传送,主要有:

① 地址转换协议 ARP——用于将 IP 地址转换成物理地址。连在网络中的每一台主机都要有一个物理地址,物理地址也叫硬件地址,即 MAC 地址,它固化在计算机的网卡上。

② 逆向地址转换协议 RARP——与 ARP 的功能相反,用于物理地址转换成 IP 地址。

③ Internet 控制报文协议 ICMP——用于报告差错和传送控制信息,其控制功能包括:差错控制、拥塞控制和路由控制等。

④ Internet 组管理协议 IGMP——IP 多播用到的协议,利用 IGMP 使路由器知道多播组成员的信息。

(4) 网络接口层

网络接口层的数据传送单位是物理网络帧(简称物理帧或帧)。

网络接口层主要功能为:

① 发送端负责接收来自网络层的 IP 数据报,将其封装成物理帧并且通过特定的网络进行传输;

② 接收端从网络上接收物理帧,抽出 IP 数据报,上交给网络层。

网络接口层没有规定具体的协议。请读者注意,TCP/IP 模型的网络接口层对应 OSI 参考模型的物理层和数据链路层,不同的物理网络对应不同的网络接口层协议。

TCP/IP 模型中各层协议归纳如图 5-23 所示。

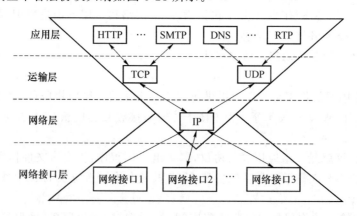

图 5-23　TCP/IP 协议集

由图 5-23 可以看出两点:一是 IP over Everything,即 IP 可应用到各式各样的网络上;二是 Everything over IP,即 IP 可为各式各样的应用程序提供服务。

有关 TCP/IP 模型的各层协议,这里还有两个问题需要说明:

· TCP/IP 是一个协议集,IP 和 TCP 是其中两个重要的协议。

· 严格地说,应用程序并不是 TCP/IP 的一部分,用户可以在运输层之上,建立自己的专用程序。但设计使用这些专用应用程序要用到 TCP/IP,所以将它们作为 TCP/IP 的内容,其实它们不属于 TCP/IP。

5.3.2 网络接口层协议

由上述可知,TCP/IP 模型的网络接口层对应 OSI 参考模型的物理层和数据链路层,则 TCP/IP 模型的网络接口层协议包括物理层和数据链路层协议。物理层协议即 5.2.2 节介绍的 OSI 参考模型的物理层协议;在 Internet 中广泛使用的数据链路层协议有 SLIP、PPP 和 PPPoE 等。

- 串行线路 IP(SLIP)是 1984 年提出的,由于缺点较多,难以普及。
- 点对点协议 PPP(Point-to-Point Protocol)是 IETF 于 1992 年制定的,经过两次修订,在 1994 年已经成为 Internet 的正式标准 RFC 1661。它是一种目前用得比较多的数据链路层协议。
- PPPoE 通过把以太网和点对点协议 PPP 的可扩展性及管理控制功能结合在一起(它基于两种广泛采用的标准:以太网和 PPP),实现对用户的接入认证和计费等功能。采用 PPPoE,用户以虚拟拨号方式接入宽带接入服务器,通过用户名密码验证后才能得到 IP 地址并连接网络。

下面重点介绍 PPP。

1. 点对点协议(PPP)的作用

PPP 是 TCP/IP 网络协议包的一个成员,PPP 是 TCP/IP 的扩展,它可以通过串行接口传输 TCP/IP 包。用户使用拨号电话线接入 Internet 时,用户到 ISP 的链路一般都使用 PPP,如图 5-24 所示。

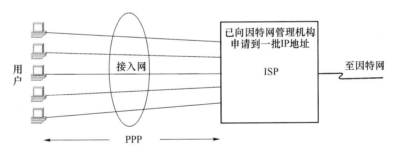

图 5-24 用户到 ISP 的链路使用 PPP

2. PPP 的特点

与 OSI 参考模型中数据链路层广泛采用的高级数据链路控制规程(HDLC)不同,PPP 具有以下几个特点。

(1)简单

在 IP 网体系结构中,把保证可靠传输、流量控制等最复杂的部分放在 TCP 协议中,IP 则非常简单,它提供的是不可靠、无连接的 IP 数据报传送服务,因此数据链路层没有必要提供比 IP 更多的功能。所以采用 PPP 时,数据链路层检错,但不再纠错和流量控制,PPP 帧也不需要序号。

(2)保证透明传输

与 HDLC 相同的是,PPP 也可以保证数据传输的透明性(具体措施后述)。

(3)支持多种网络层协议

PPP 能够在同一条物理链路上同时支持多种网络层协议(如 IP、IPX 等)。

(4) 支持多种类型链路

PPP 能够在多种类型的链路上运行,即可以采用串行或并行传输、可以同步或异步传输、可以低速或高速、可以利用电或光信号传输等。

但是值得强调的是,PPP 只支持点对点的链路通信,不支持多点链路,而且只支持全双工链路。

(5) 设置最大传送单元 MTU

PPP 对每一种类型的点对点链路设置了最大传送单元 MTU(指数据部分的最大长度)的标准默认值(MTU 的默认值至少是 1500 字节)。若高层的协议数据单元超过 MTU 的值,PPP 就要丢弃此协议数据单元,并返回差错。

(6) 网络层地址协商

PPP 提供了一种机制使通信的两个网络层的实体通过协商知道或能够配置彼此的网络层地址(如 IP 地址),可以保证网络层能够传送数据报。

(7) 可以检测连接状态

PPP 具有一种机制能够及时自动检测出链路是否处于正常工作状态。

3. PPP 的组成

PPP 有三个组成部分:

(1) 一个将 IP 数据报封装到串行链路 PPP 帧的方法

PPP 既支持异步链路,也支持面向比特的同步链路。IP 数据报放在 PPP 帧的信息部分。

(2) 一套链路控制协议 LCP(Link Control Protocol)

链路控制协议 LCP 用来建立、配置、测试和释放数据链路连接。

(3) 一套网络控制协议 NCP(Network Control Protocol)

网络控制协议 NCP 用来建立、释放网络层连接,并分配给接入 ISP 的 PC 机 IP 地址。上面介绍过,PPP 能够在同一条物理链路上同时支持多种网络层协议,由此对应有一套网络控制协议 NCP,其中的每一个 NCP 支持不同的网络层协议。

4. PPP 帧格式

PPP 帧的格式与 HDLC 帧的格式相似,如图 5-25 所示。

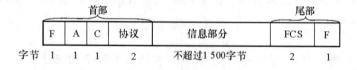

图 5-25 PPP 帧的格式

各字段的作用如下:

(1) 标志字段 F(01111110)

F 表示一帧的开始和结束。PPP 规定连续两帧之间只需要用一个标志字段,它既可表示上一个帧的开始又可表示下一个帧的结束。

PPP 与 HDLC 一样要保证透明传输,具体措施如下。

当 PPP 用在同步传输链路时,透明传输的措施与 HDLC 的一样,即"0"插入和删除技术。具体是在发送站将数据信息和控制信息组成帧后,检查两个 F 之间的字段,若有 5 个连"1"就在第 5 个"1"之后插入一个"0"。在接收站根据 F 识别出一个帧的开始和结束后,对接收帧的比特序列进行检查,当发现起始标志和结束标志之间的比特序列中有连续 5 个"1"时,自动将其后的"0"删去。

当 PPP 用在异步传输时,就使用一种特殊的字节填充法。字节填充是在 FCS 计算完后进行的,在发送端把除标志字段以外的其他字段中出现的标志字节 0x7E(即 01111110)置换成双字节序列 0x7D、0x5E;若其他字段中出现一个 0x7D 字节,则将其转变成为 2 字节序列(0x7D,0x5D)等。接收端完成相反的变换。

(2) 地址字段 A(11111111)

由于 PPP 只能用在点到点的链路上,没有寻址的必要,因此把地址域设为"全站点地址",即二进制序列:11111111,表示所有的站都接受这个帧(其实这个字段无意义)。

(3) 控制字段 C(00000011)

PPP 帧的控制字段不使用编号,用 00000011 表示。

PPP 帧不使用编号是因为 PPP 不使用序号和确认机制,这主要是出于以下的考虑:

- 在数据链路层出现差错的概率不大时,使用比较简单的 PPP 较为合理。
- 在因特网环境下,PPP 的信息字段放入的数据是 IP 数据报。数据链路层的可靠传输并不能够保证网络层的传输也是可靠的。
- 帧检验序列 FCS 字段可保证无差错接受。

(4) 协议字段(2 字节)

PPP 帧与 HDLC 帧不同的是多了 2 个字节的协议字段。当协议字段为 0x0021 时,表示信息字段是 IP 数据报;当协议字段为 0xC021 时,表示信息字段是链路控制数据;当协议字段为 0x8021 时,表示信息字段是网络控制数据。

(5) 信息字段

信息字段长度是可变的,但应是整数个字节且最长不超过 1500 字节。

(6) 帧校验(FCS)字段(2 字节)

FCS 是对整个帧进行差错校验的。其校验的范围是地址字段、控制字段、信息字段和 FCS 本身,但不包括为了透明而填充的某些比特和字节等。

5. PPP 的工作过程

PPP 的工作过程如下:

(1) 当用户拨号接入 ISP 时,路由器的调制解调器对拨号做出确认,并建立一条物理连接。

(2) PC 向路由器发送一系列的 LCP 分组(封装成多个 PPP 帧),路由器向 PC 返回响应分组(LCP 分组及其响应选择一些 PPP 参数),此时建立起 LCP 连接。

(3) NCP 给新接入的 PC 分配一个临时的 IP 地址,使 PC 成为因特网上的一个主机,且建立网络层连接。

(4) 通信完毕时,NCP 释放网络层连接,收回原来分配出去的 IP 地址;接着,LCP 释放数据链路层连接;最后释放的是物理层的连接。

5.3.3 网络层协议

前已述及,TCP/IP 模型中网络层的核心协议是 IP,目前 Internet 广泛采用的 IP 是 IPv4,为了解决 IPv4 地址资源紧缺问题,近些年正在研究 IPv6。这里介绍的是 TCP/IP 模型网络层的核心协议 IPv4。

1. IP 的特点

- 仅提供不可靠、无连接的数据报传送服务;
- IP 是点对点的,所以要提供路由选择功能;
- IP(IPv4)地址长度为 32 比特。

2. IP 地址(分类的 IP 地址)

Internet 为每一个上网的主机分配一个唯一的标识符,即 IP 地址。

(1) IP 地址的结构

IP 地址是分等级的,其地址结构如图 5-26 所示。

网络地址	主机地址

图 5-26   IP 地址的结构

IP 地址长 32 bit(现在由 Internet 名字与号码指派公司 ICANN 进行分配),包括两部分:网络地址(网络号)——用于标识连入 Internet 的网络;主机地址(主机号)——用于标识特定网络中的主机。

IP 地址分两个等级的好处是:

① IP 地址管理机构在分配 IP 地址时只分配网络号,而剩下的主机号则由得到该网络号的单位自行分配,这样就方便了 IP 地址的管理。

② 路由器仅根据目的主机所连接的网络号来转发 IP 数据报(而不考虑目的主机号),这样就可以使路由表中的项目数大幅度减少,从而减小了路由表所占的存储空间。

(2) IP 地址的表示方法

IP 地址用点分十进制表示。所谓点分十进制是 32 比特长的 IP 地址,以 X. X. X. X 格式表示,X 为 8 比特,其值为 0~255,即:

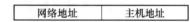

$$\underbrace{\times\times\times\times\times\times\times\times}_{\text{十进制值}}.\quad \underbrace{\times\times\times\times\times\times\times\times}_{\text{十进制值}}.\quad \underbrace{\times\times\times\times\times\times\times\times}_{\text{十进制值}}.\quad \underbrace{\times\times\times\times\times\times\times\times}_{\text{十进制值}}$$

例 5-1   某 IP 地址为 10011000 01010001 10000001 00000000,将其表示成点分十进制形式。

解   此 IP 地址的点分十进制表示为

    152.81.129.0

点分十进制表示的好处是可以提高 IP 地址的可读性,而且可很容易地识别 IP 地址类别。

(3) IP 地址的类别

根据网络地址和主机地址各占多少位,IP 地址分成为五类,即 A 类到 E 类,如图 5-27 所示。

图 5-27　IP 地址的类别

Internet 地址格式中,前几个比特用于标识地址是哪一类。A 类地址第一个比特为 0；B 类地址的前两个比特为 10；C 类地址的前三个比特为 110；D 类地址的前四个比特为 1110；E 类地址的前五个比特为 11110。由于 Internet 地址的长度限定于 32 个比特,类的标识符占用位数越多,则可使用的地址空间就越小。

Internet 的 5 类地址中,A、B、C 三类为主类地址,D、E 为次类地址。目前 Internet 中一般采用 A、B、C 类地址。下面根据图 5-27 将这三类地址做个归纳,如表 5-6 所示。

表 5-6　A、B、C 三类 IP 地址归纳

类别	类别比特	网络地址空间	主机地址空间	起始地址	标识的网络种类	每网主机数	适用场合
A 类	0	7	24	1～126	$126(2^7-2)$	$16\ 777\ 214$ $(2^{24}-2)$	大型网络
B 类	10	14	16	128～191	$16\ 384$ (2^{14})	$65\ 534$ $(2^{16}-2)$	中型网络
C 类	110	21	8	192～223	$2\ 097\ 152$ (2^{21})	254 (2^8-2)	小型网络

这里有几点说明:

- 起始地址是指前 8 个比特表示的地址范围。
- A 类地址标识的网络种类为 2^7-2。减 2 的原因是:第一,IP 地址中的全 0 表示"这个"(this)。网络号字段为全 0 的 IP 地址是个保留地址,意思是"本网络"。第二,网

络号字段为 127(即 01111111)保留作为本地软件环回测试本主机用(后面三个字节的二进制数字可任意填入,但不能都是 0 或都是 1)。

- 每网主机数 2^n-2。减 2 的原因是:全 0 的主机号字段表示该 IP 地址是本主机所连接到的"单个网络"地址(例如一主机的 IP 地址为 116.16.32.5,该主机所在网络的 IP 地址就是 116.0.0.0)。而全 1 表示"所有的(all)",因此全 1 的主机号字段表示该网络上的所有主机。

- 实际上 IP 地址是标志一个主机(或路由器)和一条链路的接口。当一个主机同时连接到两个网络上时,该主机就必须同时具有两个相应的 IP 地址,其网络号必须是不同的。这种主机称为多接口主机(其实就是路由器)。由于一个路由器至少应当连接到两个网络(这样它才能将 IP 数据报从一个网络转发到另一个网络),因此一个路由器至少应当有两个不同的 IP 地址。

- 另外 D 类地址不标识网络,起始地址为 224～239,用于特殊用途(作为多播地址)。E 类地址的起始地址为 240～255。该类地址暂时保留,用于进行某些实验及将来扩展之用。

以上介绍的是两级结构的 IP 地址,这种两级 IP 地址存在一些缺点:一是 IP 地址空间的利用率有时很低,比如 A 类和 B 类地址每个网络可标识的主机很多,如果这个网络中同时上网的主机没那么多,显然主机地址资源空闲浪费;二是两级的 IP 地址不够灵活。为了解决这些问题,Internet 采用子网地址,由此 IP 地址结构由两级发展到三级。

(4) 子网地址和子网掩码

① 划分子网和子网地址

为了便于管理,一个单位的网络一般划分为若干子网,子网是按物理位置划分的。为了标识子网和解决两级的 IP 地址的缺点,采用子网地址。

子网编址技术是指在 IP 地址中,对于主机地址空间采用不同方法进行细分,通常是将主机地址的一部分分配给子网作为子网地址。采用子网编址后,IP 地址结构变为三级,如图 5-28 所示。

网络地址	子网地址	主机地址

图 5-28 三级 IP 地址结构

② 子网掩码

子网掩码是一个网络或一个子网的重要属性,其作用有两个:一个是表示子网和主机地址位数;二是将某台主机的 IP 地址和子网掩码相与可确定此主机所在的子网地址。

子网掩码的长度也为 32 比特,与 IP 地址一样用点分十进制表示。

如果已知一个 IP 网络的子网掩码,我们将其点分十进制转换为 32 比特的二进制,其中"1"代表网络地址和子网地址字段;"0"代表主机地址字段。举例说明如下。

例 5-2 某网络 IP 地址为 168.5.0.0,子网掩码为 255.255.248.0,求:(1)子网地址、主机地址各多少位;(2)此网络最多能容纳的主机总数(设子网和主机地址的全 0、全 1 均不用)。

解 (1) 此网络采用 B 类 IP 地址

B 类地址网络地址空间为 14,再加 2 位标志位共 16 位;后 16 位为子网地址和主机地址字段

子网掩码对应的二进制:11111111 11111111 11111000 00000000

子网地址 5 位,主机地址 11 位。

（2）此网络最多能容纳的主机数为：$(2^5-2)(2^{11}-2)=61\ 380$

例 5-3 某主机 IP 地址为 165.18.86.10，子网掩码为 255.255.224.0，求此主机所在的子网地址。

解 主机 IP 地址 165.18.86.10 的二进制为

10100101 00010010 01010110 00001010

子网掩码 255.255.224.0 的二进制为

11111111 11111111 11100000 00000000

将主机的 IP 地址与子网掩码相与，可得此主机所在的子网地址为

10100101 00010010 01000000 00000000

其点分十进制为：165.18.64.0

需要说明的是，Internet 中为了简化路由器的路由选择算法，不划分子网时也要使用子网掩码。此时子网掩码：1 比特的位置对应 IP 地址的网络号字段；0 比特的位置对应 IP 地址的主机号字段。

（5）公有 IP 地址和私有 IP 地址

① 公有 IP 地址

公有 IP 地址是接入 Internet 时所使用的全球唯一的 IP 地址，必须向因特网的管理机构申请。其分配方式有两种：

- 静态分配方式——是给用户固定分配 IP 地址。
- 动态分配方式——是用户访问网络资源时，从 IP 地址池中临时申请到一个 IP 地址，使用完后再归还到 IP 地址池中。而 IP 地址池可以位于客户管理系统上，也可以集中放置在 RADIUS 服务器上。

普通用户的公有 IP 地址一般采用动态分配方式。

② 私有 IP 地址

私有 IP 地址是仅在机构内部使用的 IP 地址，可以由本机构自行分配，而不需要向因特网的管理机构申请。私有 IP 地址的分配方式也有两种：

- 静态分配方式——是机构内部的每台主机固定分配私有 IP 地址；
- 动态分配方式——是利用 DHCP 为机构内部新加入的主机自动配置私有 IP 地址。

虽然私有 IP 地址可以随机挑选，但是通常使用的是 RFC1918 规定的私有 IP 地址，如表 5-7 所示。

表 5-7 RFC1918 规定的私有 IP 地址

序号	IP 地址范围	类别	包含 C 类地址个数	IP 地址个数
1	10.0.0.0～10.255.255.255	A	包含 256 个 B 类或 65 536 个 C 类	约 1677 万个 IP 地址
2	172.16.0.0～172.31.255.255	B	4096 个 C 类	约 104 万个 IP 地址
3	192.168.0.0～192.168.255.255	C	包含 256 个 C 类	约 65 536 个 IP 地址

③ 私有 IP 地址转换为公有 IP 地址的方式

使用私有 IP 地址的用户在访问 Internet 时，需要 IP 地址转换设备（NAT）将私有 IP 地址转换为公有 IP 地址，转换方式包括：

- 静态转换方式——是在 NAT 表中事先为每一个需要转换的内部地址创建固定的映

射表,建立私有地址与公有地址的一一对应关系,即内部网络中的每个主机都被永久映射成外部网络中的某个合法的地址。这样每当内部节点与外界通信时,边缘路由器或者防火墙可以做相应的变换。这种方式用于接入外部网络的用户数比较少时。

- 动态转换方式——是将可用的公有地址集定义成 NAT Pool(NAT 池)。对于要与外界进行通信的内部节点,如果还没有建立转换映射,边缘路由器或者防火墙将会动态地从 NAT 池中选择一个公有地址替换其私有地址,而在连接终止时再将此地址回收。
- 复用动态方式——利用公有 IP 地址和 TCP 端口号来标识私有 IP 地址和 TCP 端口号,即把内部地址映射到外部网络的一个 IP 地址的不同端口上。TCP 规定使用 16 位的端口号,除去一些保留的端口外,一个公有 IP 地址可以区分多达 6 万个采用私有 IP 地址的用户端口号。

由于一般运营商申请到的公有 IP 地址比较少,而用户数却可能很多,因此一般都采用复用动态方式。

3. IP 数据报格式

IP 数据报的格式如图 5-29 所示。

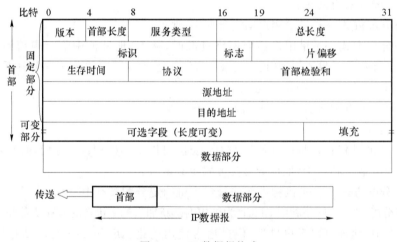

图 5-29 IP 数据报格式

IP 数据报由首部(报头)和数据两部分组成,其中首部又包括固定长度字段(共 20 字节,是所有 IP 数据报必须具有的)和可选字段(长度可变)。

下面介绍首部各字段的作用。

- 版本(4 bit)——指出 IP 的版本,目前的 IP 版本号为 4(即 IPv4)。
- 首部长度(4 bit)——以 32 比特(4 字节)为单位指示 IP 数据报首部的长度。如果首部只有固定长度字段,则首部最短为 20 字节;首部长度字段占用 4 bit,首部长度的最大值为 15,而它又以 4 字节为单位指示,所以 IP 数据报首部的最大长度为 60 字节。即首部长度为 20~60 字节。
- 服务类型(8 bit)——用来表示用户所要求的服务类型,具体包括优先级、可靠性、吞吐量和时延等。

- 总长度(16 bit)——以字节为单位指示数据报的长度,数据报的最大长度为 65 535
  字节。
- 标识、标志和片偏移字段(共 32 bit)——控制分片和重组(分片和重组的概念后述)。
- 生存时间(8 bit)——记为 TTL,控制数据报在网络中的寿命,其单位为秒。
- 协议(8 bit)字段——指出此数据报携带的数据使用何种协议,以便目的主机的网络
  层决定将数据部分上交给哪个处理过程。
- 首部检验和(16 bit)字段——对数据报的首部(不包括数据部分)进行差错检验。
- 源地址和目的地址——各占 4 字节,即发送主机和接收主机的 IP 地址。
- 可选字段——用来支持排错、测量以及安全等措施。
- 填充——IP 数据报报头长度为 32 bit 的整倍数,假如不是,则由填充字段添"0"
  补齐。

4. IP 数据报的传输

前面我们已经学习了 IP 地址的相关内容,在具体探讨 IP 数据报的传输之前,首先简单
介绍一下硬件地址的概念及 IP 地址与硬件地址的区别。

在 IP 网中,每台上网的主机和路由器都要分配 IP 地址,IP 地址放在 IP 数据报的首部;
而在物理网络中每台主机和路由器都有自己的物理地址,也叫硬件地址(固化在网卡中),硬
件地址放在物理网络帧的首部。

(1) 在发送端

源主机在网络层将运输层送下来的报文段组装成 IP 数据报(IP 数据报首部的源 IP 地
址是源主机的 IP 地址;目的 IP 地址是目的主机的 IP 地址,不是沿途经过的路由器的 IP 地
址),然后将 IP 数据报送到网络接口层。

在网络接口层对 IP 数据报进行封装,即将数据报作为物理网络帧的数据部分,前面加
上首部后面加上尾部,形成可以在物理网络中传输的帧,然后送到物理网络上传输。

这里有两点需要说明:

- 每个物理网络都规定了物理帧的大小,物理网络不同,帧的大小限制也不同,物理帧
  的最大长度称为最大传输单元 MTU。一个物理网络的 MTU 由硬件决定,通常情
  况下是保持不变的。而 IP 数据报的大小由软件决定,在一定范围内可以任意选择。
  可通过选择适当的 IP 数据报大小以适应 Internet 中不同物理网络的 MTU,使一个
  IP 数据报封装成一个物理帧。
- 另外,帧头中的地址是硬件地址,其目的地址是下一个路由器的硬件地址,在网络接
  口层由网络接口软件调用 ARP 得到下一个路由器的硬件地址(即利用 ARP 将 IP
  地址转换为物理地址)。

(2) 在网络中传输

源主机所发送的 IP 数据报(已封装成物理网络帧,但习惯说成 IP 数据报)在到达目的
主机前,可能要经过由若干个路由器连接的许多不同种类的物理网络。路由器对 IP 数据报
要进行以下处理:路由选择、传输延迟控制和分片(需要的话进行分片)等,下面分别具体
介绍。

① 路由选择

每个路由器都要根据目的主机的 IP 地址对 IP 数据报进行路由选择。

② 传输延迟控制

为避免由于路由器路由选择错误,使数据报进入死循环的路由,而无休止地在网中流动,IP 对数据报传输延迟要进行特别的控制。为此,每当产生一个新的数据报,其报头中"生存时间"字段均设置为本数据报的最大生存时间,单位为秒。随着时间流逝,路由器从该字段减去消耗的时间。一旦 TTL 小于 0,便将该数据报从网中删除,并向源主机发送出错信息。

③ 分片

· 分片的概念

IP 数据报要通过许多不同种类的物理网络传输,而不同的物理网络 MTU 大小的限制不同。为了选定最佳的 IP 数据报大小,以实现所有物理网络的数据报封装,IP 提供了分片机制,在 MTU 较小的网络上,将数据报分成若干片进行传输。

为了说明这个问题,参见图 5-30。

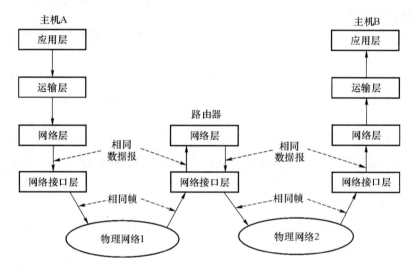

图 5-30　数据报分片图示

设主机 A 要和主机 B 通信。

假如网 1 的 MTU 较大,网 2 的 MTU 较小。源主机 A 根据网 1 的 MTU 选择合适的 IP 数据报大小,即一个 IP 数据报封装成网 1 的一个物理帧。但是此 IP 数据报对于网 2 来说就长了,所以在路由器(的网络层)中要将 IP 数据报进行分片,每一片在网络接口层封装成短的物理帧,然后送往网 2 传输。在目的主机中再将各片重组为原始数据报。

值得说明的是,分片是在 MTU 不同的两个网络交界处路由器中进行的,而片重组是由目的主机完成。IP 数据报在传输过程中可以多次分片,但不能重组。

这种重组方式使各片独立路由选择,不要求中间路由器存储和重组片,简化了路由器协议,减轻了路由器负担,使得 IP 数据报能以最快速度到达目的主机。

· 分片方法

每片与原始数据报具有相同的格式,每片中包括片头和部分数据报数据。其中,片头大部分是复制原始数据报的报头,只增加了少量表示分片信息的比特(我们认为片头=报头);而片数据≤MTU−片头,另外在求片数据大小时,注意分片必须发生在 8 字节的整倍数(原因后述)。

例 5-5　一个 IP 数据报长为 1132 字节,报头长 32 字节,现要在 MTU 为 660 字节的物理网络中传输,如何分片? 画出各片结构示意图。

解　数据区长 1132−32＝1100 字节

片头＋片数据≤MTU

片数据≤MTU−片头＝660−32＝628 字节

因为分片必须发生在 8 字节的整倍数,所以每片数据取 624 字节。

各片结构如图 5-31 所示。

图 5-31　分片示意图

图 5-31 中的偏移量是指在原始数据报中每片数据首字节与报头最后一个字节的间隔。

- 分片控制

数据报报头中,与控制分片和重组有关的三个字段为标识、标志和片偏移。

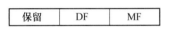

图 5-32　标志字段的意义

标识——占 16 bit,标识字段是目的主机赋予数据报的标识符,其作用是确保目的主机能重组分片为数据报。分片时,该字段必须原样复制到新的片头中。当分片到达时,目的主机使用标识字段和源地址来识别分片属于哪个数据报。

标志——占 3 bit,如图 5-32 所示。

标志字段目前只有前两位有意义。标志字段的最低位是 MF(More Fragment),MF＝1表示后面"还有分片",MF＝0 表示这已是最后一个分片;标志字段中间的一位是 DF(Don't Fragment),意思是"不能分片",只有当 DF＝0 时才允许分片。

片偏移——占 13 bit,指出某片数据在初始数据报数据区中的偏移量,其偏移量以 8 个字节为单位指示(所以分片必须发生在 8 字节的整倍数)。由于各片按独立数据报的方式传输,到达目的主机的过程是无序的,则重组的片顺序由片偏移字段提供。如果有一片或多片丢失,则整个数据报必须废弃。

(3) 在接收端

当所传数据流到达目的主机时,首先在网络接口层识别出物理帧,然后去掉帧头,抽出 IP 数据报送给网络层。

在网络层需对数据报目的 IP 地址和本主机的 IP 地址进行比较。如果相匹配,IP 软件接收该数据报并将其交给本地操作系统,由高级协议的软件处理;如果不匹配(说明本主机不是此 IP 数据报的目的地),IP 则要将数据报报头中的生存时间减去一定的值,结果如大于 0,则为其进行路由选择并转发出去。

如果 IP 数据报在传输过程中进行了分片,目的主机要进行重组。

(注:由于历史的原因,许多有关 TCP/IP 的文献习惯上将路由器称为网关。)

5.3.4 运输层协议

TCP/IP 模型的运输层有两个并列的协议:用户数据报协议 UDP 和传输控制协议 TCP。在介绍这两个协议之前,首先了解协议端口。

1. 协议端口

(1)协议端口的概念

协议端口简称端口,它是 TCP/IP 模型运输层与应用层之间的逻辑接口,即运输层服务访问点 TSAP。

(2)端口的作用

当某台主机同时运行几个采用 TCP/IP 协议的应用进程时,需将到达特定主机上的若干应用进程相互分开。为此,TCP/UDP 提出协议端口的概念,同时对端口进行编址,用于标识应用进程。就是让发送主机应用层的各种应用进程都能将其数据通过端口向下交付给运输层,以及让接收主机运输层知道应当将其报文段中的数据向上通过端口交付给应用层相应的进程。TCP 和 UDP 规定,端口用一个 16 bit 端口号进行标志,每个端口拥有一个端口号。

2. 用户数据报协议 UDP

(1)UDP 的特点

UDP 的特点为:

① 提供协议端口来保证进程通信(区分进行通信的不同的应用进程);

② 提供不可靠、无连接、高效率的数据报传输,UDP 本身没有拥塞控制和差错恢复机制等,其传输的可靠性则由应用进程提供。

基于 UDP 的特点,它特别适于高效率、低延迟的网络环境。在不需要 TCP 全部服务的时候,可以用 UDP 代替 TCP。

Internet 中采用 UDP 的应用协议主要有简单传输协议 TFTP、网络文件系统 NFS 和简单网络管理协议 SNMP 等。

(2)UDP 报文格式

UDP 报文格式如图 5-33 示。

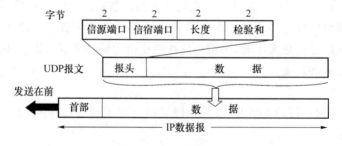

图 5-33　UDP 报文格式

UDP 报文由 UDP 报头和 UDP 数据组成,其中 UDP 报头由 4 个 16 比特字段组成,各部分的作用为:

- 信源端口字段——用于标识信源端应用进程的地址,即对信源端协议端口编址。

- 信宿端口字段——用于标识信宿端应用进程的地址,即对信宿端协议端口编址。

- 长度字段——以字节为单位表示整个 UDP 报文长度,包括报头和数据部分,最小值为 8(报头长)。
- 校验和字段——此为任选字段,其值置"0"时表示不进行校验和计算;全为"1"时表示校验和为"0"。UDP 校验和字段对整个报文(即包括报头和数据)进行差错校验。
- 数据字段——该字段包含由应用协议产生的真正的用户数据。

从图 5-33 可见,UDP 报文是封装在 IP 数据报中传输的。

3. 传输控制协议 TCP

(1)TCP 的特点

TCP 是 Internet 最重要的协议之一,它具有以下特点:

① 提供协议端口来保证进程通信。

② 提供面向连接的全双工数据传输。采用 TCP 时数据通信经历连接建立、数据传送和连接释放三个阶段。

③ 高可靠的按序传送数据的服务。为实现高可靠传输,TCP 提供了确认与超时重传机制(差错控制)、流量控制、拥塞控制等服务。

需要说明的是,OSI 参考模型的数据链路层要负责可靠传输,即要进行检错、纠错及流量控制。但在 Internet 环境下,网络层的核心协议 IP 提供的是不可靠的数据报传输,数据链路层(指的是网络接口层,TCP/IP 模型的网络接口层对应 OSI 参考模型的物理层和数据链路层)没有必要提供比 IP 更多的功能,而且数据链路层的可靠传输并不能够保证网络层的传输也是可靠的。所以在 TCP/IP 协议族中,可靠传输(纠错及端到端的流量控制)由运输层的 TCP 负责。TCP 在确认与超时重传机制(差错控制)中采用选择重发 ARQ 协议。

(2) TCP 报文段的格式

TCP 报文段的格式如图 5-34 所示。

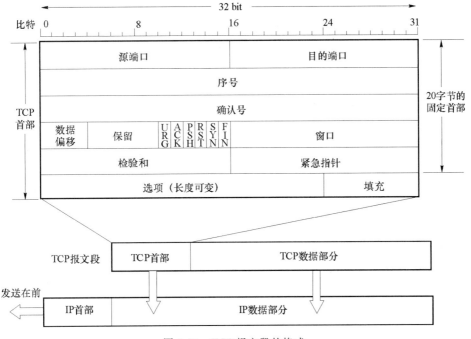

图 5-34　TCP 报文段的格式

189

TCP 报文段包括两个字段:首部字段和数据字段。

首部各字段的作用为:

① 源端口字段——占 2 字节,用于标识信源端应用进程的地址。

② 目的端口字段——占 2 字节,用于标识目的端应用进程地址。

③ 序号字段——占 4 字节。TCP 连接中传送的数据流中的每一个字节都编上一个序号。序号字段的值则指的是本报文段所发送的数据的第一个字节的序号。

④ 确认号字段——占 4 字节,是期望收到对方的下一个报文段的数据部分第一个字节的序号。

⑤ 数据偏移——占 4 bit,它指出 TCP 报文段的数据起始处距离 TCP 报文段的起始处有多少个字节。即指示首部长度,以 4 字节为单位指示。

⑥ 保留字段——占 6 bit,保留为今后使用,但目前应置为 0。

⑦ 6 个比特集——说明报文段性质的控制比特,具体为:

- 紧急比特 URG——当 URG=1 时,表明紧急指针字段有效。它告诉系统此报文段中有紧急数据,应尽快传送(相当于高优先级的数据)。

- 确认比特 ACK ——只有当 ACK=1 时确认号字段才有效。当 ACK=0 时,确认号无效。

- 推送比特 PSH——接收端 TCP 收到推送比特置 1 的报文段,就尽快地交付给接收应用进程,而不再等到整个缓存都填满了后再向上交付。

- 复位比特 RST——当 RST=1 时,表明 TCP 连接中出现严重差错(如由于主机崩溃或其他原因),必须释放连接,然后再重新建立传输连接。

- 同步比特 SYN——同步比特 SYN 置为 1,就表示这是一个连接请求或连接接受报文段。

- 终止比特 FIN——用来释放一个连接。当 FIN=1 时,表明此报文段的发送端的数据已发送完毕,并要求释放传输连接。

⑧ 窗口字段——占 2 字节。窗口字段用来控制对方发送的数据量,单位为字节。TCP 连接的一端根据设置的缓存空间大小确定自己的接收窗口大小,然后通知对方以确定对方的发送窗口的上限。

⑨ 检验和字段——占 2 字节。对整个 TCP 报文段(包括首部和数据部分)进行差错检验。

⑩ 紧急指针字段——占 16 bit。紧急指针指出在本报文段中的紧急数据的最后一个字节的序号。

⑪ 选项字段——长度可变。TCP 只规定了一种选项,即最大报文段长度 MSS。MSS 告诉对方 TCP:"我的缓存所能接收的报文段的数据字段的最大长度是 MSS 个字节"。

(3) TCP 通信过程的三个阶段

前面提到过,采用 TCP 时数据通信经历连接建立、数据传送和连接释放三个阶段(由于篇幅所限,TCP 的连接建立、数据传送和连接释放具体过程在此不再介绍,读者可参阅相关书籍)。

(4) TCP 的流量控制

TCP 中,数据的流量控制是由接收端进行的,即由接收端决定接收多少数据,发送端据此调整传输速率。

接收端实现控制流量的方法是采用"滑动窗口",在 TCP 报文段首部的窗口字段写入的数值就是当前给对方设置的发送窗口数值的上限。

一般介绍滑动窗口原理时,发送窗口的尺寸 W_T 代表在还没有收到对方确认的条件下,发送端最多可以发送的报文段个数。TCP 采用滑动窗口进行流量控制,窗口大小的单位是字节,道理与一般原理介绍的是一样的。为了便于理解,我们在分析时往往将以字节为单位的窗口值等效成报文段个数。

TCP 采用大小可变的滑动窗口进行流量控制。在通信的过程中,接收端可根据自己的资源情况,随时动态地调整对方的发送窗口上限值(可增大或减小),这样使传输高效且灵活。

滑动窗口的原理如图 5-35 所示。

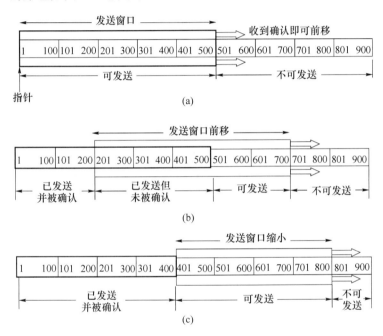

图 5-35 滑动窗口的原理示意图

图 5-35 中假设每次传输的 TCP 报文段中的数据字段为 100 个字节,且初始发送窗口为 500 字节(指数据部分)。这可以理解为:在还没有收到对方确认的条件下,发送端最多可以发送的 TCP 报文段个数为 5 个。

发送端要发送 900 字节长的数据,划分为 9 个数据部分为 100 字节长的报文段。

当发送完 5 个报文段(500 字节),对应图 5-35(a)中的数据 1~100、101~200、201~300、301~400、401~500,若没有收到对方的确认,则停止发送。

若收到了对方对前两个 TCP 报文段(对应图 5-35(b)中的数据 1~100、101~200)的确认,同时窗口大小不变。发送窗口可前移两个 TCP 报文段(200 字节),即又可以发送两个报文段(对应图 5-35 (b)中的数据 501~600、601~700)。

接着又收到了对方对两个 TCP 报文段(对应图 5-35(c)中的数据 201~300、301~400)的确认,但对方通知发送端必须把窗口减小到 400 字节。现在发送端最多可发送 400 字节的数据,即与图 5-35(b)相比发送窗口只能前移 1 个 TCP 报文段(100 字节),又可发送 701～800 数据的 TCP 报文段。

值得说明的是,TCP 的滑动窗口机制是基于字节来实现的:滑动窗口在字节流上滑动,滑动窗口的大小也以字节为单位计算。但是数据字节流是要组装成 TCP 报文段传输的,所以为了说明方便,图 5-35 以 TCP 报文段为单位解释滑动窗口原理。

(5) TCP 的拥塞控制

当大量数据进入网络中,就会致使路由器或链路过载,而引起严重延迟的现象,即为拥塞。一旦发生拥塞,路由器将丢弃数据报,导致重传。而大量重传又进一步加剧拥塞,这种恶性循环将导致整个 Internet 无法工作,即"拥塞崩溃"。

TCP 提供的有效的拥塞控制措施是采用滑动窗口技术,通过限制发送端向 Internet 输入报文段的速率,以达到控制拥塞的目的。

在具体介绍拥塞控制的方法之前,首先说明拥塞控制与流量控制的区别:

- 流量控制——考虑接收端的接收能力,对发送端发送数据的速率进行控制,以便使接收端来得及接收,是在给定的发送端和接收端之间的点对点的通信量的控制。
- 拥塞控制——既要考虑到接收端的接收能力,又要使网络不要发生拥塞,以控制发送端发送数据的速率,是与整个网络有关的。即拥塞控制是一个全局性的过程,涉及所有的主机、所有的路由器,以及与降低网络传输性能有关的所有因素。

TCP 是通过控制发送窗口的大小进行拥塞控制。设置发送窗口的大小时,既要考虑到接收端的接收能力,又要使网络不要发生拥塞,所以发送端的发送窗口应按以下方式确定:

$$发送窗口=Min[通知窗口,拥塞窗口]$$

通知窗口其实就是接收窗口,接收端根据其接收能力许诺的窗口值,是来自接收端的流量控制。接收端将通知窗口的值放在 TCP 报文段的首部中,传送给发送端。

拥塞窗口 cwnd (congestion window)是发送端根据网络拥塞情况得出的窗口值,是来自发送端的流量控制。拥塞窗口同接收窗口一样,也是动态变化的。发送方控制拥塞窗口的原则是:只要网络没有出现拥塞,拥塞窗口就再增大一些,以便把更多的报文段发送出去。但只要网络出现拥塞,拥塞窗口就减小一些,以减少注入到网络中的报文段数。

5.3.5 应用层协议

TCP/IP 应用层的作用是为用户提供访问 Internet 的各种高层应用服务,例如文件传送、远程登录、电子邮件、WWW 服务等。

应用层协议就是一组应用高层协议,即一组应用程序,主要有文件传送协议 FTP、远程终端协议 TELNET、简单邮件传输协议 SMTP、超文本传输协议 HTTP 等等。下面简单介绍几种常用的 TCP/IP 应用层协议。

1. 文件传输协议 FTP

FTP(File Transfer Protocol,文件传输协议)是 Internet 最早、最重要的网络服务之一。

(1) FTP 的特点

FTP 具有以下特点:

① 文件传送协议 FTP 只提供文件传送的一些基本的服务,它是面向连接的服务,使用

TCP 作为传输协议,以提供可靠的运输服务。

② FTP 的主要作用是在不同计算机系统间传送文件,它与这两台计算机所处的位置、连接的方式以及使用的操作系统无关。

③ FTP 使用客户/服务器方式。

(2) FTP 的基本工作原理

FTP 需要在客户与服务器间建立两个连接:一条连接专用于控制,另一条为数据连接。控制连接用于传送客户与服务器之间的命令和响应。数据连接用于客户与服务器间交换数据,如图 5-36 所示。

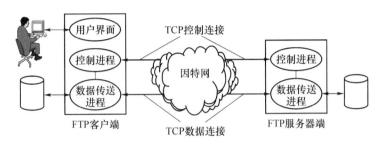

图 5-36　FTP 使用的两个 TCP 连接

FTP 是一个交互式会话的系统,FTP 服务器进程在知名端口 21 上监听来自 FTP 客户机的连接请求。客户每次调用 FTP,便可与 FTP 服务器建立一个会话。

控制连接在整个会话期间一直保持打开,FTP 客户发出的传送请求通过控制连接发送给服务器端的控制进程,但控制连接不用来传送文件。

实际用于传输文件的是"数据连接"。服务器端的控制进程在接收到 FTP 客户发送来的文件传输请求后就创建"数据传送进程"和"数据连接",用来连接客户端和服务器端的数据传送进程。

数据传送进程实际完成文件的传送,在传送完毕后关闭"数据传送连接"并结束运行。

(3) 简单文件传送协议 TFTP

简单文件传送协议(Trivial File Transfer Protocol,TFTP)是 TCP/IP 协议族中的一个很小但易于实现的文件传送协议。

TFTP 支持客户/服务器方式,使用 UDP,需要有自己的检错措施。TFTP 只支持文件传输,不支持交互。主要有以下特点:

① 可用于 UDP 环境;

② TFTP 代码所占内存较小;

③ 支持 ASCII 码或二进制传送;

④ 可对文件进行读或写;

⑤ 每次传送的数据单元中有 512 字节的数据,最后一次可以不足 512 字节;

⑥ 具有发送确认和重发确认。

2. 远程终端协议 TELNET

TELNET 是 Internet 上强有力的功能,也是最基本的服务之一。利用该功能,用户可以实时地使用远地计算机上对外开放的全部资源,也可以查询数据库、检索资料或利用远程计算机完成大量计算工作。

（1）TELNET 的主要功能

TELNET 的主要功能有：

① 在用户终端与远程主机之间建立一种有效的连接；

② 共享远程主机上的软件及数据资源；

③ 利用远程主机上提供的信息查询服务，进行信息查询。

（2）TELNET 的特点

① TELNET 是一个简单的远程终端协议，也是因特网的正式标准。

② 用户用 TELNET 就可在其所在地通过 TCP 连接注册（即登录）到远地的另一个主机上（使用主机名或 IP 地址）。

③ TELNET 能将用户的击键传到远地主机，同时也能将远地主机的输出通过 TCP 连接返回到用户屏幕。这种服务是透明的，因为用户感觉到好像键盘和显示器是直接连在远地主机上。

④ TELNET 也使用客户/服务器方式。在本地系统运行 TELNET 客户进程，而在远地主机则运行 TELNET 服务器进程。

（3）TELNET 的远程登录方式

实现远程登录的工具软件是由两部分程序组成的：一部分是寻求服务的程序，装在本地机上，即为客户程序；另一部分是提供服务的程序，装在远地机上，可称为服务程序。两者之间必须建立一种协议，使双方可以通信。登录名与口令是双方协议的具体体现。当用户通过本地机向远地机发出上网登录请求后，该远端的宿主机将返回一个信号，要求本地用户输入自己的登录名（login）和口令（password）。只有用户返回的登录名与口令正确，登录才能成功。这一方面是出于网络安全的考虑，另一方面也表示双方的通信已经建立。

在 Internet 上，很多主机同时装载有寻求服务的程序和提供服务的程序，即这样的主机既可以作为本地机访问其他主机，也可以作为远地机被其他主机或终端访问，具有客户机与服务器双重身份。

远程登录方式很多，不同的计算机，不同的操作系统，远程登录方式不尽相同。TCP/IP 协议支持的登录到 Internet 网上的软件工具称为 TELNET。TELNET 可用 DOS 或 UNIX 行命令模式实现，也可利用 WWW 浏览器以图形界面实现，界面友好、方便，功能也趋向于多元化。除可进行远程登录访问外，还可以对检索到的结果进行编辑、剪切等等。

现在由于 PC 的功能越来越强，用户已较少使用 TELNET 了。

3. 电子邮件

电子邮件 E-mail（Electronic Mail，电子信箱）是 Internet 上使用频率最高的服务系统之一，也是最基本的 Internet 服务。它具有方便、快捷和廉价等优于传统邮政邮件的特点。任何能够获得 Internet 服务的用户都有 E-mail 功能，只要具有 E-mail 功能，就能和世界各地的 Internet 用户通"电子信件"。

（1）电子邮件的功能及特点

使用 E-mail 必须首先拥有一个电子邮箱，它是由 E-mail 服务提供者为其用户建立在 E-mail 服务器上专门用于电子邮件的存储区域，并由 E-mail 服务器进行管理。用户使用 E-mail 客户软件在自己的电子邮箱里收发邮件。

① E-mail 的功能

E-mail 的主要功能有：

- 信件的起草和编辑；
- 信件的收发；
- 信件回复与转发；
- 退信说明、信件管理、转储和归纳；
- 电子邮箱的保密。

② E-mail 的特点

E-mail 主要特点如下：

- 传送速度快，可靠性高；
- 用户发送 E-mail 时，接收方不必在场，发送方也不需知道对方在网络中的位置；
- E-mail 实现了人与人非实时通信的要求；
- E-mail 实现了一对多的传送。

（2）电子邮件的主要组成构件

电子邮件的主要组成构件主要包括用户代理和邮件服务器，如图 5-37 所示。

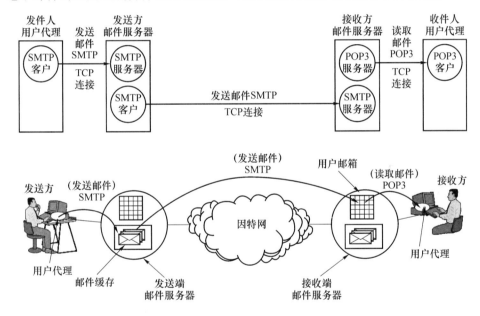

图 5-37　电子邮件的主要组成构件

用户代理 UA 就是用户与电子邮件系统的接口，是电子邮件客户端软件。用户代理的功能主要有：撰写、显示、处理和通信。

邮件服务器的功能是发送和接收邮件，同时还要向发信人报告邮件传送的情况（已交付、被拒绝、丢失等）。邮件服务器按照客户/服务器方式工作。邮件服务器需要使用发送和读取两个不同的协议。

（3）简单邮件传送协议 SMTP

电子邮件的标准主要有：

- 发送邮件的协议：SMTP
- 读取邮件的协议：POP3 和 IMAP

下面重点介绍简单邮件传送协议 SMTP。

① SMTP 的特点

- SMTP 所规定的就是在两个相互通信的 SMTP 进程之间应如何交换信息。
- SMTP 使用客户/服务器方式,因此负责发送邮件的 SMTP 进程就是 SMTP 客户,而负责接收邮件的 SMTP 进程就是 SMTP 服务器。
- SMTP 规定了 14 条命令和 21 种应答信息。每条命令用 4 个字母组成,而每一种应答信息一般只有一行信息,由一个 3 位数字的代码开始,后面附上(也可不附上)很简单的文字说明。
- SMTP 采用 TCP 作为传输协议,提供的是面向连接的服务。

② SMTP 通信的三个阶段

- 连接建立:连接是在发送主机的 SMTP 客户和接收主机的 SMTP 服务器之间建立的。SMTP 不使用中间的邮件服务器。
- 邮件传送。
- 连接释放:邮件发送完毕后,SMTP 应释放 TCP 连接。

4. 动态主机配置协议 DHCP

(1) DHCP 的作用

动态主机配置协议(Dynamic Host Configuration Protocol,DHCP)提供了即插即用连网的机制。这种机制允许一台计算机加入新的网络和获取 IP 地址而不用手工参与。

(2) DHCP 的工作原理

DHCP 使用客户/服务器方式。

需要 IP 地址的主机在启动时就向 DHCP 服务器广播发送发现报文(DHCPDISCOVER),这时该主机就成为 DHCP 客户。本地网络上所有主机都能收到此广播报文,但只有 DHCP 服务器才回答此广播报文。DHCP 服务器先在其数据库中查找该计算机的配置信息。若找到,则返回找到的信息。若找不到,则从服务器的 IP 地址池(address pool)中取一个地址分配给该计算机。DHCP 服务器的回答报文叫做提供报文(DHCPOFFER)。

并不是每个网络上都有 DHCP 服务器,因为这样会使 DHCP 服务器的数量太多。现在是每一个网络至少有一个 DHCP 中继代理(relay agent),它配置了 DHCP 服务器的 IP 地址信息。

当 DHCP 中继代理收到主机发送的发现报文后,就以单播方式向 DHCP 服务器转发此报文,并等待其回答。收到 DHCP 服务器回答的提供报文后,DHCP 中继代理再将此提供报文发回给主机,如图 5-38 所示。

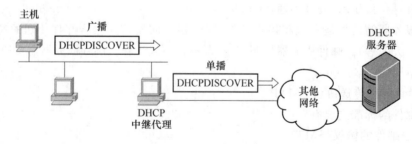

图 5-38　DHCP 中继代理以单播方式转发发现报文

小　结

1. 网络体系结构是计算机网络中的层次、各层的功能及协议、层间的接口的集合。应用比较广泛的主要有开放系统互连参考模型(OSI-RM)和 TCP/IP 分层模型。

2. OSI 参考模型是将计算机之间进行数据通信全过程的所有功能逻辑上分成若干层,每一层对应有一些功能,完成每一层功能时应遵照相应的协议,所以 OSI 参考模型是功能模型,也是协议模型。

OSI 参考模型共分 7 层:①物理层;②数据链路层;③网络层;④运输层;⑤会话层;⑥表示层;⑦应用层。

物理层提供有关同步和全双工比特流在物理媒体上的传输手段,其传送数据的基本单位是比特。

数据链路层的基本功能是:负责数据链路的建立、维持和拆除,差错控制、流量控制等。数据链路层传送数据的基本单位一般是帧。

网络层的主要功能是:路由选择、差错控制、流量控制等,传送数据的基本单位是分组。

运输层功能包括端到端的顺序控制、流量控制、差错控制、差错恢复及监督服务质量。传送数据的基本单位是报文。

会话层提供诸如会话建立时会话双方资格的核实和验证,由哪一方支付通信费用,及对话方向的交替管理、故障点定位和恢复等各种服务。

表示层的主要功能是代码转换、数据格式转换、数据加密与解密、数据压缩与恢复等。

应用层的主要功能是确定应用进程之间通信的性质,以满足用户的需要。同时应用层还要负责用户信息的语义表示,并在两个通信用户之间进行语义匹配。

3. OSI 参考模型物理接口标准(物理层协议)分为三类:ISO 制定的物理接口标准(主要包括 ISO1177、ISO2110 和 ISO4902 等),CCITT 制定的物理接口标准(V.24、V.28、X.20、X.21、I.430 和 I.431 等),EIA 制定的物理接口标准(如 RS-232C、RS449 等)。

物理层接口规程描述了接口的四种基本特性:机械特性、电气特性、功能特性和规程特性。

4. OSI 参考模型数据链路层常用的协议有基本型传输控制规程和高级数据链路控制规程(HDLC),主要采用 HDLC。

HDLC 是面向比特的传输控制规程,以帧为单位传输数据信息和控制信息,其发送方式为连续发送(一边发一边等对方的回答),传输效率比较高。

HDLC 的帧结构包括标志字段 F、地址字段 A、控制字段 C、信息字段 I 和帧校验字段 FCS。控制字段的 3 种格式定义了 HDLC 3 种类型的帧:信息帧、监控帧和无编号帧。

5. OSI 参考模型网络层的协议是 X.25 分组级协议。CCITT X.25 建议是公用数据网上以分组方式工作的数据终端设备(DTE)与数据电路终接设备(DCE)之间的接口规程。X.25 建议包含 3 层:物理层(其标准有:X.21、X.21bis 和 V 系列建议)、链路层(协议采用 LAPB,它是 HDLC 规程的一个子集)和分组层(采用 X.25 建议分组级协议)。

6. TCP/IP 模型分 4 层，它与 OSI 参考模型的对应关系为：网络接口层对应 OSI 参考模型的物理层和数据链路层；网络层对应 OSI 参考模型的网络层；传输层对应 OSI 参考模型的传输层；应用层对应 OSI 参考模型的 5、6、7 层。

7. 在 TCP/IP 体系结构中，网络接口层数据传送单位是物理帧，网络接口层没有规定具体的协议。用得比较多的链路层协议是点对点协议 PPP 和 PPPoE 等。用户使用拨号电话线接入 IP 网时，用户到 ISP 的链路一般都使用 PPP 协议。PPP 具有是简单、保证透明传输、支持多种网络层协议、支持多种类型链路等特点。

PPP 有三个组成部分：①一个将 IP 数据报封装到串行链路 PPP 帧的方法；②一套链路控制协议 LCP；③一套网络控制协议 NCP。

PPP 帧的格式与分组交换网中 HDLC 帧的格式相似，包括标志字段 F、地址字段 A、控制字段 C、协议字段、信息字段、帧校验 FCS。

PPPoE 通过把以太网和点对点协议 PPP 的可扩展性及管理控制功能结合在一起（它基于两种广泛采用的标准：以太网和 PPP），实现对用户的接入认证和计费等功能。采用 PPPoE 方式，用户以虚拟拨号方式接入宽带接入服务器，通过用户名密码验证后才能得到 IP 地址并连接网络。

8. 在 TCP/IP 体系结构中，网络层的数据传送单位是 IP 数据报，核心协议是 IP，其辅助协议有：地址转换协议 ARP、逆向地址转换协议 RARP、Internet 控制报文协议 ICMP 等。

IP(IPv4) 的特点是：仅提供不可靠、无连接的数据报传送服务；IP 是点对点的，所以要提供路由选择功能；IP 地址长度为 32 比特。

9. 分类的 IP 地址包括两部分：网络地址（网络号）和主机地址，IP 地址的表示方法是点分十进制，IP 地址分成为五类，即 A、B、C、D、E 类。

为了便于管理，一个单位的网络一般划分为若干子网，要采用子网地址。子网编址技术是指在 IP 地址中，对于主机地址空间采用不同方法进行细分，通常是将主机地址的一部分分配给子网作为子网地址。子网掩码的作用有两个：一个是表示子网和主机地址位数；二是将 IP 地址和子网掩码相与可确定子网地址。

公有 IP 地址是接入 Internet 时所使用的全球唯一的 IP 地址，必须向因特网的管理机构申请。公有 IP 地址分配方式有静态分配和动态分配两种。私有 IP 地址是仅在机构内部使用的 IP 地址，可以由本机构自行分配，而不需要向因特网的管理机构申请。私有 IP 地址的分配方式也有两种：静态分配方式和动态分配方式。私有 IP 地址转换为公有 IP 地址的方式有静态转换方式、动态转换方式和复用动态方式。

IP 数据报由首部（报头）和数据两部分数据组成，其中首部又包括固定长度字段（共 20 字节，是所有 IP 数据报必须具有的）和可选字段（长度可变）。

10. 传输层的数据传送单位是 TCP 报文段或 UDP 报文。传输层的协议有：传输控制协议 TCP 和用户数据报协议 UDP。

11. 用户数据报协议 UDP 特点为：提供协议端口来保证进程通信；提供不可靠、无连接、高效率的数据报传输，UDP 本身没有拥塞控制和差错恢复机制等，其传输的可靠性由应用进程提供。

12. 传输控制协议 TCP 具有以下特点:提供协议端口来保证进程通信;提供面向连接的全双工数据传输;提供高可靠的按序传送数据的服务。为实现高可靠传输,TCP 提供了确认与超时重传机制、流量控制、拥塞控制等服务。

采用 TCP 协议时数据通信经历连接建立、数据传送和连接释放三个阶段。

TCP 协议中,数据的流量控制是由接收端进行的,即由接收端决定接收多少数据,发送端据此调整传输速率,接收端实现控制流量的方法是采用大小可变的"滑动窗口"。

TCP 是通过控制发送窗口的大小进行拥塞控制,发送窗口=Min[通知窗口,拥塞窗口]。

13. TCP/IP 应用层的作用是为用户提供访问 Internet 的各种高层应用服务,例如文件传送、远程登录、电子邮件、WWW 服务等。应用层协议就是一组应用高层协议,即一组应用程序,主要有文件传送协议 FTP、远程终端协议 TELNET、简单邮件传输协议 SMTP、超文本传输协议 HTTP 等等。

文件传输协议(FTP 协议)提供文件传送的一些基本的服务,它是面向连接的服务,使用 TCP 作为运输层协议,以提供可靠的运输服务。

TELNET 是一个简单的远程终端协议,其主要功能有:在用户终端与远程主机之间建立一种有效的连接、共享远程主机上的软件及数据资源、利用远程主机上提供的信息查询服务进行信息查询。

电子邮件 E-mail 是 Internet 上使用频率最高的服务系统之一,也是最基本的 Internet 服务。它具有方便、快捷和廉价等优于传统邮政邮件的特点。

动态主机配置协议 DHCP 提供了即插即用连网的机制。这种机制允许一台计算机加入新的网络和获取 IP 地址而不用手工参与。

习　　题

5-1　什么是网络体系结构?

5-2　试画出 OSI 参考模型,并简述各层功能。

5-3　物理层协议中规定的物理接口的基本特性有哪些?

5-4　画出 HDLC 的帧结构,并说出各字段的含义。

5-5　HDLC 如何保证透明传输?

5-6　HDLC 中对一帧中的哪些字段要进行零比特插入后传送? 若已知 I 字段的内容为 01110111101111110011111100,试给出零比特插入后的比特序列。

5-7　HDLC 帧有哪几种类型? 其作用分别是什么?

5-8　说明 X.25 建议分哪几层? 各层协议分别采用什么?

5-9　画出虚电路的建立和释放过程示意图。

5-10　画图说明 TCP/IP 模型与 OSI 参考模型的对应关系。

5-11 简述 TCP/IP 模型各层的主要功能及协议。

5-12 画出 PPP 帧结构,并说明它与 HDLC 帧结构有哪些不同?

5-13 一 IP 地址为 10001011 01010110 00000110 01000010,将其用点分十进制表示,并说明是哪一类 IP 地址。

5-14 一 IP 地址为 194.12.19.35,将其表示成二进制。

5-15 某网络的 IP 地址为 181.26.0.0,子网掩码为 255.255.240.0,求:(1)子网地址、主机地址各多少位;(2)此网络最多能容纳的主机总数(设子网和主机地址的全 0、全 1 均不用)。

5-16 某主机的 IP 地址为 90.28.19.8,子网掩码为 255.248.0.0,求此主机所在的子网地址。

5-17 私有 IP 地址转换为公有 IP 地址的方式有哪几种?

5-18 一个 IP 数据报数据区为 1600 字节,报头长 20 字节,现要在 MTU 为 626 字节的物理网络中传输,如何分片? 画出各片结构示意图。

5-19 用户数据报协议 UDP 和传输控制协议 TCP 分别具有什么特点?

5-20 简述拥塞控制与流量控制的区别。

5-21 简单说明 TCP 是如何进行拥塞控制的。

5-22 动态主机配置协议 DHCP 的作用是什么?

第6章 数据通信网

第1章泛泛介绍了数据通信网的构成及分类,而第4章论述了几种数据交换方式,不同的交换方式构成不同的数据通信网,如分组交换网、帧中继网、ATM网等。

本章首先介绍分组交换网、帧中继网、数字数据网(DDN)及 ATM 网的组成、结构及用途,然后论述多协议标签交换(MPLS)网,最后讨论下一代网络(NGN)。

6.1 分组交换网

在第4章已介绍过分组交换的基本原理,进行分组交换的数据通信网称为分组交换网。

6.1.1 分组交换网的构成

分组交换网的基本结构如图 6-1 所示。

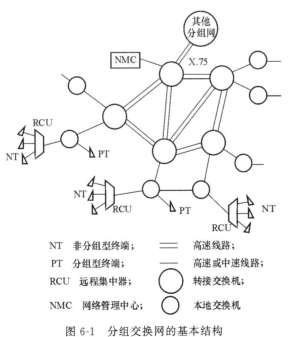

NT 非分组型终端;	══ 高速线路;
PT 分组型终端;	── 高速或中速线路;
RCU 远程集中器;	◯ 转接交换机;
NMC 网络管理中心;	◯ 本地交换机

图 6-1 分组交换网的基本结构

1. 设备组成及功能

从设备来看,分组交换网由分组交换机、用户终端设备、远程集中器(含分组装拆设备)、网络管理中心(NMC)以及传输线路等组成。

(1) 分组交换机

分组交换机是分组交换网的重要组成部分。根据其在网络中的位置,分组交换机可分为转接交换机和本地交换机两种。

- 转接交换机容量大,线路端口数多,具有路由选择功能,主要用于交换机之间互连。
- 本地交换机容量小,只有局部交换功能,不具备路由选择功能。本地交换机可以接至数据终端,也可以接至转接交换机,但只可以与一个转接交换机相连,与网内其他数据终端互通时必须经过相应的转接交换机。

分组交换机的主要功能有:

① 提供网络的两项基本业务:交换虚电路和永久虚电路,实现分组在两种虚电路上传送,完成信息交换任务。

② 实现 X.25、X.75 建议的各项功能。

③ 如果交换机需直接接非分组型终端,或经电话网接终端,则交换机还应有 X.3、X.28、X.29、X.32 等建议功能。

④ 在转接交换机中应有路由选择功能,以便在网中选择一条最佳路由。

⑤ 能进行流量控制,防止网络阻塞,使不同速率的终端能互相通信。

⑥ 完成局部的维护、运行管理、故障报告与诊断、计费及一些网络的统计等功能。

(2) 用户终端(DTE)

前已述及,用户终端有两种:分组型终端和非分组型终端。分组型终端(如计算机或智能终端等)发送和接收的均是规格化的分组,可以按照 X.25 建议等直接与分组交换网相连。而非分组型终端(如字符型终端)产生的用户数据不是分组,而是一连串字符(字节)。非分组型终端不能直接接入分组交换网,而要通过分组装拆设备(PAD)才能接入到分组交换网。

(3) 远程集中器(RCU)

远程集中器可以将离分组交换机较远地区的低速数据终端的数据集中起来后,通过一条中、高速电路送往分组交换机,以提高电路利用率。远程集中器含分组装拆设备(PAD)的功能,可使非分组型终端接入分组交换网。

远程集中器的功能介于分组交换机和 PAD 之间,也可理解为 PAD 的功能与容量的扩大。

(4) 网络管理中心(NMC)

网络管理中心的主要任务如下:

① 收集全网的信息:收集的信息主要有交换机或线路的故障信息,检测规程差错、网络拥塞、通信异常等网络状况信息,通信时长与通信量多少的计费信息,以及呼叫建立时间、交换机交换量、分组延迟等统计信息。

② 路由选择与拥塞控制,根据收集到的各种信息,协同各交换机确定当时某一交换机至相关交换机的最佳路由。

③ 网络配置的管理及用户管理:网管中心针对网内交换机、设备与线路等容量情况、用户所选用补充业务情况及用户名与其对照号码等,向其所连接的交换机发出命令,修改用户

参数表。另外,还能对分组交换机的应用软件进行管理。

④ 用户运行状态的监视与故障检测:网管中心通过显示各交换机和中继线的工作状态、负荷、业务量等,掌握全网运行状态,检测故障。

(5) 传输线路

传输线路是构成分组交换网的主要组成部分之一,包括交换机之间的中继传输线路和用户线路。

交换机之间的中继传输线路主要有两种传输方式:一种是频带传输,过去速率为 4.8 kbit/s、9.6 kbit/s、19.2 kbit/s,现在可达 56 kbit/s。另一种是数字数据传输(即利用 DDN 作为交换机之间的传输通道),速率为 64 kbit/s,128 kbit/s,2 Mbit/s(甚至更高)。

用户线路有 3 种传输方式:基带传输、数字数据传输及频带传输。

2. 分组交换网的结构

从结构来说,分组交换网通常采用两级,根据业务流量、流向和地区情况设立一级和二级交换中心。

一级交换中心可采用转接交换机,一般设在大、中城市,它们之间相互连接构成的网络通常称为骨干网。由于骨干网的业务量一般较大且各个方向都有业务,所以骨干网采用网状网或不完全网状网的分布式结构。另外通过某一级交换中心还可以与其他分组交换网互连(遵照 X.75 建议),如图 6-1 所示。

二级交换中心可采用本地交换机,一般设在中、小城市。由于中、小城市之间的业务量较小,而它与大城市之间的业务量一般较多,所以从一级交换中心到二级交换中心之间一般采用星形结构,必要时也可采用不完全网状结构。

6.1.2 分组交换网的通信协议

1. 分组交换网的通信协议概述

分组交换网的通信协议是由 CCITT 制定的 X 系列建议,常用的 X 系列建议如表 6-1 所示。

表 6-1 常用的 CCITT X 系列建议

名称	作　　　用
X.25 建议	公用数据网上以分组方式工作的数据终端设备(DTE)与数据电路终接设备(DCE)之间的接口规程
X.20 建议	定义了在公用数据网上提供起止式传输服务的数据终端设备(DTE)和数据电路终接设备(DCE)之间的接口
X.21 建议	定义了公用数据网上提供同步工作的数据终端设备(DTE)和数据电路终接设备(DCE)之间的接口
X.3 建议	规定了 PAD 的工作特性和向终端提供的基本功能
X.28 建议	非分组型终端与 PAD 之间的接口规程
X.29 建议	分组型终端与 PAD 之间的接口规程
X.75 建议	不同的公用分组交换网之间互连的接口规程
X.32 建议	经公用电话交换网等接入分组交换网的分组型终端 DTE 和 DCE(指本地分组交换机)之间的接口标准
X.121 建议	关于公用分组交换网的编号方案

其中,X.25 建议、X.20 建议和 X.21 建议已经在第 5 章做过介绍。下面简单介绍 X 系列的其他主要建议。

2. PAD 功能及相关协议

(1) PAD 相关协议

对于分组型终端,其本身在发送端能够将字符流组成分组格式的数据或在接收端能够将分组格式的数据还原成字符流。所以分组型终端可以采用 X.25 建议直接与分组交换网相连,它与分组交换网之间的通信以分组为单位,并按照 X.25 规定的格式进行传输和交换。

但是目前还有大量的简单终端,它们是非分组型终端,也叫一般终端,这些终端只能发送和接收字符流(或报文),不具备将字符流装配成分组或将分组拆卸成字符流的能力。但它们也希望通过分组交换网开展数据业务。我们在第 4 章已经知道非分组型终端要接入分组交换网,必须要经过分组装拆(PAD)设备。PAD 是一种功能部件,它将终端一侧的数据流转换成网络一侧的数据分组,或进行相反的变换,即负责分组的装和拆。为了更进一步了解 PAD 的具体功能,我们先来看一个分组网与不同终端连接接口规程示意图,如图 6-2 所示。

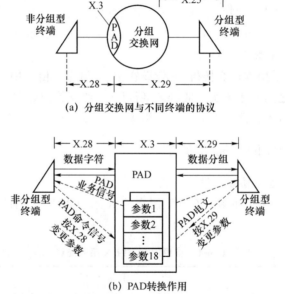

(a) 分组交换网与不同终端的协议

(b) PAD转换作用

图 6-2 分组网与不同终端连接接口规程示意图

图 6-2(a)显示非分组型终端经过 PAD 接入分组交换网,与 PAD 有关的协议有:

- X.3 建议——规定了 PAD 的工作特性和向终端提供的基本功能;
- X.28 建议——是非分组型终端与 PAD 之间的接口规程;
- X.29 建议——是分组型终端与 PAD 之间的接口规程。

图中为了说明 X.25 建议与 X.29 建议的关系,也标出了 X.25 建议,但要注意它与 PAD 无关。

由图 6-2(b)可见,非分组型终端对 PAD 进行控制时使用的是 PAD 命令信号,PAD 做出相应回答的是 PAD 业务信号;分组型终端控制 PAD 机能以及 PAD 的应答均采用 PAD 电文。

（2）PAD 基本功能

① 将来自非分组型终端的字符流装配成适当的分组，以便发往分组交换网。

② 将来自分组交换网的数据分组拆卸成字符流，送给非分组型终端。

③ 虚电路的建立和释放。在一个主机供若干终端共享的分时系统中，通常都是终端发起与主计算机的通信，PAD 将根据终端的要求来建立和释放虚电路。

④ 对来自非分组型终端的 PAD 命令信号及来自分组型终端的 PAD 电文进行相应的应答。

⑤ 对来自终端的中断信号进行处理。

此外，PAD 还具备用户以下可选功能：PAD 参数的选择；管理异步终端（即非分组型终端）与 PAD 之间的过程。

以上介绍了 PAD 的基本功能，并概括说明了与 PAD 有关的 3 个协议，下面详细分析这3 个协议的具体情况。

（3）X.3 建议

X.3 建议规定了 PAD 的工作特性和向终端提供的基本功能，而 PAD 的工作特性则取决于一组称为"PAD 参数"的内部变量的取值。每个连接到 PAD 的异步终端，均有一组独立的参数值，各终端可取不同的 PAD 参数值。

X.3 建议规定了总共 22 个 PAD 参数，如表 6-2 所示。这些参数可供用户视自己的终端特性来选择。用户终端在与 PAD 交换有用数据之前，必须先选择 PAD 参数值，然后才能进入数据传送状态。这些参数可以分为 5 类：异步接口控制、数据传送控制、发送输出控制、发送输入控制、编辑功能。

表 6-2　X.3 建议参数

参数号	说　明	参数号	说　明
参数 1	使用一个字符转换 PAD 状态	参数 12	由起止式 DTE 执行的 PAD 流量控制
参数 2	回送	参数 13	回车之后插入换行
参数 3	数据传送信号	参数 14	换行填充
参数 4	空闲计时器	参数 15	编辑
参数 5	辅助设备控制	参数 16	字符删除
参数 6	PAD 服务信号控制	参数 17	行删除
参数 7	收到终止信号后 PAD 的动作	参数 18	行显示
参数 8	放弃输出	参数 19	编辑 PAD 服务信号
参数 9	回车之后的填充	参数 20	回送屏蔽
参数 10	行折（LINE FOLDING）	参数 21	奇偶处理
参数 11	二进制速率	参数 22	页等待

（4）X.28 建议

X.28 建议定义了非分组终端和 PAD 之间的接口规程。

为使异步终端可通过变更某些 PAD 参数值来配置 PAD 工作特性，使之适合于异步终端的特性，X.28 建议规定了异步终端对 PAD 的控制，还提供了用户建立虚呼叫和设置PAD 参数时，可使用的 PAD 命令信号，以及对 PAD 命令做出相应回答的 PAD 业务信号。

X. 28 建议的作用和 X. 25 有些类似,比如建立呼叫、数据传输、清除呼叫等等。所不同的是 X. 25 是在 DTE 和 DCE 之间以分组为单位交换信息,而 X. 28 是以字符串的方式交换信息,因此它必须定义字符串的格式、意义和接口信息交换过程。X. 28 建议具体规定了 4 个过程。

① 起止式 DTE 和 PAD 之间通路的建立过程

X. 28 建议规定了经由公用电话交换网或租用线路时需用 MODEM 的类型,所需要的电气特性,通路的建立和拆除过程;经由公用数据网或具有 X 系列接口的租用线路所需的接口物理特性,通路的建立和拆除过程。

② 起止式 DTE 和 PAD 之间进行字符交换和业务起始的过程

X. 28 建议规定了用于控制信息交换的字符格式;为了进行通信所需的初始化工作,诸如通过 DTE 发送"业务请求"信号,使 PAD 知道 DTE 所使用的数据速率、编码及奇偶校验,并且能选择 PAD 的初始参数值等,在某些情况下此过程可以省略。

③ 起止式 DTE 和 PAD 之间控制信息的交换过程

X. 28 建议规定了 PAD 命令信号,用于建立和释放虚呼叫,选择一组 PAD 参数预定值,查询 PAD 参数的现行值,重新起始虚呼叫等;规定 PAD 业务信号,用于向主叫 DTE 发送"呼叫正在进行"信号,响应 PAD 命令信号,传送 PAD 操作信息给非分组型 DTE 等,并给出该信号的格式;规定建立和调整 PAD 参数的过程。

④ 起止式 DTE 和 PAD 之间用户数据交换过程

(5) X. 29 建议

X. 29 建议描述了 PAD 和分组型终端之间或 PAD 之间的接口规程。PAD 和分组型终端间通信的目的是为了传递二者之间的控制信息和用户数据。

X. 29 建议规定了分组型终端控制 PAD 机能以及 PAD 的应答。控制与应答均采用电文的形式,称之为 PAD 电文。

PAD 通过保存与起止式终端相对应的一组参数来了解本地起止式终端的特性和通信要求。在本地起止式 DTE 和远端 DTE 通信之前,需要在本地 PAD 和远端 DTE 之间交换信息,双方协调一致地工作。如果远端 DTE 也是一个起止式 DTE 终端,就需要本地 PAD 和远端 PAD 之间完成协调工作。

X. 29 建议定义的所有 PAD 报文都是使用 Q 比特为"1"的 X. 25 数据分组在分组交换网中传输,如图 6-3 所示。当 Q=0 表示为用户数据,分组型终端与非分组型终端通信;当 Q=1 表示是 PAD 报文,分组型端与 PAD 通信。X. 29 建议还规定了 PAD 与分组接口的细节和具体的 PAD 报文的格式。

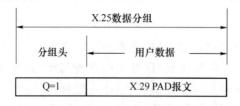

图 6-3　X. 29 PAD 报文与 X. 25 数据分组的关系

X.29 的功能有：

① 适用于 DCE 和 X.25 DTE 之间的 X.25 接口和与 X.25 规程的配合；

② 用于 PAD 之间互通；

③ 规定交换 PAD 控制信息和用户数据的规程；

④ 规定传送用户数据的方式；

⑤ 规定在一次虚呼叫中传送数据字段的格式。

3. X.75 建议

为了使不同的公用分组交换网之间互连，CCITT 制定了 X.75 建议。另外，有些交换机之间的互连协议也采用 X.75 建议。X.75 设计的与 X.25 很相似，这样就简化了网间互连的过程。

X.75 建议的主要特点如下。

（1）与 X.25 建议一样，它也分为物理层、数据链路层和分组层。X.75 建议的链路层采用 LAPB 规程，还支持多链路规程。

（2）X.25 建议是分组型 DTE 和 DCE 之间的接口规程，而 X.75 建议是一个网络的信号端接设备（STE）和另一个网络的信号端接设备（STE）之间的接口规程。STE 是完成网间互连的功能模块，它将各网的虚电路链接起来，实现网间互连。如图 6-4 所示，图中源点主机在分组网 1 中，终点主机在分组网 2 中，它们的互连通过 3 条虚电路 VC_1、VC_2 和 VC_3 来完成。

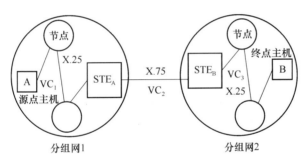

图 6-4　通过 X.75 的网间互连

（3）X.75 建议要求采用 64 kbit/s 的接口速率。

（4）X.75 建议在虚电路建立和释放过程中的呼叫建立分组和释放分组，由一个信号终端透明地传送到下一个信号终端，它不对源点主机发出的 X.25 建议呼叫请求分组做出任何响应，如回送呼叫接受分组等。

（5）在呼叫建立和释放过程中，X.75 与 X.25 建议格式上的主要差别是 X.75 比 X.25 建议多一个网间业务字段，用于传送网间有关计费及路由信息等。

（6）X.25 建议是 DTE 与 DCE（指本地分组交换机）之间的接口，两者是不对称的；而 X.75 建议是 DCE 与 DCE（指分组交换机）之间的接口，是通过 DCE 内的信号终端设备来实施的，两者是对称的。

4. X.32 建议

分组型终端接入分组交换网必须要有 X.25 建议，且一定要用专线，但当申请专线没有可能，或通信数据量不太大用专线不合算时，可采用公用电话网的交换线路。由于 X.25 不能在交换线路上操作,因此必须提出一个新的建议,就是 X.32 建议来满足上述要求。

X.32 建议是经公用电话交换网、综合业务数字网或公用电路交换网接入分组交换网的分组型终端 DTE 和 DCE(指本地分组交换机)之间的接口标准。X.32 建议是 X.25 建议的扩充,它在 X.25 建议的基础上增加了以下功能:

(1) 为了适应电话交换网,增加了拨通该网和接收该网呼叫的功能,简称为拨入、拨出功能。

(2) 为了安全增加了 DTE 和 DCE 之间的身份识别功能。该建议提供 4 种 DTE 识别方法,即由公用交换网提供识别;使用数据链路层交换识别(XID)规程进行识别;使用分组层登记规程进行识别;使用呼叫建立分组中的 NUI 进行识别。前 3 种是在虚呼叫建立之前的识别,它也适用于 DCE 的识别,后一种是在虚呼叫建立过程中的识别。

5. X.121 建议

X.121 建议是关于公用分组交换网的编号方案。图 6-5 是 X.121 建议的国际数据网编号的组成。

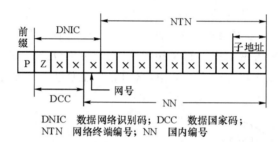

DNIC 数据网络识别码; DCC 数据国家码;
NTN 网络终端编号; NN 国内编号

图 6-5 国际数据网编号的组成

国际数据网编号一般由 14 位十进制构成,分为如下两大部分。

(1) 数据网络识别码 DNIC(Data Network Identification Code)(4 位)

DNIC 由 3 位数字的数据国家代码 DCC(Data Country Code)和 1 位数字的网号组成。DCC 的第 1 位 Z 为区域号,世界划分为 6 个区,编号分别为 2~7,Z=0,1 备用,Z=8 和 Z=9 分别用于同用户电报网和电话网的相互连接。DCC 的后两位用于区分各区域的国家。CCITT 规定:法国的 DCC 是"208",加拿大的是"302",美国的是"310"和"311",日本的是"440",中国的是"460"。

DCC 之后的 1 位数字由各国相关的管理部门分配,用于区分同一个国家内的多个网络。如我国目前已经指定:该位为 2 表示 1989 年开通的中国公用分组交换数据网(CNPAC);为 3 表示 1993 年开通的中国公用分组交换数据网(CHINAPAC)。

(2) 网络内部编号 NTN(10 位)和网内编号 NN(11 位)

DNIC 之后的 10 位数字为网络内部编号,DCC 之后的 11 位数字为网内编号。CCITT 并未规定 DNIC 或 DCC 之后的编号方案,一般来说 NTN 和 NN 的编号通常分为 3 段:区域码+网络设备端口号+子地址。

区域码是网内或国内的区域编号,通常为 2 位或 3 位,子地址通常采用 2 位。余下的就是网络设备端口号,它包括两部分:同一区域内节点机号和交换机的端口号。

我国国内呼叫用户终端号采用 8 位等长编号,其中包括节点机号 2 位,端口号 4 位,子地址 2 位。例如:号码(04603)(20)01xxxx(xx)中,"0"为国际出入口代号(前缀),"460"为中国国家代码,"3"为网络代号,"20"为北京区域码;后面为用户终端号:"01"为节点机号(北京有节点 01,02),"xxxx"为端口号,"(xx)"为子地址(一台主机可带多个终端)。

6.1.3　分组交换网的路由选择

分组交换网的重要特征之一是分组能够通过多条路径从源点到达终点,那么选择哪条路径最合适就成为交换机必须决定的问题,所以分组网中的交换机都存在路由选择的问题。

下面将主要介绍路由选择算法的一般要求及常见的几种路由选择算法。所谓路由选择算法是交换机收到一个分组后,决定下一个转发的中继节点是哪一个、通过哪一条输出链路传送所使用的策略。

1. 对路由选择算法的一般要求

确定路由选择算法的一般要求如下。

(1) 在最短时间内使分组到达目的地;

(2) 算法简单,易于实现,以减少额外开销;

(3) 使网中各节点的工作量均衡;

(4) 算法应能适应通信量和网络拓扑等的变化,即要有自适应性;

(5) 算法应对所有用户都是平等的。

2. 常见的几种路由选择算法

路由选择算法分为非自适应型和自适应型路由选择算法两大类。

非自适应路由选择算法所依据的参数,如网络的流量、时延等是根据统计资料得来的,在较长时间内不变;而自适应路由选择算法所依据的这些参数值将根据当前通信网内的各有关因素的变化,随时做出相应的修改。

下面简单介绍几种属于这两类的路由选择算法。

(1) 扩散式路由算法

扩散式算法又称泛射算法,属于非自适应路由选择算法的一种。网内每一节点收下一个分组后就将它同时通过各条输出链路发往各相邻节点,只有在到达目的节点时,该分组才被移出网外传输给用户终端。为了防止一个分组在网内重复循回,规定一个分组只能出入同一节点一次,这样,不管哪一个节点或链路发生故障,总有可能通过网内某一路由到达目的节点(除非目的节点有故障)。

采用扩散式路由选择算法的优点是简单、可靠性高。因为其路由选择与网络拓扑结构无关,即使网络严重故障或损坏,只要有一条通路存在,分组也能到达终点。但是这种方法的缺点是分组的无效传输量很大,网络的额外开销也大,网络中业务量的增加还会导致排队时延的加大。

由此可见,扩散式路由选择算法适合用于整个网内信息流量较少而又易受破坏的某个军用专网。

(2) 静态路由表法

静态路由表法属于查表路由法。查表路由法是在每个节点中使用路由表,它指明从该节点到网络中的任何终点应当选择的路径。路由表的计算可以由网络控制中心(NCC)集中完成,然后装入到各个节点之中,也可由节点自己计算完成。

常用的确定路由的准则是最短路径算法和最小时延算法等。

最短路径算法确定路由表时,主要依赖于网络的拓扑结构,由于网络拓扑结构的变化并不是很经常的,所以这种路由表的修改也不是很频繁的(网络故障或更新时需要修改),因而这种路由表法称为静态路由表法,属于非自适应路由选择算法。

当网络结构发生变化或网络故障时,网络控制中心自动地重新生成路由表,以反映新的网络结构。

由于静态路由表法使用最短距离原则确定路由表,在正常工作条件下能保证良好的时延性能,但是它对网络中传输量变化和网络设施方面出现问题时的应变能力差。

(3) 动态路由表法

动态路由表法也属于查表路由法,这种方法确定路由的准则是最小时延算法。

一般交换机中的路由表由交换机计算产生。最小时延算法的依据是网络结构(相邻关系)和两项网络参数:中继线速率(容量)和分组队列长度。其中网络结构和中继线速率通常是较少变化的,而分组的队列长度却是一个经常变化的因素,这将导致时延的变化,所以交换机的路由表要随时作调整。这种随着网络的数据流或其他因素的变化而自动修改路由表的方法称为动态路由表法,即为自适应路由选择算法。

动态路由表法能提供良好的时延性能,而且对网络工作条件的变化具有灵活性。但是这要使交换机或网络控制中心在信息的存储能力、处理能力和网络的传输能力方面付出一定的代价。

6.1.4　分组交换网的流量控制

分组网的流量控制是指限制进入分组网的分组数量。为什么要进行流量控制呢?

1. 流量控制的必要性(目的)

就像不加以任何交通限制,道路交通会发生阻塞一样,分组网如果不进行流量控制,也会出现阻塞现象,甚至造成死锁。

分组网中,当网络输入负荷(每秒钟由数据源输入到网络的分组数量)比较小时,各节点中分组的队列都很短,节点有足够的缓冲器接收新到达的分组,因而相邻节点中的分组输出较快,使网络吞吐量(每秒发送到网络终点的分组数量,即每秒流出网络的分组数量)随着输入负荷的增大而线性增长。但当网络负荷增大到一定程度时,节点中的分组队列加长,有的缓冲存储器已占满,节点开始抛弃还在继续到达的分组,这就导致分组的重新传输增多。由于分组队列加长,时延加大,又导致各节点间对接收分组的证实返回太晚,也使一些本来已正确接收的分组由于满足超时条件而不得不重新发送,发生网络阻塞,吞吐量下降,严重时使数据停止流动,造成死锁。

简而言之,网络的吞吐量随网络输入负荷的增大而下降,这种现象称为网络阻塞。当网络输入负荷继续增大到一定程度时,网络的吞吐量下降为零,数据停止流动,这就是死锁。

网络阻塞现象将会导致网络吞吐量的急剧下降和网络时延的迅速增加,严重影响网络的性能。而一旦发生死锁,网络将完全不能工作。所以,为避免这些现象发生,必须要进行流量控制。

图 6-6 形象地显示了流量控制的效应(作用)。

图 6-6 中横坐标的输入负荷指的是归一化输入负荷,即网络实际输入负荷除以允许的最大负荷(发生死锁前允许的最大负荷)。

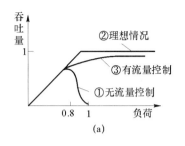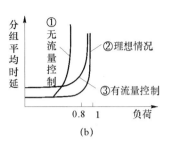

图 6-6 流量控制的效应

从图 6-6 中可以看出,无流量控制时,当输入负荷增大到一定程度时,会导致吞吐量下降(发生阻塞),直至降为零(造成死锁),且分组平均时延急剧增大。而在理想的流量控制情况下,输入负荷增大到一定值时,吞吐量能维持一个最大值不再下降,分组平均时延增加的也比较缓慢。实际的流量控制效果比较接近理想的流量控制。

归纳起来,流量控制的目的是保证网络内数据流量的平滑均匀,提高网络的吞吐能力和可靠性,减小分组平均时延,防止阻塞和死锁。

2. 流量控制的类型

为了保证用户终端之间通过整个网络的正常通信,分组网的各个环节,包括节点之间,用户终端设备和节点之间,源用户终端设备到终点用户终端设备之间等均要进行流量控制。于是网内存在着如下四级流量控制结构(即流量控制的类型):

(1)段级控制。指网内相邻两节点之间的流量控制,使之维持一个均匀的流量,避免局部地区的阻塞。

(2)"网-端"级控制。指端系统与网内源节点之间的流量控制,以控制进网的总通信量,防止网络发生阻塞。

(3)"源-目的"级控制。指网内源节点与目的节点之间的流量控制,防止因目的节点(输出节点)缺少缓冲存储区所造成的阻塞。

(4)"端-端"级控制。指两个互相通信的端系统之间的流量控制,防止端系统用户因缺少缓冲存储区而出现阻塞。

3. 流量控制的方式

实际应用中流量控制的方式有以下几种。

(1)证实法

证实法是发送方发送分组之后等待收方证实分组响应,然后再发送新的分组。接收方可以通过暂缓发送证实分组来控制发送方发送分组的速度,从而达到控制数据流量的目的。证实法一般用于点到点的流量控制,也可以用于端到端的流量控制。

(2)预约法

预约法是由发送端对接收端提出分配缓冲存储区的要求后,根据接收端所允许发送的分组数量发送分组。

这种方式的优点是可以避免出现抛弃分组,预约法适用于数据报方式,也可用于源计算机和终点计算机之间的流量控制。在源计算机向终点计算机发送数据之前,由终点计算机说明自己缓冲存储区容量大小,然后源计算机再决定向终点计算机发送多少数据。

(3)许可证法

许可证法是为了避免网络出现阻塞,在网络内设置一定数量的"许可证",每个"许可证"

可携带一个分组。当许可证载有分组时称"满载",满载的许可证到终点时卸下分组变为"空载"。许可证在网内巡游,分组在节点处得到"空许可证"之后才可在网内流动。

采用许可证方式时,分组需要在节点等待得到许可证后才能发送,这可能产生额外的等待时延。但是,当网络负载不重时,分组很容易得到许可证。

（4）窗口方式

窗口方式是根据逻辑信道上能够连续接收的分组数来确定接收方缓冲存储器的容量,并把这一容量作为"窗口"对发送分组和接收分组进行控制。因为窗口控制方式包括重发规程,在公用分组网中得到广泛应用。

下面重点介绍窗口方式进行流量控制的原理。

4. 窗口方式流量控制

在此以网络层(分组层)流量控制为例,说明窗口方式流量控制的原理。

所谓窗口方式流量控制就是根据接收方缓冲存储器容量,用能够连续接收分组数目来控制收发方之间的通信量,这个分组数目就称为窗口尺寸 W。换句话说,窗口方式流量控制就是允许发送端发出的未被确认的分组数目不能超过 W 个。

窗口尺寸是窗口方式流量控制的关键参数。如果窗口尺寸过小,通过量受到过分的控制,会降低网的效率;而窗口尺寸过大就会失去防止阻塞的控制作用。

在窗口方式流量控制中,在发送端对每一数据分组都编一个发送顺序号,记作 $P(S)$。其初始数据分组顺序号为零,如采用模 8 运算,则顺序号在 0～7 之间循环。在接收端,在正确接收到分组并可继续接收分组的情况下,向对方发送"允许对方发送"的分组称为 RR 分组,表明已准备接收。在 RR 分组中,没有分组发送顺序号 $P(S)$,只有接收顺序编号 $P(R)$,表示接收方已正确接收了 $P(R)-1$ 为止的所有数据分组。发送方用收到接收方发来的 $P(R)$ 值更新它的窗口下限,当发送方发送了规定的分组数后,如果未收到接收方发来的"允许发送"分组而不能更新窗口的下限,那么发送方便停止发送,直至收到"允许发送"分组而更新窗口的下限(如果接收方由于故障等原因暂时无法接收,则可以发送 RNR 分组以示接收方无能力接收)。

窗口方式流量控制的原理可用图 6-7 来表示。

设窗口尺寸 $W=3$,表示可连续发送 3 个分组。图中①表示在发完 $P(S)=2$ 号分组后,由于窗口已满,必须停止发送,当发送方收到接收方发来的 $P(R)=1$ 时,表示对方已正确收到 $P(S)=0$ 的分组。此时根据收到的 $P(R)=1$,更新窗口下限为 1,因此允许发送 $P(S)=3$ 号分组,发完后必须再次等待,因为这时窗口又满,如图中②所示。当收到 $P(R)=4$ 时,表示对方已正确收到 $P(S)=3$ 以前的所有分组,因此允许发送 $P(S)=4,5,6$ 等等。可以看到,如果当接收方发送 $P(R)$ 时,指明它本身已准备接收对方

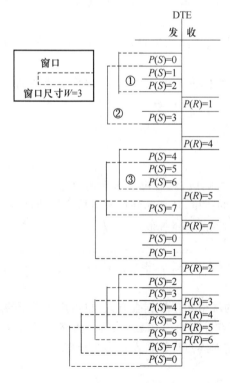

图 6-7　分组层窗口方式流量控制原理

将发送的那些顺序编号为 $P(R),P(R)+1,\cdots,P(R)+W-1$ 的分组,而发送方对应的顺序编号为 $P(S),P(S)+1,\cdots,P(S)+W-1$。请注意本例中它们都按模 8 运算。

综上所述,在发送端只有落在发送窗口范围内的分组才允许发送,图 6-7 所示过程也可以用图 6-8 中的滑动窗口形象地表示出来。

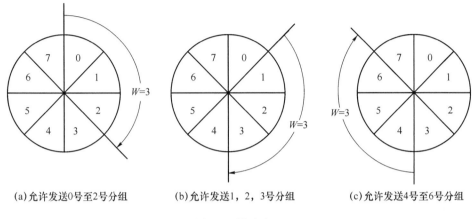

(a)允许发送0号至2号分组　　　(b)允许发送1, 2, 3号分组　　　(c)允许发送4号至6号分组

图 6-8　滑动窗口

由上述可见,利用 $P(S)$、$P(R)$ 可以在分组层进行流量控制。同样借助于 $N(S)$ 和 $N(R)$ 可以在数据链路层进行流量控制,原理类似。

需要说明的是数据链路层和分组层都要进行流量控制,但其负责流量控制的范围不同。

6.1.5　用户终端入网方式

用户终端(包括分组型终端 PT 和非分组型终端 NPT)接入分组网的方式主要有两种:一是经租用专线直接接入分组网;二是经电话网再进入分组网。图 6-9 给出了用户终端入网的几种方式。

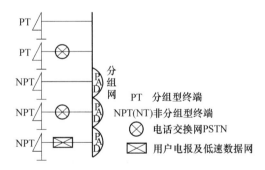

图 6-9　用户终端入网方式

分组型终端(PT)可经租用专线直接接入分组网或经电话网(PSTN)再接入分组网;非分组型终端(NPT)不论是经租用专线还是经电话网接入分组网之前,必须首先接分组装拆设备(PAD)。另外,非分组型终端也可经用户电报网接入分组网。

用户终端的入网方式具体说明如下。

1. 经租用专线入网

用户终端经租用专线直接接入分组网可采用两种传输方式:频带传输和基带传输。

（1）频带传输

频带传输时有二线制和四线制。分组型终端采用同步 2/4 线全双工传输,异步终端采用异步 2/4 线全双工传输,其连接方式如图 6-10 所示。

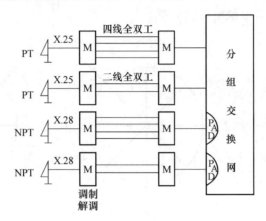

图 6-10　用户终端经租用专线直接接入分组网(频带传输)

分组型终端入网的接口规程为 X.25,物理接口规程为 V.24,信号传输速率为 1.2～64 kbit/s;非分组型终端入网的接口规程为 X.28,物理接口规程为 V.24,信号传输速率为 1.2～19.2 kbit/s。

（2）基带传输

如果用户终端离分组网较近,可以采用基带传输方式,它也有二线制或四线制。基带传输一般采用 AMI 码,需要码型变换处理。基带传输设备(现在习惯上称之为基带 Modem)较频带传输设备简单。

2. 经电话网入网

由于电话网的覆盖面很大,所以大多数情况,用户终端是经电话网再接入分组网的,如图 6-11 所示。

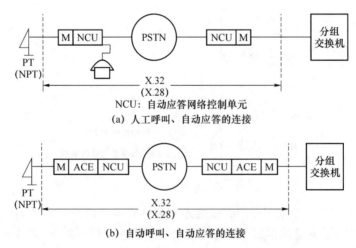

图 6-11　用户终端经电话网接入分组网

电话网(PSTN)两侧是模拟线路,要采用频带传输方式,而数据终端收发的是数据信号,所以需加调制解调器。分组型终端经电话网和分组交换网(具体是分组交换机)相连采用 X. 32 规程,非分组型终端通过电话网和分组交换网相连采用 X. 28 规程。虽然二者规程不同,但物理连接方式类似,均采用带有自动应答功能的调制解调器。

6.1.6　分组交换网的应用

X. 25 分组交换网数据传输速率在 64 kbit/s 以下,网络的分组平均延迟 1 秒左右,主要适用于交互式短报文,如金融业务、计算机信息服务、管理信息系统等,不适用于多媒体通信。

分组交换网的应用主要在以下几个方面。

1. 分组交换在商业中的应用

分组交换在商业中的应用较广泛,如银行系统在线式信用卡(POS 机)的验证。由于分组交换提供差错控制的功能,保证了数据在网络中传输的可靠性。

2. 分组交换在其他领域中的应用

分组交换网具有利用率高,传输质量好,能同时多路通信的特点,因此它的经济性能也较好。在一些全国性的集团公司中,总公司将指示下达给全国各地分公司甚至国外的机构,利用分组交换就非常经济。它的主机系统也通过分组交换网实行全程连网,传送定舱资料、货运情况、EDI(Electronic Data Interchange,电子数据交换)报文等,也可远程登录至香港,与海外沟通信息。

3. 组建虚拟专用网

虚拟专用网(VPN)是大集团用户利用公用网络的传输条件,网络端口等网络资源组织一个虚拟专用网络,并可以自己管理属于专用网络部分的端口进行状态监视、数据查询,以及告警、计费、统计等网络管理操作。

4. 进行实时业务处理

分组交换可以应用于证券公司的行情发布,公安部门的户籍管理,民航系统的订票,以及银行、邮局的电子化营业系统等。

6.2　帧中继网(FRN)

第 4 章介绍了帧中继的基本概念,由于帧中继具有比分组交换时延小、信息传输效率高等优势,所以得到广泛应用。本节介绍帧中继的协议、帧中继网的组成和应用等内容。

6.2.1　帧中继协议

1. 帧中继的协议结构

帧中继协议分为用户(U)平面和控制(C)平面两部分。用户平面是完成用户信息的传递所需功能及协议;控制平面则是有关控制信令的功能及协议。在此只重点介绍帧中继用户平面的协议结构,如图 6-12 所示。

帧中继用户平面的协议结构分为两层:物理层和数据链路层(DL)。其中数据链路层又可分为两个子层:DL 控制子层(DL-CONTROL)和 DL 核心子层(DL-CORE)。

DL-CONTROL 子层的主要功能是负责建立和释放数据链路层的连接(DL-CORE 子层的

功能见后)。在帧中继情况下,由于网络不存在连接建立和释放,因而不存在DL-CONTROL子层,只有在两边的用户终端才设有 DL-CONTROL 子层,用来建立和释放 U 平面上的数据链路层连接。

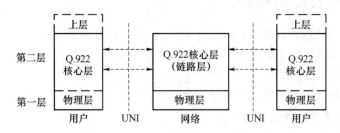

图 6-12   帧中继的协议结构

物理层向 DL-CORE 子层提供全双工的、点到点的同步传输。

值得指出的是,由于帧中继节点机取消了 X.25 的第三层功能,并简化了第二层的功能,仅完成物理层和链路层核心层的功能,所以帧中继节点只有两层功能(第二层也只有 DL-CORE 子层的功能)。但帧中继网上的终端设备除了有物理层和数据链路层的功能以外,还有以上各层功能(只不过属于帧中继协议范畴的只有两层)。

智能化的终端设备把数据发送到链路层,并封装在 Q.922 核心层的帧结构中,实施以帧为单位的信息传送。网络不进行纠错、重发、流量控制等,帧不需要确认就能够在每个交换机中直接通过,若网络检查出错误帧,直接将其丢弃。至于纠错、流量控制等留给终端去完成,从而简化了节点机之间的处理过程。

2. 帧中继的帧结构

Q.922 核心层的帧格式(即帧结构)如图 6-13 所示。

F   标志;A   地址;I   信息;FCS   帧检验序列

图 6-13   帧中继的帧结构

一帧包括 4 个字段:

(1) F:标志字段

标志字段为一个字节,格式为 01111110,用于帧定界。所有的帧以标志字段开头和结束,一帧的结束标志也可作为下一帧的起始标志。为了保证数据的透明传输,其他字段中不允许出现 F(即 01111110)字段,帧中继 Q.922 核心协议同 HDLC 一样,也采用"0"比特填充的方法。即当发送端除了 F 字段之外,每发送 5 个连续的"1"比特之后就要插入一个"0"比特,而接收端对两个 F 字段之间的数据信息作相反的处理,即收到连续 5 个"1"之后,将随后而来的一个"0"比特删掉。

(2) A:地址字段

地址字段用于区分同一链路上多个数据链路连接,以便实现帧的复用/分用。地址字段的长度为 2 个字节,根据需要也可以扩展到 3 或 4 个字节。2 个字节的地址字段如图 6-14 所示。

图 6-14　地址字段格式

其中：

DLCI——数据链路连接标识符,用于区分不同的逻辑连接,实现帧复用。

EA——地址扩展比特。EA=0 表示下一字节仍为地址字段,EA=1 表示本字节是地址字段的最终字节。

C/R——命令/响应比特。在 Q.922 帧格式的地址字段中不使用 C/R 比特,它可以被置成任意值。

DE——丢弃指示比特,用于带宽管理。当 DE 置"1"说明当网络发生拥塞时,可考虑丢弃。

FECN——前向显示拥塞通知比特,用于拥塞管理。

BECN——后向显示拥塞通知比特,用于拥塞管理。

（3）I:信息字段

信息字段包含的是用户数据,可以是任意长度的比特序列,但必须是整数个字节。帧中继信息字节的最大长度一般为 262 个字节(网络应能支持协商的信息字段的最大字节数至少为 1600)。

（4）FCS:帧校验序列

FCS 用于校验帧差错,长度为 2 个字节。同 HDLC 帧一样也采用循环冗余差错检验。

3. 数据链路层的核心协议

帧中继采用 Q.922 核心层协议作为数据链路层协议,Q.922 核心层功能主要包括：

（1）帧的定界、同步和透明性。也就是将需要传送的信息按照一定的格式组装成帧,并实现接收和发送之间的同步,还要有一定的措施来保证信息的透明传送。

（2）使用地址字段进行帧的复用/分路。即允许在同一通路(物理连接)上建立多条数据链路连接(逻辑连接),并使它们相互独立工作。

（3）帧传输差错检测(但不纠错)。

（4）检测传输帧在"0"比特插入之前和删除之后,是否由整数个八比特组组成。

（5）检测帧长是否正确。

如果网络收到一个超长帧,网络可以：

① 舍弃此帧；

② 向目的地用户发送此帧部分内容,然后异常中止这个帧,异常中止是发送 7 个或 7 个以上连续"1"比特,中止当前帧的发送；

③ 向目的地用户发送包含有效 FCS 字段的整个帧。

上述三种方式,帧中继网络设备设计者可以选择其中的一种或几种,目前大多数帧中继网络设备都选择第 2 种方式。

另外,如果超长帧的数目或频率超过网络一特定的门限,网络也可以选择清除这个帧中继呼叫。

（6）拥塞控制功能。

4. 帧中继对无效帧的处理

如果一个帧具有以下情况之一,则称之为无效帧:

① 没有用两个标志所分界的帧;

② 在地址字段和结束标志之间的字节数少于 3 个;

③ 在"0"比特插入之前或"0"比特删除之后,帧不是由整数个字节组成;

④ 包含一个帧校验序列(FCS)的差错;

⑤ 只包含一个字节的地址字段;

⑥ 包含一个不为接收机所支持的 DLCI;

无效帧应舍弃,不通知发送端。

5. 帧中继的寻址方式

前面讲过,帧中继采用统计复用技术,每一条物理线路和每一个物理端口可容纳许多虚电路,用户之间通过虚电路进行连接(逻辑连接)。在每一帧的帧头中都包含虚电路号——数据链路连接标识符(DLCI),这是每一帧的地址信息。目前大部分帧中继网只提供 PVC(永久虚电路),每一个节点机中都有 PVC 路由表,当帧进入网络时,节点机通过 DLCI 值识别帧的去向。

这里有一点需要说明的是,DLCI 只具有本地意义,不是指终点的地址,而只是识别用户与网络间以及网络与网络之间的逻辑连接(虚电路段),即经过节点机 DLCI 值改变,多段DLCI5 链接而成端到端的逻辑链路。有关 PVC 路由如图 6-15 所示。

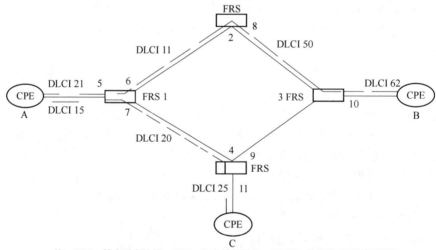

注: FRS 帧中继交换机; CPE 用户前端设备; DLCI 数据链路连接标识符
　　从A到B的帧中继逻辑链路——DLCI 21, 11, 50, 62
　　从A到C的帧中继逻辑链路——DLCI 15, 20, 25

交换机1的路由表

输入线	DLCI	输出线	DLCI
5	21	6	11
5	15	7	20

交换机2的路由表

输入线	DLCI	输出线	DLCI
6	11	8	50

交换机3的路由表

输入线	DLCI	输出线	DLCI
8	50	10	62

交换机4的路由表

输入线	DLCI	输出线	DLCI
7	20	11	25

图 6-15　PVC 路由

图 6-15 中假设有四个帧中继交换机,用户终端 A 到 B 的帧中继逻辑链路由 DLCI 为 21,11,50,62 几段链接而成,用户终端 A 到 C 的帧中继逻辑链路由 DLCI 为 15,20,25 几段链接而成。

图 6-15 中还列出了帧中继交换机上的路由表相关部分。交换机 1 的路由表指出,到达 5 号输入线路的 DLCI21,15 的帧应分别映射到 DLCI11,20 并发往输出线路 6 和 7。

当 DLCI11 的帧由输入线路 6 到达交换机 2 时,交换机 2 的路由表指出 DLCI11 应该映射到 DLCI50 并通过输出线路 8 发送到交换机 3,交换机 3 的路由表指出由输入线路 8 到达的 DLCI50 的帧映射到 DLCI62 并通过输出线路 10 发送到用户终端 B。

当 DLCI20 的帧由输入线路 7 到达交换机 4 时,交换机 4 的路由表指出 DLCI20 的帧应该映射到 DLCI25 并通过输出线路 11 发送到用户终端 C。

6.2.2　帧中继网的组成

1. 典型的帧中继网络拓扑

典型的帧中继网络拓扑如图 6-16 所示。

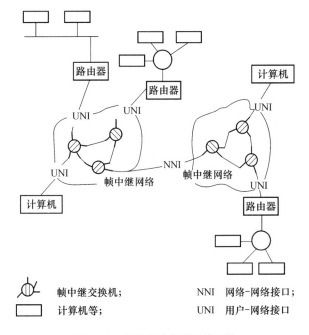

图 6-16　典型的帧中继网络拓扑

帧中继的用户设备与网络之间的接口称为用户-网络接口(UNI)。接入帧中继网的用户设备可以是单个计算机终端,也可以是局域网。局域网通过路由器(R)或帧中继装拆设备(FRAD)连接到帧中继网上。路由器(R)或帧中继装拆设备(FRAD)实施帧中继网用户-网络接口(UNI)协议,以便与帧中继交换机进行通信。

帧中继网络与网络之间的接口称为网络-网络接口(NNI),NNI 接口定义了不同网络之间的互连规程。NNI 的主要操作涉及以下这些业务:

- 通知 PVC 的添加;
- 检测 PVC 的删除;

- 通知 UNI 或 NNI 故障；
- 通知 PVC 段的有效或无效；
- 验证帧中继节点之间的链路；
- 验证帧中继节点。

2. 网络组成

帧中继网根据网络的运营、管理和地理区域等因素分为三层：国家骨干网、省内网和本地网，帧中继业务网网络组织如图 6-17 所示。

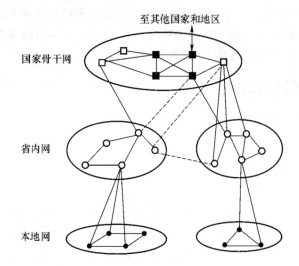

至其他国家和地区

国家骨干网

省内网

本地网

■ 骨干枢纽节点；　□ 骨干节点；　○ 省内网节点；　● 本地网节点；
------ 按需要设置的直达电路

图 6-17　帧中继业务网网络组织示意

（1）国家骨干网

国家骨干网由各省省会城市、直辖市的节点组成，覆盖全国共 31 个节点。目前采用不完全网状结构，随着业务的不断发展及线路情况的改善，国家骨干网的结构可逐渐过渡为完全网状结构。

国家骨干网提供国内长途电路和国际电路，其节点应具备以下主要功能：

① 汇接功能；

② 帧中继 PVC 业务功能；

③ 网络-网络接口（NNI）功能；

④ 动态分配带宽的功能；

⑤ 拥塞管理的功能；

⑥ 具备 2～155 Mbit/s 接口功能；

⑦ 便于向帧中继 SVC 业务过渡；

⑧ 便于扩容；

⑨ 便于向 ATM 过渡。

（2）省内网

省内网由设置在省内地市的节点组成，节点之间采用不完全网状连接。

省内网提供省内长途电路和出入省的电路。省内网节点负责汇接从属于它的本地网的业务,转接省内节点间的业务,同时可提供用户接入业务,其主要功能为:

① 汇接功能;

② 帧中继 PVC 业务功能;

③ 用户-网络接口功能;

④ 动态分配带宽的功能;

⑤ 拥塞管理的功能;

⑥ 便于向帧中继 SVC 业务过渡;

⑦ 提供多种用户接口的能力;

⑧ 便于扩容。

（3）本地网

在省内城市、地区、县等可根据需求组建本地网,由本地的节点采用不完全网状连接。

本地网负责转接本地网节点间的业务,提供用户接入业务,其节点功能与省内网节点功能一样。

3. 帧中继网络设备

帧中继网络设备主要包括帧中继交换机及交换机之间的传输线路。

（1）帧中继交换机

① 帧中继交换机的类型

目前,帧中继交换机大致有三类:

- 改装型 X. 25 分组交换机——这种类型的交换机在帧中继发展初期比较普遍,主要是通过改装 X. 25 分组交换机,增加软件,使之具有帧中继节点的功能。

- 帧中继交换机——这种是以全新的帧中继结构设计为基础的新型交换机,具备帧中继的全部必备功能。

- 具有帧中继接口的 ATM 交换机——这种是最新型的交换机,采用信元中继或 ATM 交换,具有帧中继接口和 ATM 接口,内部完成 FR 和 ATM 之间的互通。

② 帧中继交换机的接口

帧中继交换机应至少具有三种类型的接口:

- 用户接入接口——用户接入接口支持标准的 FR UNI 接口,可以用于帧中继用户设备的接入。

- 中继接口——中继接口支持标准的 FR NNI,支持与其他交换机设备的互连。

- 网管接口。

③ 帧中继交换机的功能

帧中继交换机必须具有以下一些基本功能:

- 应具有信令处理能力,完成用户-网络接口之间和网络-网络接口之间的信令处理和传输功能。

- 应具有用户线管理、中继管理、路由管理、PVC 状态管理功能。

- 应具有带宽管理功能,根据连接的承诺信息速率来按比例分配带宽,在不降低系统性能的基础上传输更多的数据。

- 应具有拥塞管理功能,拥塞管理的关键是避免使网络设备处于一种拥塞的失控状态,并同时确保网络连接在最优状态下运行。

- 应具有业务分级管理的功能,确保服务提供。
- 支持 PVC 和 SVC 连接,具有自动节点间路由和连接管理能力。
- 应具有用户选用业务处理能力。帧中继网络除提供基本业务(PVC 和 SVC)之外,还将提供一些用户选用业务,以提供通信时的附加性能,或向用户提供附加信息。
- 应具有网管控制信息通信功能,交换机应能与网管中心之间发送、接收网管控制信息,同时应具有转接其他交换机网管信息的能力。
- 应具有网络同步能力。
- 应具有与其他网络的互通/互连能力。

(2) 帧中继网内局间中继线

帧中继网的局间中继传输利用数字传输信道,比如数字微波、光缆等。

6.2.3 帧中继网的应用

帧中继网的应用领域非常广泛,下面介绍几种典型的应用。

1. 局域网互连

局域网又称局部区域网,一般我们把通过通信线路将较小地理区域范围内的各种数据通信设备连接在一起的、有网络操作系统(即软件)支持的通信网络称为局域网。局域网属于一个部门所有。

为了扩大局域网的范围,以便各局域网之间相互通信、资源共享,往往要将若干局域网互连起来。局域网互连的方式有很多种,其中可以利用帧中继网进行局域网互连,如图 6-18 所示。

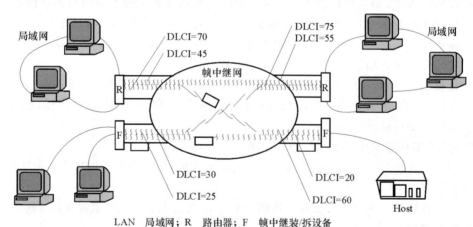

LAN 局域网;R 路由器;F 帧中继装/拆设备

图 6-18 利用帧中继网进行局域网互连

图 6-18 中局域网与帧中继网的网间连接设备可以采用路由器(R)或帧中继装拆设备(F)(详情后述)。

2. 建虚拟专用网

帧中继可以为大用户提供虚拟专用网业务。虚拟专用网就是利用帧中继网上的部分网络资源(如节点,用户端口等)构成一个相对独立的逻辑分区,并在分区内设置相对独立的网络管理机构,接入这个分区的用户共享分区内的网络资源,它们之间的交互作用(如数据信息传送,控制信息传送等)相对独立于整个帧中继网外,如图 6-19 所示。

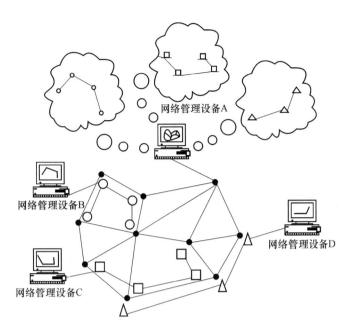

图 6-19　虚拟专用网应用示例

图 6-19 中网络管理设备 B、C、D 对各自所在的虚拟专用网进行网络管理,而网络管理设备 A 则对整个网络进行监控,负责全网的设备维护、故障诊断和处理、带宽管理等网络管理任务。

3. 作为分组交换网节点机之间的中继传输

帧中继网可以作为分组交换网节点机之间的中继传输,从而大大提高了分组交换网的传输效率。

4. 其他应用

除了以上几种典型的应用以外,帧中继的应用还有:

(1) 可为高分辨可视图文、CAD/CAM 等需要传送高分辨率图形数据的用户,提供高吞吐量(500~2 048 kbit/s)、低时延(小于几十 ms)的数据传送业务;

(2) 可为时延要求不高、数据量大的大型文件的用户提供高吞吐量(16~2 048 kbit/s)的数据传送业务;

(3) 可为帧短、时延要求高、数据量少的文本编辑用户提供低时延的数据传送业务。

6.2.4　帧中继用户接入

1. 帧中继的用户-网络接口规程

(1) 帧中继的用户-网络接口

用户设备接入帧中继网时,必须经过用户设备与网络之间的接口,即用户-网络接口(UNI),如图 6-20 所示。

在用户-网络接口用户侧是帧中继接入设备,用于将本地用户设备接入帧中继网。帧中继接入设备可以是标准的帧中继终端、帧中继装拆设备(FRAD)以及提供局域网接入的网桥或路由器等等。在用户-网络接口网络侧的是帧中继网络设备。

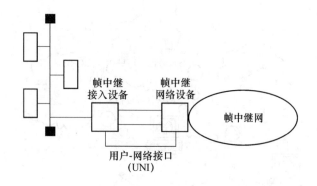

图 6-20　帧中继的用户-网络接口示意图

（2）用户-网络接口规程

帧中继接入设备接入到帧中继网络设备应具有的规程协议称为用户-网络接口规程（用户接入规程），它包括两层内容：物理层接口规程和链路层接口规程。

① 物理层接口规程

用户设备与帧中继网之间的物理层接口，通常提供下列之一的接口规程：

- X 系列接口，例如 X.21 接口、X.21bis 接口。
- v 系列接口，例如 V.35、V.36、V.10、V.11、V.24 等接口，主要用的是 V.35 接口。
- G 系列接口，例如 G.703，速率可为 2 Mbit/s、8 Mbit/s，34 Mbit/s 或 155 Mbit/s。
- I 系列接口，例如支持 ISDN 基本速率接入的 I.430 接口和支持 ISDN 基群速率接入的 I.431 接口等。

② 数据链路层规程

用户-网络接口规程必须支持 Q.922 附件 A 中规定的帧中继数据链路层协议。

2. 用户入网方式

不同的用户类型接入帧中继网的方式也各不相同。局域网及计算机接入公用帧中继网的方式如图 6-21 所示。

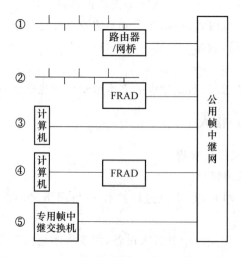

图 6-21　用户接入帧中继网方式

（1）局域网接入方式

局域网用户接入帧中继网络主要有两种方式：

① 局域网用户通过路由器或网桥接入帧中继网络

路由器或网桥具有标准的帧中继 UNI 接口规程。路由器可以单独设置，也可内置在帧中继交换设备内。

② 局域网用户通过帧中继装拆设备（FRAD）接入帧中继网络

FRAD 的主要功能为：

- 具有协议转换功能，可以使任何基于 HDLC 和 SDLC 的设备接入到帧中继网络，也可以使以太网或令牌环网等局域网接入帧中继网络；
- 具有拥塞管理和控制功能；
- 具有集中功能，可以接入多个用户，对不同的用户入网使用方便；
- 具有维护和测试功能。

（2）计算机终端接入帧中继网的方式

计算机终端可以是一般的 PC，也可以是大型主机，它们可分为两种类型：具有标准 UNI 接口规程的计算机终端和不具有标准 UNI 接口规程的计算机终端。因而计算机终端接入帧中继网也有两种方式：

① 具有标准 UNI 接口规程的计算机称为标准的帧中继终端，可直接接入帧中继网络；

② 不具有标准 UNI 接口规程的计算机称为非标准的帧中继终端，它要通过 FRAD 设备，将非标准的接口规程转换为标准的接口规程后接入到帧中继网络。

3. 用户接入电路

接入帧中继网的用户接入电路主要有专线接入和拨号接入两种，具体如图 6-22 所示。

（1）二线（或四线）话带调制解调传输方式

如图 6-22（a）所示，这种传输方式采用二线或四线全双工工作方式，所支持的用户速率取决于线路长度以及所用的调制解调器类型等，目前最高速率可达 56 kbit/s。有些高速调制解调器还具有复用/分路功能，可为多个用户提供入网服务。

这种传输方式适用于速率较低、距离帧中继网较远的用户。

（2）基带传输方式

如图 6-22（b）所示，这种传输方式也采用二线或四线全双工工作方式，用户速率通常为 16 kbit/s、32 kbit/s 或 64 kbit/s。这种基带传输设备中还可具有时分复用功能（TDM），可将低于 64 kbit/s 的子速率复用到 64 kbit/s 的数字通路上，为多个用户入网提供连接。

这种传输方式适用于速率较高、距离帧中继网较近的用户。

（3）2B＋D 线路终端（LT）传输方式

如图 6-22（c）所示，这种传输方式利用 ISDN 的 2B＋D 接口可为多个用户提供入网。数字用户环路上采用时间压缩复用或回波抵消技术，可在一对用户线上实现双向数字传输，适用于距帧中继网络设备较近（6 km 之内）的用户。

（4）ISDN 拨号接入方式

如图 6-22（d）所示，ISDN 拨号接入方式是指用户终端通过拨号经 ISDN 网络接入到帧中继网络。采用这种方式的好处，一是许多用户可以共享接口，从而可以降低接入费用，二是可以提高用户的灵活性，简化网络，扩展 FR 市场的作用。

（5）PCM 数字线路传输方式

如图 6-22（e）所示，这种传输方式可以利用开到用户的光缆、微波数字电路，并可以与其他业务合用，占用一条或多条 2048 kbit/s 链路接入帧中继网。

（6）其他数字接入方式

如图 6-22（f）所示，用户可以采用高速数字用户环路（HDSL）设备或非对称数字用户环路（ADSL）设备接入到帧中继网络。

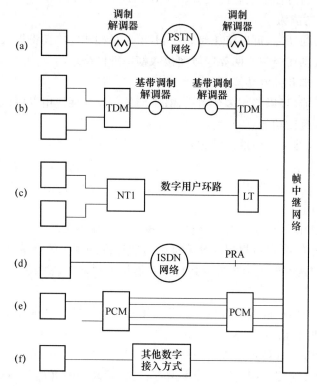

图 6-22　用户接入电路

6.2.5　帧中继网的业务管理

1. 带宽管理

（1）带宽管理方法

因为帧中继实现了带宽资源的动态分配，在某些用户不传送数据时，允许其他用户占用其带宽，所以必须对全网的带宽进行控制和管理。帧中继网络通过为用户分配带宽控制参数，对每条虚电路上传送的用户信息进行监视和控制，实施带宽管理，以合理地利用带宽资源。

帧中继网络为每个帧中继用户分配三个带宽控制参数：CIR、B_c 和 B_e。其中，CIR 是网络与用户约定的用户信息传送速率（单位 bit/s），B_c 是网络允许用户在 T_c 时间间隔传送的数据量（单位 bit），B_e 是网络允许用户在 T_c 时间间隔内传送的超过 B_c 的数据量（单位 bit）。T_c 值是通过计算得到的，$T_c = B_c/\text{CIR}$。

每个帧中继用户入网时，都必须预约这三项参数，并由该用户入网点处的网络侧设备进行检测。即每隔 T_c 时间间隔对虚电路上的数据流量进行监视和控制，如果用户以小于等于 CIR 的速率传送信息，正常情况下，应保证这部分信息的传送。

网络对每条虚电路进行带宽控制,如图 6-23 所示,并采用如下策略,在 T_c 内:

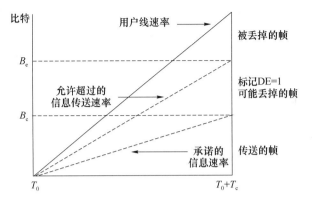

图 6-23　虚电路上的带宽控制

① 当用户数据传送量≤B_c 时,继续传送收到帧;

② 当用户数据传送量>B_c,但≤B_c+B_e 时,若网络未发生严重拥塞,则将 B_e 范围内传送的帧的 DE 比特置"1"后继续传送,否则将这些帧丢弃;

③ 当 T_c 内用户数据传送量>B_c+B_e 时,将超过范围的帧丢弃,不再转发。

T_c 取值的大小,反映了允许用户发送数据的突发程度,对于突发性大的用户,T_c 应取较大的值,例如 10 秒或更大。

(2) 使用 B_c、B_e 的业务的分类

基于 CIR、B_c、B_e 的使用,帧中继用户-网络接口(UNI)可以得到三种类型的业务,它们由低级到高级分为:

① 只有 B_e;

② CIR 和 B_c;

③ CIR、B_c 和 B_e。

只有 B_e 类业务被认为是最低级的业务,所有的帧的 DE 标记为 1。网络可以在开始发生拥塞时就丢弃这些帧,这意味着所有这样标记的帧一到达网络拥塞点就被丢弃。

CIR 和 B_c 类业务是较高级的业务。用户业务提交给网络时 DE 为 0。网络不可以把低于 B_c 容限的帧的 DE 标记为 1。丢弃了 DE=1 的帧(这种情况应该很少)之后,只有发生严重的网络拥塞的时候才可以丢弃其他帧。用户不可以把 DE=1 的帧发送给网络,网络也不接受 B_e 业务。

CIR、B_c 和 B_e 类业务是另一种较高级的业务。网络必须接收 B_c 和 B_e 水平的业务。用户可以发送大于 CIR 的业务,网络也接收 B_e 水平的业务,但同时对其进行标记,一旦网络的任何点发生拥塞,就会将其丢弃。

2. 拥塞管理

由于帧中继网络节点机不进行流量控制,如果当输入的数据业务量超过网络负荷时,网络会发生拥塞。

造成拥塞的原因主要有 3 个:网络中节点缓冲器利用率过高、节点上主处理机利用率过高、中继线利用率过高。(此 3 项计为 3 项指标)

拥塞分为轻微拥塞和严重拥塞。当上述 3 项指标超过 50% 时,说明网络发生了轻微拥塞;超过 80% 时,说明网络发生了严重拥塞。

发生轻微拥塞时,随着用户业务量的增加,网络吞吐量的增加不明显,用户信息传送时延的增长却比较显著,此时网络的运行情况还基本正常;而发生严重拥塞时,随着用户业务量的增加,网络吞吐量明显下降,用户信息传送时延显著延长,此时网络服务质量严重下降,很难为用户提供正常的服务。图 6-24 显示了网络发生拥塞时吞吐量和时延的变化情况。

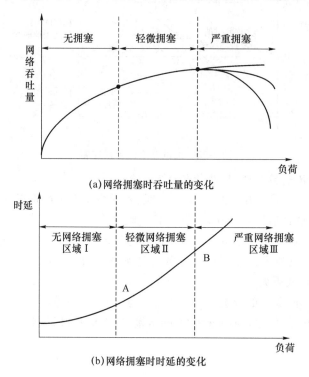

(a)网络拥塞时吞吐量的变化

(b)网络拥塞时时延的变化

图 6-24 网络拥塞时吞吐量和时延的变化情况

由此可见拥塞给网络的使用造成了不良影响,其后果是大量用户信息得不到及时处理,甚至被丢失。因此,拥塞管理在网络中起着十分重要的作用,拥塞管理可以防止和排除拥塞状态。具体措施如下:

（1）拥塞控制策略

在网络发生轻微拥塞的情况下,为防止网络性能的进一步恶化,使网络恢复正常运行状态,要采取拥塞控制,包括终点控制和源点控制。

① 终点控制策略——网络中节点机将前向传送帧的 FECN 比特置"1",以传送拥塞通知,虚电路终点的用户终端应采取相应措施,以缓解拥塞状态。

② 源点控制策略——网络中节点机将后向传送的帧的 BECN 比特置"1"进行传送,以通知其他节点机直至虚电路源点用户终端,使其降低信息传送速率,以缓解拥塞状态。

（2）拥塞恢复策略

在网络发生严重拥塞的情况下,为减少数据流量,以减轻拥塞,使网络恢复到正常状态。拥塞恢复策略是网络内节点机除采用源点或终点控制策略发出拥塞通知外,还要将 DE 比特置"1"的帧丢弃。

（3）终端拥塞管理

用户终端在接收到拥塞通知后,应降低其数据信息提交速率。这样在减轻网络负荷的同时,也可以减少自己传送的信息中因拥塞造成的帧丢失,提高信息传输效率。

3. PVC 管理

永久虚电路(PVC)管理指在接口间交换一些询问和状态信息帧,以使双方了解对方的PVC 状态情况。PVC 管理包括:用于用户-网络接口(UNI)的 PVC 管理协议和用于网络-网络接口(NNI)的 PVC 管理协议。其主要内容有:接口是否依然有效,各 PVC 当前的状态,PVC 的增加和删除等。

6.3　数字数据网(DDN)

我们在 6.1 节介绍了分组交换网,由于分组交换受到自身技术特点的制约,交换机对所传信息的存储-转发和通信协议的处理,使得分组交换网处理速度慢、网络时延大,使许多需要高速、实时数据通信业务的用户,无法得到满意的服务。为了解决这些问题,数字数据网(Digital Data Network,DDN)应运而生。

DDN 把数据通信技术、数字通信技术、光纤通信技术、数字交叉连接技术和计算机技术有机地结合在一起,使其应用范围从单纯提供端到端的数据通信,扩大到能提供和支持多种业务服务,成为具有很大吸引力和发展潜力的传输网络。

6.3.1　DDN 的基本概念

1. DDN 的概念

数字数据网(DDN)是利用数字信道来传输数据信号的数据传输网(即利用 PCM 信道传输数据信号)。更确切地讲,DDN 是以满足开放系统互连(OSI)数据通信环境为基本需要,采用数字交叉连接技术和数字传输系统,以提供高速数据传输业务的数字数据传输网。

公用 DDN 提供多种业务,以满足各类用户的需求,它能向用户提供 200 bit/s～2 Mbit/s速率任选的半永久性连接的数字数据传输信道。所谓半永久性连接是指所提供的信道,属非交换型信道(用户数据信息是根据事先约定的协议,在固定通道带宽和预先约定速率的情况下顺序连续传输),但在传输速率、到达地点与路由选择上并非完全不可改变的。一旦用户提出改变的申请,由网络管理人员,或在网络允许的情况下由用户自己对传输速率、传输数据的目的地与传输路由进行修改,但这种修改不是经常性的,所以称作半永久性交叉连接或半固定交叉连接。由此可见,DDN 不包括交换功能,只能采用数字交叉连接与复用装置(如果引入交换功能,就构成数字数据交换网)。

2. DDN 的特点

由于 DDN 采用的是半永久性交叉连接,所以它克服了数据通信专用链路固定性永久连接的不灵活性,和分组交换网处理速度慢、传输时延大等缺点。归纳起来,DDN 有以下一些特点:

(1) 传输速率高,网络时延小

由于 DDN 采用 PCM 数字信道,因此传输速率每数字话路可达 64 kbit/s。网络时延小的原因是 DDN 采用的是半永久性交叉连接。

(2) 传输质量好

采用数字信道传输,沿途可每隔一定距离加一个再生中继器,使信道中引入的噪声和信号失真不致造成积累,所以误码率比较低。另外,由于 DDN 一般都采用光纤传输手段,进一步保证了较高的传输质量。

（3）传输距离远

因为 PCM 传输采用再生中继方式,可延长通信距离。

（4）传输安全可靠

DDN 通常采用多路由的网状网或不完全网状网拓扑结构,因此中继传输段中任何一个节点发生故障,只要不是最终一段用户线,节点均会自动迂回改道,而不会中断用户的端到端的数据通信。

（5）透明传输

由于 DDN 将数据通信的规程和协议由智能化程度较高的用户终端来完成（例如把检错纠错等功能转移到数据终端设备完成——这是提高 DDN 传输速率、降低传输时延的重要条件之一）,本身不受任何规程的约束,所以 DDN 是全透明传输网。

（6）DDN 的网络运行管理简便

正是由于 DDN 把检错纠错等功能转移到智能化程度较高的数据终端设备来完成,因而,带来对网络运行中间环节的管理、监督内容等项目简化和操作的方便。在必要和允许的情况下,用户还可以部分地参与网络的管理。

6.3.2 DDN 的构成

一个 DDN 主要由 4 个部分组成:

（1）本地传输系统;

（2）复用及数字交叉连接系统（即 DDN 节点）;

（3）局间传输及网同步系统;

（4）网络管理系统。

DDN 的网络组成如图 6-25 所示。

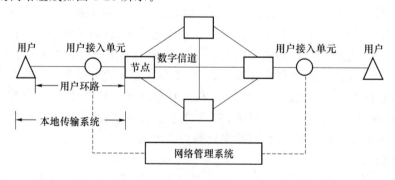

图 6-25 DDN 的网络组成结构框图

下面分别具体介绍 DDN 的 4 个组成部分的内容。

1. 本地传输系统

（1）本地传输系统的组成及作用

本地传输系统由用户设备、用户环路组成。

用户设备一般是数据终端设备（DTE）、电话机、传真机、个人计算机以及用户自选的其他用户终端设备,也可以是计算机局域网。

用户环路包括用户线和用户接入单元。用户线是一般的市话用户电缆。用户接入单元设备的类型比较多,对于数据通信来说,通常是基带或频带 Modem、多路复用器等。

用户设备送出的信号是用户的原始信号,这种原始的用户信号种类很多,可以是音频形式的话音和传真信号、数字形式的数据信号以及其他形式的信号等。这些原始信号只适合在用户设备中处理,而不适合在用户线上传输。用户接入单元在用户端把这些原始信号转换成适合在用户线上传输的信号,如基带型或频带型的调制信号,并在可能的情况下,将几个用户设备的信号放在一对用户线上传输,以实现多路复用。

(2) 用户入网方式

用户接入 DDN 网按连接方法可归纳为三大类,如图 6-26 所示。

- 用户设备直接接入(DDN 节点直接与用户终端相连接);
- 用户设备通过两个用户网络接入单元(NAU)接入;
- 用户设备通过单个 NAU 接入。

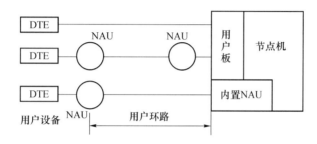

图 6-26 用户接入 DDN 的方式

具体地看,用户入网的传输方式如图 6-27 所示。

① 二线模拟传输方式

二线模拟传输方式如图 6-27(a)所示。这种传输方式支持模拟用户入网,如普通的电话机、G3 传真机、用户交换机(采用 E&M 信令的中继线)等。

② 二线(或四线)话路频带型 Modem 传输方式

如图 6-27(b)所示,这种传输方式支持的用户速率,由线路长度、Modem 的型号及 Modem 的工作方式等决定。

一般情况下,使用四线比使用二线传输的距离长,因为使用四线是用不同的线对来完成收、发信道分开,实现全双工的,而二线的全双工则必须通过使用频率分割、回波抵消等技术来实现,因此限制了传输速率和传输距离。

型号不同的 Modem,因为采用了不同的调制、编码、压缩等技术,所以在传输速率上差别很大。话路频带型 Modem 最高传输速率为 56 kbit/s。

③ 二线(或四线)基带传输方式

如图 6-27(c)所示。在基带传输方式中,用户设备入网是通过基带传输设备的(即基带 Modem),线路上传输的是基带数据信号。

如果采用二线基带传输方式,其二线全双工传输的实现一般采用时间压缩复用和回波抵消方式。信息传输速率可达 19.2 kbit/s;四线全双工的基带型 Modem,信息传输速率可达 64 kbit/s。另外,如果在基带 Modem 前加上时分复用(TDM)设备,可允许多个用户同时接入。

④ 模拟话音和数据复用传输方式

如图 6-27(d)所示,这种传输方式可采用频分复用技术在现有市话用户线上实现电话/数据

231

同时独立传输,称为频分复用型话上数据(DOV)。如两个方向上的载频分别为 38.4 kHz 和 76.8 kHz,采用差分四相调制技术,开通 19.2 kbit/s 的全双工传输,则在要求对 100 kHz 信号衰减不大于 40 dB 的情况下,不同线径的传输距离为:线径 0.4 mm 可以传 4 km;线径 0.6 mm 可以传 6.5 km;线径 0.8 mm 可以传 9 km。

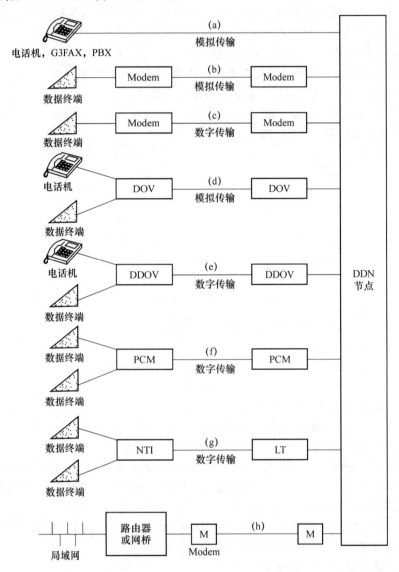

图 6-27　DDN 用户入网的传输方式

⑤ 数字话音和数据复用传输方式

如图 6-27(e)所示。这种传输方式采用时分复用技术在现有市话用户线上实现电话/数据独立传输,称为时分复用基带型话上数据(Digital Data Over Voice,DDOV)。在 DOV 设备或在 DDOV 设备中还可加上 TDM 复用,为多个用户提供入网。

⑥ PCM 数字线路传输方式

如图 6-27(f)所示,在这种传输方式中,用户设备通过用户光缆、数字微波高次群等,可与业务合用,占用一路 2 048 kbit/s 接入 DDN。

⑦ 2B+D 速率线路终接(LT)传输方式

如图 6-27(g)所示,用户设备以 ISDN 的 2B+D 的方式接入 DDN。此时 B 信道的信息传输速率为 64 kbit/s。而 D 信道的传输速率为 16 kbit/s,B 信道传输用户信息,D 信道传输网络控制信息,在二线上传输 2B+D＝64×2＋16＝144 kbit/s 速率。

⑧ 路由器(网桥)接入

如图 6-27(h)所示,局域网可以通过路由器或网桥接入 DDN。如果传输距离较远,可以采用话带或基带 Modem(二线)接入。根据用户需要,其速率可以从 $9.6 \sim N \times 64$ kbit/s;低速接入宜用话带 Modem。

⑨ 利用 HDSL、ADSL 接入

HDSL(高速数字用户线)采用 2B1Q 或 CAP(无载波调幅/调相)线路编码技术,可以在两对(或三对)双绞铜缆上开通 2 048 kbit/s 速率的数字通路。由于 HDSL 双向对称高速传输,适合高速用户接入。

ADSL(非对称数字用户线)是非对称的数字数据传输,下行速率高达 8 Mbit/s,上行速率为 576 kbit/s,可达 1 Mbit/s。ADSL 一般用于接入非对称高速数据用户的场合,目前在 DDN 中使用尚很少。

2. 复用及数字交叉连接系统

DDN 节点的主要设备就是复用及数字交叉连接系统。

(1) 复用

前面第 2 章有关数字数据传输的内容已经介绍过数字数据传输的时分复用的概念。数字数据传输的时分复用分一级复用和二级复用。

① 一级复用

一级复用也就是子速率复用。速率小于 64 kbit/s 时,称为子速率,例如 DTE 输出的速率为 0.6 kbit/s,2.4 kbit/s,4.8 kbit/s,9.6 kbit/s 的低速数据信号。将多路子速率的信号复用 64 kbit/s 的零次群(DS0)信号称为子速率复用(即一级复用)。

子速率复用可有多种标准,例如 CCITT X.50,X.51,X.58,R.111,V.110 等。其中 X.50 常用,X.58 为推荐使用。

② 二级复用

二级复用即 PCM 帧复用,是将 64 kbit/s 的零次群按 32 路 PCM 帧格式进行复用,成为 2.048 Mbit/s 的数字信号(即 PCM 一次群)。按 CCITT G.732 建议,一个 E1 帧(DS1)有 32 个 DS0 信道,其中第 0 信道为同步信道,第 16 信道为信令信道,其余 30 个信道可均为 64 kbit/s 的数字数据信道(即 30 个 DS0 均用来传数据信号);也可以是任何比例组合的数字数据信道和数字话音信道(一部分 DS0 传数据信号,一部分 DS0 信道传 PCM 话音信号);当然还可以是 30 个信道全部是数字话音信道。

PCM 帧复用及 PCM 帧结构(按 CCITT G.704 建议)可参见图 6-28。

(2) 数字交叉连接系统

① 数字交叉连接原理

数字交叉连接系统(Digtal Cross Connect System,DCS),也称为数字交叉连接设备(Digtal Cross Connect equipment,DXC),指一种具有一个或多个 G.702(准同步)或 G.707(同步)标准的数字端口的设备,可对其任一端口信号(或其子速率信号)与其他端口信号(或其子速率信号)进行可控的连接或再连接的设备。换言之,它是可实现数字信道(端口,其实即对应某些时隙)半永久性连接或再连接的设备。

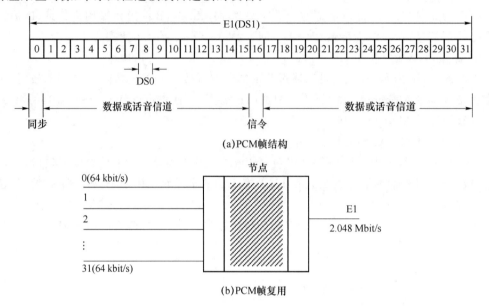

(a)PCM帧结构

(b)PCM帧复用

图 6-28　PCM 帧复用及 PCM 帧结构

在老式的 PCM 设备中,E1(T1)数字线路经复用器分接成各个 64 kbit/s 数字通道,需若干个背靠背的复用器,如图 6-29(a)所示。如果要实现不同时隙数字通道的连接,必须通过数字配线架间的硬布线实现。这不但费工费时,不灵活,还易出错。

数字交叉连接设备取代了背靠背的复用器和硬布线,通过控制部分自动完成交叉连接或再连接功能,它的作用远不止微机控制下的同步复用器加上智能配线架。数字交叉连接设备实际上相当于时隙交换机,其原理如图 6-29(b)、(c)所示。

DXC 是对支路信号进行交叉连接。根据支路信号速率的不同,DDN 上有子速率交叉连接、$N \times 64$ kbit/s 交叉连接、2 048 kbit/s 交叉连接。例如在 2 048 kbit/s 数字信号复用帧中,各路来的或去的 2 048 kbit/s 数字流在 DXC 中以 64 kbit/s 为单位进行交叉连接,如图 6-30 所示。

数字交叉连接设备不同于交换设备,它的连接不受用户管理(如不受摘机、挂机信令控制),只受网管中心指令控制。只要连接指令不解除,链路就"永久"连接着,所以说,由 DXC建立的支路间的连接是"永久"的或"半永久"的连接。

② 数字交叉连接设备的功能

数字交叉连接设备由微机控制的复用器和配线架等所组成,其主要功能如下。

(a) 灵活组网

采用 DXC 进行半永久性连接,可以不必在配线架上跳接电路,电路的增加、拆除、重接等都可以在控制终端上通过指令来完成,使网络连接变得十分灵活。利用 DXC 组网还可以满足那些租用线进行数据通信的用户变换速率的要求。比如某个用户有可能白天租用整个DSl 电路来传输话音、数据或图像,而夜晚只需要租用几个 DS0 电路进行数据传输,DXC 从技术上可以很容易地满足这类用户的需求。

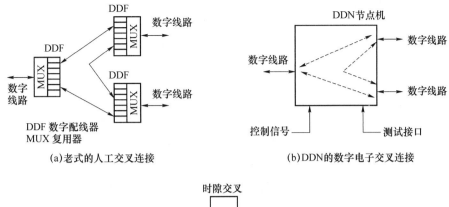

(a)老式的人工交叉连接　　　　　(b)DDN的数字电子交叉连接

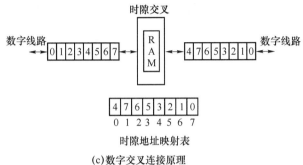

(c)数字交叉连接原理

图 6-29　DDN 的交叉连接

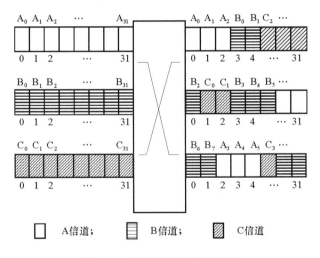

图 6-30　数字交叉连接示意图

（b）业务管理

数据通信网提供的业务种类很多,既可以传输话音、数据信息,也可以传输图像信息;既有交换电路,又有租用线电路;既有点到点连接,也有点到多点连接。

当数据通信要求以多点的方式进行连接时,要桥接 2 个或多个电路。一般搭接电路的电路数不仅很有限,并且增加、更换或拆除电路也很困难。而采用 DXC 可以很好地实现多点桥接,不仅电路变换方便,而且桥接的电路数可以增加很多。利用 DXC 还能实现广播连接、桥接、会议连接、单向或双向连接、返回、分离、接入等,向用户提供多类型服务。

另外,在网络中继线端,DXC 可以用来进行业务的集中、分散与疏导,分离本地交换业务和非交换业务,组织临时性专用电路,使传输系统的利用率达到最佳。如图 6-31 所示,如本地交换局的出端中继线上既有本地交换业务,又有数据租用线业务,还有未占满的时隙,DXC 可以把数据业务分离到专线网上,并把未填满 PCM 时隙尽量填满。

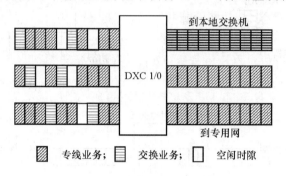

图 6-31　DXC 进行业务管理

（c）性能监视

DXC 既可以对接入到它上面的信号进行不中断业务的性能自动监视（自动误码率测试和 CCITT G.732 建议所列的告警,如信号丢失、帧错位等）,也可以非常方便地外接测试设备。一旦线路质量出现问题,可以马上被发现,这对保证数据通信的传输质量非常重要。

（d）网络保护

DXC 能在网络故障时,迅速调整提供网络的重新配置,使 DDN 具有复用配线、保护恢复、监控、传输设备性能监视和自动维护等功能。

（e）网间互连

将来的 DXC 实际有可能成为一个通信处理器,它不仅可以进行复用、交叉连接,还可以进行协议转换、信息处理等工作,所以可利用 DXC 进行网间互连。

以上介绍了 DDN 节点的主要组成部分:复用和交叉连接系统。这里有两个问题需要说明一下。

• DDN 中的数字交叉连接主要指以 64 kbit/s 为单位的交叉连接,也有提供子速率（低于 64 kbit/s）交叉连接的设备。

• 在 PCM 的传输过程中,DDN 节点具有分流、插入和落地的功能,如图 6-32 所示。

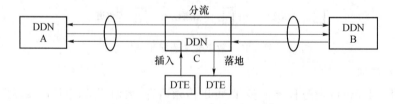

图 6-32　分流、插入和落地示意图

图 6-32 中设 DDN 节点 A 和节点 B 之间有一条中继数字通路,该通路经 DDN 节点 C 中转。对于节点 C 来说,该数字通路是从本地路过,这种只是中转的数字通路（全部时隙或部分时隙）称为分流或旁路;如在节点 C 有某几个时隙的用户的数据要发送出去,则称为插入;如果有某几个时隙的用户数据要在节点 C 被接收,则称落地。

3. 局间传输与网同步

（1）局间传输

局间传输是指节点间的数字信道以及由各节点通过与数字信道的各种连接方式组成的网络拓扑。

DDN 以终端局、汇接局/终端局形式进行组网,终端用户就近接入相应终端局。公用 DDN 的节点一般与电话局合设,节点间的数字传输信道可以利用已有的局间数字中继线路来提供。DDN 中的局间传输通常采用 CCITT G.703,G.704,G.732 的 E1 电路连接,即数字传输系统中的一次群（2 Mbit/s）信道（根据需要也可是二次群,即 8 Mbit/s 等信道）。市内节点机之间的连接可以利用 PCM 电缆、光缆;城市之间的节点机的连接可以利用光缆、数字微波、卫星传输系统的 2 Mbit/s 通道。

局间传输要考虑合理的网络拓扑结构,以保证网络安全。一旦连接某节点与相邻节点的一条数字信道发生故障或相邻节点发生故障时,该节点会自动启用与另一节点相连的数字信道进行迂回,以避免原通信中断。

（2）DDN 的网同步系统

① 网同步的概念

在数字通信网中,传输链路和交换节点上流通和处理的都是数字信号的比特流,都具有恒定的比特率。为实现链路之间和链路与交换节点之间的连接,就要使它们能协调工作,而协调工作最主要的是相互连接的设备所处理的信号都应具有相同的时钟频率。

数字网的网同步就是使数字网中各数字设备内的时钟源相互同步,即使其时钟在频率上相同、相位上保持某种严格的特定关系。

② 网同步的实现方式

数字网的同步可以有如下几种不同方式:

- 准同步网:所谓准同步,是指时钟信号（来自不同的时钟源）具有相同的标称频率,且频率的任何变化都限制在规定极限内的同步方式。准同步网就是每个节点的定时是由各自的时钟控制,各节点的时钟频率稳定度和准确度都很高,基本稳定在一个频率上。

- 主从同步网（也叫全同步网）:全网只有一个基准时钟（指一个频率稳定度和准确度都很高的时钟）,网内各节点的时钟都由此基准时钟所控制。

- 相互同步网:全网由一组同步子网组成,其中每个子网均有一个基准时钟控制子网内的各节点运行,每个子网均是主从同步网,但在子网之间按准同步方式工作,全网称为相互同步网。

③ DDN 的网同步

DDN 是同步传输网络,必须保证全网各节点的定时信号一致,才能提供高质量的专用电路。

（a）DDN 的网同步方式

DDN 的网同步方式是:

- 国际间互连的同步方式:国际间采用准同步方式。在 DDN 国际间互连的数字电路上,其定时要求符合 CCITT G.811 规定的适用于国际数字链路准同步操作基准时钟输出的定时要求。

- 国内 DDN 节点间的同步方式:国内 DDN 节点之间的同步,应符合我国对数字网的主从等级同步方式的规定。即 DDN 节点间的同步方式为主从等级同步方式。DDN 同步网分为四级,DDN 节点应采用与所在局统一的数字同步网时钟作为参考的标准频率信号。

- DDN 用户入网的同步方式:DDN 用户入网应首选网络提供的定时,与网络保持同步,否则用户之间难以保证正常的工作,容易产生滑动。

(b) DDN 节点定时

DDN 节点的定时系统主要由主振器(本地晶振)、数字锁相环、时序时钟分频电路等组成,如图 6-33 所示。

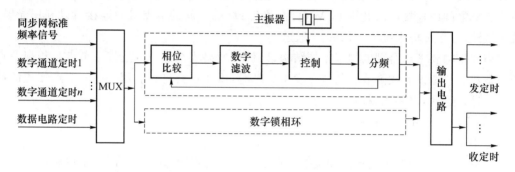

图 6-33　DDN 节点定时系统

DDN 节点应能选择主、从两种定时方式。

- 主定时方式(也叫内钟方式):主定时方式是以节点时钟源(本地晶振)为主时钟,该节点的发送时钟和接收时钟都以该主时钟为基准,其他节点的定时则从属于该主时钟节点时钟。主定时的性能取决于节点本地晶振的性能。在主定时方式工作时,图 6-33 中的锁相环不做任何调整,主时钟分频得到的各种时钟无任何抖动。
- 从定时方式:从节点的从时钟都由本地晶振产生,通过锁相环与输入的标准定时信号在频率上保持同步。锁相环把从本地晶振(主钟)分频得到的定时信号和从外输入来的标准定时信号进行比较,按比较结果调整主钟输出频率,只要输入的标准定时信号在锁相环的锁相范围内,锁相环就能保持锁定状态,系统即可正常工作。

DDN 节点的标准定时信号来源有:

- 所在局统一供给标准频率信号,如 8 kHz,64 kHz,2 048 kHz 等。DDN 节点应优先使用统一的局时钟,以保持数字传输网的同步。
- 从数字通道接口提取的定时信号,如从 2 048 kbit/s,64 kbit/s 数字通道提取的定时信号。
- 从数据电路接口上直接提供的收、发定时信号,如 19.2 kbit/s,64 kbit/s,$N \times 64$ kbit/s 信号。

DDN 节点应能按优先顺序设置多个获取参考基准信号的端口,并能自动检测端口故障,具有按优先顺序自动切换获取参考信号端口的能力,以便组织具有冗余路由的同步网。

4. DDN 的网络管理系统

网络管理是网络正常运行和发挥性能的必要条件。网络管理系统负责对全网布局的建立调整和日常网络运行的监视、调度和控制,并对网络运行情况进行统计等。

(1) DDN 的网络管理方式

根据数字数据网的技术体制,DDN 网的管理是分级进行的,即采用分级管理方式。

　　首先,在 DDN 上设置全国和各省级网管控制中心(NMC),全国 NMC 负责一级干线网的管理和控制,省级 NMC 负责本省、直辖市或自治区网络的管理和控制。其次,根据网络管理和控制的需要以及业务组织和管理的需要,可以分别在一级干线网上和二级干线网上设置若干网管控制终端(NMT)。NMT 能与所属的 NMC 交换网络信息和业务信息,并在NMC 允许范围内进行管理和控制。

　　除 NMC 和 NMT 两级的管理,DDN 节点的管理维护终端可负责本节点的配置、运行状态的控制、业务情况的监视指示,并能对本节点的用户线进行维护测量。

　　另外,在节点数量多、网络结构复杂的本地网上,也可以设置本地网管控制中心,负责本地网的管理和控制。

　　这种分级管理的好处是:上级网管逐级观察下级网络的运行状态,告警、故障信息能及时反映到上级网管中心,以便实现统一网管。

　　(2) 网络管理控制功能

　　DDN 通过 NMC 和 NMT,完成以下基本功能。

　　① 进行网络结构和业务的配置

　　网络结构的配置包括网络节点、中继线的增减和变动;网络节点部件、端口和冗余结构配置;网络节点识别码的设置;网络节点的访问口令的设置和改变等。

　　网络业务的配置即在首次开通专用电路时,根据业务特性要求,开放专用电路的端口、时隙连接表,建立帧中继路由表,对必要的故障、阻塞监测门限进行设置和改变;在专用电路发生故障时,自动按用户优先级生成、重新建立电路。

　　② 实时监视网络运行

　　此项管理主要包括:

- 网络结构的显示,网络节点、中继线配置和利用情况的显示;
- 网络节点关键部件故障和利用率的告警与显示;
- 对 DDN 电路的监视;
- 2 048 kbit/s 数字通路的告警和显示;
- 其他速率按节点端口故障向 NMC 告警显示。

　　③ 对网络进行维护、测量并对故障进行定位

　　为使网络能正常运行,必须对网络进行日常维护,一旦网络出现问题,要能及时发现并通过测试知道问题的所在,以便及时解决问题。

　　④ 进行网络信息的收集,并做出统计报告

　　网络管理系统应能及时地进行网络信息的收集,并做出统计报告。这样可了解网络在不同时刻的运行情况,以便有效、系统地管理网络。统计报告主要包括以下几个方面:

- 网络用户记录:记录用户数及分布、用户连接方式、用户业务特性要求等相关内容。
- 网络节点、中继线资源记录:网络控制中心记录有节点及已使用和未使用的端口数,中继线已使用和未使用的容量。
- 网络告警统计报告:网络节点、中继线告警的产生、告警内容和告警清除的统计报告。
- 专用电路业务中断统计报告:由于网络节点和线路设施故障,对所涉及的专用电路业务中继时间、历时和累计时长的统计报告。
- 帧中继业务统计报告:帧中继服务器定期按每个帧中继端口向 NMC 发送收集到的

帧中继业务量数据,NMC 统计出反映帧中继用户业务量特性的数据和计费信息。

(3) DDN 兼容网管

实际的 DDN 中,由于 DDN 骨干网和省内网采用了不同厂家的设备,而不同厂家的网络管理系统都是依据各自的标准而开发研制的,其体系结构、管理信息模型、网管协议上差别很大,所以各个厂家的网络管理系统只能管理自己的网络设备,不能互通。为了解决这个问题,提出了 DDN 兼容网络管理的要求。

我国原邮电部数据局立项开发了一套 DDN 兼容网管系统(UNMS)。它是一个多用户、多任务的计算机网络系统,这个系统专门进行网络管理,具备一系列标准接口和统一的体系结构,并且可以和不同厂商的网络设备(包括网络管理系统)互连,从而实现 DDN 全程、全网的管理。

6.3.3 DDN 的网络结构

1. DDN 的三级网络结构

我国 DDN 按网络的组建、运营、管理的地理区域,可分为一级干线网、二级干线网和本地网三级,如图 6-34 所示。

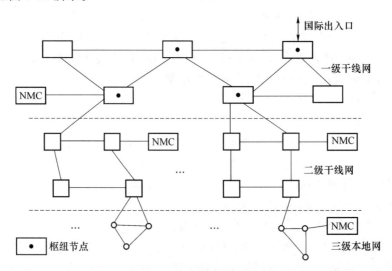

图 6-34 DDN 三级网络结构

从网络的功能层次看,DDN 网络可分成核心层、接入层和用户层 3 层。

(1) 一级干线网

一级干线网是全国的骨干网,其节点主要设在各省会城市和直辖市。一级干线网节点分为枢纽节点(枢纽节点构成核心层)、国际出入口节点(实际也是枢纽节点,设在北京、上海、广州)及非枢纽节点。

枢纽节点(包括国际出入口节点)之间采用全网状连接;非枢纽节点至少有两个方向连接(即至少与另外两个节点连接),并至少与一个枢纽节点连接。

一级干线网节点主要提供省际长途 DDN 业务,也提供国际 DDN 业务。

(2) 二级干线网

二级干线网由设置在省内的节点组成,它提供本省内长途和出入省的 DDN 业务。二级干线网也可设置枢纽节点(组成核心层网络),省内发达地、县级城市可组建本地网。没有组建本地网的地、县级城市所设置的中、小容量接入层节点或用户接入层节点,可直接连接到一级干线网节点上或经二级干线网其他节点连接到一级干线网节点。

二级干线网内节点之间采用不完全网状网相连接,二级干线网与一级干线网之间采用星形的连接方式。

(3) 本地网

本地网是城市(地区)范围的网络,它主要为用户提供本地和长途(省内、省际)DDN 业务。本地网可由多层次网络组成(核心层、接入层、用户层),其小容量节点可直接设置在用户室内。

本地网节点之间也采用不完全网状连接,它与二级干线网之间采用星形连接。

以上介绍了 DDN 的三级网络结构,另外还有几点需要说明:

- 节点间数字电路主要采用 2 048 kbit/s 数字电路,根据业务量和电路组织情况,也可采用 64 kbit/s 数字电路互连。
- DDN 的一级干线网和各二级干线网中,由于连接各节点的数字电路容量大,复用路数多,其故障影响面广,所以应考虑备用数字电路。为了减少备用数字电路的条数,且充分发挥备用数字电路的效率,在一级和二级干线网,应根据电路组织情况及业务量和网络可靠性要求,选定若干节点为枢纽节点。图 6-35(a)为不设枢纽节点时,每条电路各自备用,需要 14 条备用电路;图(b)中设节点 1 和节点 2 为枢纽节点,此时可有若干条电路公共备用,则只需 8 条备用电路。

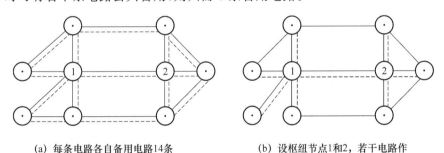

(a) 每条电路各自备用电路14条   (b) 设枢纽节点1和2,若干电路作
公共备用电路8条

图 6-35   DDN 中设枢纽节点备用电路情况

- 由图 6-34 可见,DDN 的三级网络结构中,每一级设置了网管控制中心(NMC),对网络进行维护管理。
- 在正常情况下,用户之间的连接最长可经过 10 个 DDN 节点,它们是一级干线网 4 个节点,两边省内网各 3 个节点,如图 6-36 所示。

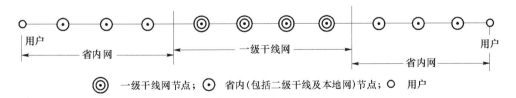

用户   省内网   一级干线网   省内网   用户

◎ 一级干线网节点; ⊙ 省内(包括二级干线及本地网)节点; ○ 用户

图 6-36   用户之间最长连接

2. DDN 节点

（1）DDN 节点的功能

DDN 节点主要包括复用及数字交叉连接设备等。其主要任务是通过用户接入系统，把用户的业务(数据)复用到中继数字通道(同时完成交叉连接)，传输到目标节点后，通过解复用，把业务传送到目标用户。归纳起来，DDN 节点的主要功能为：

① 复用和解复用；

② 交叉连接；

③ 提供各种数字通道接口和用户接口，接入各种业务；

④ 保持网络同步。

（2）DDN 节点机分类

从网络的角度可以把 DDN 节点机分为三类：骨干节点机、接入节点机和用户节点机。

① 骨干节点机(大型 2 Mbit/s 节点机)。骨干节点机是高层骨干网的节点机，它主要执行网络业务的转接功能，具体包括：

• 2 048 kbit/s 数字通道的接口和交叉连接；

• $N \times 64$ kbit/s($N=1 \sim 31$)数字通道的复用和交叉连接；

• 帧中继业务的转接。

② 接入节点机(中型节点机)。接入节点机主要提供接入功能，包括：

• 2 048 kbit/s 数字通道的接口；

• $N \times 64$ kbit/s($N=1 \sim 31$)数字通道的接口，复用；

• 低于 64 kbit/s 的子速率的复用和交叉连接；

• 帧中继用户接入、本地帧中继功能；

• 话音和 G3 传真用户接入。

③ 用户节点机(小型节点机)：用户节点机为 DDN 用户入网提供接口和必要的协议转换。它可能是一个复用器，可以接入多种业务。

值得说明的是，实际应用中节点并不一定严格地按上述分类，往往把骨干节点机和接入节点机归为一类，或把接入节点机和用户节点机归为一类。

6.3.4 DDN 的网络业务

DDN 的网络业务主要是时分复用(TDM)专用电路业务以及在此基础上通过引入相应服务模块(如帧中继服务模块、语音服务模块)而提供的网络增值业务，如帧中继业务及话音/G3 传真业务等。

1. 时分复用(TDM)专用电路业务

TDM 专用电路业务是 DDN 最基本的网络业务，它是通过 DDN 节点内的复用和交叉连接功能来实现的(DDN 的节点主要包括复用和交叉连接设备)。由于节点内的复用均为时分复用方式，所以 DDN 上的专用电路又称为 TDM 连接电路。对用户而言，专用电路是确定带宽的透明传输电路，DDN 提供的专用电路只具有物理层功能，可支持任何高层协议的应用。

2. 帧中继业务

（1）DDN 开通帧中继业务的方法

DDN 可通过在 DDN 节点上安装帧中继模块（Frame Relay Module，FRM）和/或帧中继装拆模块（表示成 FAD 或 FRAD）来提供帧中继业务。

不是所有的 DDN 节点中都必须配置 FRM 和/或 FAD 模块，只是在有帧中继用户的节点上才配置。在 FRM 之间、FRM 和 FAD 之间都用基本专用电路互连。由此可见，在 DDN 上，从专用电路业务和帧中继业务两者关系上看，可以把帧中继业务看作是在专用电路业务基础上的增值业务。单从帧中继业务的角度看，FRM，FAD 以及它们之间的专用电路实际上构成一个与 DDN 相对独立的帧中继子网，即逻辑上的帧中继网。

DDN 上开放帧中继业务的帧中继协议结构如图 6-37 所示。

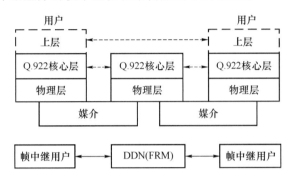

图 6-37　DDN 上开放帧中继业务的帧中继协议结构

帧中继业务的用户分为两类：一类是具有符合帧中继用户-网络接口规程接口的用户，称为帧中继用户；另一类是具有非帧中继用户-网络接口规程接口的用户，称为非帧中继用户（例如 X.25，HDLC 用户）。

在 DDN 上开通帧中继业务时，用户的接入方式有以下几种：

① 帧中继用户可直接与 FRM 相连接。

② 非帧中继用户需要经过 FAD 才能与 FRM 相连接。FAD 提供所需要的协议转换功能。

③ 如果用户附近节点没有 FRM，FAD 模块，可以通过 DDN 基本专用电路连接到具有帧中继模块（FRM，FAD）的节点，然后进入帧中继子网。

在 FRM 上应有帧中继 PVC 路由表，它是 FRM 上数字通路与各帧中 DLCI 的对照表，由网管中心制定，再分装到各个 FRM 模块中。

3. 话音/G3 传真业务

DDN 通过在用户入网处设置语音服务模块（Voice Service Module，VSM）来提供话音/G3 传真业务，如图 6-38 所示。

VSM 的主要功能有：

（1）电话机和 PBX（数字化专用小交换机）连接的二/四线模拟接口（包括启动方式、信令方式）；

（2）话音压缩编解码（如采用 ADPCM 或其他编码方式），使每路话音信号在集合信道上占用速率为 4 kbit/s，8 kbit/s，16 kbit/s，32 kbit/s 等；

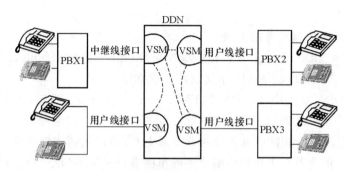

图 6-38　DDN 上的话音/G3 传真业务

（3）模拟接口的信令和集合信道上的信令间转换；

（4）G3 传真机标准的 Modem；

（5）话音/传真信号识别和自动切换。

DDN 在话音/G3 传真用户网端口处有话音业务模块（VSM），并在 VSM 之间设置有带信令传输能力的专用电路（图中用虚线表示）。VSM 之间的这种专用电路根据用户的要求设置。在 VSM 之间，需要分别设置传输话音/传真信号和传输信令/控制信息的两条通路，例如传输话音/传真信号的通路为 4 kbit/s，8 kbit/s，16 kbit/s 或 32 kbit/s，传输信令/控制信息的通路为 800 bit/s，那么，在 VSM 之间每设置 1 条带信令传输能力的专用电路，其容量应分别为 4.8 kbit/s，8.8 kbit/s，16.8 kbit/s 或 32.8 kbit/s。

入网的用户可以是话音/G3 传真单机用户，也可以是 PBX 用户。用户入网传输方式可以是数字方式，也可以是模拟方式。在图 6-38 中，用户 PBX1 用 2 048 kbit/s 的数字电路，按 30B＋D（ISDN 的基群速率接口）标准接口入网，而其他用户则是用二线或四线模拟方式，按 E/M 信令方式入网。

DDN 网上的话音/G3 传真业务的兼容性是靠两端的 VSM 一致性来保证的。对 VSM 之间的带信令传输能力的专用电路，DDN 不再引入对话音/G3 传真信号的处理和变换。

6.3.5　DDN 的应用

DDN 作为一种数据业务的承载网络，非常适合用于数据信息流量大的数据通信场合。DDN 不仅可以实现用户终端的接入，而用 DDN 可与其他网络互连，扩大信息的交换与应用范围。具体地说，DDN 的应用主要有以下几个方面。

1. DDN 用于向用户提供专用的数字数据信道

由于 DDN 中没有交换机，所以它相当于是专用的数字数据信道，实际是利用数字交叉连接设备建立的半固定连接的数字数据信道。利用 DDN 可以为各用户之间的通信提供专用的数字数据信道，如图 6-39 所示。用户之间可以通过 DDN 实现快速、高效的数据传输。

图 6-39　DDN 为用户提供专用的数字数据信道

2. DDN 可为公用数据交换网提供交换节点间的数据传输信道

DDN 作为一种传输网络,可为公用数据交换网提供交换节点间的数据传输信道,即两个交换机之间的传输手段采用 DDN,如图 6-40 所示。

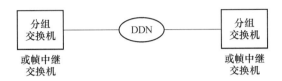

图 6-40 DDN 为公用数据交换网提供交换节点间的数据传输信道

由于采用了 DDN,可以保证交换节点之间数据传输的可靠性、高效性及快速性。

3. DDN 可提供将用户接入公用数据交换网的接入信道

用户终端经租用专线入网的方式有 3 种:频带传输、基带传输和数字数据传输。当采用 DDN 作为将用户接入公用数据交换网的接入信道时,与采用模拟传输技术的频带传输相比,具有传输质量好、信道利用率高等优点,而且可省去调制解调器。

数据终端通过 DDN 接入公用数据交换网如图 6-41 所示。

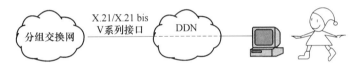

图 6-41 远程用户通过 DDN 接入 PSPDN

4. 利用 DDN 可以进行局域网的互连

利用 DDN 可以进行局域网的互连,DDN 可为局域网之间提供高速、优质的数据传输通道。

局域网与 DDN 之间的互连设备是网桥或路由器,互连接口采用 G.703 或 V.35、X.21 标准,如图 6-42 所示。

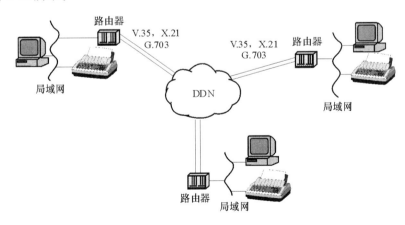

图 6-42 DDN 与局域网的互连

网桥的作用是把局域网在链路层上进行协议的转换而使之互相连接起来。路由器具有网际路由选择功能,通过路由选择转发不同局域网的信息。

6.4 ATM 网

6.4.1 ATM 网的网络结构

ATM 网络概念性结构如图 6-43 所示。

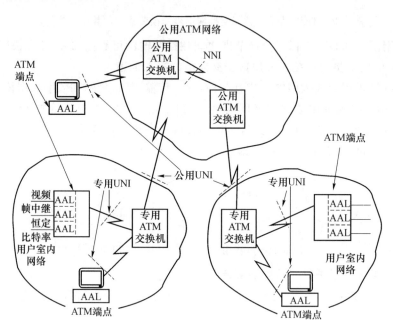

图 6-43 ATM 网络的概念性结构

ATM 网络包括公用 ATM 网络和专用 ATM 网络两部分。

- 公用 ATM 网络——由电信部门建立、运营和管理，组成部分有公用 ATM 交换机、传输线路及网管中心等。公用 ATM 网络内部交换机之间的接口称为网络节点接口（NNI）。公用 ATM 网络作为骨干网络使用，可与各种专用 ATM 网及 ATM 用户终端相连。公用 ATM 网与专用 ATM 网及与用户终端之间的接口称为公用用户-网络接口（public UNI）。

- 专用 ATM 网络——某一部门所拥有的专用网络，包括专用 ATM 交换机、传输线路、用户端点等。其中用户终端与专用 ATM 交换机之间的接口称为专用用户-网络接口（private UNI）。

此外，通过 ATM 集线器（Hub）、ATM 路由器（Router）和 ATM 网桥（Bridge）等可实现各种网络，如电话网、DDN、以太网、帧中继网等与公用 ATM 网的互连。

公用 ATM 网内各公用 ATM 交换机之间（即 NNI 处）的传输线路一律采用光纤，传输速率为 155 Mbit/s，622 Mbit/s（甚至可达 2.4 Gbit/s）。公用 UNI 处一般也使用光纤作为传输媒体，而专用 UNI 处则既可以使用屏蔽双绞线 STP 或非屏蔽双绞线 UTP（近距离时），也可以使用同轴电缆或光纤连接（远距离时）。

ATM 交换机之间信元的传输方式有三种：

- 基于信元（cell）——ATM 交换机之间直接传输 ATM 信元。
- 基于 SDH——利用同步数字体系 SDH 的帧结构来传送 ATM 信元，目前 ATM 网主要采用这种传输方式。
- 基于 PDH——利用准同步数字体系 PDH 的帧结构来传送 ATM 信元。

6.4.2　ATM 网的用户-网络接口

1. B-ISDN（ATM 网）用户-网络接口参考配置

B-ISDN（ATM 网）用户-网络接口（UNI）参考配置，如图 6-44 所示。

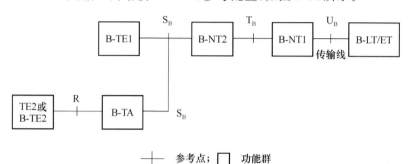

图 6-44　B-ISDN 用户-网络接口（UNI）参考配置

B-ISDN 用户-网络接口参考配置与 N-ISDN 用户网络接口参考配置是相同的。其中各个功能群是：

- B-TE1：第 1 类宽带终端设备（即 B-ISDN 标准终端）；
- B-TE2：第 2 类宽带终端设备（即非 B-ISDN 标准终端）；
- TE2：N-ISDN 标准终端；
- B-TA：宽带终端适配器；
- B-NT1：第 1 类宽带网络终端；
- B-NT2：第 2 类宽带网络终端；
- B-LT：宽带线路终端；
- B-ET：宽带交换终端。

参考点是 R，S_B，T_B 和 U_B，其中 T_B 定为用户与网络的分界点，当无 B-NT2 时，S_B 与 T_B 合为一点。

2. B-ISDN 用户-网络接口的物理配置模型

图 6-44 所示的 B-ISDN 用户-网络接口参考配置可以有不同的物理实现，图 6-45 给出了一种比较有代表性的 B-ISDN 用户-网络接口的物理配置。

下面分别介绍各功能群的功能及各接口（参考点）标准。

（1）各功能群

① 宽带终端设备 B-TE

- B-TE1——符合 B-ISDN 标准（即 ITU-T 标准），支持纯信元形式业务（即 B-TE1 输出的是符合标准的信元）和公用 UNI 信令，可直接接入专用 ATM 交换机和公用 ATM 交换机。

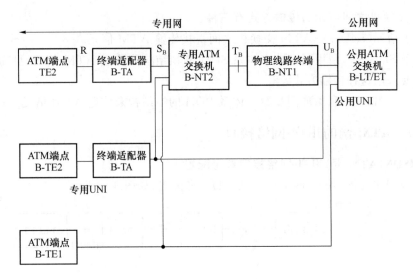

图 6-45　B-ISDN 用户-网络接口物理配置模型

- B-TE2——支持非标准 ITU-T 接口的信元形式，即其输出为信元但不符合 ITU-T 的接口标准，所以 B-TE2 需经宽带终端适配器 B-TA 方可接入专用 ATM 交换机或公用 ATM 交换机。
- TE2——各种现有的非信元形式终端（即 N-ISDN 标准终端），必须经过 B-TA 适配后才能接入 ATM 网络。

② 宽带终端适配器 B-TA

B-TA 主要有两种：

- 适配 TE2 的 B-TA——用于适配 R 接口的非信元形式终端业务，进行相应的信元拆装（发送端将非信元的业务变成信元，接收端则进行相反的变换）和协议处理。
- 适配 B-TE2 的 B-TA——用于将不符合标准的信元形式的业务转换成符合相应接口标准的信元形式。

③ 宽带网络终端 B-NT2

宽带网络终端 B-NT2 所对应的物理设备大多是专用 ATM 交换机（其作用与电话网的用户小交换机相似），用于比较大的企业或单位内部。专用 ATM 交换机的特点是交换容量和处理能力较小，而且不需要支持 NNI 信令和复杂的计费、网络管理维护功能。

④ 宽带网络终端 B-NT1

宽带网络终端 B-NT1 实际是物理线路终端设备，具有线路传输终端、传输接口处理和网络运行、维护、管理（OAM）功能（即相当于 OSI 参考模型第 1 层的功能）。

⑤ B-LT 和 B-ET

B-LT 和 B-ET 的功能具体由公用 ATM 交换机实现。公用 ATM 交换机有下述特点：一是交换容量和处理能力强大；二是具有公用 UNI 信令和 NNI 信令的处理功能；三是具有网络维护管理、计费等功能。

（2）各接口标准

① R 接口

R 接口属于专用 UNI，接口处是非信元形式的终端业务，其接口标准根据接入的终端种类确定。

② S_B 接口

S_B 接口是 B-NT2 与 B-TA 之间的接口,属于专用 UNI,经常用于局域网等。S_B 接口的用户信息是信元形式,其接口标准是由 ATM 论坛规定的。为方便局域网的连接,ATM 论坛规定了几种基于现有局域网物理传输系统的接口标准,主要有:25.6 Mbit/s 接口、51.84 Mbit/s 接口、100 Mbit/s 接口及 155 Mbit/s 接口。其传输线路可以使用非屏蔽双绞线(UTP)、屏蔽双绞线(STP)、同轴电缆及光纤。

③ T_B 接口

T_B 接口是 B-NT1 与 B-NT2 之间的接口,属于公用 UNI,T_B 接口的用户信息是信元形式,其接口标准由 ITU-T 规定。目前 ITU-T 规定了 T_B 接口的五种标准接口速率:51.84 Mbit/s,1.544 Mbit/s,2.048 Mbit/s,155 Mbit/s 和 622 Mbit/s,传输线路可使用非屏蔽双绞线 UTP、同轴电缆或光纤。

④ U_B 接口

U_B 接口是公用 ATM 网与 B-TE(包括 B-TE1,B-TE2+B-TA)或与 B-NT1 之间的接口,属于公用 UNI,它当然是信元形式的接口,其接口标准应由 ITU-T 规定。但目前 ITU-T 对此接口标准尚未作具体规定,各厂商的设备中一般都采用 SDH 的 155 Mbit/s 和 622 Mbit/s 作为 U_B 接口的标准速率,传输线路为光纤。

以上介绍了 B-ISDN 用户-网络接口物理配置中各功能群的功能及各接口标准,在此还有两个问题需要说明:

- 图 6-45 只是 B-ISDN 用户-网络接口物理配置的一种,实际的物理配置也可将 B-TA 的功能放在交换机中。
- 公用 UNI 与专用 UNI 是有区别的,主要体现在以三个方面:

接口位置不同——公用 UNI 是公用 ATM 网与用户终端设备或与专用 ATM 网的接口,而专用 UNI 是专用 ATM 网与用户终端设备之间的接口。

链路类型不同——公用 UNI 的传输距离较长,主要采用光纤作为传输线路,而专用 UNI 的传输距离较短,传输线路可以是 UTP、STP、同轴电缆,也可以使用光纤。

接口标准的规定组织不同——公用 UNI 标准由 ITU-T 规定,而专用 UNI 标准由 ATM 论坛规定。

6.4.3　ATM 协议参考模型

1. CCIT(ITU-T)关于 B-ISDN(ATM 网)的建议

1990 年 6 月,CCITT 第 18 研究组主持通过了下列 13 个关于 B-ISDN 的建议。

- I.113　B-ISDN 方面的术语词汇;
- I.121　B-ISDN 概貌;
- I.150　B-ISDN 的 ATM 功能特性;
- I.211　B-ISDN 的业务概貌;
- I.311　B-ISDN 的网络概貌;
- I.321　B-ISDN 的协议参考模型及其应用;
- I.327　B-ISDN 的功能体系;
- I.361　B-ISDN 的 ATM 层规范;
- I.362　B-ISDN 的 ATM 自适应层(AAL 层)功能描述;

- I.363　B-ISDN 的 ATM 自适应层(AAL 层)规范;
- I.413　B-ISDN 的用户-网络接口;
- I.432　B-ISDN 的用户-网络接口物理层规范;
- I.610　B-ISDN 接入的 OAM 原则。

1992 年 6 月,第 18 研究组对上述协议进行了修订和补充并增加了两个新建议:

- I.371　B-ISDN 的业务流量控制和拥塞控制;
- I.cls(I.364)　B-ISDN 对宽带无连接型数据业务的支持。

2. ATM 协议参考模型

B-ISDN 是一个基于 ATM 的网络,所以 B-ISDN 协议参考模型也就是 ATM 协议参考模型,如图 6-46 所示。

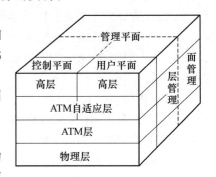

图 6-46　ATM 协议参考模型

该模型是一个立体分层模型,由三个平面组成:用户平面、控制平面和管理平面。

(1) 用户平面 UP

用户平面 UP(User Plane)提供用户信息的传送功能,采用分层结构,有:物理层、ATM 层、ATM 自适应层(AAL 层)及高层。

(2) 控制平面 CP

控制平面(Control Plane,CP)提供呼叫和连接的控制功能,也采用分层结构,各层名称与用户平面的相同。

(3)管理平面 MP

管理平面(Management Plane,MP)提供两种管理功能:

- 面管理(不分层):实现与整个系统有关的管理功能,并实现所有平面之间的协调。
- 层管理(分层):主要用于各层内部的管理,实现网络资源和协议参数的管理,处理 OAM 信息流。

ATM 协议参考模型各层功能概述如表 6-3 所示。

表 6-3　ATM 协议参考模型各层功能概述

ATM 自适应层 (AAL 层)	会聚子层(CS)	会聚
	拆装子层(SAR)	分段与重组
ATM 层		一般流量控制 信元头产生与提取 信元 VPI/VCI 翻译 信元复接/分接
物理层	传输会聚(TC)子层	信元速率解耦 信元定界和扰码 信头差错控制 传输帧的产生/恢复与适配
	物理媒介相关(PM)子层	传送编码和定时、同步 物理传送接口

图 6-46 是 ATM 的一个完整的协议参考模型,或者可以说是某个用户设备的分层模型,为了帮助读者对 ATM 网络的分层结构有一个全面的认识,下面请看图 6-47。

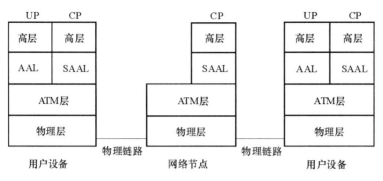

CP　控制平面；UP　用户平面

图 6-47　ATM 网络分层模型

图 6-47 是 ATM 网络用户平面(UP)和控制平面(CP)的分层模型。由图可见,用户终端设备(包括 B-TE1 或 B-TE2＋B-TA,TE2＋B-TA)中 UP 和 CP 均有物理层、ATM 层、AAL 层及高层;而网络节点中 UP 仅有物理层和 ATM 层,CP 有物理层、ATM 层、AAL 层及高层。CP 的 AAL 层称为 SAAL(信令适配)层。

图 6-47 中未画出管理平面,实际用户终端设备和网络节点均有管理平面的功能,由网络管理中心控制。

以上概括介绍了 ATM 协议参考模型,由于篇幅所限,各层规范(即协议)在此不再详细介绍,读者可参阅相关书籍。

6.4.4　ATM 网的应用

ATM 不仅具有高速性,还具备综合多业务的能力,QoS(服务质量)的支持,完善的网络流量控制,灵活的动态带宽分配和管理等,所以得到广泛应用。

1. 在帧中继网中的应用

ATM 网可以作为帧中继网节点之间的中继传输网,为帧中继业务提供高速、可靠的传输。

2. ATM 局域网

随着计算机通信网的发展,为了满足用户的各种需求,ATM 技术运用在计算机通信网中是势在必行的,ATM 在计算机通信网中最典型的应用就是组建 ATM 局域网。

ATM 局域网属于交换式局域网,以 ATM 交换机或 ATM 交换集线器为中心连接计算机所构成的局域网叫 ATM 局域网。

(1) ATM 局域网的优点

ATM 局域网比其他局域网具有更明显的优点,主要为:

① 使信息实时传递

因为 ATM 的传输、交换时延较小,所以可保证信息的实时传递。

② 具有较大的网络处理能力

各种业务包括话音、数据、图像等均可统一转换成 ATM 信元在 ATM 网中传输、处理。

③ 传输速率高

ATM 现在定义接口的传输速率最大可达到 622 Mbit/s。

④ 易于使局域网和公用网网间互通

由于 ATM 局域网和 ATM 公用网技术基本相同,所以局域网和公用网互连较易实现。

(2) ATM 局域网结构

ATM 局域网主要采用星形结构,单个终端经过物理线路和 ATM 交换集线器(ATM hub)相连,由于传输容量大,需要采用光纤传输,这样可满足每个终端要求的速率和带宽。图 6-48 示意了一种 ATM 局域网结构。

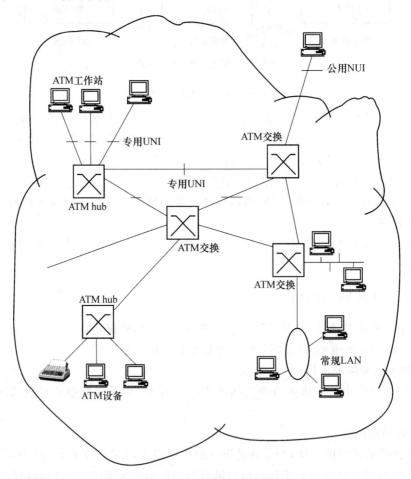

图 6-48　ATM 局域网结构

由图 6-48 可见,利用 ATM 交换机可互连多个局域网(包括 ATM 局域网和其他局域网)。ATM 局域网通过标准接口传递 ATM 信元,ATM 局域网间的互通也是通过这些标准接口(用户-网络接口)实现。

3. IP over ATM

IP over ATM(POA)是 IP 技术与 ATM 技术的结合,它是在 IP 网(Internet)路由器之间采用 ATM 网传输 IP 数据报。(详见本书第 7 章 7.2.3 节)

6.5　MPLS 网

6.5.1　MPLS 的概念

多协议标签交换(Multi-Protocol Label Switching,MPLS)是一种在开放的通信网上利用标签引导数据高速、高效传输的新技术,它把数据链路层交换的性能特点与网络层的路由选择功能结合在一起,能够满足业务量不断增长的需求,并为不同的服务提供有利的环境。而且 MPLS 是一种独立于链路层和物理层的技术,因此它保证了各种网络的互联互通,使得各种不同的网络数据传输技术在同一个 MPLS 平台上统一起来。

具体地说,MPLS 给每个 IP 数据报打上固定长度的"标签",然后对打上标签的 IP 数据报在第二层用硬件进行转发(称为标签交换),使 IP 数据报转发过程中省去了每到达一个节点都要查找路由表的过程,因而 IP 数据报转发的速率大大加快。

MPLS 可以使用多种链路层协议,如 PPP 及以太网、ATM、帧中继的协议等。

6.5.2　MPLS 网的组成及作用

在 MPLS 网络中,节点设备分为两类,即边缘标签路由器(Label Edge Router,LER)和标签交换路由器(Label Switching Router,LSR),由 LER 构成 MPLS 网的接入部分,LSR 构成 MPLS 网的核心部分。MPLS 路由器之间的物理连接可以采用 SDH 网、以太网等。

1. 边缘标签路由器 LER 的作用

LER 包括入口 LER 和出口 LER。

(1) 入口 LER 的作用

① 为每个 IP 数据报打上固定长度的"标签",打标签后的 IP 数据报称为 MPLS 数据报;

② 在标签分发协议(Label Distribution Protocol,LDP)的控制下,建立标签交换通道(Label Switched Path,LSP)连接,在 MPLS 网络中的路由器之间,MPLS 数据报按标签交换通道 LSP 转发;

③ 根据 LSP 构造转发表;

④ IP 数据报的分类。

(2) 出口 LER 的作用

① 终止 LSP;

② 将 MPLS 数据报中的标签去除,还原为无标签 IP 数据报并转发给 MPLS 域外的一般路由器。

2. 标签交换路由器 LSR 的作用

LSR 的作用主要包括如下。

(1) 根据 LSP 构造转发表;

(2) 根据转发表完成数据报的高速转发功能,并替换标签(标签只具有本地意义,经过 LSR 标签的值要改变)。

6.5.3　MPLS工作原理

MPLS网络对标签的处理过程如图6-49所示(为了简单,图中LSR之间、LER与LSR之间的网络用链路表示)。

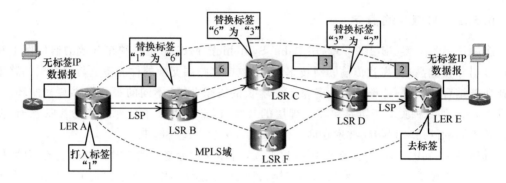

图6-49　MPLS网络对标签的处理过程

具体操作过程如下。

(1) 来自MPLS域外一般路由器的无标签IP数据报,到达MPLS网络。在MPLS网的入口处的边缘标签交换路由器LER A给每个IP数据报打上固定长度的"标签"(假设标签的值为1),并建立标签交换通道LSP(图6-49中的路径A-B-C-D-E),然后把MPLS数据报转发到下一跳的LSR B中去;〔注:路由器之间实际传输的是物理帧(如以太网帧),为了介绍简便,我们说成是数据报〕

(2) LSR B查转发表,将MPLS数据报中的标签值替换为6,并将其转发到LSR C;

(3) LSR C查转发表,将MPLS数据报中的标签值替换为3,并将其转发到LSR D;

(4) LSR D查转发表,将MPLS数据报中的标签值替换为2,并将其转发到出口LER E;

(5) 出口LER E将MPLS数据报中的标签去除还原为无标签IP数据报,并传送给MPLS域外的一般路由器。

综上所述,归纳出以下两个要点:

- MPLS的实质就是将路由功能移到网络边缘,将快速简单的交换功能(标签交换)置于网络中心,对一个连接请求实现一次路由、多次交换,由此提高网络的性能。
- MPLS是面向连接的。在标签交换通道LSP上的第一个路由器(入口LER)就根据IP数据报的初始标签确定了整个的标签交换通道,就像一条虚连接一样。而且像这种由入口LER确定进入MPLS域以后的转发路径称为显式路由选择。

6.5.4　MPSL数据报的格式

MPLS数据报(即打标签后的IP数据报)的格式如图6-50(a)所示。

由图6-50(a)可见,"给IP数据报打标签"其实就是在IP数据报的前面加上MPLS首部。MPLS首部是一个标签栈,MPLS可以使用多个标签,并把这些标签都放在标签栈。每一个标签有4字节,共包括四个字段。

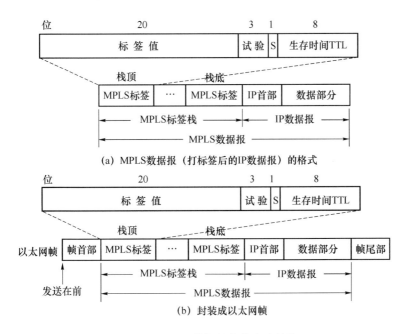

（a）MPLS数据报（打标签后的IP数据报）的格式

（b）封装成以太网帧

图 6-50　MPLS 数据报的格式及封装

这里首先说明标签栈的作用。设图 6-51 中有两个城市，每个城市内又划分为多个区域 A、B、C、D 等。每个区域有一个路由器，使用普通的路由器，而各区域之间的 IP 数据报利用 MPLS 网（构建成 MPLS 域 1）传输，城市 1 和城市 2 之间也利用 MPLS 网（构建成 MPLS 域 2）传输。

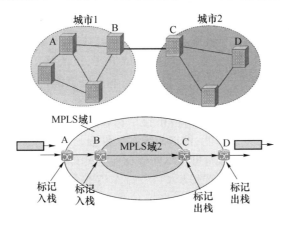

图 6-51　MPLS 标签栈的使用

如果 IP 数据报只是在城市 1 或城市 2 内部各区域之间传输（如 A 和 B 之间），IP 数据报只携带一个标签；如果 IP 数据报需要在城市 1 与城市 2 之间传输，则这个 IP 数据报就要携带两个标签。例如，城市 1 中的 A 要和城市 2 中的 D 通信。在 MPLS 域 1 中标签交换通道 LSP 是"A→B→C→D"，IP 数据报在到达入口 LER A 时被打入一个标签（记为标签 1）；当到达 MPLS 域 2 入口 LER B 时被打入另一个标签（记为标签 2），在 MPLS 域 2 中标签交换通道 LSP 是"B→C"；当 IP 数据报到达 LSR C 时去除标签 2，IP 数据报到达 LSR D 时去除标签 1。

图 6-51 所示这种情况,MPLS 首部标签栈中有两个标签。若标签栈中有多个标签,要后进先出,即最先入栈的放在栈底,最后入栈的放在栈顶。

MPLS 首部一个标签各字段的作用为:

(1) 标签值(占 20 位)——表示标签的具体值。

(2) 试验(占 3 位)——目前保留用作试验。

(3) S(占 1 位)——表示标签在标签栈中的位置,若 S=1 表示这个标签在栈底,其他情况下 S 都为 0。

(4) 生存时间 TTL(占 8 位)——表示 MPLS 数据报允许在网络中逗留的时间,用来防止 MPLS 数据报在 MPLS 域中兜圈子。

假设 MPLS 网络中 MPLS 路由器之间的物理连接采用以太网,图 6-50(b)显示的是将 MPLS 数据报封装成以太网帧,在 MPLS 数据报前面加上帧首部、后面加上帧尾部就构成以太网帧。

6.5.5 MPLS 的特点及优势

MPLS 技术具有如下一些特点及优势。

(1) MPLS 网络中数据报转发基于定长标签,因此简化了转发机制,而且转发的硬件是成熟的 ATM 设备,使得设备制造商的研发投资大大减少。

(2) 采用 ATM 的高效传输交换方式,抛弃了复杂的 ATM 信令,圆满地将 IP 技术的优点融合到 ATM 的高效硬件转发中去,推动了它们的统一。

(3) MPLS 将路由与数据报的转发从 IP 网中分离出来,路由技术在原有的 IP 路由的基础上加以改进,使得 MPLS 网络路由具有灵活性。

(4) MPLS 网络的数据传输和路由计算分开,是一种面向连接的传输技术,能够提供有效的 QoS 保证,而且支持流量工程、服务类型 CoS 和虚拟专网 VPN。

(5) MPLS 可用于多种链路层技术,同时支持 PPP、以太网、ATM 和帧中继等,最大限度地兼顾了原有的各种网络技术,保护了现有投资和网络资源,促进了网络互联互通和网络的融合统一。

(6) MPLS 支持大规模层次化的网络拓扑结构,将复杂的事务处理推到网络边缘去完成,网络核心部分负责实现传送功能,网络的可扩展性强。

(7) MPLS 具有标签合并机制,可使不同数据流合并传输。

由此可见,MPLS 技术是下一代最具竞争力的通信网络技术。

6.6 下一代网络(NGN)

随着信息技术的快速发展和互联网的广泛使用,人们对通信的需求呈现宽带化、个性化、综合化的特征,对移动性的需求也与日俱增。在这种形势下,能够提供包括语音、数据、视频等多媒体综合业务的、开放的下一代网络应运而生。

6.6.1 NGN 的基本概念

1. NGN 的概念

就词义来说,NGN 泛指下一代网络,其本身就缺乏明确的指向,而且 NGN 涵盖的通信领域也非常广泛,所以国际标准化组织、研究机构及业界给它下的定义也不尽相同。目前,得到较多的认可的 NGN 的概念有广义和狭义两种。

从广义上讲,NGN 泛指一个不同于现有网络的、采用大量新技术,以 IP 技术为核心,同时可以支持语音、数据和多媒体业务的融合网络。从这个角度来看,不同行业和领域对 NGN 有着不同的理解和指向。对于交换网,则 NGN 指网络控制层采用软交换或 IMS 为核心的下一代交换网;对于移动网,则 NGN 指 3G/E3G/B3G 为代表的下一代移动通信网;对于计算机通信网,则 NGN 指 IPv6 为基础的下一代互联网(NGI);对于传输网,则 NGN 指以自动交换光网络(ASON)为基础的下一代传送;对于接入网,则 NGN 指多元化的下一代宽带接入网(以 FTTH/WiMAX 等为代表的)。

从狭义来讲,下一代网络特指以软交换设备为控制核心,能够实现语音、数据和多媒体业务的开放的分层体系架构。在这种分层体系架构下,能够实现业务与呼叫控制分离、呼叫控制与接入和承载彼此分离,各功能部件之间采用标准的协议进行互通,能够兼容各业务网(PSTN、IP 网、移动网等)技术,提供丰富的用户接入手段,支持标准的业务开发接口,并采用统一的分组网络进行传送。

ITU-T 在 2004 年归纳出了 NGN 的基本特征:基于分组的传送;控制功能从承载能力、呼叫/会话和应用/服务中分离;业务提供和承载网络分离,提供开放的接口;提供广泛的服务和应用,提供服务模块化的机制;保证端到端的服务质量(QoS)和透明性的宽带能力;通过开放的接口与现有网络互联;具有通用移动性;用户可不受限制地接入不同的服务提供商;多样化的身份认证,可以解析成 IP 地址用于 IP 网的路由;同一种服务具有一致的服务特性;融合了固定、移动网络的服务;与服务相关的功能独立于基础传输技术;符合相关法规的要求,如应急通信、安全、隐私法规等。

在此基础上,ITU-T 在 2004 年发布的建议草案中给出了 NGN 的初步定义:NGN 是基于分组的网络,能够提供电信业务,能使用多宽带、确保服务质量(QoS)的传输技术,而且网络中业务功能不依赖于底层的传输技术;NGN 能使用户自由地接入到不同的业务提供商,支持通用移动性,实现用户对业务使用的一致性和统一性。

这不是 NGN 的唯一定义,而且从发展的角度来看,NGN 定义和其含义也会随着技术的进步和业界对其认识的深入而不断变化。

2. NGN 的特点

从 ITU-T 给出的 NGN 的上述特征中,可以总结出 NGN 的三大特点。

(1) 开放的网络构架体系

将传统交换机的功能模块分离成为独立的网络部件,各个部件可以按相应的功能划分,各自独立发展。部件间的协议接口基于相应的标准。部件标准化使得原有的电信网络逐步走向开放,运营商可以根据业务的需要自由组合各部分的功能产品来组建网络。部件间协议接口的标准化可以实现各种异构网络的互通。

(2) 下一代网络是业务驱动的网络

采用业务与呼叫控制分离、呼叫控制与承载分离技术,实现开放分布式的网络结构,使业务独立于网络。通过开放式协议和接口,可灵活、快速地提供业务,个人用户可自己定义业务特征,而不必关心承载业务的网络形式和终端类型。

分离的目标是使业务真正独立于网络,灵活有效地实现业务的提供。用户可以自行配置和定义自己的业务特征,不必关心承载业务的网络形式以及终端类型,使得业务和应用的提供有较大的灵活性。

（3）下一代网络是基于统一协议的分组网络

随着 IP 网络及技术的发展,人们认识到电信网络、计算机通信网络及有线电视网络将最终统一到基于 IP 网络上,即所谓的"三网"融合。IP 协议使得各种以 IP 为基础的业务能在不同的网络上实现互通,成为三大网都能接受的通信协议。

NGN 要实现一个高度融合的网络,但不是现有网络的简单延伸和叠加,也不是某个特殊领域的技术进步,而是整个网络体系的革新,是未来通信网的持续发展方向。

6.6.2　NGN 的关键技术

NGN 网络架构中的每一个层面都需要相关新技术的支持,例如:采用软交换或 IP 多媒体子系统(IMS)实现端到端的业务控制;采用 IPv6 技术解决地址空间的问题,改善服务质量等;采用光传输网(OTN)和光交换网络解决高速率传输和高带宽交换问题;采用 VDSL、FTTH、EPON 等各种宽带接入技术解决"最后一公里"问题等。下面对 NGN 的几种主要技术做简单的介绍。

1. 软交换技术

（1）软交换的概念

软交换基于"网络就是交换"的理念,是一个基于软件的分布式交换、控制平台。它将呼叫控制功能从网关中分离出来,通过软件实现基本呼叫控制功能,从而实现呼叫传输与呼叫控制的分离,为控制、交换和软件可编程功能建立分离的平面。

在我国《软交换设备总体技术要求》中将 Softswitch 翻译为软交换设备,对其定义为:"是分组网的核心设备之一,它主要完成呼叫控制、媒体网关接入控制、资源分配、协议处理、路由、认证、计费等主要功能,并可以向用户提供基本语音业务、移动业务、多媒体业务和其他业务等。"

从上述对软交换的理解可以看出,"软交换"这个术语描述的是一种设备的概念,而从另外一个角度去理解,软交换还指代一种分层、开放的网络体系结构。所以有以下广义和狭义两种概念。

从广义来讲,软交换是指以软交换设备为控制核心的一种网络体系结构,包括接入层、传送层、控制层及应用层,通常称之为软交换系统(详见图 6-54)。

从狭义来讲,软交换特指网络控制层的软交换设备(又称软交换机、软交换控制器或呼叫服务器),是网络演进以及下一代分组网络的核心设备之一。软交换设备独立于传输网络,是用户话音、数据、移动业务和多媒体业务的综合呼叫控制系统。

（2）软交换的主要优点

软交换的主要技术特点有:

- 基于分组交换;
- 开放的模块化结构,实现业务与呼叫控制分离、呼叫控制和承载连接分离;
- 提供开放的接口,便于第三方提供业务,业务开发方式灵活,可以快速、方便地集成新业务;

- 具有用户话音、数据、移动业务和多媒体业务的综合呼叫控制系统,用户可以通过各种接入设备连接到 IP/ATM 网。

基于软交换的上述特点,可以归纳软交换的优点如下。

① 高效灵活

软交换体系结构的最大优势在于将应用层和控制层与核心网络完全分开,有利于以最快的速度、最有效的方式引入各类新业务,大大缩短了新业务的开发周期。利用该体系架构,用户可以非常灵活地享受所提供的业务和应用。

② 开放性

由于软交换体系架构中的所有网络组件之间均采用标准协议,因此各个部件之间既能独立发展、互不干涉,又能有机组合成一个整体,实现互连互通。通过标准的接口,根据业务需求增加业务服务器及网关设备,支持网络的扩展。运营商可以根据自己的需求选择市场上的优势产品,实现最佳配置,而不会受限于某个公司、某种型号的产品。

③ 多用户

软交换的设计思想迎合了电信网、计算机网及有线电视网三网合一的大趋势。软交换体系实现了各种业务及用户的综合接入,例如通过接入网关(AG)及集成接入设备(IAD)实现传统电话用户、xDSL 用户的接入;通过无线网关(WAG)实现无线用户的接入;通过H.323网关接入 IP 电话网用户等。因此,各种网络用户都可以享用软交换提供的业务,这不仅为新兴运营商进入语音市场提供了有力的技术手段,也为传统运营商保持竞争优势开辟了有效的技术途径。

④ 强大的业务功能

软交换可以利用标准的全开放应用平台为客户定制各种新业务和综合业务,最大限度地满足用户需求。特别是软交换可以提供包括语音、数据和多媒体等各种业务,这就是软交换被越来越多的运营商接受的主要原因。

2. IMS 技术

IP 多媒体业务子系统(IP Multimedia Subsystem,IMS)最初由 3GPP 提出,是将蜂窝移动通信网技术和 Internet 技术有机的结合。IMS 由于其与接入无关、统一采用 SIP 协议进行控制、业务与控制分离、用户数据与交换控制分离等特性,已经得到国际标准化组织的普遍认可,目前已经是 NGN 发展的一个主要技术方向。

软交换技术和 IMS 技术都是 NGN 的核心技术,其体系架构都采用了应用、控制和承载相互分离的分层架构思想,但 IMS 更进一步,是构造固定和移动融合网络架构的目标技术,被认为是 NGN 发展的中级阶段。

3. 高速路由/交换技术

NGN 的传送层需要高速路由器实现高速多媒体数据流的路由和交换,基于 MPLS 的IP 网络技术是目前国内外电信运营商的一致选择。NGN 将采用 IPv6 作为网络协议,IPv6相对于 IPv4 的主要优势是:扩大了地址空间、提高了网络的整体吞吐量、服务质量得到很大改善、安全性有了更好的保证、支持即插即用和移动性、更好地实现了多播功能。

4. 宽带接入技术

接入技术正向高带宽、分组化、多媒体化及综合的业务提供的方向发展,NGN 也需要有宽带接入技术的支持,其网络容量的潜力才能真正发挥。主要的宽带接入技术有:高速数字用户线(VDSL)、基于以太网的无源光网络(EPON)、千兆无源光网络(GPON)、无线局域网(WLAN)及 WiMAX 等。

5. 大容量光传送技术

NGN 需要更高的传送速率,最理想的是光纤传输技术。目前,光纤高速传输技术正沿着扩大单一波长传输容量、超长距离传输和密集波分复用(DWDM)系统 3 个方向发展。除了高速的光纤传输技术,NGN 还需要光交换及智能光网络技术。其组网技术现正从具有分插复用和交叉连接功能的光联网向由光交换机构成的智能光网发展,即从环形网向网状网发展,从光-电-光交换向全光交换发展。智能光网络能在容量灵活性、成本有效性、网络可扩展性、业务提供灵活性、用户自助性、覆盖性和可靠性等方面,比点到点传输系统和光联网具有更多的优越性。

6. 多层次的业务开发技术

NGN 的一个重要特点是实现了业务能力的开放,即采用 API 技术为高层应用提供访问网络资源和信息的能力。根据与具体协议的耦合关系,可以把 API 分为与协议无关和基于协议的两类。其中,与协议无关的 API 可以使业务的开发与底层的协议无关,从而可以方便地实现跨网业务;基于协议的 API 可以充分利用协议的特性来开发新的业务。

根据抽象层次的不同,可以把 NGN 的业务生成技术分成 API 级、脚本级和构件/框架级 3 类。NGN 的业务体系需要提供多种层次的业务开发模式,以适应不同级别的业务开发环境。

7. 网络安全保障技术

NGN 网络架构在 IP 分组交换网络之上,不但 IP 网中存在的各种不安全因素会被继承到 NGN 中,而且还将面对更多新的威胁。除了常用的防火墙、代理服务器、安全过滤、用户证书、授权、访问控制、数据加密、安全审计和故障恢复等安全技术外,在 NGN 中还要采取更多的措施来加强网络的安全,例如,针对现有路由器、交换机、边界网关协议(BGP)、域名系统(DNS)所存在的安全弱点提出解决办法。一个基本的安全保障体系应该至少包括 3 个方面:安全防护、安全监测及安全恢复。

6.6.3 NGN 的体系结构

1. NGN 的功能分层

NGN 研究组织及国际、国内设备提供商从功能上把 NGN 划分成包括应用层、控制层、传输层及接入层的分层结构,如图 6-52 所示。

从功能分层结构可以看出,NGN 的控制功能与承载分离、呼叫控制和业务/应用分离;打破了传统电信网的封闭的结构,各层之间相互独立,通过标准接口进行通信,并可实现异构网络的融合。

各层的功能简单描述如下。

(1) 接入层(Access Layer)

将用户连接至网络,提供将各种现有网络及终端设备接入到网络的方式和手段;负责网络边缘的信息交换与路由;负责用户侧与网络侧的信息格式的相互转换。

图 6-52　下一代网络的功能分层

（2）传送层（Transport Layer）

传送层包括各种分组交换节点，是网络信令和媒体流传输的通道。NGN 的核心承载网是光网络为基础的分组交换网，可以是基于 IP 或 ATM 的承载方式，而且必须是一个高可靠性、能够提供端到端 QoS 的综合传送平台。

（3）控制层（Control Layer）

控制层完成业务逻辑的执行，包含呼叫控制、资源管理、接续控制等操作，具有开放的业务接口。此层决定用户收到的业务，并能控制低层网络元素对业务流的处理。

（4）应用层（Application Layer）

应用层是下一代网络的服务支撑环境，在呼叫建立的基础上提供增强的服务，同时还向运营支撑系统和业务提供者提供服务支撑。

将现有网络演变成下一代网络并非一日之工，而原有的网络与新网络将并存，所以新网络还要能够和原有网络互通。这要求新的网络体系能够完成以下功能：与现有 No.7 信令网互通；与现有的业务（如智能网提供的业务）互通；与现有的 PSTN 体系融合。

2. 基于软交换的 NGN 体系结构

软交换（Softswitch）的基本含义就是把呼叫控制功能从媒体网关（传送层）中分离出来，通过服务器上的软件实现基本呼叫控制功能，包括呼叫选路、管理控制、连接控制和信令互通。软交换网络以软交换设备为呼叫控制核心，在分组交换网上提供实时语音和多媒体业务的网络，软交换网络是 NGN 实现方式之一。

传统的程控交换机，一般根据功能的不同划分为控制、交换（承载连接）和接入 3 个功能层，如图 6-53 所示。缺点主要有：各层之间没有开放的互联标准和接口，而是采用设备制造商非开放的内部协议；这 3 个功能层之间不仅在物理上是一体的，而且这 3 个功能层的软、硬件互相牵制，不可分割；能够提供的业务受交换机软、硬件的限制，需要修改软件或硬件来支持新增或修改业务，提供新业务十分困难。

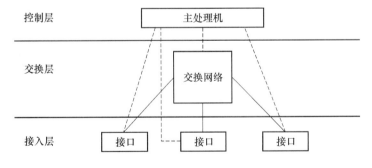

图 6-53　传统交换机的体系结构

软交换技术建立在分组交换技术的基础上，其核心思想是将传统交换机的 3 个功能层进行分离，再把业务从软、硬件的限制中分离，最终形成 4 个相互独立的层次。而且，这 4 个层之间具有标准、开放的接口，实现业务与呼叫控制、媒体传送与媒体接入功能的分离。基于软交换的网络体系结构如图 6-54 所示。

根据功能的不同，将网络分为 4 个功能层。

（1）接入层

接入层的功能是提供各种用户终端，各种外部网络接入到核心网的网关，由核心分组交换网集中用户业务并传送到目的地；接入层包括信令网关（SG）、媒体网关（MG）、集成接入设备(IAD)和各类接入网关等。

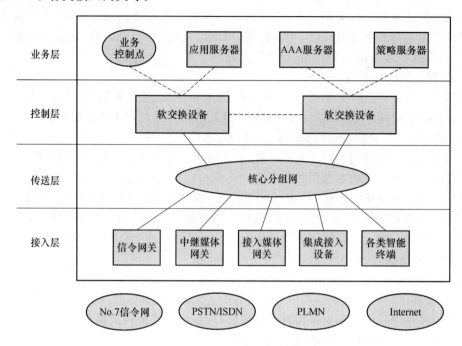

图 6-54　基于软交换的网络体系结构

- SG：完成电路交换网和分组交换网之间的 No.7 信令的转换，将 No.7 信令利用分组网络传送。
- MG：将一种网络中的媒体转换成另一种网络所要求的媒体格式。例如 MG 能完成电路交换网的承载通道和分组网的媒体流之间的转换。根据媒体网关所接续网络或用户性质的不同，又可以分为中继媒体网关和接入媒体网关两类。
- IAD：用来将用户的数据、语音及视频等业务接入到分组网络中。
- IP 智能终端：基于 IP 技术的各种智能终端，例如 IP 电话、PC 软终端等，可以直接连接到软交换网络，不需要媒体流的转换。

（2）传送层

传送层提供各种媒体的宽带传输通道，并将信息选路到目的地。它是一个基于 IP 路由器(或 ATM 交换机)的核心分组网络，通过不同种类的媒体网关将不同种类业务媒体转换成统一格式的 IP 分组，利用 IP 路由器等骨干网传输设备实现传送。

（3）控制层

控制层是整个软交换网络架构的核心，主要功能有：

- 呼叫处理控制功能，负责完成基本的和增强的呼叫处理过程；
- 接入协议适配功能，负责完成各种接入协议的适配处理过程；
- 业务接口提供功能，负责完成向业务层提供开放的标准接口；
- 互联互通功能，负责完成与其他对等实体的互联互通；
- 应用支持系统功能，负责完成计费、认证、操作维护等功能。

（4）业务层

业务层完成认证和业务计费等。同时提供开放的第三方可编程接口，易于引入新型业务。业务层由一系列的业务应用服务器组成：

- 策略服务器：完成策略管理的设备，策略是指规则和服务的组合，而规则定义了资源接入和使用的标准。
- 应用服务器：利用软交换提供的应用编程接口（Application Programming Interface，API），通过提供业务生成环境，完成业务创建和维护功能。
- 功能服务器：包括验证、鉴权、计费服务器（AAA）等。
- SCP：业务控制点，软交换可与 SCP 互通，以方便地将现有智能网业务平滑移植到 NGN 中。

从广义上来看，软交换泛指具有图 6-53 类似的体系结构，其 4 个功能层与 NGN 的功能分层一致，利用该体系结构可以建立下一代网络框架。

小 结

1. 分组交换网由分组交换机、用户终端设备、远程集中器（含分组装拆设备）、网络管理中心及传输线路等组成。分组交换网的结构采用两级，分设一级和二级交换中心。

2. 分组交换网的通信协议是由 CCITT 制定的 X 系列建议，常用的 X 系列建议如表 6-1 所示。

与 PAD 有关的协议有：X.3 建议——规定了 PAD 的工作特性和向终端提供的基本功能；X.28 建议——是非分组型终端与 PAD 之间的接口规程；X.29 建议——是分组型终端与 PAD 之间的接口规程。

X.75 建议是不同的公用分组交换网之间互连的接口规程，它也分为物理层、数据链路层和分组层。

X.32 建议是经公用电话交换网、综合业务数字网或公用电路交换网接入分组交换网的分组型终端 DTE 和 DCE（指本地分组交换机）之间的接口标准。

X.121 建议是关于公用分组交换网的编号方案。

3. 分组交换网对路由选择算法的要求有：使分组传输时延短、算法简单、各节点的工作量均衡、有自适应性及对所有用户都是平等的。路由选择算法分为非自适应型（如扩散式路由算法、静态路由表法）和自适应路由选择算法（如动态路由表法）两大类。不同的路由选择算法有各自的优缺点，可根据情况具体选择。

4. 分组网的流量控制是指限制进入分组网的分组数量。流量控制的目的是保证网络内数据流量的平滑均匀，提高网络的吞吐能力和可靠性，减小分组平均时延，防止阻塞和死锁。分组网内存在着四级流量控制结构：段级控制、网-端级控制、源-目的级控制及端-端级控制。流量控制的方式一般采用窗口方式。

5. 用户终端（包括分组型终端 PT 和非分组型终端 NPT）接入分组网的方式主要有两种：一是经租用专线直接接入分组网；二是经电话网再进入分组网。

6. 帧中继用户平面的协议结构分为两层：物理层和链路层。帧中继节点只有物理层和链路层核心层两层功能，其链路层核心层的协议采用的是 Q.922 核心层协议。Q.922 核心层功能主要包括：帧的定界、同步和透明性，帧的复用/分路，帧传输差错检测（但不纠错）等。

7. 帧中继网根据网络的运营、管理和地理区域等因素分为三层:国家骨干网、省内网和本地网。

帧中继的典型应用是进行局域网互连、建虚拟专用网及作为分组交换网节点机之间的中继传输等。

8. 帧中继的用户-网络接口规程包括两层内容:物理层和链路层。用户接入设备可以是标准的帧中继终端、帧中继装拆设备(FRAD)以及路由器、网桥。局域网用户接入帧中继网可以通过路由器或网桥,也可以通过帧中继装拆设备。具有标准 UNI 接口规程的标准帧中继终端可以直接接入帧中继网。非标准的帧中继终端要通过 FRAD 才能接入帧中继网。

9. 帧中继为实现带宽资源的动态分配,对全网进行带宽控制和管理,同时为防止和排除拥塞状态,采取拥塞管理(具体措施是采取拥塞控制策略、拥塞恢复策略及终端拥塞管理),另外帧中继还进行 PVC 管理。

10. 数字数据网(DDN)是利用数字信道来传输数据信号的数据传输网。DDN 的特点是传输速率高、网络时延小,传输质量好、传输距离远、传输安全可靠等。

11. DDN 主要由 4 部分组成:本地传输系统、复用及数字交叉连接系统、局间传输及网同步系统、网络管理系统。

本地传输系统由用户设备、用户环路组成;复用及数字交叉连接系统是 DDN 节点的主要设备;局间传输是指节点间的数字信道以及由各节点通过与数字信道的各种连接方式组成的网络拓扑;网络管理系统负责对全网布局的建立调整和日常网络运行的监视、调度和控制,并对网络运行情况进行统计等。

DDN 的网络结构分为一级干线网、二级干线网和本地网三级。

12. DDN 的网络业务主要有时分复用(TDM)专用电路业务以及在此基础上通过引入相应服务模块而提供的网络增值业务:帧中继业务及话音/G3 传真业务。

DDN 主要用于向用户提供专用的数字数据信道,为公用数据交换网提供交换节点间的数据传输信道等。

13. 公用 ATM 网内各公用 ATM 交换机之间(即 NNI 处)的传输线路一律采用光纤,ATM 交换机之间信元的传输方式有三种:基于信元、基于 SDH 和基于 PDH,目前 ATM 网主要采用基于 SDH 的传输方式。

14. B-ISDN(ATM)用户-网络接口(UNI)参考配置包括的功能群有:B-TE1、B-TE2、TE2、N-ISDN 标准终端、B-TA、B-NT2、B-LT、B-ET。

ATM 协议参考模型是一个立体分层模型,由三个平面组成:用户平面、控制平面和管理平面。

15. ATM 网的主要应用是作为帧中继网节点之间的中继传输网、组建 ATM 局域网、在 IP 网路由器之间传输 IP 数据报等。

16. MPLS 技术相对解决了传统的 IP over ATM 的一些问题,是下一代最具竞争力的通信网络技术。

MPLS 是一种在开放的通信网上利用标签引导数据高速、高效传输的新技术,它把数据链路层交换的性能特点与网络层的路由选择功能结合在一起,能够满足业务量不断增长的需求,并为不同的服务提供有利的环境。

17. MPLS 网络的节点设备分为两类:边缘标签路由器 LER 和标签交换路由器 LSR,由 LER 构成 MPLS 网的接入部分,LSR 构成 MPLS 网的核心部分。

MPLS 的实质就是将路由器移到网络边缘,将快速简单的交换机置于网络中心,对一个连接请求实现一次路由、多次交换,由此提高网络的性能。

18. MPLS 的主要优点是减少了网络复杂性,兼容现有各种主流网络技术,能降低网络成本,在提供 IP 业务时能确保 QoS 和安全性,具有流量工程能力;此外,MPLS 能解决 VPN 扩展问题和维护成本问题。MPLS 技术是下一代最具竞争力的通信网络技术。

19. 从广义上讲,NGN 泛指一个不同于现有网络的、采用大量业界新技术,以 IP 技术为核心,同时可以支持语音、数据和多媒体业务的融合网络。从狭义来讲,下一代网络特指以软交换设备为控制核心,能够实现语音、数据和多媒体业务的开放的分层体系架构。

ITU-T 在 2004 年给出了 NGN 的定义:NGN 是基于分组的网络,能够提供电信业务,能使用多宽带、确保服务质量(QoS)的传输技术,而且网络中业务功能不依赖于底层的传输技术;NGN 能使用户自由地接入到不同的业务提供商,支持通用移动性,实现用户对业务使用的一致性和统一性。

NGN 的特点主要包括(1)开放的网络构架体系;(2)下一代网络是业务驱动的网络;(3)下一代网络是基于统一协议的分组网络。

20. NGN 的关键技术有:软交换技术、IMS 技术、高速路由/交换技术、宽带接入技术、大容量光传送技术、多层次业务开发技术及网络安全保障技术等。

21. 软交换的主要设计思想是业务与控制、传送与接入分离,将传统交换机的功能模块分离为独立的网络组件,各组件按相应功能进行划分,独立发展。

从广义来讲,软交换是指以软交换设备为控制核心的一种网络体系结构,包括接入层、传送层、控制层及应用层,通常称之为软交换系统。

从狭义来讲,软交换特指网络控制层的软交换设备(又称软交换机、软交换控制器或呼叫服务器),是网络演进以及下一代分组网络的核心设备之一。软交换设备独立于传输网络,是用户话音、数据、移动业务和多媒体业务的综合呼叫控制系统。

软交换的优点表现在:高效灵活、开放性、多用户和强大的业务功能等方面。

22. 从功能上把 NGN 划分成包括应用层、控制层、传输层及接入层的分层结构。

• 接入层:将用户连接至网络,提供将各种现有网络及终端设备接入到网络的方式和手段;负责网络边缘的信息交换与路由;负责用户侧与网络侧信息格式的相互转换。

• 传送层:NGN 的核心承载网是光网络为基础的分组交换网,可以是基于 IP 或 ATM 的承载方式,而且必须是一个高可靠性、能够提供端到端 QoS 的综合传送平台。

• 控制层:完成业务逻辑的执行,包含呼叫控制、资源管理、接续控制等操作;具有开放的业务接口。此层决定用户收到的业务,并能控制低层网络元素对业务流的处理。

• 应用层:是下一代网络的服务支撑环境,在呼叫建立的基础上提供增强的服务,同时还向运营支撑系统和业务提供者提供服务支撑。

习　题

6-1　分组交换网的设备组成有哪些?

6-2　远程集中器的作用是什么?

6-3　与分组装拆 PAD 设备有关的协议有哪些? 它们各自的作用是什么?

6-4　X.75 建议适用于什么场合? 它与 X.25 建议有哪些区别?

6-5　流量控制的目的是什么?

6-6　Q.922 核心层功能主要有哪些?

6-7　帧中继网络分成哪几层?

6-8　帧中继的应用有哪些?

6-9　FRAD 的作用是什么?

6-10　DDN 的特点有哪些?

6-11　DDN 主要由哪几部分组成?

6-12　DDN 用户入网的基本方式有哪些?

6-13　简述数字交叉连接设备的功能。

6-14　DDN 的网同步方式是什么?

6-15　DDN 的用途有哪些?

6-16　DDN 的网络业务主要有哪些?

6-17　画出 B-ISDN 用户-网络接口的物理配置模型。其中 U_B 接口的速率一般为多少?

6-18　画出 ATM 协议参考模型。

6-19　MPLS 网络的节点设备分为哪两类? 各自的作用是什么?

6-20　MPLS 的实质是什么?

6-21　说明下一代网络的概念与特征。

6-22　说明下一代网络的主要特点。

6-23　简述软交换的概念,其主要设计思想是什么?

6-24　说明下一代网络的功能分层,简述各层的主要功能。

6-25　画出基于软交换的下一代网络体系结构的示意图,并简要说明其分层结构。

第7章 计算机网络技术

本书第 1 章介绍过计算机网络的概念、组成及分类等。按网络覆盖的范围可将计算机网络分成局域网、城域网和广域网。计算机通信常用的广域网技术已经在第 6 章做过介绍。

本章将介绍局域网、宽带 IP 城域网的相关内容及在计算机网络中广泛采用的路由器技术、Internet 的路由选择协议。

7.1 局域网

7.1.1 局域网概述

1. 局域网的定义

局域网又称局部区域网,一般我们把通过通信线路将较小地理区域范围内的各种数据通信设备连接在一起的通信网络称为局域网。

局域网的定义包含如下三个含义:

(1) 局域网是一种通信网络,它是将数据从网络中的一个设备传送到另一个设备的设施。从协议层次的观点看,它包含着低三层(实际只有两层,后述)的功能,局域网本身只有低三层功能,但是连接在局域网上的各种数据通信设备还是具备高层功能的。

(2) 网中所连的数据通信设备是广义的,包括计算机、一般数据终端、数字化电话机、数字化电视接收机、传感器及传真机等。

(3) 连网范围较小,通常局限于一个单位、一个建筑物内,或者大至几十公里直径的一个区域。

2. 局域网的特征

(1) 网络范围较小,一般局限在 $0.1 \sim 10$ km 范围以内,最大不超过 25 km;

(2) 传输速率较高,传输时延小。一般局域网速率为 $1 \sim 50$ Mbit/s,高速局域网速率可达 100 Mbit/s、1 000 Mbit/s,甚至更高;

(3) 误码率低,一般为 $10^{-8} \sim 10^{-11}$,最好的可达 10^{-12};

(4) 结构简单容易实现;

(5) 通常属于一个部门所有。

3. 局域网的组成

局域网的组成包括硬件和软件两部分。

(1) 硬件

局域网的硬件由三部分组成:

① 传输介质。局域网常用的传输介质是双绞线(包括屏蔽双绞线 STP 和非屏蔽双绞线 UTP)、同轴电缆和光纤;另外,也可使用无线电波或红外线传输数据,此类局域网称为无线局域网。

② 工作站和服务器。工作站指的是计算机或设备(DTE);服务器是局域网的核心,它可向各站提供用户通信和资源共享服务。

③ 工作站和服务器与局域网相连的接口(通信接口)。构成通信接口的设备一般有网络适配器、通信接口装置或通信控制器,总称为局域网的接口设备。

(2) 软件

为了使网络正常工作,除了网络硬件外,还必须有相应的网络协议和各种网络应用软件,构成完整的网络系统。

4. 局域网的分类

局域网可以从不同的角度分类。

(1) 按传输媒介分类

如果根据采用的传输媒介不同,局域网可分为:

① 有线局域网——使用双绞线、同轴电缆和光纤等有线传输媒介传输数据的局域网。

② 无线局域网——利用无线电波或红外线等传输数据的局域网。

(2) 按用途、速率分类

如果根据用途和速率的不同,局域网可分为:

① 计算机局部区域网,简称局域网(Local Area Network,LAN),也叫常规局域网。它的传输速率相对较低,一般为 $1 \sim 20$ Mbit/s。除了提供数据通信功能外,还提供数据处理功能和网络服务功能,如文件传输、电子邮件、共享磁盘文件等。

② 高速局域网(High Speed Local Network,HSLN)。其传输速率大于等于 100 Mbit/s,具备提供高速数据通信和文字、图像、声音的处理功能。

(3) 按是否共享带宽分类

如果根据是否共享带宽,局域网可分为:

① 共享式局域网

所谓共享式局域网是指各站点共享传输媒介的带宽,一个时间只允许一个站点发送数据。

② 交换式局域网

所谓交换式局域网是指各站点独享传输媒介的带宽。各站点以星形结构连到一个局域网交换机上,局域网交换机具有交换功能,同一时间可允许多个站点发送数据。

(4) 按拓扑结构分类

如果按拓扑结构的不同进行分类,局域网有:星形网、总线形网、环形网、树形网等,其中用得比较多的是星形、总线形和环形。下面对这三种拓扑结构做具体介绍。

① 星形拓扑结构

星形拓扑结构是各站点通过点到点链路连接到中央节点,中央节点通常是集线器或局域网交换机,如图 7-1 所示。星形拓扑结构一般采用集中式通信控制策略,控制权在中央节点,因此中央节点相当复杂,而各个站点的通信处理负担都很小。

星形拓扑结构多用于网络智能集中于中央节点的场合,10 BASE-T 等双绞线以太网、交换式局域网等采用星形拓扑结构。

② 总线形拓扑结构

总线形拓扑结构是以一根电缆作为传输介质(称为总线),所有站点都通过相应的硬件接口直接连接到总线上,如图 7-2 所示。

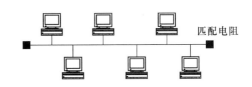

图 7-1　星形拓扑结构　　　　　　　　　图 7-2　总线形拓扑结构

总线信息的传送方向是从发送信息的站点向两端扩散,任何一个站的发送信号都可以沿着介质传播,而且能被所有其他的站接收。总线形结构所有的站点共享一条公用的传输链路(属于共享式局域网),一次只能由一个站传输,存在着竞争问题,所以要进行介质访问控制(将传输介质的频带有效地分配给网上各站点的用户的方法称为介质访问控制)。

总线形结构的局域网通常采用分布式控制策略,所谓分布式控制是没有中心控制节点,控制权分散于各站点,各站点竞争发送,即每个站都有控制发送和接收数据的权利。

早期发展的传统以太网(如 10 BASE 5 和 10 BASE 2 等)采用总线形拓扑结构。

③ 环形拓扑结构

这种拓扑的网络由一些干线耦合器和连接干线耦合器的点到点链路组成一个闭合环,如图 7-3 所示。每个干线耦合器连通两条链路,干线耦合器是一种较简单的设备,它能接收一条链路上的数据,并以同样的速率串行地将该数据发送到另一条链路上去。各链路都是单向的,因此数据是沿着一个方向围绕环运行的。

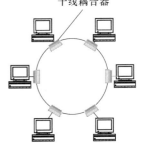

环形拓扑结构是多个站共享一个环路(它也属于共享式局域网),同总线形拓扑结构一样,环形拓扑结构也是采用分布式控制。

环形拓扑结构比较适合于某些常规局域网(如令牌环局域网)LAN 和高速局域网(如 FDDI 网)等。

图 7-3　环形拓扑结构

7.1.2　局域网体系结构

1. 局域网参考模型

局域网参考模型如图 7-4 所示,为了比较对照,将 OSI 参考模型画在旁边。

由于局域网只是一个通信网络,所以它没有第四层及以上的层次,按理说只具备面向通信的低三层功能,但是由于网络层的主要功能是进行路由选择,而局域网不存在中间交换,不要求路由选择,也就不单独设网络层。所以局域网参考模型中只包括 OSI 参考模型的最低两层,即物理层和数据链路层。

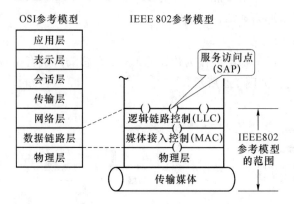

图 7-4　局域网参考模型

值得指出的是:进行网络互连时,需要涉及三层甚至更高层功能;另外,就局域网本身的协议来说,只有低二层功能,实际上要完成通信全过程,还要借助于终端设备的第四层及高三层功能。

(1) 物理层

第一层物理层是必不可少的,因为物理连接以及按比特在物理媒体上传输都需要物理层。

物理层的主要功能有:

- 负责比特流的曼彻斯特编码与译码(局域网一般采用曼彻斯特码传输);
- 为进行同步用的前同步码(后述)的产生与去除;
- 比特流的传输与接收。

曼彻斯特编码(也叫相位编码),波形如图 7-5 所示。其编码规则为:当发送比特流为"1"时,曼彻斯特码的电平在码元中心由 0 跃变为 1(即每位码元的前一半时间为 0 电平,后一半时间为正电平);当发送比特流为"0"时,曼彻斯特码的电平在码元中心由 1 跃变为 0(即每位码元的前一半时间为正电平,后一半时间为 0 电平)。

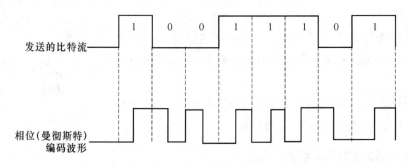

图 7-5　曼彻斯特编码示意图

(2) 数据链路层

第二层数据链路层当然也是需要的,因为帧的传送和控制要由数据链路层负责。由于局域网的种类很多,不同拓扑结构的局域网,其介质(媒体)访问控制的方法也各不相同。为了使局域网的数据链路层不致过于复杂,通常将局域网的数据链路层划分为两个子层,即:介质访问控制或媒体接入控制(Medium Access Control,MAC)子层和逻辑链路控制(Logical Link Control,LLC)子层。

- 媒体接入控制(MAC)子层——数据链路层中与媒体接入有关的部分都集中在 MAC 子层。MAC 子层主要负责介质访问控制,其具体功能为:将上层交下来的数据封装成帧进行发送(接收时进行相反的过程,即帧拆卸)、比特差错检测和寻址等。
- 逻辑链路控制(LLC)子层——数据链路层中与媒体接入无关的部分都集中在 LLC 子层。LLC 子层的主要功能有:建立和释放逻辑链路层的逻辑连接、提供与高层的接口、差错控制及给帧加上序号等。

不同类型的局域网,其 LLC 子层协议都是相同的,所以说局域网对 LLC 子层是透明的。而只有下到 MAC 子层才能看见所连接的是采用什么标准的局域网,即不同类型的局域网 MAC 子层的标准不同。

(3) 服务访问点 SAP

第 5 章介绍过,在参考模型中上下层之间的逻辑接口或逻辑界面称为服务访问点 SAP。

局域网参考模型中,为了提供对多个高层实体的支持,在 LLC 子层的顶部有多个服务访问点 LSAP。而 MAC 子层和物理层的顶部分别只有一个服务访问点 MSAP 和 PSAP,这意味着它们只能向一个上层实体提供支持(即 MAC 实体向单个 LLC 实体提供服务,物理层实体向单个 MAC 实体提供服务)。

(4) 协议数据单元 PDU

数据链路层的协议数据单元 PDU 也叫帧,由于局域网的数据链路层分成了 LLC 和 MAC 两个子层,所以链路层应当有两种不同的帧:LLC 帧和 MAC 帧。图 7-6 显示了高层、LLC 子层和 MAC 子层 PDU 之间的关系。由图可见,高层的协议数据单元传到 LLC 子层,加上适当的首部就构成了逻辑链路控制子层的协议数据单元 LLC PDU(即 LLC 帧)。LLC PDU 再向下传到 MAC 子层时,加上适当的首部和尾部,就构成了媒体接入控制子层的协议数据单元 MAC PDU(即 MAC 帧)。不同的局域网 MAC 帧的格式会有所不同。

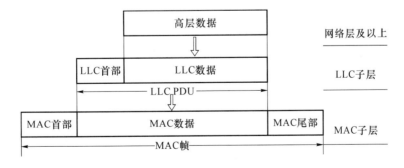

图 7-6　LLC PDU 和 MAC PDU 的关系

2. IEEE 802 标准

局域网所采用的标准是 IEEE 802 标准。IEEE 指的是美国电气和电子工程师学会,它于 1980 年 2 月成立了 IEEE 计算机学会,即 IEEE 802 委员会,专门研究和制订有关局域网的各种标准。IEEE 802 标准主要如下。

- IEEE 802.1——有关局域网体系结构、网络互连、网络管理和性能测量等标准。
- IEEE 802.2——LLC 子层协议。
- IEEE 802.3——总线形局域网 MAC 子层和物理层技术规范。
- IEEE 802.4——令牌总线局域网 MAC 子层和物理层技术规范。
- IEEE 802.5——令牌环局域网 MAC 子层和物理层技术规范。
- IEEE 802.6——城域网(MAN)MAC 子层和物理层技术规范。
- IEEE 802.7——宽带局域网访问控制方法与物理层规范。
- IEEE 802.8——光纤局域网访问控制方法与物理层规范。
- IEEE 802.9——话音数据综合局域网标准。
- IEEE 802.10——局域网的安全与保密规范。
- IEEE 802.11——无线局域网标准。
- IEEE 802.1Q——虚拟局域网(VLAN)标准。

7.1.3 传统以太网

1. 传统以太网的概念

以太网(Ethernet)是总线形局域网的一种典型应用,它是美国施乐(Xerox)公司于 1975 年研制成功的。它以无源的电缆作为总线来传送数据信息,并以曾经在历史上表示传播电磁波的以太(Ether)来命名。1980 年,施乐公司与数字(Digital)装备公司以及英特尔(Intel)公司合作,提出了以太网的规范(ETHE 80,即 DIX Ethernet V1 标准),成为世界上第一个局域网产品的规范,1982 年修改为第二版,即 DIX Ethernet V2 标准,IEEE 802.3 标准是以 DIX Ethernet V2 标准为基础的。

严格地说,以太网应当是指符合 DIX Ethernet V2 标准的局域网,但是 DIX Ethernet V2 标准与 IEEE 802.3 标准只有很小的差别(DIX Ethernet V2 标准在链路层不划分 LLC 子层,只有 MAC 子层),因此可以将 IEEE 802.3 局域网简称为以太网。

传统以太网具有以下典型的特征:

- 采用灵活的无连接的工作方式;
- 采用曼彻斯特编码作为线路传输码型;
- 传统以太网属于共享式局域网,即传输介质作为各站点共享的资源;
- 共享式局域网要进行介质访问控制,以太网的介质访问控制方式为载波监听和冲突检测(CSMA/CD)技术。

2. CSMA/CD 技术

CSMA/CD 是一种争用型协议,是以竞争方式来获得总线访问权的。

CSMA(Carrier Sense Multiple Access)代表载波监听多路访问。它是"先听后发",也就是各站在发送前先检测总线是否空闲,当测得总线空闲后,再考虑发送本站信号。各站均按此规律检测、发送,形成多站共同访问总线的通信形式,故把这种方法称为载波监听多路访问(实际上采用基带传输的总线局域网,总线上根本不存在什么"载波",各站可检测到的是其他站所发送的二进制代码。但大家习惯上称这种检测为"载波监听")。

CD(Collision Detection)表示冲突检测,即"边发边听",各站点在发送信息帧的同时,继续监听总线,当监听到有冲突发生时(即有其他站也监听到总线空闲,也在发送数据),便立即停止发送信息。

归纳起来 CSMA/CD 的控制方法为:

- 一个站要发送信息,首先对总线进行监听,看介质上是否有其他站发送的信息存在。如果介质是空闲的,则可以发送信息。
- 在发送信息帧的同时,继续监听总线,即"边发边听"。当检测到有冲突发生时,便立即停止发送,并发出报警信号,告知其他各工作站已发生冲突,防止它们再发送新的信息介入冲突。若发送完成后,尚未检测到冲突,则发送成功。
- 检测到冲突的站发出报警信号后,退让一段随机时间,然后再试。

3. CSMA/CD 总线网的特点

我们习惯上把采用 CSMA/CD 规程的总线形局域网称之为 CSMA/CD 总线网,它具有以下几个特点。

(1) 竞争总线

在 CSMA/CD 总线网中,采用的是分布式控制方式,各站点自主平等,无主次站之分,任何一个站点在任何时候都可通过竞争来发送信息。另外,在 CSMA/CD 总线网中也没有设置有关介质访问的优先权机构。

(2) 冲突显著减少

由于采取了"先听后发"和"边发边听"等措施,大大减少了传输中发生冲突的概率,从而有效地提高了信息发送的成功率。

(3) 轻负荷有效

由于在重负荷时会增加传输冲突,相应地传输延迟时间也急剧增大,从而使网络吞吐量明显下降。显而易见,CSMA/CD 技术不适合于重负荷的情况,而在轻负荷(小于总容量的30%)时是相当有效的,可获得较小的传输时延和较高的吞吐量。

(4) 广播式通信

总线网上任何一站发出的信息,都可通过公用总线传输到网上的所有工作站,因而可以方便地实现点对点式及广播通信。

(5) 发送的不确定性

对于总线形局域网,想要发送数据的站何时检测到总线有空闲,检测到总线空闲发送数据时又是否会产生碰撞都是不确定的,所以发送一帧的时间是不确定的。正因如此,这种CSMA/CD 总线网不适用于对实时性要求较高的场合。

(6) 总线结构和 MAC 规程简单

网上的每一工作站都只有一条连接边,结构简单。而且 CSMA/CD 规程本身也比较简单,所以这种 CSMA/CD 总线网易于实现,价格低廉。

4. 以太网的 MAC 子层协议

(1) 以太网的 MAC 子层功能

MAC 子层有两个主要功能。

① 数据封装和解封

发送端进行数据封装,包括将 LLC 子层送下来的 LLC 帧加上首部和尾部构成 MAC

帧,编址和校验码的生成等。

接收端进行数据解封,包括地址识别、帧校验码的检验和帧拆卸,即去掉 MAC 帧的首部和尾部,而将 LLC 帧传送给 LLC 子层。

② 介质访问管理

发送介质访问管理包括:

- 载波监听;
- 冲突的检测和强化;
- 冲突退避和重发。

接收介质访问管理负责检测到达的帧是否有错(这里可能出现两种错误:一个是帧的长度大于规定的帧最大长度;二是帧的长度不是 8 bit 的整倍数),过滤冲突的信号(凡是其长度小于允许的最小帧长度的帧,都认为是冲突的信号而予以过滤)。

(2) MAC 地址(硬件地址)

IEEE 802 标准为局域网规定了一种 48 bit 的全球地址,即 MAC 地址(MAC 帧的地址),它是指局域网上的每一台计算机所插入的网卡上固化在 ROM 中的地址,所以也叫硬件地址或物理地址。

MAC 地址的前 3 个字节由 IEEE 的注册管理委员会 RAC 负责分配,凡是生产局域网网卡的厂家都必须向 IEEE 的 RAC 购买由这三个字节构成的一个号(即地址块),这个号的正式名称是机构唯一标识符 OUI。地址字段的后 3 个字节由厂家自行指派,称为扩展标识符。一个地址块可生成 2^{24} 个不同的地址,用这种方式得到的 48 bit 地址称为 MAC-48 或 EUI-48。

IEEE 802.3 的 MAC 地址字段的示意图如图 7-7 所示。

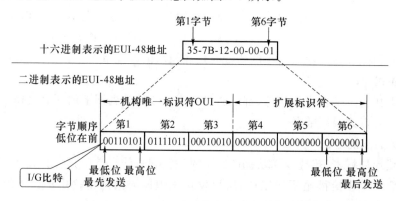

图 7-7　IEEE 标准规定的 MAC 地址字段

IEEE 规定地址字段的第一个字节的最低位为 I/G 比特(表示 Individual/Group),当 I/G 比特为 0 时,地址字段表示一个单个地址;当 I/G 比特为 1 时,地址字段表示组地址,用来进行多播。

(3) MAC 帧格式

以太网的两个标准:

- IEEE 802.3 标准;
- DIX Ethernet V2——没有 LLC 子层(TCP/IP 体系经常使用)。

以太网 MAC 帧格式有两种标准:IEEE 的 802.3 标准和 DIX Ethernet V2 标准。

① IEEE 802.3 标准规定的 MAC 子层帧结构

IEEE 802.3 标准规定的 MAC 子层帧结构如图 7-8 所示。

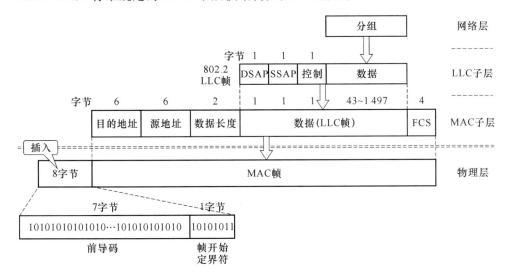

图 7-8　IEEE 802.3 标准规定的 MAC 子层帧结构

- 地址字段——地址字段包括目的 MAC 地址字段和源 MAC 地址字段,都是 6 个字节。
- 数据长度字段——数据长度字段是 2 字节。它以字节为单位指出后面的数据字段长度。
- 数据字段——数据字段就是 LLC 子层交下来的 LLC 帧,其长度是可变的,但规定最短为 46 字节(为了在接收端区分有效数据帧与冲突的信号),最长为 1 500 字节。
- 帧检验(FCS)字段——由于帧检验与介质访问方法有关,所以把帧检验序列的产生放在介质访问控制(MAC)子层,而不在 LLC 子层。我们知道 HDLC 规程中的 FCS 序列为 2 个字节,而 CSMA/CD 的 MAC 帧中的 FCS 序列为 4 个字节。
- 前导码与帧起始定界符。

由图 7-8 可以看出,在传输媒体上实际传送的要比 MAC 帧还多 8 个字节,即前导码与帧起始定界符。它们的作用是这样的:

当一个站在刚开始接收 MAC 帧时,可能尚未与到达的比特流达成同步,由此导致 MAC 帧的最前面的若干比特无法接收,而使得整个 MAC 帧成为无用的帧。为了解决这个问题,MAC 帧向下传到物理层时还要在帧的前面插入 8 个字节,它包括两个字段。第一个字段是前导码(PA),共有 7 个字节,编码为 1010……,即 1 和 0 交替出现,其作用是使接收端实现比特同步前接收本字段,避免破坏完整的 MAC 帧。第二个字段是帧起始定界符(SFD)字段,它为 1 个字节,编码是 10101011,表示一个帧的开始。

② DIX Ethernet V2 标准的 MAC 帧格式

TCP/IP 体系经常使用 DIX Ethernet V2 标准的 MAC 帧格式,此时局域网参考模型中的链路层不再划分 LLC 子层,即链路层只有 MAC 子层。DIX Ethernet V2 标准的 MAC 帧格式如图 7-9 所示。

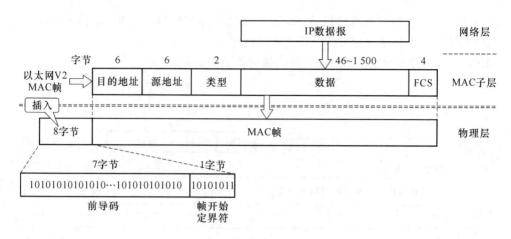

图 7-9　DIX Ethernet V2 标准的 MAC 帧格式

DIX Ethernet V2 标准的 MAC 帧格式由 5 个字段组成,它与 IEEE 802.3 标准的 MAC 帧格式除了类型字段以外,其他各字段的作用相同。

类型字段用来标志上一层使用的是什么协议,以便把收到的 MAC 帧的数据上交给上一层的这个协议。

另外,当采用 DIX Ethernet V2 标准的 MAC 帧格式时,其数据部分装入的不再是 LLC帧(此时链路层不再分 LLC 子层),而是网络层的分组或 IP 数据报。

以上介绍了以太网的两种 MAC 帧格式,目前 DIX Ethernet V2 标准的 MAC 帧格式用得比较多。由此可见,IP 网环境下,传统以太网对发送的数据帧不进行编号,也不要求对方确认——提供的服务是不可靠的交付(即尽最大努力的交付)。

5. 10 BASE-T(双绞线以太网)

最早的以太网是粗缆以太网,这种以粗同轴电缆作为总线的总线形 LAN,后来被命名为10 BASE 5 以太网。20 世纪 80 年代初又发展了细缆以太网,即 10 BASE 2 以太网。为了改善细缆以太网的缺点,接着又研制了 UTP(非屏蔽双绞线)以太网,即 10 BASE-T 以太网以及光缆以太网 10 BASE-F 等。这里重点介绍应用最广泛的 10 BASE-T 以太网的相关内容。

1990 年,IEEE 通过 10 BASE-T 的标准 IEEE 802.3i,它是一个崭新的以太网标准。

(1) 10 BASE-T 以太网的拓扑结构

10 BASE-T 以太网采用非屏蔽双绞线将站点以星形拓扑结构连到一个集线器上,如图 7-10所示(为了简单,图中显示的是具有三个接口的集线器)。

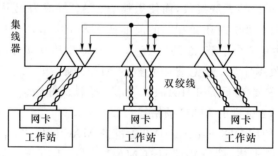

图 7-10　10 BASE-T 拓扑结构示意图

　　图 7-10 中的集线器为一般集线器(简称集线器),它就像一个多端口转发器,每个端口都具有发送和接收数据的能力。但一个时间只允许接收来自一个端口的数据,可以向所有其他端口转发。当每个端口收到终端发来的数据时,就转发到所有其他端口,在转发数据之前,每个端口都对它进行再生、整形,并重新定时。集线器往往含有中继器的功能,它工作在物理层。另外,图 7-10 连接工作站的位置也可连接服务器。

　　集线器是使用电子器件来模拟实际电缆线的工作,因此整个系统仍然像一个传统的以太网那样运行。即采用一般集线器连接的以太网物理上是星形拓扑结构,但从逻辑上看是一个总线形网(一般集线器可看作是一个总线),各工作站仍然竞争使用总线。所以这种局域网仍然是共享式网络,它也采用 CSMA/CD 规则竞争发送。

　　另外,对 10 BASE-T 以太网有几点说明:

　　① 10 BASE-T 使用两对无屏蔽双绞线,一对线发送数据,另一对线接收数据。

　　② 集线器与站点之间的最大距离为 100 m。

　　③ 一个集线器所连的站点最多可以有 30 个(实际目前只能达 24 个)。

　　④ 和其他以太网物理层标准一样,10 BASE-T 也使用曼彻斯特编码。

　　⑤ 集线器的可靠性很高,堆叠式集线器(包括 4～8 个集线器)一般都有少量的容错能力和网管功能。

　　⑥ 可以把多个集线器连成多级星形结构的网络,这样就可以使更多的工作站连接成一个较大的局域网(集线器与集线器之间的最大距离为 100 m),如图 7-11 所示。10 BASE-T 一般最多允许有 4 个中继器(中继器的功能往往含在集线器里)级联。

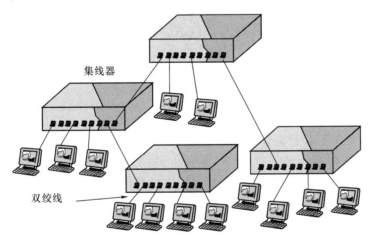

图 7-11　多个集线器连成的多级星形结构的网络

　　⑦ 若图 7-11 中的集线器改为交换集线器,此以太网则为交换式以太网(详情后述)。

　　(2) 10 BASE-T 以太网的组成

　　10 BASE-T 以太网的组成有:集线器、工作站、服务器、网卡、中继器和双绞线等。

7.1.4　高速以太网

1. 100 BASE-T 快速以太网

1993 年出现了由 Intel 和 3COM 公司大力支持的 100 BASE-T 快速以太网。1995 年

IEEE 正式通过快速以太网/100 BASE-T 标准,即 IEEE 802.3 u 标准。

(1) 100 BASE-T 的特点

① 传输速率高

100 BASE-T 的传输速率可达 100 Mbit/s。

② 沿用了 10 BASE-T 的 MAC 协议

100 BASE-T 采用了与 10 BASE-T 相同的 MAC 协议,其好处是能够方便地付出很小的代价便可将现有的 10 BASE-T 以太网升级为 100 BASE-T 以太网。

③ 可以采用共享式或交换式连接方式

10 BASE-T 和 100 BASE-T 两种以太网均可采用以下两种连接方式:

- 共享式连接方式——将所有的站点连接到一个集线器上,使这些站点共享 10M 或 100 M 的带宽。这种连接方式的优点是费用较低,但每个站点所分得的频带较窄。
- 交换式连接方式——所谓交换式连接方式是将所有的站点都连接到一个交换集线器上。这种连接方式的优点是每个站点都能独享 10 M 或 100 M 的带宽,但连接费用较高(此种连接方式相当于交换式以太网)。采用交换式连接方式时可支持全双工操作模式而无访问冲突(全双工操作模式是每个站点可以同时发送和接收数据,一对线用于发送数据,另一对线用于接收数据)。

④ 适应性强

10 BASE-T 以太网装置只能工作于 10 Mbit/s 这个单一速率上,而 100 BASE-T 以太网的设备可同时工作于 10 Mbit/s 和 100 Mbit/s 速率上。所以 100 BASE-T 网卡能自动识别网络设备的传输速率是 10 Mbit/s 还是 100 Mbit/s,并能与之适应。也就是说此网卡既可作为 100 BASE-T 网卡,又可降格为 10 BASE-T 网卡使用。

⑤ 经济性好

快速以太网的传输速率是一般以太网的 10 倍,但其价格目前只是一般以太网的 2 倍(将来还会更低),即性能价格比高。

⑥ 网络范围变小

由于传输速率升高,导致信号衰减增大,所以 100 BASE-T 比 10 BASE-T 的网络范围小。

(2) 100 BASE-T 的标准

100 BASE-T 快速以太网的标准为 IEEE 802.3 u,是现有以太网 IEEE 802.3 标准的扩展。

① MAC 子层

100 BASE-T 快速以太网的 MAC 子层标准与 802.3 的 MAC 子层标准相同。所以,100 BASE-T 的帧格式、帧携带的数据量、介质访问控制机制、差错控制方式及信息管理等,均与 10 BASE-T 的相同。

② 物理层标准

IEEE 802.3 u 规定了 100 BASE-T 的四种物理层标准。

(a) 100 BASE-TX

100 BASE-TX 是使用 2 对 5 类非屏蔽双绞线(UTP)或屏蔽双绞线(STP)、传输速率为 100 Mbit/s 的快速以太网。它基本上是以 ANSI 开发的铜质 FDDI 物理媒体相关子层技术为基础的,即将 FDDI 标准的信号编码和物理信号部分用在 100 BASE-TX 标准中。100 BASE-TX 有以下几个要点:

- 使用 2 对 5 类非屏蔽双绞线(UTP)或屏蔽双绞线(STP),其中一对用于发送数据信号,另一对用于接收数据信号。

- 最大网段长度 100 m。

- 100 BASE-TX 采用 4B/5B 编码方法,以 125 MHz 的串行数据流来传送数据。实际上,100 BASE-TX 使用"多电平传输 3(MLT-3)"编码方法来降低信号频率。MLT-3编码方法是把 125 MHz 的信号除以 3 后而建立起 41.6 MHz 的数据传输频率,这就有可能使用 5 类线。100 BASE-TX 由于频率较高而要求使用较高质量的电缆。

- 100 BASE-TX 提供了独立的发送和接收信号通道,所以能够支持可选的全双工操作模式(有关全双工操作模式后述)。

(b) 100 BASE-FX

100 BASE-FX 是使用光缆作为传输介质的快速以太网,它和 100 BASE-TX 一样沿用 ANSI X3 T9.5 FDDI 物理媒体相关标准。100 BASE-FX 有以下几个要点:

- 100 BASE-FX 可以使用 2 对多模(MM)或单模(SM)光缆,一对用于发送数据信号,一对用于接收数据信号。

- 支持可选的全双工操作方式。

- 光缆连接的最大网段长度因不同情况而异,对使用多模光缆的两个网络开关或开关与适配器连接的情况允许 412 m 长的链路,如果此链路是全双工型,则此数字可增加到 2 000 m。对质量高的单模光缆允许 10 km 或更长的全双工式连接。100 BASE-FX 中继器网段长度一般为 150 m,但实际上与所用中继器的类型和数量有关。

- 100 BASE-FX 使用与 100 BASE-TX 相同的 4B/5B 编码方法。

(c) 100 BASE-T4

100 BASE-T4 是使用 4 对 3、4 或 5 类 UTP 的快速以太网。100 BASE-T4 和后面要介绍的 100 BASE-T2 介质标准不是从 FDDI 标准派生的,它们是各自独立开发的,以便使以太网 100 Mbit/s 信号能在质量较低的双绞线电缆上传输。100 BASE-T4 的要点为:

- 100 BASE-T4 可使用 4 对音频级或数据级 3、4 或 5 类 UTP,信号频率为 25 MHz。3 对线用来同时传送数据,而第 4 对线用作冲突检测时的接收信道。

- 100 BASE-T4 的最大网段长度为 100 m。

- 采用 8B/6T 编码方法,就是将 8 位一组的数据(8B)变成 6 个三进制模式(6T)的信号在双绞线上发送。该编码法比曼彻斯特编码法要高级得多。

- 100 BASE-T4 没有单独专用的发送和接收线,所以不可能进行全双工操作。

(d) 100 BASE-T2

100 BASE-T4 有两个缺点:一个是要求使用 4 对 3、4 或 5 类 UTP,而某些设施只有 2 对线可以使用;另一个是它不能实现全双工。IEEE 于 1997 年 3 月公布了 802.3Y 标准,即 100 BASE-T2 标准。100 BASE-T2 快速以太网有以下几个要点:

- 采用 2 对声音或数据级 3 类、4 类或 5 类 UTP,其中一对用于发送数据信号,一对用于接收数据信号。

- 100 BASE-T2 的最大网段长度是 100 m。

- 100 BASE-T2 采用一种比较复杂的五电平编码方案,称为 PAM5X5,即将 MII 接口接收的 4 位半字节数据翻译成五个电平的脉冲幅度调制系统。

- 支持全双工操作。

（3）100 BASE-T 快速以太网的组成

快速以太网和一般以太网的组成是相同的,即由工作站、网卡、集线器、中继器、传输介质及服务器等组成。

① 工作站

接入 100 BASE-T 快速以太网的工作站必须是较高档的微机,因为接入快速以太网的微机必须具有 PCI 或 EISA 总线。而低档的微机所用的老式的 ISA 总线不能支持 100 Mbit/s 的传输速率。

② 网卡

快速以太网的网卡有两种:一种是既可支持 100 Mbit/s 也可支持 10 Mbit/s 的传输速率;另一种是只能支持 100 Mbit/s 的传输速率。

③ 集线器

100 Mbit/s 的集线器是 100 BASE-T 以太网中的关键部件,分一般的集线器和交换式集线器,一般的集线器可带有中继器的功能。

④ 中继器

100 BASE-T 以太网中继器的功能与 10 BASE-T 中的相同,即对某一端口接收到的弱信号再生放大后,发往另一端口。由于在 100 BASE-T 中,网络信号速度已加快 10 倍,最多只能由 2 个快速以太网中继器级联在一起。

⑤ 传输介质

100 BASE-T 快速以太网的传输介质可以采用 3、4、5 类 UTP、STP 以及光纤。

（4）100 BASE-T 快速以太网的拓扑结构

100 BASE-T 快速以太网基本保持了 10 BASE-T 以太网的网络拓扑结构,即所有的站点都连到集线器上,在一个网络中最多允许有两个中继器。

2. 千兆位以太网

（1）千兆位以太网的要点

千兆位以太网是一种能在站点间以 1000 Mbit/s(1 Gbit/s)的速率传送数据的系统。IEEE 于 1996 年开始研究制定千兆位以太网的标准,即 IEEE 802.3z 标准,此后不断加以修改完善,1998 年 IEEE 802.3z 标准正式成为千兆位以太网标准。千兆位以太网的要点如下:

① 千兆位以太网的运行速度比 100 Mbit/s 快速以太网快 10 倍,可提供 1 Gbit/s 的基本带宽。

② 千兆位以太网采用星形拓扑结构。

③ 千兆位以太网使用和 10 Mbit/s、100 Mbit/s 以太网同样的以太网帧,与 10 BASE-T 和 100 BASE-T 技术向后兼容。

④ 当工作在半双工(共享介质)模式下,它使用和其他半双工以太网相同的 CSMA/CD 介质访问控制机制(其中作了一些修改以优化 1 Gbit/s 速度的半双工操作)。

⑤ 支持全双工操作模式。大部分千兆位以太网交换器端口将以全双工模式工作,以获得交换器间的最佳性能。

⑥ 千兆位以太网允许使用单个中继器。千兆位以太网中继器像其他以太网中继器那

样能够恢复信号计时和振幅,并且具有隔离发生冲突过多的端口以及检测并中断不正常的超时发送的功能。

⑦ 千兆位以太网采用 8B/10B 编码方案,即把每 8 位数据净荷编码成 10 位线路编码,其中多余的位用于错误检查。8B/10B 编码方案产生 20% 的信号编码开销,这表示千兆位以太网系统实际上必须以 1.25 GBaud 的速率在电缆上发送信号,以达到 1 000 Mbit/s 的数据率。

(2) 千兆位以太网的物理层标准

千兆位以太网的物理层标准有四种:

① 1000 BASE-LX(IEEE 802.3z 标准)

"LX"中的"L 代表"长(Long)",因此它也被称为长波激光(LWL)光纤网段。1000 BASE-LX 网段基于的是波长为 1270~1355 nm(一般为 1310 nm)的光纤激光传输器,它可以被耦合到单模或多模光纤中。当使用纤芯直径为 62.5 μm 和 50 μm 的多模光纤时,传输距离为 550 m。使用纤芯直径为 10 μm 的单模光纤时,可提供传输距离长达 5 km 的光纤链路。

1000 BASE-LX 的线路信号码型为 8B/10B 编码。

② 1000 BASE-SX(IEEE 802.3z 标准)

"SX"中的"S"代表"短(Short)",因此它也被称为短波激光(SWL)光纤网段。1000 BASE-SX 网段基于波长为 770~860 nm(一般为 850 nm)的光纤激光传输器,它可以被耦合到多模光纤中。使用纤芯直径为 62.5 μm 和 50 μm 的多模光纤时,传输距离分别为 275 m 和 550 m。

1000 BASE-SX 的线路信号码型是 8B/10B 编码。

③ 1000 BASE-CX(IEEE 802.3z 标准)

1000 BASE-CX 网段由一根基于高质量 STP 的短跳接电缆组成,电缆段最长为 25 m。1000 BASE-CX 的线路信号码型也是 8B/10B 编码。

以上介绍的 1000 BASE-LX、1000 BASE-SX 和 1000 BASE-CX 可通称为 1000 BASE-X。

④ 1000 BASE-T(IEEE 802.3ab 标准)

1000 BASE-T 使用 4 对 5 类 UTP,电缆最长为 100 m。线路信号码型是 PAM5X5 编码。

值得说明的是,千兆位以太网为了满足对速率和可靠性的要求,其物理介质优先使用光纤。

3. 10 Gbit/s 以太网

IEEE 于 1999 年 3 月年开始从事 10 Gbit/s 以太网的研究,其正式标准是 802.3ae 标准,它在 2002 年 6 月完成。

(1) 10 Gbit/s 以太网的特点

- 数据传输速率是 10 Gbit/s;
- 传输介质为多模或单模光纤;
- 10 Gbit/s 以太网使用与 10 Mbit/s,100 Mbit/s 和 1 Gbit/s 以太网完全相同的帧格式;
- 线路信号码型采用 8B/10B 和 MB810 两种类型编码;
- 10 Gbit/s 以太网只工作在全双工方式,显然没有争用问题,也就不必使用 CSMA/CD 协议。

（2）10 Gbit/s 以太网的物理层标准

10 Gbit/s 以太网的物理层标准包括局域网物理层标准和广域网物理层标准。

① 局域网物理层标准(LAN PHY)

局域网物理层标准规定的数据传输速率是 10 Gbit/s。具体包括以下几种：

- 10000 BASE-ER

10000 BASE-ER 的传输介质是波长为 1550 nm 的单模光纤，最大网段长度为 10 km，采用 64B/66B 线路码型。

- 10000 BASE-LR

10000 BASE-LR 的传输介质是波长为 1310 nm 的单模光纤，最大网段长度为 10 km，也采用 64B/66B 线路码型。

- 10000 BASE-SR

10000 BASE-SR 的传输介质是波长为 850 nm 的多模光纤串行接口，最大网段长度采用 62.5 μm 多模光纤时为 28 m/160 MHz · km、35 m/200 MHz · km；采用 50 μm 多模光纤时为 69、86、300 m/0.4 GHz · km。10 000 BASE-SR 仍采用 64B/66B 线路码型。

② 广域网物理层 WAN PHY

为了使 10 Gbit/s 以太网的帧能够插入到 SDH 的 STM-64 帧的有效载荷中，就要使用可选的广域网物理层，其数据速率为 9.953 28 Gbit/s(约 10 Gbit/s)。具体包括以下几种：

- 10000 BASE-EW

10000 BASE-EW 的传输介质是波长为 1550 nm 的单模光纤，最大网段长度为 10 km，采用 64B/66B 线路码型。

- 10000 BASE-L4

10000 BASE-L4 的传输介质为 1310 nm 多模/单模光纤 4 信道宽波分复用(WWDM)串行接口，最大网段长度采用 62.5 μm 多模光纤时为 300 m/500 MHz · km；采用 50 μm 多模光纤时为 240 m/400 MHz · km、300 m/500 MHz · km；采用单模光纤时为 10 km。10000 BASE-L4 选用 8B/10B 线路码型。

- 10000 BASE-SW

10000 BASE-SW 的传输介质是波长为 850 nm 的多模光纤串行接口/WAN 接口，最大网段长度采用 62.5 μm 多模光纤时为 28 m/160 MHz · km、35 m/200 MHz · km；采用 50 μm 多模光纤时为 69、86、300 m/0.4 GHz · km。10000 BASE-SW 采用 64B/66B 线路码型。

7.1.5 交换式局域网

对于共享式局域网，其介质的容量(数据传输能力)被网上的各个站点共享。例如采用 CSMA/CD 的 10 Mbit/s 以太网中，各个站点共享一条 10 Mbit/s 的通道，这带来了许多问题。网络负荷重时，由于冲突和重发的大量发生，网络效率急剧下降，这使得网络的实际流通量很难超过 2.5 Mbit/s，同时由于站点何时能抢占到信道带有一定的随机性，使得 CSMA/CD 以太网不适于传送时间性要求强的业务。交换式局域网的出现解决了这个问题。

1. 交换式局域网的概念

交换式局域网所有站点都连接到一个交换式集线器或局域网交换机上，如图 7-12 所示。

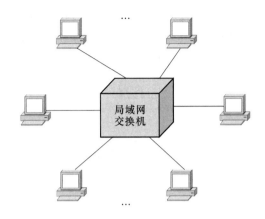

图 7-12　交换式局域网示意图

交换式集线器或局域网交换机具有交换功能,它们的特点是:所有端口平时都不连通,当工作站需要通信时,交换式集线器或局域网交换机能同时连通许多对端口,使每一对端口都能像独占通信媒体那样无冲突地传输数据,通信完成后断开连接。由于消除了公共的通信媒体,每个站点独自使用一条链路,不存在冲突问题,可以提高用户的平均数据传输速率,即容量得以扩大。

交换式局域网采用星形拓扑结构,其优点是十分容易扩展,而且每个用户的带宽并不因为互连的设备增多而降低。

交换式局域网无论是从物理上,还是逻辑上都是星形拓扑结构,多台交换式集线器(或局域网交换机)可以串接,连成多级星形结构。

这里有几点需要说明:

- 交换式集线器的规模一般比较小,支持的端口数少,功能也简单。
- 局域网交换机(机箱式)的规模比较大,支持的端口数多,功能也多。在机箱内可插入各种模块,如中继器模块、网桥模块、路由器模块、ATM 模块、FDDI 模块等,以实现各种网络的互连,当然它的结构和管理也更为复杂。交换式局域网目前一般采用局域网交换机连接站点。
- 因为交换式局域网是在 10 BASE-T 等以太网基础上发展而来的,所以一般也将交换式局域网称为交换式以太网。

2. 交换式局域网的功能

交换式局域网可向用户提供共享式局域网不能实现的一些功能,主要包括以下几个方面。

(1) 隔离冲突域

在共享式以太网中,使用 CSMA/CD 算法来进行介质访问控制。如果两个或更多站点同时检测到信道空闲而有帧准备发送,它们将发生冲突。一组竞争信道访问的站点称为冲突域,如图 7-13 所示。显然同一个冲突域中的站点竞争信道,便会导致冲突和退避。而不同冲突域的站点不会竞争公共信道,它们则不会产生冲突。

在交换式局域网中,每个交换机端口就对应一个冲突域,端口就是冲突域终点。由于交换机具有交换功能,不同端口的站点之间不会产生冲突。如果每个端口只连接一台计算机站点,那么在任何一对站点间都不会有冲突。若一个端口连接一个共享式局域网,那么在该端口的所有站点之间会产生冲突,但该端口的站点和交换机其他端口的站点之间将不会产生冲突。因此,交换机隔离了每个端口的冲突域。

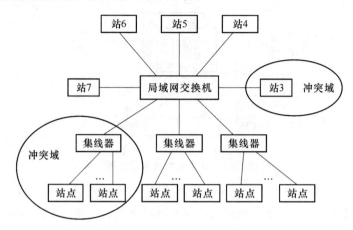

图 7-13　冲突域示意图

（2）扩展距离

交换机可以扩展 LAN 的距离。每个交换机端口可以连接不同的 LAN,因此每个端口都可以达到不同 LAN 技术所要求的最大距离,而与连到其他交换机端口 LAN 的长度无关。

（3）增加总容量

在共享式 LAN 中,其容量(无论是 10 Mbit/s、100 Mbit/s,还是 1 000 Mit/s)是由所有接入设备分享。而在交换式局域网中,由于交换机的每个端口具有专用容量,交换式局域网总容量随着交换机的端口数量而增加,所以交换机提供的数据传输容量比共享式 LAN 大得多。例如,设局域网交换机和用户连接的带宽(或速率)为 M,用户数为 N,则网络总的可用带宽(或速率)为 $N \times M$。

（4）数据率灵活性

对于共享式 LAN,不同 LAN 可采用不同数据率,但连接到同一共享式 LAN 的所有设备必须使用同样的数据率。而对于交换式局域网,交换机的每个端口可以使用不同的数据率,所以可以以不同数据率部署站点,非常灵活。

3. 局域网交换机的分类

按所执行的功能不同,局域网交换机(实际指的是以太网交换机)可以分成两种:

（1）二层交换

如果交换机按网桥构造,执行桥接功能,由于网桥的功能属于 OSI 参考模型的第二层,所以此时的交换机属于二层交换。二层交换是根据 MAC 地址转发数据,交换速度快,但控制功能弱,没有路由选择功能。

（2）三层交换

如果交换机具备路由能力,而路由器的功能属于 OSI 参考模型的第三层,此时的交换机属于三层交换。三层交换是根据 IP 地址转发数据,三层交换是二层交换与路由功能的有机组合。

4．二层交换原理

（1）二层交换的原理

我们已经知道二层交换机是根据 MAC 地址转发数据的，二层交换机内部应有一个反映各站的 MAC 地址与交换机端口对应关系的 MAC 地址表。当交换机的控制电路收到数据包以后，处理端口会查找内存中的 MAC 地址对照表以确定目的 MAC 的站点挂接在哪个端口上，通过内部交换矩阵迅速将数据包传送到目的端口。MAC 地址表中若无目的 MAC 地址，则将数据包广播到所有的端口，接收端口回应后交换机会"学习"新的地址，并把它添加入内部地址表中。

交换机 MAC 地址表的建立与数据交换的具体过程如下。

① 交换机刚刚加电启动时，其 MAC 地址表是空的。此时交换机并不知道与其相连的不同的 MAC 地址的终端站点位于哪一个端口。它根据缺省规则，将不知道目的 MAC 地址对应哪一个端口的呼入帧发送到除源端口之外的其他所有端口上。

例如在图 7-14 中，站点 A 向站点 C 发送一个帧，站点 C 的 MAC 地址对应的端口是未知的，这个帧将被发送到交换机的所有端口上。

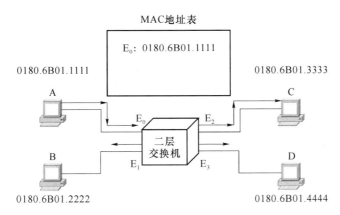

图 7-14　MAC 地址表项的建立

② 交换机是基于数据帧的源 MAC 地址来建立 MAC 地址表的。具体是当交换机从某个端口接收到数据帧时，首先检查其发送站点的 MAC 地址与交换机端口之间的对应关系是否已记录在 MAC 地址表中，若无，则在 MAC 地址表中加入该表项。

图 7-14 中，交换机收到站点 A 发来的数据帧，在读取其 MAC 地址的过程中，它会将站点 A 的 MAC 地址连同 E_0 端口的位置一起加入到 MAC 表中。如此，交换机很快就会建立起一张包括大多数局域网上活跃站点的 MAC 地址同端口之间映射关系的表。

③ 交换机是基于目的 MAC 地址来转发数据帧的。对收到的每一个数据帧，交换机查看 MAC 地址表，看其是否已经记录了目的 MAC 地址与交换机端口间的对应关系，若查找到该表项，则可将数据帧有目的地转发到指定的端口，从而实现数据帧的过滤转发，如图 7-15 所示。

在图 7-15 中，假设站点 A 向站点 B 发送一个帧，此时站点 B 的 MAC 地址与端口的对应关系是已知的，因此该数据帧将直接转发到 E_1 端口，而不会发送到 E_2 和 E_3 端口。

交换机应该能够适应网络构成的变化，为了做到这一点，每个新学习到的地址在加入到交换机 MAC 表中之前，先赋予其一个年龄值（一般为 300 s）。如果该 MAC 地址在年龄值规定的时间内没有任何流量,该地址将从 MAC 表中删除。而且在每次重新出现该 MAC 地址时,MAC 表中相应的表项将被刷新,使得 MAC 地址表始终保持精确。

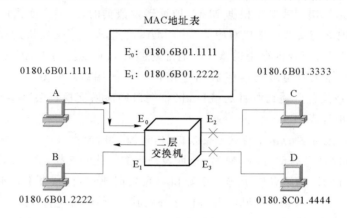

图 7-15　MAC 地址表项的使用

(2) 二层交换机的功能

根据上述二层交换的原理,可以归纳出二层交换机具有以下功能。

① 地址学习功能

从上述可以看出,交换机在转发数据帧时基于数据帧的源 MAC 地址可建立 MAC 地址表,即将 MAC 地址与交换机端口之间的对应关系记录在 MAC 地址表中。

② 数据帧的转发与过滤功能

交换机必须监视其端口所连的网段上发送的每个帧的目的地址,避免不必要的数据帧的转发,以减轻网络中的拥塞。所以,交换机需要将每个端口上接收到的所有帧都读取到存储器中,并处理数据帧头中的相关字段,查看到某个站点的目的 MAC 地址(DMAC)。交换机对所收到的数据帧的处理有三种情况:

- 丢弃该帧。如果交换机识别出某个帧中的 DMAC 标识的站点与源站点处于同一个端口上,它就不处理此帧,因为目的站点(源、目的站点处于同一网段)已经接收到此帧,这种情况下,该帧将被丢弃。
- 将该帧转发到某个特定端口上。如果检查 MAC 表发现 DMAC 的站点处于另一个网上,交换机将把此帧转发到相应的端口上。
- 将帧发送到所有端口上。当交换机不知道 DMAC 的位置时,它将数据帧发送到所有端口上,以确保目的站点能够接收到该信息,此举即为广播。

③ 广播或组播数据帧

交换机支持广播或组播数据帧。

广播数据帧就是从一个站点发送到其他所有的站点。许多情况下需要广播,比如上述当交换机不知道 DMAC 的位置时,若向所有设备发送单播的效率显然是很低的,广播是最好的办法。发送广播帧后,每个接收到的站点将完整地处理该帧。

广播数据帧可以通过所有位都为 1 的目的 MAC 地址进行标识。MAC 地址通常采用十六进制的格式表示,因此,所有位都为 1 的目的 MAC 地址用十六进制表示为全 F。例如以太网广播地址为:FF-FF-FF-FF-FF-FF。

交换机收到所有目的地址为全 1 的数据包,它将把数据包发送到所有的端口上,如图 7-16 所示。主机 D 发送一个广播帧,该数据帧被发送到除发送端口 E_3 之外的所有端口。冲突域中的所有站点竞争同一个介质,广播域中的所有站点都将接收到同一个广播帧。

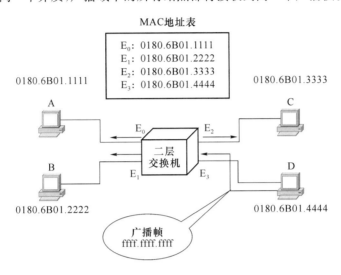

MAC地址表

E_0: 0180.6B01.1111
E_1: 0180.6B01.2222
E_2: 0180.6B01.3333
E_3: 0180.6B01.4444

0180.6B01.1111　　　　　　　　　　　0180.6B01.3333

A　　　　　　　　　　　　　　　　　C

E_0　　　E_2

二层
交换机

B　　　　　　　　　　　　　　　　　D

E_1　　　E_3

0180.6B01.2222　　　　　　　　　　　0180.6B01.4444

广播帧
ffff.ffff.ffff

图 7-16　广播帧交换示意图

组播非常类似于广播,但它的目的地址不是所有的站点,而是一组站点。

值得一提的是,交换机不能隔离广播和组播,交换网络中的所有网段都是在同一个广播域中。

5. 三层交换原理

三层交换机是一个带有第三层路由功能的二层交换机,但它是二者的有机结合,并不是简单地把路由器设备的硬件及软件叠加在局域网二层交换机上。

三层交换的原理是,假设两个使用 IP 的站点要通过第三层交换机进行通信。站点 A 在开始发送时,已知目的 IP 地址,但不知道在局域网上发送所需要的目的 MAC 地址。要采用地址解析协议 ARP 来确定目的 MAC 地址。具体有以下两种情况。

(1) 两个站点位于同一个子网内

站点 A 要和站点 B 通信:A 在开始发送时,把自己的 IP 地址与 B 站的 IP 地址比较,从其软件中配置的子网掩码得出子网地址来确定目的站点是否与自己在同一子网内。若是,则根据 MAC 地址进行二层的转发。

站点 A 如何得到站点 B 的 MAC 地址呢? A 广播一个 ARP 请求,B 返回其 MAC 地址,具体过程参见图 7-17。A 得到目的站点 B 的 MAC 地址后将这一地址缓存起来,并用此 MAC 地址封包转发数据,第二层交换模块查找 MAC 地址表确定将数据包发向目的端口。

(2) 两个站点不在同一个子网内

A 要和 C 通信:若两个站点不在同一子网内,A 要向三层交换模块广播出一个 ARP 请求。

如果三层交换模块在以前的通信过程中已经知道 C 站的 MAC 地址,则向发送站 A 回复 C 的 MAC 地址。A 通过二层交换模块向 C 转发数据,如图 7-18(a)所示。

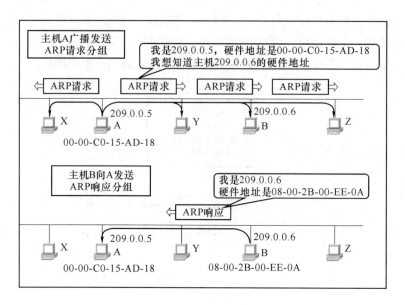

图 7-17　采用地址解析协议 ARP 确定目的 MAC 地址

若三层交换模块不知道 C 站的 MAC 地址,则根据路由信息广播一个 ARP 请求,C 站收到此 ARP 请求后向三层交换模块回复其 MAC 地址,三层交换模块保存此地址并回复给发送站 A,同时将 C 站的 MAC 地址发送到二层交换引擎的 MAC 地址表中。此后,A 向 C 发送的数据包便全部交给二层交换处理,信息得以高速交换,如图 7-18(b)所示。

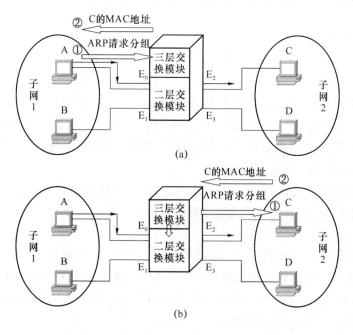

图 7-18　通信的两个站点不在同一个子网内

从三层交换的工作原理可以看到,三层交换是仅仅在路由过程中才需要三层处理,绝大部分数据都通过二层交换转发,因此,三层交换机的速度很快,接近二层交换机的速度,解决了传统路由器低速、复杂所造成的网络瓶颈问题,同时比相同路由器的价格低很多。

另外,与传统的二层交换技术相比,三层交换在划分 VLAN 和广播限制等方面提供较好的控制。传统的通用路由器与二层交换机一起使用也能达到此目的,但是与这种解决方案相比,第三层交换机需要更少的配置,更小的空间,更少的布线,价格更便宜,并能提供更高更可靠的性能。

归纳起来,三层交换机具有高性能、安全性、易用性、可管理性、可堆叠性、服务质量及容错性的技术特点。

7.1.6　虚拟局域网(VLAN)

1. VLAN 的概念

VLAN 并没有严格的定义,它的大致概念为:VLAN 大致等效于一个广播域,即 VLAN 模拟了一组终端设备,虽然它们位于不同的物理网段上,但是并不受物理位置的束缚,相互间通信就好像它们在同一个局域网中一样。VLAN 从传统 LAN 的概念上引申出来,在功能和操作上与传统 LAN 基本相同,提供一定范围内终端系统的互连和数据传输。它与传统 LAN 的主要区别在于“虚拟”二字。即网络的构成与传统 LAN 不同,由此也导致了性能上的差异。

交换式局域网的发展是 VLAN 产生的基础,VLAN 是一种比较新的技术。

2. 划分 VLAN 的好处

由于 VLAN 可以分离广播域,所以它为网络提供大量的好处,主要包括:

(1) 提高网络的整体性能

网络上大量的广播流量对该广播域中的站点的性能会产生消极影响,可见广播域的分段有利于提高网络的整体性能。

(2) 成本效率高

如果网络需要的话,VLAN 技术可以完成分离广播域的工作,而无须添置昂贵的硬件。

(3) 网络安全性好

VLAN 技术可使得物理上属于同一个拓扑而逻辑拓扑并不一致的两组设备的流量完全分离,保证了网络的安全性。

(4) 可简化网络的管理

- VLAN 允许管理员在中央节点来配置和管理网络,虚拟局域网络的建立、修改和删除都十分简便。
- 虚拟工作组也可方便地重新配置,而无须对实体进行再配置。
- 虚拟局域网为网络设备的变更和扩充提供了一种有效的手段。当需要增加、移动或变更网络设备时,只要在管理工作站上用鼠标拖动相应的目标即可实现。

3. 划分 VLAN 的方法

划分 VLAN 的方法主要有以下几种:

(1) 根据端口划分 VLAN

按端口划分 VLAN 是按照局域网交换机端口定义 VLAN 成员。VLAN 从逻辑上把局域网交换机的端口划分开来,也就是把终端系统划分为不同的部分,各部分相对独立,在功能上模拟了传统的局域网。按端口划分 VLAN 又分为单交换机端口定义 VLAN 和多交换机端口定义 VLAN 两种。

① 单交换机端口定义 VLAN。图 7-19 所示的是单交换机端口定义 VLAN,交换机端口 1、2、6、7 和 8 组成 VLAN1,端口 3、4 和 5 组成了 VLAN2。这种 VLAN 只支持一个交换机。

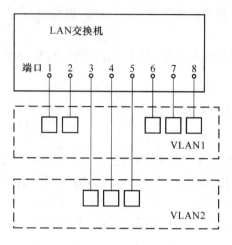

图 7-19　单交换机端口定义 VLAN

② 多交换机端口定义 VLAN。图 7-20 所示的是多交换机端口定义 VLAN,交换机 1 的 1、2、3 端口和交换机 2 的 4、5、6 端口组成 VLAN1,交换机 1 的 4、5、6、7、8 端口和交换机 2 的 1、2、3、7、8 端口组成 VLAN2。多交换机端口定义的 VLAN 的特点是:一个 VLAN 可 以跨多个交换机,而且同一个交换机上的不同端口可能属于不同的 VLAN。

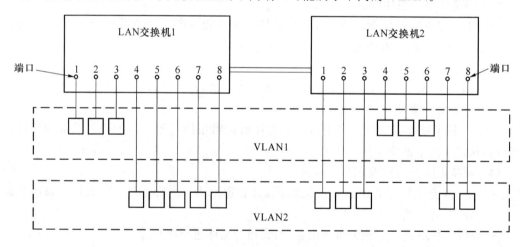

图 7-20　多交换机端口定义 VLAN

用端口定义 VLAN 成员的方法的优点是其配置直截了当,但不允许不同的 VLAN 包 含相同的物理网段或交换机端口(例如交换机 1 和 2 端口属于 VLAN1 后,就不能再属于 VLAN2),另外更主要的是当用户从一个端口移动到另一个端口时,网络管理者必须对 VLAN 成员进行重新配置。

（2）根据 MAC 地址划分 VLAN

按 MAC 地址划分 VLAN 是用终端系统的 MAC 地址来定义 VLAN。我们已经知道 MAC 地址对应于网络接口卡,它固定于工作站的网络接口卡内,所以说 MAC 地址是与硬 件密切相关的地址。正因为此,MAC 地址定义的 VLAN 允许工作站移动到网络其他物理网段,而自动保持原来的 VLAN 成员资格(因为它的 MAC 地址没变)。所以说基于 MAC 定义的 VLAN 可视为基于用户的 VLAN。这种 VLAN 要求所有的用户在初始阶段必须配置到至少一个 VLAN 中,初始配置由人工完成,随后就可以自动跟踪用户。

(3) 根据 IP 地址划分 VLAN

按 IP 地址划分 VLAN 也叫三层 VLAN,它是用协议类型(如果支持多协议)或网络层地址(例如 TCP/IP 的子网地址)来定义 VLAN 成员资格。

4. VLAN 标准

(1) IEEE 802.1Q

IEEE 802.1Q 是 IEEE 802 委员会制定的 VLAN 标准。是否支持 IEEE 802.1Q 标准,是衡量 LAN 交换机的重要指标之一。目前,新一代的 LAN 交换机都支持 IEEE 802.1Q,而较早的设备则不支持。

(2) Cisco 公司的 ISL 协议

ISL(Inter Switch Link)协议是由 Cisco 开发的,它支持实现跨多个交换机的 VLAN。该协议使用 10 bit 寻址技术,数据包只传送到那些具有相同 10 bit 地址的交换机和链路上,由此来进行逻辑分组,控制交换机和路由器之间广播和传输的流量。

5. VLAN 之间的通信

尽管大约有 80% 的通信流量发生在 VLAN 内,但仍然有大约 20% 的通信流量要跨越不同的 VLAN。目前,解决 VLAN 之间的通信主要采用路由器技术。

VLAN 之间通信一般采用两种路由策略,即集中式路由和分布式路由。

(1) 集中式路由

集中式路由策略是指所有 VLAN 都通过一个中心路由器实现互联。对于同一交换机(一般指二层交换机)上的两个端口,如果它们属于两个不同的 VLAN,尽管它们在同一交换机上,在数据交换时也要通过中心路由器来选择路由。

这种方式的优点是简单明了,逻辑清晰。缺点是由于路由器的转发速度受限,会加大网络时延,容易发生拥塞现象。因此,这就要求中心路由器提供很高的处理能力和容错特性。

(2) 分布式路由

分布式路由策略是将路由选择功能适当地分布在带有路由功能的交换机上(指三层交换机),同一交换机上的不同 VLAN 可以直接实现互通,这种路由方式的优点是具有极高的路由速度和良好的可伸缩性。

7.1.7 无线局域网

1. 无线局域网的概念

一般地,无线网络是指采用无线链路进行数据传输的网络。根据网络的覆盖范围无线网络分为无线局域网(Wireless LAN,WLAN)和无线广域网(Wireless WAN,WWAN)两大类。

无线局域网(WLAN)可定义为:使用无线电波或红外线在一个有限地域范围内的工作站之间进行数据传输的通信系统。一个无线局域网可当作有线局域网的扩展来使用,也可以独立作为有线局域网的替代设施。

无线局域网标准有最早制定的 IEEE 802.11 标准、后来扩展的 802.11a 标准、802.11b

标准、802.11g 标准和 802.11n 标准等。

2. 无线局域网的优点

相对于有线局域网,无线局域网有如下的优点。

(1) 具有移动性

无线网络设置允许用户在任何时间、任何地点访问网络,不需要指定明确的访问地点,因此用户可以在网络中漫游。

无线网络的移动性为便携式计算机访问网络提供了便利的条件,可把强大的网络功能带到任何一个地方,能够大幅提高用户信息访问的及时性和有效性。

(2) 成本低

建立无线局域网时无须进行网络布线,既节省了布线的开销、租用线路的月租费用以及当设备需要移动而增加的相关费用,又避免因布线可能造成对工作环境的损坏。

(3) 可靠性高

无线局域网由于没有线缆,避免了由于线缆故障造成的网络瘫痪问题。另外,无线局域网采用直接序列扩展频谱(DSSS)传输和补偿编码键控调制编码技术进行无线通信,具有抗射频干扰强的特点,所以无线局域网的可靠性较高。

3. 无线局域网的分类

根据无线局域网采用的传输媒体来分类,主要有两种:采用无线电波的无线局域网和采用红外线的无线局域网。

(1) 采用无线电波(微波)的无线局域网

在采用无线电波为传输媒体的无线局域网按照调制方式不同,又可分为窄带调制方式与扩展频谱方式。

① 基于窄带调制的无线局域网

窄带调制方式是数据基带信号的频谱被直接搬移到射频上发射出去。其优点是在一个窄的频带内集中全部功率,无线电频谱的利用率高。

窄带调制方式的无线局域网采用的频段一般是专用的,需要经过国家无线电管理部门的许可方可使用。也可选用不用向无线电管理委员会申请的 ISM(Industrial、Scientific、Medical,工业、科研、医疗)频段,但带来的问题是,当邻近的仪器设备或通信设备也使用这一频段时,会产生相互干扰,严重影响通信质量,即通信的可靠性无法得到保障。

② 基于扩展频谱方式的无线局域网

采用无线电波的无线局域网一般都要扩展频谱(简称扩频)。所谓扩频是基带数据信号的频谱被扩展至几倍到几十倍后再被搬移至射频发射出去。这一做法虽然牺牲了频带带宽,却提高了通信系统的抗干扰能力和安全性。由于单位频带内的功率降低,对其他电子设备的干扰也减少了。

采用扩展频谱方式的无线局域网一般选择 ISM 频段。如果发射功率及带外辐射满足无线电管理委员会的要求,则无须向相应的无线电管理委员会提出专门的申请即可使用这些 ISM 频段。

扩频技术主要分为跳频技术(Frequency Hopping Spread Spectrum,FHSS)及直接序列扩频(Direct Sequence Spread Spectrum,DSSS)两种方式(由于篇幅所限,不再具体介绍扩频技术,读者可参阅相关书籍)。

（2）基于红外线的无线局域网

基于红外线（Infrared，IR）的无线局域网技术的软件和硬件技术都已经比较成熟，具有传输速率较高、移动通信设备所必需的体积小和功率低、无须专门申请特定频率的使用执照等主要技术优势。

可 IR 是一种视距传输技术，这在两个设备之间是容易实现的，但多个电子设备间就必须调整彼此位置和角度等。另外，红外线对非透明物体的透过性极差，这导致传输距离受限。

目前一般用得比较多的是采用无线电波的基于扩展频谱方式的无线局域网。

4．无线局域网的拓扑结构（网络配置）

一个无线局域网可以当做一个有线局域网的扩展使用，也可以独立构成完整的网络。它的拓扑结构可以归结为两类：一类是自组网拓扑，另一类是基础结构拓扑。不同的拓扑结构，形成了不同的服务集（Service Set）。

服务集用来描述一个可操作的完全无线局域网的基本组成，在服务集中需要采用服务集标识（Service Set Identification，SSID）作为无线局域网一个网络名，它由区分大小写的 232 个字符长度组成，包括文字和数字的值。

（1）自组网拓扑网络

自组网拓扑（或者叫做无中心拓扑）网络由无线客户端设备组成，它覆盖的服务区称独立基本服务集（Independent Basic Service Set，IBSS）。

IBSS 是一个独立的 BSS，它没有接入点作为连接的中心。这种网络又叫做对等网或者非结构组网，网络结构如图 7-21 所示。

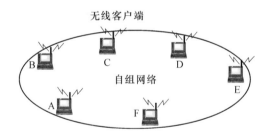

图 7-21　自组网拓扑网络

这种方式连接的设备互相之间都直接通信，但无法接入有线局域网（特殊的情况下，可以将其中一个无线客户端配置成为服务器，实现接入有线局域网的功能）。在 IBSS 网络中，只有一个公用广播信道，各站点都可竞争公用信道，采用 CSMA/CA 协议（后述）。

这种结构的优点是建网容易、费用较低，且网络抗毁性好。但为了能使网络中任意两个站点可直接通信，则站点布局受环境限制较大。另外当网络中用户数（站点数）过多时，信道竞争将成为限制网络性能的要害。基于 IBSS 网络的特点，它适用于不需要访问有线网络中的资源，而只需要实现无线设备之间互相通信的且用户相对少的工作群网络。

（2）基础结构拓扑网络

基础结构拓扑（有中心拓扑）网络由无线基站、无线客户端组成，覆盖的区域分基本服务集（BSS）和扩展服务集（ESS）。

这种拓扑结构要求一个无线基站充当中心站，网络中所有站点对网络的访问和通信均由它控制。由于每个站点在中心站覆盖范围之内就可与其他站点通信,所以在无线局域网构建过程中站点布局受环境限制相对较小。

位于中心的无线基站称为无线接入点(Access Point,AP),它是实现无线局域网接入有线局域网一个逻辑接入点,其主要作用是将无线局域网的数据帧转化为有线局域网的数据帧,比如以太网帧。

这种基础结构拓扑网络的无线局域网的弱点是抗毁性差,中心点的故障容易导致整个网络瘫痪,并且中心站点的引入增加了网络成本。

① 基本服务集(Basic Service Set,BSS)

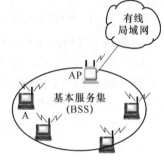

当一个无线基站被连接到一个有线局域网或一些无线客户端的时候,这个网络称为基本服务集(BSS)。一个基本服务集仅仅包含 1 个无线基站(只有 1 个)和 1 个或多个无线客户端,如图 7-22 所示。

BSS 网络中每一个无线客户端必须通过无线基站与网络上的其他无线客户端或有线网络的主机进行通信,不允许无线客户端对无线客户端的传输。

图 7-22　基本服务集(BSS)

② 扩展服务集(Extended Service Set,ESS)

扩展服务集(ESS)被定义为通过一个普通分布式系统连接的两个或多个基本服务集,这个分布系统可能是有线的、无线的、局域网、广域网或任何其他网络连接方式,所以 ESS 网络允许创建任意规模和复杂的无线局域网。图 7-23 展示了一个 ESS 的结构。

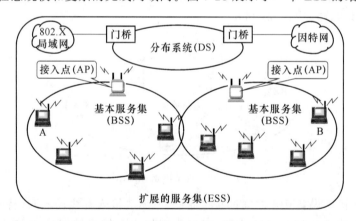

图 7-23　扩展服务集(ESS)结构

这里还有几个问题需要说明:一是在一个扩展服务集 ESS 内的几个基本服务集也可能有相交的部分;二是扩展服务集 ESS 还可为无线用户提供到有线局域网或 Internet 的接入。这种接入是通过叫做门桥的设备来实现的,门桥的作用类似于网桥。

另外,还有一种无线方式的 ESS 网络,如图 7-24 所示。这种方式与 ESS 网络相似,也是由多个 BSS 网络组成,所不同的是网络中不是所有的 AP 都连接在有线网络上,而是存在 AP 没有连接在有线网络上。该 AP 和距离最近的连接在有线网络上的 AP 通信,进而连接在有线网络上。

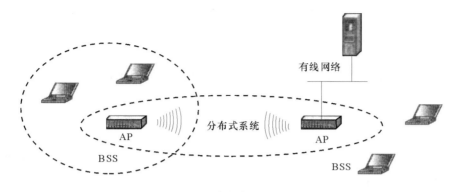

图 7-24　无线方式的 ESS 结构

5. 无线局域网的调制方式

无线局域网常采用的调制方式有以下几种：

（1）差分二相相移键控（DBPSK，即二相相对调相）

IEEE 802.11 标准（有关无线局域网标准后面将做详细介绍）规定采用 DBPSK 调制方式，此时数据传输速率为 1 Mbit/s。

另外，IEEE 802.11a 标准规定也可采用 DBPSK 调制方式，数据传输速率为 6 Mbit/s 和 9 Mbit/s。

对应 DBPSK，扩频通信的方法是 DSSS。

（2）四相相对调相（DQPSK）

IEEE 802.11 标准规定采用 DQPSK 调制方式，此时数据传输速率为 2 Mbit/s。

IEEE 802.11b 标准规定也可采用 DQPSK 调制方式，此时数据传输速率为 5.5 Mbit/s 或 11 Mbit/s。IEEE 802.11b 标准还规定可采用基于补码键控（CCK）的 QPSK（速率仍为 5.5 Mbit/s 或 11 Mbit/s）。

补偿编码键控（Complementary Code Keying，CCK）技术，它的核心编码中有一个 64 个 8 位编码组成的集合。5.5 Mbit/s 使用一个 CCK 串来携带 4 位的数字信息，而 11 Mbit/s 的速率使用一个 CCK 串来携带 8 位的数字信息。两个速率的传送都利用 DQPSK 作为调制的手段。

另外，IEEE 802.11b 标准规定了一个可选的调制方式：PBCC（Packet Binary Convolutional Code，分组二进制卷积码）。在 PBCC 调制中，数据首先进行 BCC 编码，然后映射到 BPSK 或 QPSK 调制的点群图上，即再进行 BPSK 或 QPSK 调制。

还有，IEEE 802.11a 标准规定也可采用 DQPSK 调制方式，数据传输速率为 12 Mbit/s 和 18 Mbit/s。

对应 DQPSK，扩频通信的方法是 DSSS。

（3）高斯频移键控（GFSK）

IEEE 802.11 标准规定扩频通信采用 FHSS 时，调制方式为 GFSK，若使用两状态的 GFSK 数据传输速率为 1 Mbit/s，则要获得 2 Mbit/s 的数据传输速率，需要四状态的 GFSK。

（4）16-QAM 和 64-QAM

IEEE 802.11a 标准规定采用 16-QAM 调制方式，数据传输速率为 24 或 36 Mbit/s；采用 64-QAM 调制方式,数据传输速率为 48 或 54 Mbit/s。无论是 16-QAM 或 64-QAM 等一般都要结合采用 OFDM 调制技术。

正交频分复用(OFDM)多载波调制技术是在频域内将给定信道分成许多正交子信道,在每个子信道上使用一个子载波进行调制(采用 BPSK、QPSK 或者 QAM),并且各子载波并行传输。各子载波相互正交,使扩频调制后的频谱可以相互重叠,从而减小了子载波间的相互干扰。

对应 16-QAM 和 64-QAM,扩频通信的方法是 DSSS。

注:由于篇幅所限,各种调制方式的细节在此不再做介绍,读者可参见其他相关书籍。

6. 无线局域网标准

IEEE 制定的第一个无线局域网标准是 IEEE 802.11 标准,第 2 个标准被命名为IEEE 802.11 标准的扩展,称为 IEEE 802.11b 标准,第 3 个无线局域网标准也是 IEEE 802.11 标准的扩展,称为 IEEE 802.11a,后来 IEEE 又制定了 IEEE 802.11g 标准等,最新又推出了 IEEE 802.11n。下面详细 IEEE 802.11 标准系列。

(1) IEEE 802.11 标准系列的分层模型

无线局域网不能使用 CSMA/CD 协议,原因是:CSMA/CD 协议要求一个站点在发送本站数据的同时还必须要进行"碰撞检测",但在无线局域网中要实现此功能就花费过大。而且即使在无线局域网中能够实现"碰撞检测"的功能,而当某一个站在发送数据时检测到信道是空闲的,在接收端仍有可能会发生碰撞。为什么会有这种情况发生呢?

是由于无线信道本身特点导致这种情况发生的,即无线电波能够向所有的方向传播,且其传输距离受限。为了说明这个问题,请参见图 7-25。

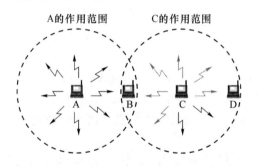

图 7-25   无线局域网的问题

图 7-25 中有 4 个移动站 A、B、C、D,设无线电信号的传播范围是以发送站为中心的一个圆形面积。图 7-25 表示站 A 和 C 都想和 B 通信。由于 A 和 C 之间的距离较远,所以彼此都接收不到对方发送的信号。正因为 A 和 C 都没检测到无线信号,均以为 B 是空闲的,就都向 B 发送数据。于是 B 同时收到 A 和 C 发来的数据,则发生了碰撞。这种未能检测出媒体上已存在的信号的问题叫做隐蔽站问题。显然,由于无线局域网存在隐蔽站问题,"碰撞检测"对无线局域网没有什么用处。

所以无线局域网不使用 CSMA/CD 协议,而只能使用改进的 CSMA 协议。

改进的办法是将 CSMA 增加一个碰撞避免(Collision Avoidance)功能,于是 IEEE 802.11 使用 CSMA/CA 协议。

IEEE 802.11 标准系列的分层模型如图 7-26 所示。

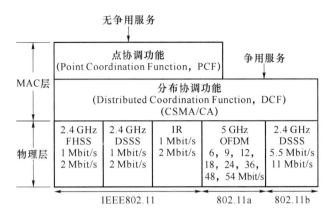

图 7-26　IEEE 802.11 标准系列的分层模型

由图可见，IEEE 802.11 的 MAC 层包括两个子层：

MAC 层通过协调功能来确定在基本服务集 BSS 中的移动站在什么时间能发送数据或接收数据。

• 分布协调功能 DCF 子层——DCF 向上提供争用服务。其功能是在每一个站点使用 CSMA 机制的分布式接入算法，让各个站通过争用信道来获取发送权。

• 点协调功能 PCF 子层——它的功能是使用集中控制（通常由接入节点完成集中控制）的接入算法将发送数据权轮流交给各个站，从而避免了碰撞的产生。PCF 是选项，自组网络就没有 PCF 子层。

下面分别介绍 IEEE 802.11 标准系列的 MAC 层和物理层协议。

（2）IEEE 802.11 标准系列中的 MAC 层

① CSMA/CA 技术

CSMA/CA 技术归纳如下：

• 先听后发——若某个站点要发送信息，首先要对传输介质进行"监听"，即先听后发。如果"监听"到介质忙，该站点就延迟发送。如果"监听"到介质空闲〔即在某特定时间是可用的，这称之为分布的帧间隔（Distributed Inter Frame Space，DIFS）〕，则该站点就可发送信息。

• 避免冲突的影响——因为有可能几个站点都监听到介质空闲，会几乎同时发送信息。为了避免冲突影响到接收站点不能正确接收信息，IEEE 802.11 标准规定：

接收站点——必须检验接收的信号以判断是否有冲突，若发现没有发生冲突，发送一个确认消息（ACK）通知发送站点。

发送站点——若没收到确认信息，将进行重发，直到它收到一个确认信息或是重发次数达到规定的值。对于后一种情况，如果发送站点在尝试了一个固定重复次数后仍未收到确认，将放弃发送。将由较高的层次负责处理这种数据无法传送的情况。

可见 CSMA/CA 协议避免了冲突，但不像 IEEE 802.3（Ethernet）标准中使用的 CSMA/CD 协议那样进行冲突检测。

② 冲突最小化

其实冲突是不可避免的，发生冲突的原因主要有两点：一是可能会出现两个站点同时侦听，并发现介质空闲随后发送信息（即隐蔽站问题）；二是两个站点没有互相侦听，就发送信息。为降低发生冲突的概率,IEEE 802.11 标准还采用了一种称为虚拟载波侦听(Virtual Carrier Sense,VCS)的机制。

VCS 就是让源站将它要占用信道的时间(包括目的站发回确认帧所需的时间)通知给所有其他站,以便使其他所有站在这一段时间都停止发送数据。这样做便可减少碰撞的机会。之所以称为"虚拟载波监听"是因为其他站并没有真正监听信道,只是因为收到了"源站的通知"才不发送数据,起到的效果就好像是其他站都监听了信道。

需要指出的是,采用 VCS 技术,减少了发生碰撞的可能性,但碰撞还是存在的。

(3) IEEE 802.11 标准系列中的物理层

① IEEE 802.11 标准的物理层

IEEE 802.11 标准是 IEEE 在 1997 年 6 月 16 日制定的,它定义了使用红外线技术、跳频扩频和直接序列扩频技术,是一个工作在 2.4 GHz ISM 频段内,数据传输速率为 1 Mbit/s 和 2 Mbit/s 的无线局域网的全球统一标准。在研究改进了一系列草案之后,这个标准于 1997 年中期定稿。具体来说,IEEE 802.11 标准的物理层有以下三种实现方法:

• 采用直接序列扩频

采用直接序列扩频时,调制方式若用差分二相相移键控(DBPSK),数据传输速率为 1 Mbit/s,利用差分四相相移键控(DQPSK),数据传输速率为 2 Mbit/s。

• 采用跳频扩频

采用跳频扩频时,调制方式为 GFSK 调制。当采用二元高斯频移键控 GFSK 时,数据传输速率为 1 Mbit/s;当采用四元高斯频移键控 GFSK 时,数据传输速率为 2 Mbit/s。

• 使用红外线技术

使用红外线技术时,红外线的波长为 850~950 nm,用于室内传输数据,速率为 1~2 Mbit/s。

② IEEE 802.11b 标准的物理层

IEEE 802.11b 标准制定于 1999 年 9 月,IEEE 802 委员会扩展了原先的 IEEE 802.11 规范,称为 IEEE 802.11b 扩展版本。IEEE 802.11b 标准也工作在 2.4 GHz 的 ISM 频段,它在无线局域网协议中最大的贡献就在于它通过使用新的调制方法(即 CCK 技术)将数据速率增至为 5.5 Mbit/s 和 11 Mbit/s。为此,DSSS 被选作该标准的唯一的物理层传输技术,这是由于 FHSS 在不违反 FCC 原则的基础上无法再提高速度了。所以,IEEE 802.11b 可以和 1 Mbit/s 和 2 Mbit/s 的 IEEE 802.11 DSSS 系统互操作,但是无法和 1 Mbit/s 和 2 Mbit/s 的 FHSS 系统一起工作。

值得一提的是,IEEE 802.11b 有一个非常大的优势:物理层具有支持多种数据传输速率能力和动态速率调节技术。

IEEE 802.11b 支持的速率有 1 Mbit/s,2 Mbit/s,5.5 Mbit/s 和 11 Mbit/s 四个等级。调制方式采用基于 CCK 的 DQPSK、基于 PBCC 的 DBPSK 和 DQPSK 等。

IEEE 802.11b 的动态速率调节技术,允许用户在不同的环境下自动使用不同的连接速度,以补偿环境的不利影响。

③ IEEE 802.11a 标准的物理层

IEEE 802.11a 标准是 IEEE 802.11 标准的第二次扩展。与 IEEE 802.11 和 IEEE 802.11b 标准不同的是,IEEE 802.11a 标准工作在最近分配的不需经许可的国家信息基础设施(Unlicensed

National Information Infrastructure,UNII)5 GHz 频段。比起 2.4 GHz 频段,使用 UNII 5 GHz 频段有明显的优点。除了提供大容量传输带宽之外,5 GHz 频段的潜在干扰较少(因为许多技术,如蓝牙短距离无线技术、家用 RF 技术甚至微波炉都工作在 2.4 GHz 频段)。

FCC 已经为无执照运行的 5 GHz 频带内分配了 300 MHz 的频带,分别为 5.15~5.25 GHz、5.25~5.35 GHz 和 5.725~5.825 GHz。这个频带被切分为三个工作"域"。第一个 100 MHz (5.15~5.25 GHz)位于低端,限制最大输出功率为 50 mW;第二个 100 MHz(5.25~5.35 GHz)允许输出功率 250 mW;最高端分配给室外应用,允许最大输出功率 1 W。

IEEE 802.11a 标准使用正交频分复用(OFDM)技术。IEEE 802.11a 标准定义了 OFDM 物理层的应用,数据传输率为 6、9、12、18、24、36、48 和 54 Mbit/s。6 Mbit/s 和 9 Mbit/s 使用 DBPSK 调制,12 Mbit/s 和 18 Mbit/s 使用 DQPSK 调制,24 Mbit/s 和 36 Mbit/s 使用 16-QAM 调制,48 Mbit/s 和 54 Mbit/s 使用 64-QAM 调制。

虽然 IEEE 802.11a 标准将无线局域网的传输速率扩展到 54 Mbit/s,可是 IEEE 802.11a 标准规定的运行频段为 5 GHz 频段。由此带来了两个问题:

- 向下兼容问题。IEEE 802.1a 标准和先前的 IEEE 标准之间的差异使其很难提供向下兼容的产品。为此,IEEE 802.11a 设备必须在两种不同频段上支持 OFDM 和 DSSS,这将增加全功能芯片集成的费用。

- 覆盖区域问题。因为频率越高,衰减越大,如果输出功率相等的话,显然 5.4 GHz 设备覆盖的范围要比 2.4 GHz 设备的少。

为了解决这两个问题,IEEE 建立了一个任务组,将 IEEE 802.11b 标准的运行速率扩展到 22 Mbit/s,新扩展标准被称为 IEEE 802.11g 标准。

④ IEEE 802.11g 标准的物理层

IEEE 802.11g 扩展标准类似于基本的 IEEE 802.11 标准和 IEEE 802.11b 扩展标准,因为它也是为在 2.4 GHz 频段上运行而设计的。因为 IEEE 802.11g 扩展标准可提供与使用 DSSS 的 11 Mbit/s 网络兼容性,这一扩展将会比 IEEE 802.11a 扩展标准更普及。

IEEE 802.11g 标准既达到了用 2.4 GHz 频段实现 IEEE 802.11a 水平的数据传送速度,也确保了与 IEEE 802.11b 产品的兼容。IEEE 802.11g 其实是一种混合标准,它既能适应传统的 IEEE 802.11b 标准,在 2.4 GHz 频率下提供每秒 11 Mbit/s 数据传输率,也符合 IEEE 802.11a 标准在 5 GHz 频率下提供 54 Mbit/s 数据传输率。

除此之外,IEEE 802.11g 标准比 IEEE 802.11a 标准的覆盖范围大,所需要的接入点较少。一般来说,IEEE 802.11a 接入点覆盖半径为 90 英尺,而 IEEE 802.11g 接入点将提供 200 英尺或更大的覆盖半径。因为圆的面积是 πr^2,IEEE 802.11a 网络需要的接入点数大约是 IEEE 802.11g 网络的 4 倍。

⑤ IEEE 802.11n 标准的物理层

IEEE 成立了 IEEE 802.11n 工作小组,制定了一项新的高速无线局域网标准 IEEE 802.11n,该工作小组计划在 2003 年 9 月召开首次会议。在 2006 年 1 月 15 日于美国夏威夷举办的工作会议上进行了投票,最终高票通过了传输方式草案,长期争论不休的 IEEE 802.11n 基本传输方式基本得到确定。此后经过 7 年的奋战,美国电气和电子工程师协会(Institute of Electrical and Electronics Engineers,IEEE)于 2009 年 9 月 14 日终于正式批准了最新的无线局域网标准 IEEE 802.11n,IEEE 计划于 2009 年 10 月中旬正式公布 IEEE 802.11n 最终标准。

与以往的 IEEE 802.11 标准不同，IEEE 802.11n 协议为双频工作模式（包含 2.4 GHz 和 5 GHz 两个工作频段）。这样 IEEE 802.11n 保障了与以往的 IEEE 802.11a、b、g 标准兼容。

IEEE 802.11n 采用了 MIMO（多入多出）技术。MIMO（Multiple Input Multiple Output，多入多出）MIMO 技术相对于传统的 SISO（单入单出）技术，它通过在发送端和接收端设置多副天线，使得在不增加系统带宽的情况下成倍地提高通信容量和频谱利用率。

当 MIMO 技术与 OFDM 技术相结合时，由于 OFDM 技术将给定的宽带信道分解成多个子信道，将高速数据信号转换成多个并行的低速子数据流，低速子数据流被各自信道彼此相互正交的子载波调制再进行传输，MIMO 技术就可以直接应用到这些子信道上。因此将 MIMO 和 OFDM 技术结合起来，既可以克服由频率选择性衰落造成的信号失真，提高系统可靠性，又同时获得较高的系统传输速率。

由于 IEEE 802.11n 采用 MIMO（多入多出）与 OFDM 相结合，使传输速率成倍提高。它将 WLAN 的传输速率从 IEEE 802.11a 和 IEEE 802.11g 的 54 Mbit/s 增加至 108 Mbit/s 以上，最高速率可达 300~600 Mbit/s。

另外，先进的天线技术及传输技术，使得无线局域网的传输距离大大增加，可以达到几公里（并且能够保障 100 Mbit/s 的传输速率）。IEEE 802.11n 标准全面改进了 IEEE 802.11 标准，不仅涉及物理层标准，同时也采用新的高性能无线传输技术提升 MAC 层的性能，优化数据帧结构，提高网络的吞吐量性能。

IEEE 802.11n 标准还提出了软件无线电技术，该技术是指一个硬件平台，通过编程可以实现不同功能，其中不同系统的 AP 和无线终端都可以由建立在相同硬件基础上的不同软件实现，从而实现了不同无线标准、不同工作频段、不同调制方式的系统兼容。

⑥ IEEE 802.11 系列的物理层标准的比较

几种 IEEE 802.11 系列的物理层标准的比较见表 7-1。

表 7-1　几种 IEEE 802.11 系列的物理层标准的比较

标准	IEEE 802.11	IEEE 802.11b	IEEE 802.11a	IEEE 802.11g	IEEE 802.11n
工作频段 /GHz	2.4~2.4835	2.4~2.4835	5.15~5.35 5.725~5.825	2.4~2.4835	2.4~2.4835 5.15~5.35 5.725~5.825
扩频技术	DSSS/FHSS	DSSS	DSSS	DSSS	DSSS
调制方式	DBPSK、DQPSK、GFSK	基于 CCK 的 DQPSK，基于 PBCC 的 DBPSK 和 DQPSK	基于 OFDM 的 DBPSK、DQPSK、16QAM、64QAM	基于 CCK 的 DQPSK，基于 PBCC 和 OFDM 的 DBPSK、DQPSK、16QAM、64QAM	802.11g 的调制方式，MIMO 与 OFDM 技术结合
数据速率 /Mbit·s^{-1}	1、2	1、2、5.5、11	6、9、12、18、24、36、48、54	1、2、5.5、6、9、11、12、18、22、24、36、48、54	最高速率可达 300~600
频道数量	13，其中 3 个互不重叠	13，其中 3 个互不重叠	13 或 19，其中 2 个互不重叠	13，其中 3 个互不重叠	13 或 19，其中 15 个互不重叠
带宽/频道	20 MHz	20 MHz	20 MHz	20 MHz	20/40 MHz（自适应）

7. 无线局域网的硬件

无线局域网的硬件设备包括接入点(Access Point，AP)、LAN 适配卡、网桥和路由器。下面分别加以介绍。

(1) 无线接入点(AP)

一个无线接入点实际就是一个二端口网桥,这种网桥能把数据从有线网络中继转发到无线网络,也能从无线网络中继转发到有线网络。因此,一个接入点为在地理覆盖范围内的无线设备和有线局域网之间提供了双向中继能力。

① 无线接入点的特点

• 提供的连接

大多数无线接入点通常都遵循 IEEE 802.11b 标准,该标准在 2.4 GHz 频段上提供 11 Mbit/s的速率连接到有线局域网或 Internet。具体地说,无线局域网接入点可以提供与 Internet 10 Mbit/s的连接、10 Mbit/s 或 100 Mbit/s 自适应的连接、10 BASE-T 集线器端口的连接或10 Mbit/s与100 Mbit/s双速的集线器或交换机端口的连接。

• 客户端支持

无线接入点实际可支持的客户端数与该接入点所服务的客户端的具体要求有关。如果客户端要求较高水平的有线局域网接入,那么一个接入点一般可容纳 10～20 个客户端站点;如果客户端要求低水平的有线局域网接入,则一个接入点有可能支持多达 50 个客户端站点,并且还可能支持一些附加客户。另外,在某个区域内由某个接入点服务的客户分布以及无线信号是否存在障碍,也控制了该接入点的客户端支持。

• 传输距离

因为无线局域网的传输功率显著低于移动电话的传输功率,所以一个无线局域网站点的发送距离只是一个蜂窝电话可达传输距离的一小部分。实际的传输距离与所采用的传输方法、客户与无线接入点间的障碍有关。在一个典型的办公室或家庭环境中,大部分无线接入点的传输距离为 30～60 m。

② 无线接入点的应用

前面提到过,无线接入点(也叫无线基站),它是实现无线局域网接入有线局域网的一个逻辑接入点。网络中所有站点对网络的访问和通信均由它控制,它可将无线局域网的数据帧转化为有线局域网的数据帧。

移动的计算机可通过一个或多个无线接入点接入有线局域网,图 7-27 所示是使用无线接入点将一些移动的计算机接入到有线局域网的例子。

无线接入点是用电缆连接到集线器(或局域网交换机)的一个端口上。就像任何其他的 LAN 设备一样,从集线器端口到无线局域网接入点之间最大的电缆距离是 100 m(指的是采用 UTP)。

(2) 无线局域网网卡

无线局域网网卡是一个安装在台式机和笔记本电脑上的收发器。通过使用一个无线局域网网卡,台式机和笔记本电脑便可具有一个无线网络节点的性能。

无线局域网网卡有两种基本类型。一种是 PC 卡,插入一个笔记本里的 PC 卡插槽。另一种无线局域网网卡是制成一种适配卡,这种类型的网卡可插入一个台式 PC 的系统单元中。

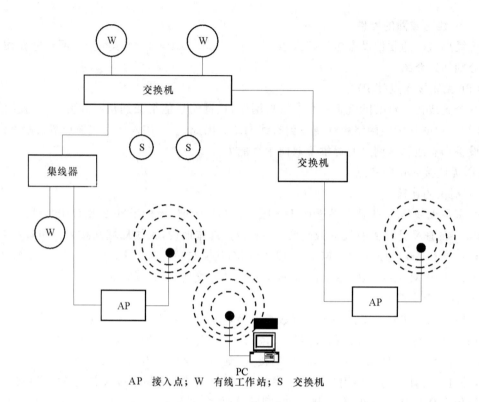

AP 接入点；W 有线工作站；S 交换机

图 7-27 使用接入点将一些移动的计算机接入到有线局域网

（3）无线网桥

无线网桥是一种在两个传统有线局域网间通过无线传输实现互连的设备。大多数有线网桥仅仅支持一个有限的传输距离。因此，如果某个单位需要互连两个地域上分离的 LAN 网段，可使用无线网桥。

图 7-28 是使用无线网桥互连两个有线局域网的示意图。一个无线网桥有两个端口，一个端口通过电缆连接到一个有线局域网，而第 2 个端口可以认为是其天线，提供一个 RF 频率通信的能力。

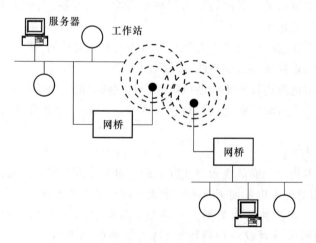

图 7-28 使用无线网桥互连两个有线局域网

无线网桥的工作原理与有线网中的网桥相似,其主要功能也是扩散、过滤和转发等。

(4) 无线路由器/网关

许多台移动计算机可通过一个无线路由器或网关,再利用有线连接,如 DSL 或 Cable Modem 等接入到 Internet 或其他网络。

无线路由器或网关客户端提供服务的方式有两种:一种是无线路由器或网关只支持无线连接,另一种既可支持有线连接又可支持无线连接。图 7-29 显示了两种类型的无线路由器/网关。

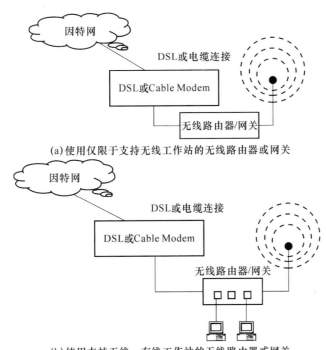

图 7-29　两种类型的无线路由器/网关设备

图 7-29(a)是只支持无线连接的路由器/网关。一个仅支持无线通信的无线路由器或网关一般包括一个 USB 或 RS-232 配置端口。图 7-29(b)则给出了一个支持有线和无线连接的路由器或网关。这种路由器或网关一般都包括一个嵌入到设备内部的有线集线器或微型 LAN 交换机。

7.2　宽带 IP 城域网

随着通信和计算机技术的不断发展,特别是数据业务的迅猛增长,作为承载数据业务的宽带 IP 城域网已日趋成为人们关注的焦点。宽带 IP 城域网是一种全新的技术,它是数据骨干网和长途电话网在城域范围内的延伸和覆盖。宽带 IP 城域网不仅是传统长途网与接入网的连接桥梁,更是传统电信网与新兴数据网络的交汇点及今后“三网”融合的基础。

7.2.1　宽带 IP 城域网的基本概念

1. 宽带 IP 城域网的概念

城域网是指介于广域网和局域网之间,在城市及郊区范围内实现信息传输与交换的一种网络。

IP 城域网是电信运营商或 Internet 服务提供商(ISP)在城域范围内建设的城市 IP 骨干网络。

宽带 IP 城域网是一个以 IP 和 SDH、ATM 等技术为基础,集数据、语音、视频服务为一体的高带宽、多功能、多业务接入的城域多媒体通信网络。

宽带 IP 城域网是基于宽带技术,以电信网的可管理性、可扩充性为基础,在城市的范围内汇聚宽、窄带用户的接入,面向满足集团用户(政府、企业等)、个人用户对各种宽带多媒体业务(互联网访问、虚拟专网等)需求的综合宽带网络,是电信网络的重要组成部分,向上与骨干网络互连。

从传输上来讲,宽带 IP 城域网兼容现有的 SDH 平台、光纤直连平台,为现有的 PSTN (公众交换电话网)、移动网络、计算机通信网络和其他通信网络提供业务承载功能;从交换和接入来讲,宽带 IP 城域网为数据、话音、图像提供可以互连互通的统一平台;从网络体系结构来讲,宽带 IP 城域网综合传统 TDM(时分复用)电信网络完善的网络管理和 Internet 开放互连的优点,采用业务与网络相分离的思想来实现统一的网络,用以管理和控制多种现有的电信业务,使之易于生成新的增值业务。

一个宽带 IP 城域网应该是"基础设施"、"应用系统"、"信息系统"三方面内容的综合。

- 基础设施——包括数据交换设备、城域传输设备、接入设备和业务平台设备。
- 应用系统——由基本服务和增值服务两部分组成,这些服务如同高速公路上的各种车辆,为用户运载各种信息。
- 信息系统——包括环绕科技、金融、教育、财政和商业等数据的各种信息系统。

2. 宽带 IP 城域网的特点

由宽带 IP 城域网的概念可以归纳出,它具有以下几个特点:

(1) 技术多样,采用 IP 作为核心技术

宽带 IP 城域网是一个集 IP 和 SDH、ATM、DWDM 等技术为一体的网络,而且以 IP 技术为核心。

(2) 基于宽带技术

宽带 IP 城域网采用宽带传输技术、接入技术,以及高速路由技术,为用户提供各种宽带业务。

(3) 接入技术多样化、接入方式灵活

用户可以采用各种宽、窄带接入技术接入宽带 IP 城域网。

(4) 覆盖面广

从网络覆盖范围来看,宽带 IP 城域网比局域网的覆盖范围大得多;从涉及的网络种类来说,宽带 IP 城域网是一个包括计算机网、传输网、接入网等的综合网络。

(5) 强调业务功能和服务质量

宽带 IP 城域网可满足集团用户(政府、企业等)、个人用户的各种需求,为他们提供各种业务的接入。另外采取一些必要的措施保证服务质量,而且可以依据业务不同而有不同的服务等级。

（6）投资量大

相对于局域网而言,要建设一个覆盖整个城市的宽带 IP 城域网,需增加一些相应的设备,因而投资量较大。

3. 宽带 IP 城域网提供的业务

宽带 IP 城域网以多业务的光传送网为开放的基础平台,在其上通过路由器、交换机等设备构建数据网络骨干层,通过各类网关、接入设备实现以下业务的接入。

- 话音业务
- 数据业务
- 图像业务
- 多媒体业务
- IP 电话业务
- 各种增值业务
- 智能业务等

宽带 IP 城域网还可与各运营商的长途骨干网互通形成本地综合业务网络,承担城域范围内集团用户、商用大楼、智能小区的业务接入和电路出租业务等。

7.2.2　宽带 IP 城域网的分层结构

为了便于网络的管理、维护和扩展,网络必须有合理的层次结构。根据目前的技术现状和发展趋势,一般将宽带 IP 城域网的结构分为三层:核心层、汇聚层和接入层。宽带 IP 城域网分层结构示意图如图 7-30 所示。

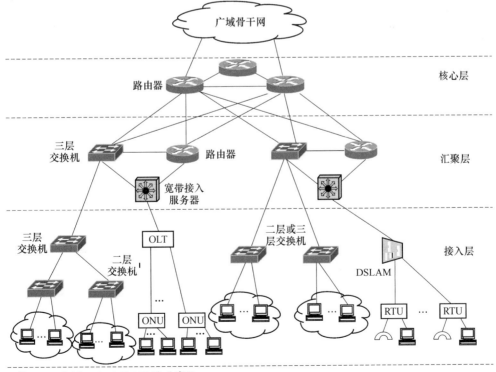

注:RTU包括ADSL-MODEM和分离器

图 7-30　宽带 IP 城域网分层结构示意图

1. 核心层

（1）核心层的作用

核心层的作用主要是负责进行数据的快速转发以及整个城域网路由表的维护,同时实现与 IP 广域骨干网的互联,提供城市的高速 IP 数据出口。

（2）核心层节点

核心层节点设备需采用以 IP 技术为核心的设备,要求具有很强的路由能力,主要提供千兆以上速率的 IP 接口,如 POS、Gigabit Ethernet。核心层节点设备包括路由器和具有三层功能的高端交换机等,一般采用高端路由器。

城域网核心节点应设置在城区内,其位置选择应结合业务分布、局房条件、出局光纤布放情况等综合考虑,优先选择原有骨干 IP 网络节点设备所在局点,其他节点应尽量选择在目标交换局所在局点。

核心层节点数量,大城市一般控制在 3～6 个,其他城市控制在 2～4 个。

（3）核心层的网络结构

核心层的网络结构重点考虑可靠性和可扩展性,核心层节点间原则上采用网状或半网状连接。考虑城域网出口的安全,建议每个城域网选择两个核心节点与 IP 广域骨干网路由器实现连接。

2. 汇聚层

（1）汇聚层的功能

汇聚层的功能主要包括:

① 汇聚接入节点,解决接入节点到核心层节点间光纤资源紧张的问题。

② 实现接入用户的可管理性,当接入层节点设备不能保证用户流量控制时,需要由汇聚层设备提供用户流量控制及其他策略管理功能。

③ 除基本的数据转发业务外,汇聚层还必须能够提供必要的服务层面的功能,包括带宽的控制、数据流 QoS 优先级的管理、安全性的控制、IP 地址翻译 NAT 等功能。

（2）汇聚层的典型设备

汇聚层的典型设备有中高端路由器、三层交换机以及宽带接入服务器等。

有关以太网交换机的概念在前面已做过介绍。下面简单讨论一下中高端路由器和宽带接入服务器的功能。

① 中高端路由器

路由器是宽带 IP 网络中的核心设备,其详细内容将在 7.3 节加以介绍,在此简单说明一下中高端路由器的概念。

路由器若按能力划分,可分为中高端路由器和低端路由器。背板交换能力大于等于 50 Gbit/s 的路由器称为中高端路由器,而背板交换能力在 50 Gbit/s 以下的路由器称为低端路由器。

② 宽带接入服务器

宽带接入服务器(BAS)主要负责宽带接入用户的认证、地址管理、路由、计费、业务控制、安全和 QoS 保障等。

（3）汇聚层的网络结构

核心层节点与汇聚层节点采用星形连接,在光纤数量可以保证的情况下每个汇聚层节点最好能够与两个核心层节点相连。

汇聚层节点的数量和位置的选定与当地的光纤和业务开展状况相关,一般在城市的远郊和所辖县城设置汇聚层节点。

3. 接入层

接入层的作用是负责提供各种类型用户的接入,在有需要时提供用户流量控制功能。

目前宽带 IP 城域网常用的宽带接入技术主要有:ADSL、EPON/GPON、HFC、FTTX＋LAN 和无线宽带接入等。用得最多的是 ADSL、EPON/GPON 和 FTTX＋LAN,其中 ADSL 适合零散用户的接入,EPON/GPON 和 FTTX＋LAN 适合小区用户的接入。

接入层节点可以根据实际环境中用户数量、距离、密度等的不同,设置一级或级联接入。

以上介绍了宽带 IP 城域网的分层情况,目前一般的宽带 IP 城域网均规划为核心层、汇聚层和接入层三层结构,但对于规模不大的城域网,可视具体情况将核心层与汇聚层合并。

另外需要说明的是,组建宽带 IP 城域网的方案有两种:一种是采用高速路由器为核心层设备,采用路由器和高速三层交换机作为汇聚层设备(如图 7-30 所示);另一种核心层和汇聚层设备均采用高速三层交换机。由于三层交换机的路由功能较弱,所以目前组建宽带 IP 城域网一般采用的是第一种方案。

7.2.3　宽带 IP 城域网的骨干传输技术

宽带 IP 城域网的骨干传输技术指的是核心层和汇聚层的传输技术,主要有:IP over ATM、IP over SDH 和 IP over DWDM 等。

1. IP over ATM(POA)

(1) IP over ATM 的概念

IP over ATM(POA)是 IP 技术与 ATM 技术的结合,它是在 IP 路由器之间(或路由器与交换机之间)采用 ATM 网进行传输。其网络结构如图 7-31 所示。

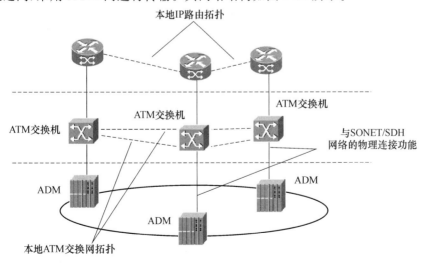

图 7-31　IP over ATM 的网络结构示意图

（2）IP over ATM 的分层结构

IP over ATM 将 IP 数据报首先封装为 ATM 信元，以 ATM 信元的形式在信道中传输；或者再将 ATM 信元映射进 SDH 帧结构中传输，其分层结构如图 7-32 所示。

IP 层提供了简单的数据封装格式；ATM 层重点提供端到端的 QoS；SDH 层重点提供强大的网络管理和保护倒换功能；DWDM 光网络层主要实现波分复用，以及为上一层的呼叫选择路由和分配波长（若不进行波分复则无DWDM 光网络层）。

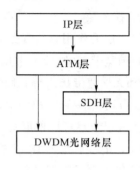

图 7-32　IP over ATM 的分层结构

由于 IP 层、ATM 层、SDH 层等各层自成一体，都分别有各自的复用、保护和管理功能，且实现方式又大有区别，所以 IP over ATM 实现起来不但有功能重叠的问题，而且有功能兼容困难的问题。

（3）IP over ATM 的优缺点

① 优点

IP over ATM 的主要优点有：

- ATM 技术本身能提供 QoS 保证，具有流量控制、带宽管理、拥塞控制功能以及故障恢复能力，这些是 IP 所缺乏的，因而 IP 与 ATM 技术的融合，也使 IP 具有了上述功能。这样既提高了 IP 业务的服务质量，同时又能够保障网络的高可靠性。
- 适应于多业务，具有良好的网络可扩展能力，并能对其他几种网络协议如 IPX 等提供支持。

② 缺点

IP over ATM 的分层结构有重叠模型和对等模型两种。

传统的 IP over ATM 的分层结构属于重叠模型。重叠模型是指 IP 在 ATM 上运行，IP 的路由功能仍由 IP 路由器来实现，ATM 仅仅作为 IP 的低层传输链路。

重叠模型的最大特点是对 ATM 来说 IP 业务只是它所承载的业务之一，ATM 的其他功能照样存在并不会受到影响，在 ATM 网中不论是用户网络信令还是网络访问信令均统一不变。所以重叠模型 IP 和 ATM 各自独立地使用自己的地址和路由协议，这就需要定义两套地址结构及路由协议。因而 ATM 端系统除需分配 IP 地址外，还需分配 ATM 地址，而且需要地址解析协议（ARP），以实现 MAC 地址与 ATM 地址或 IP 地址与 ATM 地址的映射，同时也需要两套维护和管理功能。

基于上述这些情况导致 IP over ATM 具有以下缺点：

- 网络体系结构复杂，传输效率低，开销大。
- 由于传统的 IP 只工作在 IP 子网内，ATM 路由协议并不知道 IP 业务的实际传送需求，如 IP 的 QoS、多播等特性，这样就不能够保证 ATM 实现最佳的传送 IP 业务，在 ATM 网络中存在着扩展性和优化路由的问题。

解决传统的 IP over ATM 存在问题的办法是采用对等模型。

对等模型是将 ATM 看作 IP 的对等层，在建立连接上采用非标准的 ATM 信令和 IP 的选路，ATM 端系统仅需要标识 IP 地址，网络不再需要 ATM 的地址解析协议。对等模型将 IP 层的路由功能与 ATM 层的交换功能结合起来，使 ATM 交换机变成了多协议的路由器,保留了 IP 选路的灵活性,同时使 IP 网络获得 ATM 的交换功能,提高了 IP 转发效率,因此计费容易,但是增加了 ATM 交换机的复杂性。

多协议标签交换(Multi-Protocol Label Switching,MPLS)是对等模型的最好的实现方案。

2. IP over SDH(POS)

(1) IP over SDH(POS)的概念

IP over SDH(POS)是 IP 技术与 SDH 技术的结合,是在 IP 路由器之间(或路由器与交换机之间)采用 SDH 网进行传输。具体地说它利用 SDH 标准的帧结构,同时利用点到点传送等的封装技术把 IP 业务进行封装,然后在 SDH 网中传输。其网络结构如图 7-33 所示。

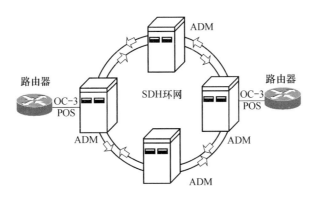

图 7-33　IP over SDH 的网络结构

SDH 网为 IP 数据包提供点到点的链路连接,而 IP 数据包的寻址由路由器来完成。

(2) IP over SDH 的分层结构

IP over SDH 的基本思路是将 IP 数据报通过点到点协议(PPP)直接映射到 SDH 帧结构中,从而省去了中间的复杂的 ATM 层。其分层结构如图 7-34 所示。

具体做法是:首先利用 PPP 技术把 IP 数据报封装进 PPP 帧,然后再将 PPP 帧按字节同步映射进 SDH 的虚容器中,再加上相应的 SDH 开销置入 STM-N 帧中。这里有个问题说明一下,若进行波分复用则需要 DWDM 光网络层,否则这一层可以省略。

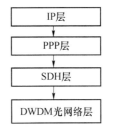

图 7-34　IP over SDH 的分层结构

(3) IP over SDH 的优缺点

① 优点

IP over SDH 的主要优点有:

- IP 与 SDH 技术的结合是将 IP 数据报通过点到点协议直接映射到 SDH 帧,省掉了中间的 ATM 层,从而简化了 IP 网络体系结构,减少了开销,提供更高的带宽利用率,提高了数据传输效率,降低了成本。

- 保留了 IP 网络的无连接特征,易于兼容各种不同的技术体系和实现网络互连,更适合于组建专门承载 IP 业务的数据网络。

- 可以充分利用 SDH 技术的各种优点,如自动保护倒换(APS),以防止链路故障而造成的网络停顿,保证网络的可靠性。

② 缺点

IP over SDH 的缺点为：

- 网络流量和拥塞控制能力差。
- 不能像 IP over ATM 技术那样提供较好的服务质量保障（QoS）。在 IP over SDH 中由于 SDH 是以链路方式支持 IP 网络的,因而无法从根本上提高 IP 网络的性能,但近来通过改进其硬件结构,使高性能的线速路由器的吞吐量有了很大的突破,并可以达到基本服务质量保证,同时转发分组延时也已降到几十微秒,可以满足系统要求。
- 仅对 IP 业务提供良好的支持,不适于多业务平台,可扩展性不理想,只有业务分级,而无业务质量分级,尚不支持 VPN 和电路仿真。

(4) SDH 多业务传送平台

① 多业务传送平台（MSTP）的概念

MSTP（Multi-Service Transport Platform）是指基于 SDH,同时实现 TDM、ATM、IP 等业务接入、处理和传送,提供统一网管的多业务传送平台。它将 SDH 的高可靠性、严格 QoS 和 ATM 的统计复用以及 IP 网络的带宽共享、统计复用 CoS 特征集于一身,可以针对不同 Qos 业务提供最佳传送方式。

以 SDH 为基础的多业务平台方案的出发点是充分利用大家所熟悉和信任的 SDH 技术,特别是其保护恢复能力和确保的延时性能,加以改造以适应多业务应用。多业务节点的基本实现方法是将传送节点与各种业务节点物理上融合在一起,构成具有各种不同融合程度、业务层和传送层一体化的下一代网络节点,我们把它称之为融合的网络节点或多业务节点。具体实施时可以将 ATM 边缘交换机、IP 边缘路由器、终端复用器（TM）、ADM、数字交叉连接（DXC）设备节点和 WDM 设备结合在一个物理实体,统一控制和管理。

② MSTP 的功能模型

MSTP 的功能模型如图 7-35 所示。

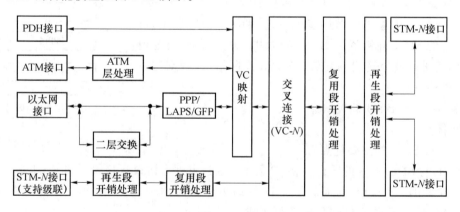

图 7-35　MSTP 的功能模型

由图可见,基于 SDH 的多业务传送设备主要包括标准的 SDH 功能、ATM 处理功能、IP/Ethernet 处理功能等,具体归纳如下。

- 支持 TDM 业务功能——SDH 系统和 PDH 系统都具有支持 TDM 业务的能力,因而基于 SDH 的多业务传送节点应能够满足 SDH 节点的基本功能,可实现 SDH 与

PDH 信息的映射、复用等。

- 支持 ATM 业务功能——MSTP 设备具有 ATM 的用户接口,可向用户提供宽带业务,而且具有 ATM 交换功能、ATM 业务带宽统计复用功能等。
- 支持以太业务功能——MSTP 设备中存在两种以太业务的适配方式,即透传方式和采用二层交换功能的以太业务适配方式。

以太业务透传方式是指以太网接口的数据帧不经过二层交换,直接进行协议封装,映射到相应的 VC 中,然后通过 SDH 网络实现点到点的信息传输。支持二层交换功能的以太业务适配方式是指在一个或多个用户侧以太网物理接口与一个或多个独立的系统侧的 VC 通道之间实现基于以太网链路层的数据包交换。

③ MSTP 的特点

MSTP 具有以下几个特点:

- 继承了 SDH 技术的诸多优点:如良好的网络保护倒换性能、对 TDM 业务较好的支持能力等。
- 支持多种物理接口:由于 MSTP 设备负责多种业务的接入、汇聚和传输,所以 MSTP 必须支持多种物理接口。常见的接口类型有:TDM 接口(T1/E1、T3/E3)、SDH 接口(OC-N/STM-N)、以太网接口(10/100 BASET、GE)、POS 接口等。
- 支持多种协议:MSTP 对多种业务的支持要求其必须具有对多种协议的支持能力。
- 提供集成的数字交叉连接功能:MSTP 可以在网络边缘完成大部分交叉连接功能,从而节省传输带宽以及省去核心层中昂贵的数字交叉连接系统端口。
- 支持动态带宽分配:由于 MSTP 支持级联和虚级联功能,可以对带宽进行灵活的分配,实现对链路带宽的动态配置和调整。
- 能提供综合网络管理功能:MSTP 提供对不同协议层的综合管理,便于网络的维护和管理。

基于上述的诸多优点,MSTP 在当前的各种城域传送网技术中是一种比较好的选择。

3. IP over DWDM(POW)

(1) IP over DWDM 的概念与网络结构

IP over DWDM 是 IP 与 DWDM 技术相结合的标志。首先在发送端对不同波长的光信号进行复用,然后将复用信号送入一根光纤中传输,在接收端再利用解复用器将各不同波长的光信号分开,送入相应的终端,从而实现 IP 数据报在多波长光路上的传输。

构成 IP over DWDM 的网络的部件包括:激光器、光纤、光放大器、DWDM 光耦合器、光分插复用器(OADM)、光交叉连接器(OXC)和转发器等。

激光器的作用是电/光转换,产生光信号;光放大器是对光信号进行放大;DWDM 光耦合器是用来把各波长组合在一起或分解开来的,起到复用和解复用的作用;光分插复用器(OADM)实现各波长光信号在中间站的分出和插入;光交叉连接器(OXC)在光信号上实现交叉连接。转发器用来变换来自路由器或其他设备的光信号,并产生要插入光耦合器的正确波长光信号。

在 IP over DWDM 网络中,路由器通过 OADM、OXC 或者 DWDM 光耦合器直接连至 DWDM 光纤,由这些设备控制波长接入、交换、选路和保护。IP over DWDM(路由器之间是 DWDM 网)网络结构如图 7-36 所示。

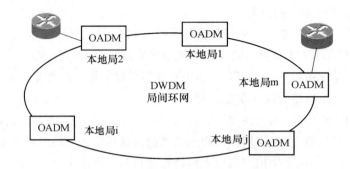

(a)路由器之间由OADM构成的小型DWDM光网络结构

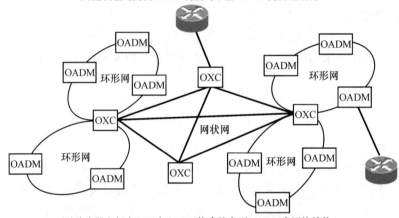

(b)路由器之间由OXC和OADM构成的大型DWDM光网络结构

图 7-36　IP over DWDM 网络结构

（2）IP over DWDM 分层结构

IP over DWDM 分层结构如图 7-37 所示。

由图 7-37 可见,IP over DWDM 在 IP 层和 DWDM 光层之间省去了 ATM 层和 SDH 层,将 IP 数据包直接放到光路上进行传输。各层功能如下:

① IP 层产生 IP 数据报,其协议包括 IPv4、IPv6 等。

② 光适配层负责向不同的高层提供光通道,主要功能包括管理 DWDM 信道的建立和拆除,提供光层的故障保护/恢复等。

图 7-37　IP over DWDM 的分层结构

③ DWDM 光层包括光通道层、光复用段层和光传输段层。光通道层负责为多种形式的用户提供端到端的透明传输;光复用段层负责提供同时使用多波长传输光信号的能力;光传输段层负责提供使用多种不同规格光纤来传输信号的能力。这三层都具有监测功能,只是各自监测的对象不同。光传输段层监控光传输段中的光放大器和光中继器,而其他两层则提供系统性能监测和检错功能。

现在数据网络的速率远远低于光传输网络的速率,IP over DWDM 的关键在于如何进行数据网络层（IP 层）和光网络层的适配,IP 数据以何种方式成帧并通过 DWDM 传输。

具体的适配功能包括：数据网的运行维护与管理（OAM）可以适配到光网的 OAM，数据网中特定协议呼叫可映射到光网相应的信令信息。

IP over DWDM 传输时所采用的帧格式可以是以下几种：

- SDH 帧格式；

- GE 以太网帧格式；

- 数字包封帧格式（跳过 SDH 层把 IP 信号直接映射进光通道，正在研究）。

相应的网络方案：IP/SDH/DWDM 和 IP/GE/DWDM。值得说明的是，虽然不使用 SDH 层但并不排除使用 SDH 的帧结构作为 DWDM 中数据流的封装格式。

（3）IP over DWDM 的优缺点

① IP over DWDM 的优点

- IP over DWDM 简化了层次，减少了网络设备和功能重叠，从而减轻了网管复杂程度；

- IP over DWDM 可充分利用光纤的带宽资源，极大地提高了带宽和相对的传输速率；

- 不仅可以与现有通信网络兼容，还可以支持未来的宽带业务网及网络升级，并具有可推广性、高度生存性等特点。

② IP over DWDM 的缺点

- DWDM 极大的带宽和现有 IP 路由器的有限处理能力之间的不匹配问题还不能得到有效的解决。

- 目前，对于波长标准化还没有实现。一般取 193.1 THz 为参考频率，间隔取 100 GHz；DWDM 系统的网络拓扑结构只是基于点对点的方式，还没有形成"光网"。

- 技术还不十分成熟。尽管目前 DWDM 已经运用于长途通信之中，但只提供终端复用功能，还不能动态地完成上、下复用功能，光信号的损耗与监控以及光通路的保护倒换与网络管理配置还停留在底层阶段。

以上介绍了 IP over ATM、IP over SDH 和 IP over DWDM，下面将这三种骨干传输技术做个简单的比较，见表 7-2。

表 7-2　三种骨干传输技术的比较

性能	IP over ATM	IP over SDH	IP over DWDM
效率	低	中	高
带宽	中	中	高
结构	复杂	略简	极简
价格	高	中	较低
传输性能	好	可以	好
维护管理	复杂	略简	简单
应用场合	网络边缘多业务的汇集和一般 IP 骨干网	IP 骨干网	核心 IP 骨干网

7.3 路由器技术

7.3.1 路由器的层次结构及用途

前面介绍了 Internet 的概念,它是遵照 TCP/IP 协议将世界范围内众多计算机网络(包括各种局域网、城域网和广域网)互连在一起,而互连设备主要采用的是路由器。下面介绍路由器的相关内容。

1. 路由器的层次结构

路由器(Router)是在网络层实现网络互连,可实现网络层、链路层和物理层协议转换(以 OSI 参考模型为例)。路由器的层次结构如图 7-38 所示。

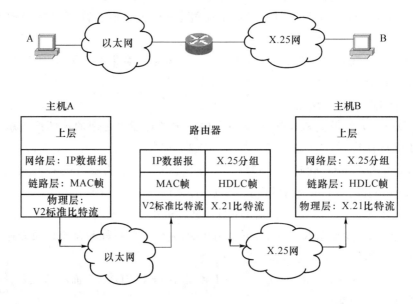

图 7-38 路由器的层次结构

设主机 A 挂在以太网上,主机 A 的网络层协议采用 IP,链路层和物理层协议采用 DIX Ethernet V2 标准(图 7-38 中为了简单,称为 V2 标准),DIX Ethernet V2 标准的链路层只有 MAC 子层,没有 LLC 子层。

设主机 B 挂在 X.25 网上,主机 B 的网络层协议采用 X.25 分组级协议,链路层采用 HDLC 协议,物理层采用 X.21 协议。

以太网和 X.25 网之间采用路由器相连。

整个通信过程是这样的:主机 A 的上层送下来的数据单元在网络层组装成 IP 数据报,在链路层将 IP 数据报加上 DIX Ethernet V2 标准的 MAC 首部和尾部组成 MAC 帧,然后送往物理层以 DIX Ethernet V2 标准比特流的形式出现。数据经以太网传输后到达路由器,图中路由器的左侧(其实对应下述的路由器的输入端口)物理层收到比特流,在链路层的 MAC 子层识别出 MAC 帧,利用 MAC 帧的首部和尾部完成相应的控制功能后,去掉 MAC

帧的首部和尾部还原为 IP 数据报送给网络层。在网络层去掉 IP 数据报报头后将数据部分送到路由器的右侧(对应下述的路由器的输出端口)的网络层,加上 X.25 分组头构成 X.25 分组,X.25 分组下到链路层加上 HDLC 的首部和尾部组成 HDLC 帧,HDLC 帧送到物理层以 X.21 比特流的形式出现。数据再经 X.25 网传输后到达主机 B。

由上述可见,路由器进行了网络层、链路层和物理层协议转换。

2. 路由器的用途

(1) 局域网之间的互连

利用路由器也可以互连不同类型的局域网。

(2) 局域网与广域网(WAN)之间的互连

局域网与 WAN 互连时,使用较多的互连设备是路由器。路由器能完成局域网与 WAN 低三层协议的转换。路由器的档次很多,其端口数从几个到几十个不等,所支持的通信协议也可多可少。

其实,局域网与广域网之间的互连主要为了实现是通过广域网对两个异地局域网进行互连。用于连接局域网的广域网可以是分组交换网、帧中继网或 ATM 网等。

(3) WAN 与 WAN 的互连

利用路由器互连 WAN,要求两个 WAN 只是低三层协议不同。

7.3.2　路由器的基本构成

路由器是一种具有多个输入端口和多个输出端口的专用计算机,其任务是对传输的分组进行路由选择并转发分组(网络层的数据传送单位是 X.25 分组或 IP 数据报,以后统称为分组)。

图 7-39 给出了一种典型的路由器的基本构成框图。

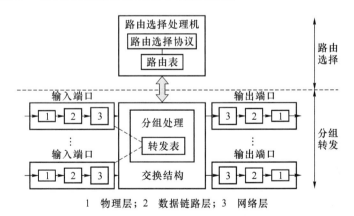

图 7-39　典型的路由器的结构

由图可见,整个路由器的结构可划分为两大部分:路由选择部分和分组转发部分。

这里首先要说明"转发"和"路由选择"的区别。

- "转发"是路由器根据转发表将用户的分组从合适的端口转发出去。"路由选择"是按照某种路由选择算法,根据网络拓扑、流量等的变化情况,动态地改变所选择的路由。

· 路由表是根据路由选择算法构造出的,而转发表是从路由表得出的。

为了简单起见,我们在讨论路由选择的原理时,一般不去区分转发表和路由表的区别。在了解了"转发"和"路由选择"的概念后,下面介绍路由器两大组成部分的作用。

1. 路由选择部分

路由选择部分主要由路由选择处理机构成,其功能是根据所采取的路由选择协议建立路由表,同时经常或定期地和相邻路由器交换路由信息而不断地更新和维护路由表。

2. 分组转发部分

分组转发部分包括三个组成:输入端口、输出端口和交换结构。

一个路由器的输入端口和输出端口就做在路由器的线路接口卡上。输入端口和输出端口的功能逻辑上均包括三层:物理层、数据链路层和网络层(以 OSI 参考模型为例),用图 7-39 方框中的 1,2 和 3 分别表示。

(1) 输入端口

输入端口对线路上收到的分组的处理过程如图 7-40 所示(这里的分组的含义是广义的,包括 X. 25 分组、IP 数据报等)。

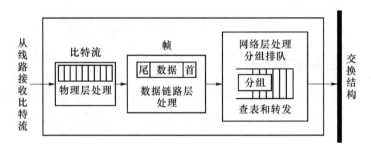

图 7-40　输入端口对线路上收到的分组的处理

输入端口的物理层收到比特流,数据链路层识别出一个个帧,完成相应的控制功能后,剥去帧的首部和尾部后,将分组送到网络层的队列中排队等待处理(当一个分组正在查找转发表时,后面又紧跟着从这个输入端口收到另一个分组,这个后到的分组就必须在队列中排队等待,这会产生一定的时延)。

为了使交换功能分散化,一般将复制的转发表放在每一个输入端口中,则输入端口具备查表转发功能。

(2) 输出端口

输出端口对分组的处理过程如图 7-41 所示。

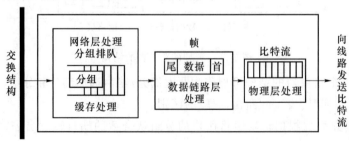

图 7-41　输出端口对分组的处理过程

输出端口对交换结构传送过来的分组(可能要进行分组格式的转换)先进行缓存处理,数据链路层处理模块将分组加上链路层的首部和尾部(相当于进行了链路层帧格式的转换),然后交给物理层后发送到外部线路(物理层也相应地进行了协议转换)。

从以上的讨论可以看出,分组在路由器的输入端口和输出端口都可能会在队列中排队等待处理。若分组处理的速率赶不上分组进入队列的速率,则队列的存储空间最终必将被占满,这就使后面再进入队列的分组由于没有存储空间而只能被丢弃(路由器中的输入或输出队列产生溢出是造成分组丢失的重要原因)。为了尽量减少排队等待时延,路由器必须以线速转发分组。

(3) 交换结构

交换结构的作用是将分组从一个输入端口转移到某个合适的输出端口,其交换方式有三种:通过存储器、通过总线和通过纵横交换结构进行交换,如图 7-42 所示。图中假设这三种方式都是将输入端口 I_1 收到的分组转发到输出端口 O_2。

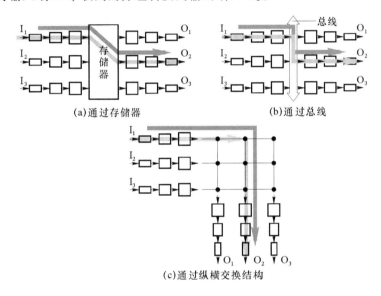

图 7-42　三种常用的交换方法

图 7-42(a)是通过存储器进行交换的示意图。这种方式进来的分组被存储在共享存储器中,然后从分组首部提取目的地址,查找路由表(目的地址的查找和分组在存储器中的缓存都是在输入端口中进行的),再将分组转发到合适的输出端口的缓存中。此交换方式提高了交换容量,但是开关的速度受限于存储器的存取速度。

图 7-42(b)是通过总线进行交换的示意图。它是通过一条总线来连接所有输入和输出端口,分组从输入端口通过共享的总线直接传送到合适的输出端口,而不需要路由选择处理机的干预。这种方式的优点是简单方便,但缺点是其交换容量受限于总线的容量,而且可能会存在阻塞现象。因为总线是共享的,在同一时间只能有一个分组在总线上传送,当分组到达输入端口时若发现总线忙,则被阻塞而不能通过交换结构,要在输入端口排队等待。不过现代技术已经可以将总线的带宽提高到每秒吉比特的速率,相对解决了这些问题。

图 7-42(c)是通过纵横交换结构进行交换的示意图。纵横交换结构有 $2N$ 条总线,形成具备 $N \times N$ 个交叉点的交叉开关。如果某一个交叉开关是闭合的,则可以使相应的输入端

口和输出端口相连接。当输入端口收到一个分组时,就将它发送到与该输入端口相连的水平总线上。若通向所要转发的输出端口的垂直总线是空闲的,则在这个节点将垂直总线与水平总线接通,然后将该分组转发到这个输出端口,这个过程是在调度器的控制下进行的。通过纵横交换结构进行交换同样会有阻塞,假如分组想去往的垂直总线已被占用(有另一个分组正在转发到同一个输出端口),则后到达的分组就被阻塞,必须在输入端口排队。

7.3.3　路由器的功能

路由器具有以下一些主要功能。

1. 选择最佳传输路由

路由器涉及 OSI-RM 的低三层。当分组到达路由器,先在组合队列中排队,路由器依次从队列中取出分组,查看分组中的目的地址,然后再查路由表。一般到达目的站点前可能有多条路由,路由器应按某种路由选择策略,从中选出一条最佳路由,将分组转发出去。

当网络拓扑发生变化时,路由器还可自动调整路由表,并使所选择的路由仍然是最佳的。这一功能还可很好地均衡网络中的信息流量,避免出现网络拥挤现象。

2. 实现 IP、ICMP、TCP、UDP 等互联网协议

作为 IP 网的核心设备,路由器应该可以实现 IP、ICMP、TCP、UDP 等互联网协议。

3. 流量控制和差错指示

在路由器中具有较大容量的缓冲区,能控制收发双方间的数据流量,使两者更加匹配。而且当分组出现差错时,路由器能够辨认差错并发送 ICMP 差错报文报告必要的差错信息。

4. 分段和重新组装功能

由路由器所连接的多个网络,它们所采用的分组大小可能不同,需要分段和重组。

5. 提供网络管理和系统支持机制

包括存储/上载配置、诊断、升级、状态报告、异常情况报告及控制等。

7.3.4　路由器的基本类型

从不同的角度划分,路由器有以下几种类型。

1. 按能力划分

若按能力划分,路由器可分为中高端路由器和低端路由器。背板交换能力大于等于 50 Gbit/s 的路由器称为中高端路由器,而背板交换能力在 50 Gbit/s 以下的路由器称为低端路由器。

2. 按结构划分

若按结构划分,路由器可分为模块化结构路由器和非模块化结构路由器。中高端路由器一般为模块化结构,低端路由器则为非模块化结构。

3. 按位置划分

若按位置划分,路由器可分为核心路由器与接入路由器。核心路由器位于网络中心,通常使用中高端路由器,是模块化结构。它要求快速的包交换能力与高速的网络接口。接入路由器位于网络边缘,通常使用低端路由器,是非模块化结构。它要求相对低速的端口以及较强的接入控制能力。

4. 按功能划分

若按功能划分,路由器可分为通用路由器与专用路由器。一般所说的路由器为通用路由器。专用路由器通常为实现某种特定功能对路由器接口、硬件等作专门优化。

5. 按性能划分

若按性能划分,路由器可分为线速路由器和非线速路由器。若路由器输入端口的处理速率能够跟上线路将分组传送到路由器的速率则称为线速路由器,否则是非线速路由器。一般高端路由器是线速路由器,而低端路由器是非线速路由器。但是,目前一些新的宽带接入路由器也有线速转发能力。

7.4　Internet 的路由选择协议

7.4.1　IP 网的路由选择协议概述

1. 路由选择算法分类

路由选择算法即路由选择的方法或策略。若按照其能否随网络的拓扑结构或通信量自适应地进行调整变化进行分类,路由选择算法可分为静态路由选择算法和动态路由选择算法。

(1) 静态路由选择算法

静态路由选择策略就是非自适应路由选择算法,这是一种不测量、不利用网络状态信息,仅按照某种固定规律进行决策的简单的路由选择算法。

静态路由选择算法的特点是简单和开销较小,但不能适应网络状态的变化。

静态路由选择算法主要包括扩散法和固定路由表法等。

(2) 动态路由选择算法

动态路由选择算法即自适应式路由选择算法,是依靠当前网络的状态信息进行决策,从而使路由选择结果在一定程度上适应网络拓扑与网络通信量的变化。

动态路由选择算法的特点是能较好地适应网络状态的变化,但实现起来较为复杂,开销也比较大。

动态路由选择算法主要包括分布式路由选择算法和集中式路由选择算法等。

- 分布式路由选择算法是每一节点通过定期地与相邻节点交换路由选择的状态信息来修改各自的路由表,这样使整个网络的路由选择经常处于一种动态变化的状况。
- 集中式路由选择算法是网络中设置一个节点,专门收集各节点定期发送的状态信息,然后由该节点根据网络状态信息,动态地计算出每个节点的路由表,再将新的路由表发送给各个节点。

2. IP 网的路由选择协议的特点及分类

(1) 自治系统(AS)

由于 IP 网规模庞大,为了路由选择的方便和简化,一般将整个 IP 网划分为许多较小的区域,称为自治系统。

每个自治系统内部采用的路由选择协议可以不同,自治系统根据自身的情况有权决定采用哪种路由选择协议。

（2）IP网的路由选择协议的特点

IP网的路由选择协议具有以下几个特点：

① 属于自适应的（即动态的）；

② 是分布式路由选择协议；

③ IP网采用分层次的路由选择协议，即分自治系统内部和自治系统外部路由选择协议。

（3）IP网的路由选择协议分类

IP网的路由选择协议划分为两大类，即：

- 内部网关协议IGP——在一个自治系统内部使用的路由选择协议。具体的协议有RIP、OSPF和IS-IS等。
- 外部网关协议EGP——两个自治系统（使用不同的内部网关协议）之间使用的路由选择协议。目前使用最多的是BGP（即BGP-4）。注意此处的网关实际指的是路由器。

图7-43显示了自治系统和内部网关协议、外部网关协议的关系。为了简单起见，图中自治系统内部各路由器之间的网络用一条链路表示。

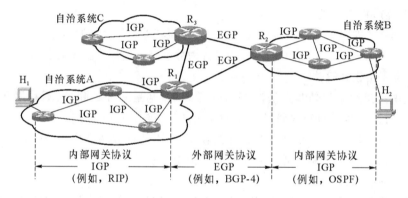

图7-43 自治系统和内部网关协议、外部网关协议

图7-43示意了三个自治系统相连，各自治系统内部使用内部网关协议IGP，例如自治系统A使用的是RIP，自治系统B使用的是OSPF。自治系统之间则采用外部网关协议EGP，如BGP-4。每个自治系统均有至少一个路由器除运行本自治系统内部网关协议外，还运行自治系统间的外部网关协议，如图7-43中路由器R_1、R_2、R_3。

下面分别介绍几种常用的内部网关协议及外部网关协议。

7.4.2 内部网关协议 RIP

1. RIP 的工作原理

（1）RIP 的概念

路由信息协议（RIP）是一种分布式的基于距离向量的路由选择协议，它要求网络中的每一个路由器都要维护从自己到其他每一个目的网络的最短距离记录。

RIP中"距离"（也称为"跳数"）的定义为：

- 从一路由器到直接连接的网络的距离定义为1。
- 从一个路由器到非直接连接的网络的距离定义为所经过的路由器数加1。（每经过

一个路由器,跳数就加 1)

RIP 所谓的"最短距离"指的是选择具有最少路由器的路由。RIP 允许一条路径最多只能包含 15 个路由器。"距离"的最大值为 16 时即相当于不可达。

(2) 路由表的建立和更新

RIP 路由表中的主要信息是到某个网络的最短距离及应经过的下一跳路由器地址。

路由器在刚刚开始启动工作时,只知道到直接连接的网络的距离(此距离定义为 1)。以后,每一个路由器只和相邻路由器交换并更新路由信息,交换的信息是当前本路由器所知道的全部信息,即自己的路由表(具体是到本自治系统中所有网络的最短距离,以及沿此最短路径到每个网络应经过的下一跳路由器)。路由表更新的原则是找出到达某个网络的最短距离。

网络中所有的路由器经过路由表的若干次更新后,它们最终都会知道到达本自治系统中任何一个网络的最短距离和哪一个路由器是下一跳路由器。

另外,为了适应网络拓扑等情况的变化,路由器应按固定的时间间隔交换路由信息(例如每隔 30 秒),以及时修改更新路由表。

路由器之间是借助于传递 RIP 报文交换并更新路由信息,为了说明路由器之间具体是如何交换和更新路由信息的,在介绍 RIP 的距离向量算法之前,先介绍 RIP 的报文格式。

2. RIP2 协议的报文格式

目前较新的 RIP 版本是 1998 年 11 月公布的 RIP2,它已经成为 Internet 标准协议。RIP2 的报文格式如图 7-44 所示。

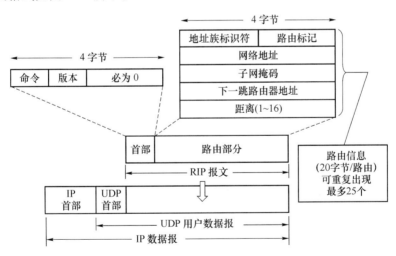

图 7-44　RIP2 的报文格式

RIP2 的报文由首部和路由部分组成。

(1) RIP2 报文的首部

RIP2 报文的首部有 4 个字节:命令字段占 1 个字节,用于指出报文的意义;版本字段占 1 个字节,指出 RIP 的版本;填充字段的作用是填"0"使首部补齐 4 字节。

(2) RIP2 报文的路由部分

RIP2 报文中的路由部分由若干个路由信息组成,每个路由信息需要用 20 个字节,用于描述到某一目的网络的一些信息。RIP 规定路由信息最多重复出现 25 个。每个路由信息中各部分的作用如下：

① 地址族标识符(AFI,2 个字节)

用来标志所使用的地址协议,IP 的 AFI 为 2。

② 路由标记(2 个字节)

路由标记填入自治系统的号码,这是考虑使 RIP 有可能收到本自治系统以外的路由选择信息。

③ 网络地址(4 个字节)

表示目的网络的 IP 地址。

④ 子网掩码(4 个字节)

表示目的网络的子网掩码。

⑤ 下一跳路由器地址(4 个字节)

表示要到达目的网络的下一跳路由器的 IP 地址。

⑥ 距离(4 个字节)

表示到目的网络的距离。

由图 7-44 可见,RIP 报文使用传输层的 UDP 用户数据报进行传送(使用 UDP 的端口 520),因此 RIP 的位置应当在应用层。但转发 IP 数据报的过程是在网络层完成的。

3. 距离向量算法

设某路由器收到相邻路由器(其地址为 X)的一个 RIP 报文：

(1) 先修改此 RIP 报文中的所有项目:将"下一跳"字段中的地址都改为 X,并将所有的"距离"字段的值加 1。(这样做是为了便于进行路由表的更新)

(2) 对修改后的 RIP 报文中的每一个项目,重复以下步骤：

① 若项目中的目的网络不在路由表中,则将该项目加到路由表中。(表明这是新的目的网络)

② 若项目中的目的网络在路由表中：

• 若下一跳字段给出的路由器地址是同样的,则将收到的项目替换原路由表中的项目。(因为要以最新的消息为准)

• 否则 $\begin{cases} \text{若收到项目中的距离小于路由表中的距离,则进行更新。} \\ \text{否则,什么也不做。} \end{cases}$

(3) 若 3 分钟还没有收到相邻路由器的更新路由表,则将此相邻路由器记为不可达的路由器,即将距离置为 16(距离为 16 表示不可达)。

(4) 返回。

以上过程可用图 7-45 表示。

利用上述距离向量算法,Internet 中的所有路由器都和自己的相邻路由器不断交换路由信息,并不断更新其路由表,这样,每一个路由器都知道到各个目的网络的最短路由。

下面举例说明 Internet 的内部网关协议采用 RIP 时,各路由器路由表的建立、交换和更新情况。

例如,几个用路由器互连的网络结构如图 7-46 所示。

各路由器的初始路由表如图 7-47(a)所示,表中的每一行都包括三个字符,它们从左到右分别代表:目的网络、从本路由器到目的网络的跳数(即最短距离),下一跳路由器("-"表示直接交付)。

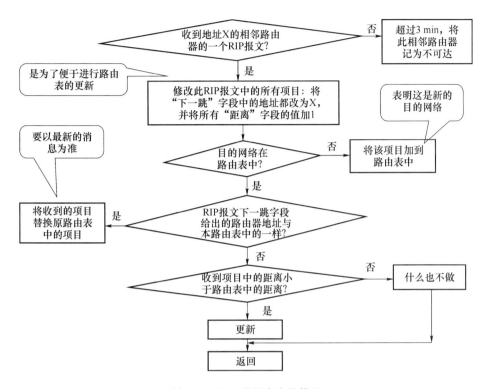

图 7-45　RIP 的距离向量算法

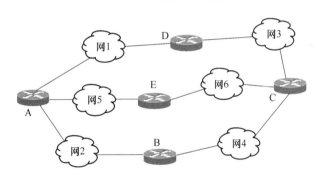

图 7-46　几个用路由器互连的网络结构

收到了相邻路由器的路由信息更新后的路由表如图 7-47(b) 所示。下面以路由器 D 为例说明路由器更新的过程:路由器 D 收到相邻路由器 A 和 C 的路由表。

A 说:"我到网 1 的距离是 1",但 D 没有必要绕道经过路由器 A 到达网 1,因此这一项目不变。A 说:"我到网 2 的距离是 1",因此 D 现在也可以到网 2,距离是 2,经过 A。A 说:"我到网 5 的距离是 1",因此 D 现在也可以到网 5,距离是 2,经过 A。

C 说:"我到网 3 的距离是 1",但 D 没有必要绕道经过路由器 C 再到达网 3,因此这一项目不变。C 说:"我到网 4 的距离是 1",因此 D 现在也可以到网 4,距离是 2,经过 C。C 说:"我到网 6 的距离是 1",因此 D 现在也可以到网 6,距离是 2,经过 C。

由于此网络比较简单,图 7-46(b) 也就是最终路由表。但当网络比较复杂时,要经过几次更新后才能得出最终路由表,请读者注意这一点。

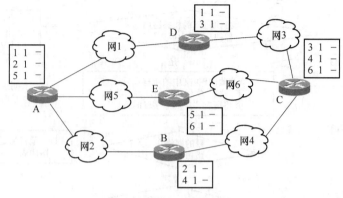

(a)各路由器的初始路由表

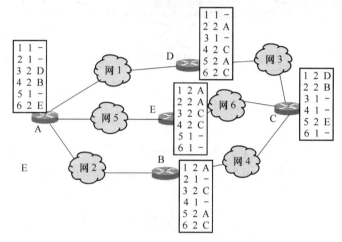

(b)各路由器的最终路由表

图 7-47　各路由器的路由表

4. RIP 的优缺点

RIP 的优点是实现简单,开销较小。但其存在以下一些缺点:

(1) 当网络出现故障时,要经过比较长的时间才能将此信息传送到所有的路由器,即坏消息传播得慢;

(2) 因为 RIP"距离"的最大值限制为 15,所以也影响了网络的规模;

(3) 由于路由器之间交换的路由信息是路由器中的完整路由表,随着网络规模的扩大,开销必然会增加。

总之,RIP 适合规模较小的网络。为了克服 RIP 的缺点,1989 年开发了另一种内部网关协议——OSPF 协议。

7.4.3　内部网关协议 OSPF

1. OSPF 协议基本概念

(1) OSPF 协议的要点

开放最短路径优先(OSPF)是分布式的链路状态协议。"链路状态"是说明本路由器都和哪些路由器相邻,以及该链路的"度量"。"度量"的含义是广泛的,它可表示距离、时延、费用、带宽等。

归纳起来,OSPF 协议有以下几个要点。

① OSPF 路由器收集其所在网络区域上各路由器的链路状态信息,生成链路状态数据库(Link State DataBase,LSDB)。路由器掌握了该区域上所有路由器的链路状态信息,也就等于了解了整个网络的拓扑状况。OSPF 路由器利用最短径优先算法(Shortest Path First,SPF),独立地计算出到达任意目的地的路由。

② 当链路状态发生变化时,OSPF 使用洪泛法向本自治系统中的所有路由器发送信息,即每个路由器向所有其他相邻路由器发送信息(但不再发送给刚刚发来信息的那个路由器)。所发送的信息就是与本路由器相邻的所有路由器的链路状态。

③ 各路由器之间频繁地交换链路状态信息,所有的路由器最终都能建立一个链路状态数据库,它与全网的拓扑结构图相对应。每一个路由器使用链路状态数据库中的数据可构造出自己的路由表。

④ OSPF 还规定每隔一段时间,如 30 分钟,要刷新一次数据库中的链路状态。以确保链路状态数据库的同步(即每个路由器所具有的全网拓扑结构图都是一样的)。

(2) OSPF 的区域

OSPF 可将一个自治系统划分为若干区域,将利用洪泛法交换链路状态信息的范围局限于每一个区域而不是整个的自治系统,减少了整个网络上的通信量。而且该区域的 OSPF 路由器只保存该区域的链路状态,每个路由器的链路状态数据库都可以保持合理的大小,路由计算的时间、报文数量也都不会过大。

(3) OSPF 支持的网络类型

OSPF 支持的网络类型有四种,即:

- 广播多路访问型(Broadcast Multi Access,BMA)——如 Ethernet、TokenRing、FDDI;
- 非广播多路访问型(None Broadcast Multi Access,NBMA)——如帧中继网、X.25 网等;
- 点到点型(Point to Point);
- 点至多点型(Point to Multi-Point)。

(4) 指派路由器(DR)和备份指派路由器(BDR)

在多路访问网络上可能存在多个路由器,为了避免路由器之间建立完全相邻关系而引起的大量开销,OSPF 要求在区域中选举一个 DR。每个路由器都与之建立完全相邻关系。DR 负责收集所有的链路状态信息,并发布给其他路由器。选举 DR 的同时也选举出一个 BDR,在 DR 失效的时候,BDR 担负起 DR 的职责。点对点型网络不需要 DR,因为只存在两个节点,彼此间完全相邻。

2. OSPF 路由表的建立

下面举例说明 OSPF 路由表的建立。图 7-48(a)是一个自治系统的网络结构图。

通过各路由器之间交换链路状态信息,图中所有的路由器最终将建立起一个链路状态数据库。实际的链路状态数据库是一个表,我们可以用一个有向图表示,如图 7-48(b)所示。其中每一个路由器、局域网或广域网都抽象为一个节点,每条链路用两条不同方向的边表示,边旁标出了这条边的代价(OSPF 规定,从网络到路由器的代价为 0)。

由图 7-48(b)(表示该网络链路状态数据库的有向图)可得出以 F 路由器为根的最短路径树,如图 7-48(c)所示,F 路由器根据此最短路径树即可构造出自己的路由表。按照同样的方法,其他路由器均可得出各自的路由表。

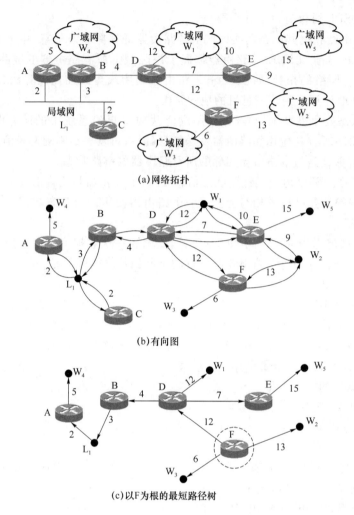

(a)网络拓扑

(b)有向图

(c)以F为根的最短路径树

图 7-48　OSPF 路由表的建立过程示例

3. OSPF 分组(OSPF 数据报)

(1) OSPF 分组格式

OSPF 分组格式如图 7-49 所示。

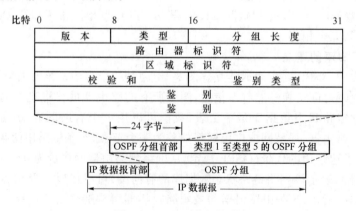

图 7-49　OSPF 分组格式

OSPF 分组由 24 字节固定长度的首部字段和数据部分组成。数据部分可以是五种类型分组(后述)中的一种。下面先简单介绍 OSPF 首部各字段的作用。

① 版本(1 个字节)——表示协议的版本,当前的版本号是 2;

② 类型(1 个字节)——表示 OSPF 的分组类型;

③ 分组长度(2 个字节)——以字节为单位指示 OSPF 的分组长度;

④ 路由器标识符(4 个字节)——标志发送该分组的路由器的接口的 IP 地址;

⑤ 区域标识符(4 个字节)——标识分组属于的区域;

⑥ 校验和(2 个字节)——检测分组中的差错;

⑦ 鉴别类型(2 个字节)——用于定义区域内使用的鉴别方法,目前只有两种类型的鉴别:0(没有鉴别)和 1(口令);

⑧ 鉴别(8 个字节)——用于鉴别数据真正的值。鉴别类型为 0 时填 0,鉴别类型为 1 时填 8 个字符的口令。

由图 7-49 可以看到,与 RIP 报文不同,OSPF 分组不用 UDP 用户数据报传送,而是直接用 IP 数据报传送。

(2) OSPF 的五种分组类型

① 类型 1,问候(Hello)分组,用来发现和维持邻站的可达性。OSPF 协议规定:两个相邻路由器每隔 10 秒钟就要交换一次问候分组,若间隔 40 秒钟没有收到某个相邻路由器发来的问候分组,就认为这个相邻路由器是不可达的。

② 类型 2,数据库描述(Database Description)分组,向邻站给出自己的链路状态数据库中的所有链路状态项目的摘要信息。

③ 类型 3,链路状态请求(Link State Request)分组,向对方请求发送某些链路状态项目的详细信息。

④ 类型 4,链路状态更新(Link State Update)分组,用洪泛法对全网更新链路状态。

⑤ 类型 5,链路状态确认(Link State Acknowledgment)分组,对链路状态更新分组的确认。

类型 3、4、5 三种分组是当链路状态发生变化时,各路由器之间交换的分组,以达到链路状态数据库的同步。

4. OSPF 的特点

(1)由于一个路由器的链路状态只涉及与相邻路由器的连通状态,与整个互联网的规模并无直接关系,因此 OSPF 适合规模较大的网络。

(2)OSPF 是动态算法,能自动和快速地适应网络环境的变化。具体说就是链路状态数据库能较快地进行更新,使各个路由器能及时更新其路由表。

(3)OSPF 没有"坏消息传播得慢"的问题,其响应网络变化的时间小于 100 ms。

(4)OSPF 支持基于服务类型的路由选择。OSPF 可根据 IP 数据报的不同服务类型将不同的链路设置成不同的代价,即对于不同类型的业务可计算出不同的路由。

(5)如果到同一个目的网络有多条相同代价的路径,OSPF 可以将通信量分配给这几条路径——多路径间的负载平衡。

(6)有良好的安全性。OSPF 协议规定,路由器之间交换的任何信息都必须经过鉴别,OSPF 支持多种认证机制,而且允许各个区域间的认证机制可以不同,这样就保证了只有可依赖的路由器才能广播路由信息。

(7) 支持可变长度的可变长子网掩码(Variable Length Subnet Mask,VLSM)和无分类编址 CIDR。

7.4.4　内部网关协议 IS-IS

1. IS-IS 的产生及发展

中间系统到中间系统(IS-IS)的路由选择协议最早是 ISO 为 CLNP(Connectionless Network Protocol)而设计的动态路由协议(ISO/IEC 10589 或 RFC 1142),即 IS-IS 是 ISO 定义的 OSI 协议栈中无连接网络服务 CLNS(Connectionless Network Service)的一部分。

CLNS 由以下 3 个协议构成:

- CLNP——类似于 TCP/IP 中的 IP;
- IS-IS——中间系统(相当于 TCP/IP 中的路由器)间的路由协议;
- ES-IS——终端系统(ES,相当于 TCP/IP 中的主机系统)与中间系统间的协议,就像 IP 中的 ARP、ICMP 等。

早期的 IS-IS 仅支持 CLNS 网络环境,而不支持 IP 网络环境中的路由信息交换。为了提供对 IP 的路由支持,IETF 在 RFC 1195 中对 IS-IS 进行了修改和扩展,称之为集成 IS-IS(Integrated IS-IS)或双重 IS-IS(Dual IS-IS)。集成 IS-IS 的制定是为了使其能够同时应用在 TCP/IP 网络和 OSI 网络中,能够为 IP 网络提供动态的路由信息交换。

集成 IS-IS 是一个能够同时处理多个网络层协议(例如 IP 和 CLNP)的路由选择协议(而 OSPF 只支持 IP 一种网络层协议,即 OSPF 仅支持 IP 路由),也就是说集成 IS-IS 可以支持纯 CLNP 网络或纯 IP 网络,或者同时支持 CLNP 和 IP 两种网络环境,并为其提供路由选择功能。

集成 IS-IS 协议经过多年的发展,已经成为一个可扩展的、功能强大的 IGP 路由选择协议。该协议占用内存资源和链路带宽更少,路由效率更高,且实现与部署相对简单,因而常被用于大型骨干网络的路由部署。

2. IS-IS 基本概念

与 OSPF 一样,IS-IS 也是一种链路状态路由协议,由路由器收集其所在网络区域上各路由器的链路状态信息,生成链路状态数据库(LSDB),利用最短路径优先算法(SPF),计算到网络中每个目的地的最短路径。

(1) IS-IS 的地址结构

IS-IS 在交换 IP 路由信息时,使用的还是 ISO 数据包。IP 路由选择信息承载在 ISO 数据包中,并且使用 CLNP 地址来标识路由器并建立拓扑表和链路状态数据库,所以一个运行 IS-IS 协议的路由器必须拥有一个 CLNP 地址。

CLNP 地址与 IP 地址有着很大的区别。首先,CLNP 地址是一种基于节点(路由器)的编址方案,也就是说一个节点只需要一个 CLNP 地址,而 IP 地址是一种基于链路或者说是基于接口的编址方案,路由器中每一个接口都需要一个 IP 地址以进行不同子网间的数据包路由。另外,在地址结构上,CLNP 地址与 IP 地址也有着很大的差别。

IS-IS 将 CLNP 地址称作网络服务访问点(Network Service Access Point,NSAP),结构如图 7-50 所示。

NSAP 由 IDP(Initial Domain Part)和 DSP(Domain Specific Part)组成。

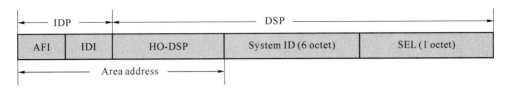

图 7-50　IS-IS 的地址结构

① IDP 相当于 IP 地址中的网络号,它由 AFI(Authority and Format Identifier)与 IDI(Initial Domain Identifier)组成,AFI 表示地址分配机构和地址格式,IDI 用来标识初始路由域。

② DSP 相当于 IP 地址中的子网号和主机地址,它由 HO-DSP(High Order Part of DSP)、System ID 和 SEL 三个部分组成。HO-DSP 用来分割区域,System ID 用来区分主机,SEL 指示服务类型。

IDP 和 DSP 的长度都是可变的,NSAP 总长最多是 20 个字节,最少 8 个字节。

(2) IS-IS 的分层路由域

IS-IS 允许将整个路由域分为多个区域,其路由选择是分层次(区域)的,IS-IS 的分层路由域如图 7-51 所示。

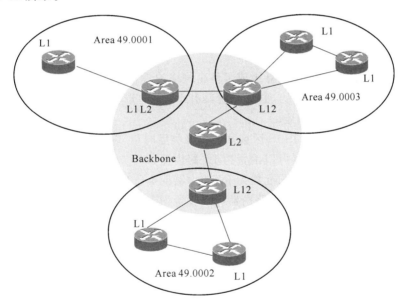

图 7-51　IS-IS 的分层路由域

IS-IS 的路由选择分如下两个区域等级:

- Level-1:普通区域(Area)叫 Level-1(L1),由 L1 路由器组成;
- Level-2 :骨干区域(Backbone)叫 Level-2(L2),由所有的 L2(含 L1/2~L12)路由器组成。

L1 路由选择负责区域内的路由选择,在同一个路由选择区域中,所有设备的区域地址都相同。区域内的路由选择是通过查看地址中的系统 ID 后,然后选择最短的路径来完成的。

L2 路由选择是在 IS-IS 区域之间进行的,路由器通过 L2 路由选择获悉 L1 路由选择区域的位置信息,并建立一个到达其他区域的路由表。当路由器收到数据包后,通过查看数据包的目标区域地址(非本区域的区域地址),选择一条最短的路径来路由数据包。

值得说明的是,一个 IS-IS 的路由域可以包含多个 Level-1 区域,但只有一个 Level-2 区域。

(3) IS-IS 路由器类型

由于 IS-IS 负责 L1 和 L2 等级的路由,IS-IS 路由器等级(或称 IS-IS 路由器类型)可以分为三种:L1 路由器、L2 路由器和 L1/2 路由器。

① L1 路由器

属于同一个区域并参与 Level-1 路由选择的路由器称为 L1 路由器,类似于 OSPF 中的非骨干内部路由器。在 CLNP 网络环境中,L1 路由器负责收集本区域内所有主机和路由器的信息,L1 路由器只关心本区域的拓扑结构。L1 路由器将去往其他区域的数据包发送到最近的 L1/2 路由器上。

② L2 路由器

属于不同区域的路由器,通过实现 Level-2 路由选择来交换路由信息,这些路由器成为 L2 路由器或骨干路由器,类似于 OSPF 中的骨干路由器,即 L2 路由器负责收集区域间的路径信息。

③ L1/2 路由器

同时执行 L1 和 L2 路由选择功能的路由器为 L1/2 路由器,L1/2 路由器类似于 OSPF 中的区域边界路由器(ABR),它的主要职责是搜集本区域内的路由信息,然后将其发送给其他区域的 L1/2 路由器或 L2 路由器;同样,它也负责接收从其他区域的 L2 路由器或 L1/2 路由器发来的区域外信息。

所有 L1/2 路由器与 L2 路由器组成了整个网络的骨干(Backbone)。需要注意的是,对于 IS-IS 来说,骨干必须是连续的,也就是说具有 L2 路由选择功能的路由器(L2 路由器或 L1/2 路由器)必须是物理上相连的。

得说明的是,我们在设计 IS-IS 区域和路由器类型时,可以遵循以下原则:

- 不与骨干相连的路由器可以配置为 L1 路由器;
- 与骨干相连的路由器必须配置为 L2 路由器或 L1/2 路由器;
- 不与 L1 路由器相连的骨干路由器可以配置为 L2 路由器。

(4) IS-IS 协议数据包

IS-IS 协议借助于数据包交换路由信息,其数据包分为如下 3 大类。

① Hello 数据包

Hello 数据包用于路由器建立和维护 IS-IS 邻居的邻接关系。

② 链路状态数据包

链路状态数据包(Link State PDU,LSP)用于在 IS-IS 路由器间发布路由选择信息,即传输链路状态信息。

两台运行 IS-IS 的路由器在交互协议报文实现路由功能之前必须首先建立邻接关系。IS-IS 邻接关系建立需要遵循的基本原则:只有同一层次的相邻路由器才有可能成为邻接体,而且对于 Level-1 路由器来说要求区域号一致。

在不同类型的网络上,IS-IS 的邻接建立方式并不相同。

③ 序列号数据包

序列号数据包(Sequence Number PDU,SNP)用于控制链路状态数据包的发布,提供 IS-IS 路由域内所有路由器的分布式链路状态数据库的同步机制。

SNP 包括完全序列号数据包(CSNP)和部分序列号数据包(PSNP),CSNP 一般用于协议初始运行时发布完整链路状态数据库（通告链路状态数据库 LSDB 中所有摘要信息）；PSNP 一般用于在协议运行期间确认和请求链路状态请求信息。

（5）IS-IS 协议适用的网络类型

IS-IS 协议适用两种网络类型：

- P-2-P 网络——如 PPP 等；
- 广播网络——如 Ethernet、Token Ring 等。

IS-IS 协议不能真正支持 NBMA 网络，可以将 NBMA 链路配置成子接口来支持。IS-IS 子接口类型为 P-2-P 或者广播网络。

3. IS-IS 与 OSPF 对比

（1）IS-IS 与 OSPF 的相同点

虽然 IS-IS 与 OSPF 在结构上有着差异，但从 IS-IS 与 OSPF 的功能上讲，它们之间存在着许多相似之处。

① IS-IS 与 OSPF 同属于链路状态路由协议。作为链路状态路由协议，IS-IS 与 OSPF 都是为了满足加快网络的收敛速度，提高网络的稳定性、灵活性、扩展性等这些需求而开发出来的高性能的路由选择协议。

② IS-IS 与 OSPF 都使用链路状态数据库收集网络中的链路状态信息，链路状态数据库存放的是网络的拓扑结构图，而且区域中的所有路由器都共享一个完全一致的链路状态数据库。IS-IS 与 OSPF 都使用泛洪的机制来扩散路由器的链路状态信息。

③ IS-IS 与 OSPF 都使用相同的报文（OSPF 中的 LSA 与 IS-IS 中的 LSP）来承载链路状态信息。

④ IS-IS 与 OSPF 都分别定义了不同的网络类型，而且在广播网络中都使用指定路由器（OSPF 中的 DR，IS-IS 中的 DIS）来控制和管理广播介质中的链路状态信息的泛洪。

⑤ IS-IS 与 OSPF 同样都是采用 SPF 算法（Dijkstra 算法）来根据链路状态数据库计算最佳路径。

⑥ IS-IS 与 OSPF 同样都采用了分层的区域结构来描述整个路由域，即骨干区域和非骨干区域（普通区域）。

⑦ 基于两层的分级区域结构，所有非骨干区域间的数据流都要通过骨干区域进行传输。

⑧ IS-IS 与 OSPF 都是支持可变长子网掩码（VLSM）和 CIDR 的 IP 无类别路由选择协议。

（2）IS-IS 与 OSPF 的不同点

OSPF 的骨干区域就是区域 0（Area 0），是一个实际的区域。IS-IS 与 OSPF 最大的区别就是 IS-IS 的区域边界位于链路上，OSPF 的区域边界位于路由器上，也就是 ABR 上。ABR 负责维护与其相连的每一个区域各自的数据库，也就是 Area 0 骨干区域数据库和 Area 1 非骨干区域数据库，如图 7-52 所示。

图 7-52　OSPF 的区域设计

IS-IS的骨干区域是由所有的具有L2路由选择功能的路由器（L2路由器或L1/2路由器）组成的，而且必须是物理上连续的，可以说IS-IS的骨干区域是一个虚拟的区域。这点与OSPF不同，虽然IS-IS中的L1/2路由器的功能相似于OSPF中的ABR，但是对于L1/2路由器来说，它只属于某一个区域中，并且同时维护一个L1的链路状态数据库和一个L2链路状态数据库，而且L1/2路由器不像OSPF中的ABR，可以同时属于多个区域中。与OSPF相同的是，IS-IS区域间的通信都必须经过L2区域（或者骨干区域），以便防止区域间路由选择的环路，这与OSPF非骨干区域间的流量都要经过骨干区域（Area 0）的操作是一样的。

IS-IS的区域设计如图7-53所示。

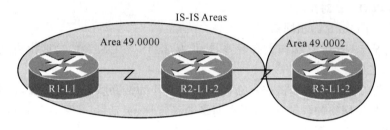

图7-53　IS-IS的区域设计

通过图7-53所示的IS-IS区域可以看出，由于IS-IS的骨干区域是虚拟的，所以更加利于扩展，灵活性更强。当需要扩展骨干时，只需添加L1/2路由器或L2路由器即可。

IS-IS与OSPF的邻接关系、路由结构、链路状态操作、使用的算法等都存在着许多相似之处，但也存在着很多的不同点。表7-3列出了IS-IS与OSPF之间的主要区别。

表7-3　IS-IS与OSPF之间的主要区别

IS-IS	OSPF
IS-IS可以支持CLNP和IP两种网络环境	OSPF仅支持IP网络环境
IS-IS所使用的数据包被直接封装到数据链路层帧中	OSPF数据包被封装在IP数据报中
IS-IS是ISO CLNS中的一个网络层协议	OSPF不是网络层协议，它运行在IP之上
IS-IS使用链路状态数据包（LSP）承载所有的路由选择信息	OSPF使用不同类型的链路状态广播（LSA）分组承载路由选择信息
IS-IS仅支持广播类型链路与点到点类型链路	OSPF可以支持多种网络类型：广播、点到点、非广播多路访问网络（NBMA）、点到多点和按需电路（Demand Circuit）
IS-IS邻接关系建立过程简单	OSPF需要通过多种状态建立邻接关系
IS-IS路由器只属于一个区域，基于节点分配区域	OSPF路由器可以属于多个区域，典型的是ABR，OSPF基于接口分配区域
IS-IS的区域边界在链路上	OSPF的区域边界在路由器上
IS-IS仅在点到点链路上的扩散是可靠的，在广播链路中通过DIS周期性的发送CSNP来实现可靠性	OSPF在所有链路上的扩散都是可靠的
IS-IS中没有备份DIS，DIS可以被抢占	OSPF中要选举BDR，以接替DR的角色，DR不能被抢占

7.4.5　外部网关协议 BGP

1. BGP 的概念

边界网关协议(BGP)是不同自治系统的路由器之间交换路由信息的协议,它是一种路径向量路由选择协议。

BGP 的路由度量方法可以是一个任意单位的数,它指明某一个特定路径中供参考的程度。可参考的程度可以基于任何数字准则,例如最终系统计数(计数越小时路径越佳)、数据链路的类型(链路是否稳定、速度快和可靠性高等)及其他一些因素。

因为 Internet 的规模庞大,自治系统之间的路由选择非常复杂,要寻找最佳路由很不容易实现。而且,自治系统之间的路由选择还要考虑一些与政治、经济和安全有关的策略。所以 BGP 与内部网关协议 RIP 和 OSPF 等不同,它只能是力求寻找一条能够到达目的网络且比较好的路由,而并非要寻找一条最佳路由。

2. BGP 基本原理

(1) BGP 的基本功能

BGP 的基本功能是:

① 交换网络的可达性信息;

② 建立 AS 路径列表,从而构建出一幅 AS 和 AS 间的网络连接图。

BGP 是通过 BGP 路由器来交换自治系统之间网络的可达性信息的。每一个自治系统要确定至少一个路由器作为该自治系统的 BGP 路由器,一般就是自治系统边界路由器。

BGP 路由器和自治系统 AS 的关系如图 7-54 所示。

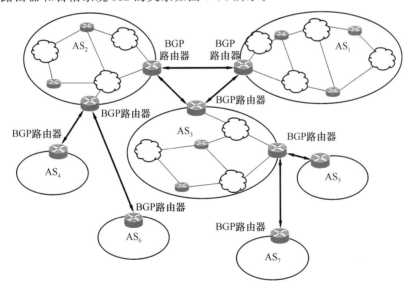

图 7-54　BGP 路由器和自治系统(AS)的关系

由图 7-54 可见,一个自治系统可能会有几个 BGP 路由器,且一个自治系统的某个 BGP 路由器可能会与其他几个自治系统相连。每个 BGP 路由器除了运行 BGP 外,还要运行该系统所使用的内部网关协议。

(2) BGP 交换路由信息的过程

一个 BGP 路由器与其他自治系统中的 BGP 路由器要交换路由信息,步骤为:

- 首先建立 TCP 连接(端口号 179);
- 在此连接上交换 BGP 报文以建立 BGP 会话;
- 利用 BGP 会话交换路由信息,如增加了新的路由、撤销了过时的路由及报告出差错时情况等。

使用 TCP 连接交换路由信息的两个 BGP 路由器,彼此成为对方的邻站或对等站。

BGP 虽然基本上也是距离矢量路由协议,但它与RIP 不同。每个 BGP 路由器记录的是使用的确切路由,而不是到某个目的地的开销。同样,每个 BGP 路由器不是定期地向它的邻站提供到每个可能目的地的开销,而是向邻站说明它正在使用的确切路由。

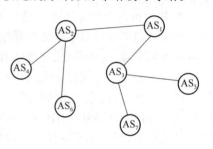

图 7-55　自治系统的连通图

BGP 路由器互相交换网络可达性的信息(就是要到达某个网络所要经过的一系列自治系统)后,各BGP 路由器根据所采用的策略就可从收到的路由信息中找出到达各自治系统的比较好的路由,即构造出自治系统的连通图,图 7-55 所示的就是对应图 7-54 的自治系统连通图。

3. BGP-4 报文

(1) BGP-4 报文类型

BGP-4 共使用四种报文,即:

- 打开(Open)报文,用来与相邻的另一个 BGP 路由器建立关系;
- 更新(Update)报文,用来发送某一路由的信息,以及列出要撤销的多条路由;
- 保活(Keepalive)报文,用来确认打开报文和周期性地证实邻站关系;
- 通知(Notificaton)报文,用来发送检测到的差错。

(2) BGP 报文的格式

① BGP 报文通用的格式

BGP 报文通用的格式如图 7-56 所示。

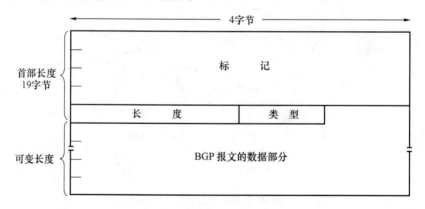

图 7-56　BGP 报文通用的格式

BGP 报文由首部和数据部分组成。

四种类型的 BGP 报文的首部都是一样的,长度为 19 个字节,分为三个字段:

- 标记字段(16 个字节)——将来用来鉴别收到的 BGP 报文。当不使用鉴别时,标记字段要置为全 1。

- 长度字段(2 个字节)——以字节为单位指示整个 BGP 报文的长度。
- 类型字段(1 个字节)——BGP 报文的类型,上述四种 BGP 报文的类型字段的值分别为 1 到 4。

BGP 报文的数据部分长度可变,四种 BGP 报文的数据部分各有其自己的格式,由于篇幅所限,在此不再加以介绍。

4. BGP 的特点

BGP 的特点有:

(1) BGP 是在自治系统中 BGP 路由器之间交换路由信息,而 BGP 路由器的数目是很少的,这就使得自治系统之间的路由选择不至过于复杂。

(2) BGP 支持 CIDR,因此 BGP 的路由表也就应当包括目的网络前缀、下一跳路由器,以及到达该目的网络所要经过的各个自治系统序列。

(3) 在 BGP 刚刚运行时,BGP 的邻站是交换整个的 BGP 路由表。以后只需要在发生变化时更新有变化的部分,即 BGP 不要求对整个路由表进行周期性刷新。这样做对节省网络带宽和减少路由器的处理开销方面都有好处。

(4) BGP 寻找的只是一条能够到达目的网络且比较好的路由(不能兜圈子),而并非是最佳路由。

小　结

1. 一般我们把通过通信线路将较小地理区域范围内的各种数据通信设备连接在一起的通信网络称为局域网。局域网的特征是:网络范围较小,传输速率较高、传输时延小、误码率低、结构简单容易实现及通常属于一个部门所有等。

局域网的硬件由三部分组成:传输介质、工作站和服务器及通信接口。另外还有相应的网络协议和各种网络应用软件。

2. 局域网可以从不同的角度分类:按采用的传输媒介不同可分为有线局域网和无线局域网;按用途和速率可分为常规局域网 LAN 和高速局域网 HSLN;按是否共享带宽可分为共享式局域网和交换式局域网;按拓扑结构可分为星形网、总线形网、环形网和树形网等。

局域网参考模型中只包括 OSI 参考模型的最低两层,即物理层和数据链路层。数据链路层划分为两个子层,即:介质访问控制 MAC 子层和逻辑链路控制 LLC 子层。

3. 以太网是总线形局域网的一种典型应用,传统以太网具有以下典型的特征:采用灵活的无连接的工作方式;采用曼彻斯特编码作为线路传输码型;传统以太网属于共享式局域网;以太网的介质访问控制方式为载波监听和冲突检测(CSMA/CD)技术。

CSMA 代表载波监听多路访问,它是"先听后发";CD 表示冲突检测,即"边发边听"。

CSMA/CD 总线网的特点有:竞争总线、冲突显著减少、轻负荷有效、广播式通信、发送的不确定性、总线结构和 MAC 规程简单。

IEEE 802 标准为局域网规定了一种 48 bit 的全球地址,即 MAC 地址(MAC 帧的地址),它是指局域网上的每一台计算机所插入的网卡上固化在 ROM 中的地址,所以也叫硬件地址或物理地址。

以太网 MAC 帧格式有两种标准:IEEE 802.3 标准和 DIX Ethernet V2 标准。TCP/IP 体系经常使用 DIX Ethernet V2 标准的 MAC 帧格式,此时局域网参考模型中的链路层不再划分 LLC 子层,即链路层只有 MAC 子层。

4. 传统以太网有 10 BASE 5、10 BASE 2、10 BASE-T 和 10 BASE-F。其中 10 BASE-T 以太网应用最为广泛,采用一般集线器连接的 10 BASE-T 物理上是星形拓扑结构,但从逻辑上看是一个总线形网(一般集线器可看作是一个总线),各工作站仍然竞争使用总线。所以这种局域网仍然是共享式网络,它也采用 CSMA/CD 规则竞争发送。

5. 高速以太网有 100 BASE-T、千兆位以太网和 10 Gbit/s 以太网。

100 BASE-T 快速以太网的特点是:传输速率高、沿用了 10 BASE-T 的 MAC 协议、可以采用共享式或交换式连接方式、适应性强、经济性好和网络范围变小。

100 BASE-T 快速以太网的标准为 IEEE 802.3u,是现有以太网 IEEE 802.3 标准的扩展。

IEEE 802.3u 规定了 100 BASE-T 的 4 种物理层标准:100 BASE-TX、100 BASE-FX、100 BASE-T4 和 100 BASE-T2。

6. 千兆位以太网的标准是 IEEE 802.3z 标准。它的要点为:可提供 1 Gbit/s 的基本带宽;采用星形拓扑结构;使用和 10 Mbit/s、100 Mbit/s 以太网同样的以太网帧,与 10 BASE-T 和 100 BASE-T 技术向后兼容;当工作在半双工模式下,它使用 CSMA/CD 介质访问控制机制;支持全双工操作模式;允许使用单个中继器。

千兆位以太网的物理层有两个标准:1000 BASE-X(IEEE 802.3z 标准,基于光纤通道)、1000 BASE-T(IEEE 802.3ab 标准,使用 4 对 5 类 UTP)。

7. 10 吉比特以太网的标准是 802.3ae 标准,其特点是:与 10 Mbit/s、100 Mbit/s 和 1 Gbit/s 以太网的帧格式完全相同;保留了 802.3 标准规定的以太网最小和最大帧长,便于升级;不再使用铜线而只使用光纤作为传输媒体;只工作在全双工方式,因此没有争用问题,也不使用 CSMA/CD 协议。

吉比特以太网的物理层标准包括局域网物理层标准和广域网物理层标准。

8. 交换式局域网是所有站点都连接到一个交换式集线器或局域网交换机上。局域网交换机具有交换功能,可使每一对端口都能像独占通信媒体那样无冲突地传输数据,不存在冲突问题,可以提高用户的平均数据传输速率,即容量得以扩大。

9. 按所执行的功能不同,局域网交换机(实际指的是以太网交换机)可以分成两种:二层交换和三层交换。

二层交换机工作于 OSI 参考模型的第二层,执行桥接功能。它根据 MAC 地址转发数据,交换速度快,但控制功能弱,没有路由选择功能。

三层交换机工作于 OSI 参考模型的第三层,具备路由能力。它是根据 IP 地址转发数据,具有路由选择功能。三层交换技术是:二层交换技术+三层路由转发技术,它将第二层交换机和第三层路由器的优势有机地结合在一起。

10. VLAN 是逻辑上划分的,交换式局域网的发展是 VLAN 产生的基础,VLAN 是一种比较新的技术。

划分 VLAN 的好处是:提高网络的整体性能、成本效率高、网络安全性好、可简化网络的管理。划分 VLAN 的方法主要有:根据端口划分 VLAN、根据 MAC 地址划分 VLAN、根据 IP 地址划分 VLAN。

VLAN 标准有 IEEE 802.1Q 和 Cisco 公司的 ISL 协议。

11. 无线局域网(WLAN)可定义为:使用无线电波或红外线在一个有限地域范围内的工作站之间进行数据传输的通信系统。无线局域网的优点有:具有移动性、成本低、可靠性高等。

根据无线局域网采用的传输媒体来分类,主要有两种:采用无线电波的无线局域网和采用红外线的无线局域网。采用无线电波为传输媒体的无线局域网按照调制方式不同,又可分为窄带调制方式与扩展频谱方式。

无线局域网的拓扑结构有两种:自组网拓扑网络和基础结构拓扑(有中心拓扑)网络。

无线局域网常采用的调制方式有以下几种:差分二相相移键控(扩频通信的方法是 DSSS)、四相相对调相(扩频通信的方法是 DSSS)、高斯频移键控(扩频通信采用 FHSS)、16-QAM 和 64-QAM(一般都要结合采用 OFDM 调制技术,扩频通信的方法是 DSSS)。

12. IEEE 制定的第一个无线局域网标准是 802.11 标准,第 2 个标准被命名为 IEEE 802.11 标准的扩展,称为 802.11b 标准,第 3 个无线局域网标准也是 IEEE 802.11 标准的扩展,称为 802.11a,后来 IEEE 又制定了 802.11g 标准等,最新又推出了 802.11n。

无线局域网的硬件设备包括接入点(AP)、LAN 适配卡、网桥和路由器等。

13. 宽带 IP 城域网是一个以 IP 和 SDH、ATM 等技术为基础,集数据、语音、视频服务为一体的高带宽、多功能、多业务接入的城域多媒体通信网络。

为了便于网络的管理、维护和扩展,一般将城域网的结构分为三层:核心层、汇聚层和接入层。

核心层的设备一般采用高端路由器。其网络结构(重点考虑可靠性和可扩展性)原则上采用网状或半网状连接。

汇聚层的典型设备有中高端路由器、三层交换机以及宽带接入服务器等。核心层节点与汇聚层节点采用星形连接,在光纤数量可以保证的情况下每个汇聚层节点最好能够与两个核心层节点相连。

接入层的作用是负责提供各种类型用户的接入,在有需要时提供用户流量控制功能。

14. 宽带 IP 城域网的骨干传输技术主要有:IP over ATM、IP over SDH 和 IP over DWDM 等。

IP over ATM 的分层结构包括 IP 层、ATM 层、SDH 层和 DWDM 光网络层。主要优点有:ATM 技术本身能提供 QoS 保证,具有流量控制、带宽管理、拥塞控制功能以及故障恢复能力;适应于多业务,具有良好的网络可扩展能力。但缺点是网络体系结构复杂,传输效率低,开销大。

IP over SDH 的分层结构包括 IP 层、PPP 层、SDH 层和 DWDM 光网络层。主要优点有:传输效率较高;保留了 IP 网络的无连接特征,易于兼容各种不同的技术体系和实现网络互连;可以充分利用 SDH 技术的各种优点,保证网络的可靠性。但缺点是网络流量和拥塞控制能力差,不能提供较好的服务质量保障(QoS);仅对 IP 业务提供良好的支持,不适于多业务平台,可扩展性不理想。

MSTP 是基于 SDH，同时实现 TDM、ATM、IP 等业务接入、处理和传送，提供统一网管的多业务传送平台。它将 SDH 的高可靠性、严格 QoS 和 ATM 的统计复用以及 IP 网络的带宽共享、统计复用 CoS 特征集于一身，可以针对不同 QoS 业务提供最佳传送方式。

IP over DWDM 的分层结构包括 IP 层、光适配层和 DWDM 光层（包括光通道层、光复用段层和光传输段层）。

IP over DWDM 的主要优点有：简化了层次，减少了网络设备和功能重叠，从而减轻了网管复杂程度；可充分利用光纤的带宽资源，极大地提高了带宽和相对的传输速率；具有可推广性、高度生存性等特点。IP over DWDM 的主要缺点是极大的带宽和现有 IP 路由器的有限处理能力之间的不匹配问题还不能得到有效的解决，波长标准化还没有实现，技术还不十分成熟。

15. 路由器是 Internet 的核心设备，它是在网络层实现网络互连，可实现网络层、链路层和物理层协议转换。

路由器的结构可划分为两大部分：路由选择部分和分组转发部分。分组转发部分包括三个组成：输入端口、输出端口和交换结构。

路由器的基本功能有：选择最佳传输路由、实现 IP、TCP、UDP、ICMP 等互联网协议、流量控制和差错指示、分段和重新组装功能、提供网络管理和系统支持机制等。

路由器可用于局域网之间的互连、局域网与广域网之间的互连、广域网与广域网的互连。

路由器可从不同的角度分类：按能力可分为中高端路由器和中低端路由器；按结构可分为模块化结构路由器和非模块化结构路由器；按位置可分为核心路由器与接入路由器。按功能可分为通用路由器与专用路由器。按性能可分为线速路由器和非线速路由器。

16. Internet 的路由选择协议的特点是：属于自适应的（即动态的）、分布式路由选择协议，Internet 采用分层次的路由选择协议。Internet 的路由选择协议划分为两大类，即：内部网关协议 IGP（具体有 RIP、OSPF 和 IS-IS 等）和外部网关协议 EGP。

17. RIP 是一种分布式的基于距离向量的路由选择协议，它要求网络中的每一个路由器都要维护从自己到其他每一个目的网络的最短距离记录。RIP 路由表中的主要信息是到某个网络的最短距离及应经过的下一跳地址。

RIP 的优点是实现简单，开销较小。但缺点为：当网络出现故障时，要经过比较长的时间才能将此信息传送到所有的路由器；RIP 限制了网络的规模；由于路由器之间交换的路由信息是路由器中的完整路由表，所以随着网络规模的扩大，开销也就增加。

18. OSPF 是分布式的链路状态协议。"链路状态"是说明本路由器都和哪些路由器相邻，以及该链路的"度量"（表示距离、时延、费用等）。

OSPF 的特点有：适合规模较大的网络，能自动和快速地适应网络环境的变化，没有"坏消息传播得慢"的问题，OSPF 对于不同类型的业务可计算出不同的路由，可以进行多路径间的负载平衡，OSPF 有分级支持能力，有良好的安全性，支持可变长度的子网划分和无分类编址 CIDR。

19. IS-IS 是一种链路状态路由协议,由路由器收集其所在网络区域上各路由器的链路状态信息,生成链路状态数据库(LSDB),利用最短路径优先算法(SPF),计算到网络中每个目的地的最短路径。

IS-IS 的路由选择分两个区域等级:普通区域 Level-1 和骨干区域 Level-2。Level-1 由 L1 路由器组成;Level-2 由所有的 L2(含 L1/2～L12)路由器组成。

IS-IS 路由器类型可以分为三种:L1 路由器、L2 路由器和 L1/2 路由器。L1 路由器参与 Level-1 路由选择;L2 路由器实现 Level-2 路由选择;L1/2 路由器同时执行 L1 和 L2 路由选择功能。

20. BGP 是不同自治系统的路由器之间交换路由信息的协议,它是一种路径向量路由选择协议。BGP 与内部网关协议 RIP 和 OSPF 等不同,它只能是力求寻找一条能够到达目的网络且比较好的路由,而并非要寻找一条最佳路由。

BGP 的特点有:只是在自治系统中 BGP 路由器之间交换路由信息;BGP 支持 CIDR;BGP 不要求对整个路由表进行周期性刷新,可节省网络带宽和减少路由器的处理开销);BGP 寻找的只是一条能够到达目的网络且比较好的路由(不能兜圈子),而并非是最佳路由。

习　　题

7-1　局域网的特征有哪些?

7-2　局域网可以从哪些角度分类? 分成哪几类?

7-3　简述 MAC 子层和 LLC 子层的功能。

7-4　传统以太网典型的特征有哪些?

7-5　简述 CSMA/CD 的控制方法。

7-6　画出 IEEE 802.3 标准规定的 MAC 子层帧结构图,并说明地址字段的作用。

7-7　CSMA/CD 总线网的特点有哪些?

7-8　100 BASE-T 快速以太网的特点有哪些?

7-9　10 Gbit/s 以太网的特点有哪些?

7-10　交换式局域网的功能主要有哪些?

7-11　简述二层交换的原理。

7-12　简述三层交换的原理。

7-13　划分 VLAN 的目的是什么?

7-14　划分 VLAN 的方法有哪些?

7-15　无线局域网的优点有哪些?

7-16　宽带 IP 城域网分成哪几层? 各层的作用分别是什么?

7-17　宽带接入服务器的主要功能是什么?

7-18　宽带 IP 城域网的骨干传输技术主要有哪几种?

7-19　IP over ATM 的优点有哪些?

7-20 画出 IP over SDH 的分层结构,并说明各层的作用。

7-21 说明路由器的结构组成。

7-22 路由器的基本功能有哪些?

7-23 Internet 的路由选择协议划分为哪几类?

7-24 RIP 的优缺点有哪些?

7-25 几个用路由器互连的网络结构图如题图 7-1 所示,路由选择协议采用 RIP,分别标出各路由器的初始路由表和最终路由表。

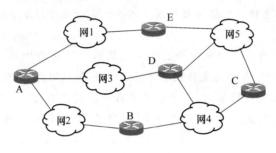

题图 7-1

7-26 OSPF 协议的特点是什么?

7-27 简述 IS-IS 路由器的类型及作用。

7-28 BGP 的特点是什么?

参 考 文 献

[1] 倪维桢.数据通信原理.北京:中国人民大学出版社,1999.

[2] 汪润生等.数据通信工程.北京:人民邮电出版社,1999.

[3] 汤吉祥等.数据通信技术.北京:人民邮电出版社,1999.

[4] 赵慧玲等.帧中继技术.北京:人民邮电出版社,1998.

[5] 毛京丽.宽带 IP 网络(第 2 版).北京:人民邮电出版社,2015.

[6] 毛京丽等.现代通信网(第 3 版).北京:北京邮电大学出版社,2013.

[7] 谢希仁.计算机网络(第 5 版).北京:电子工业出版社,2008.

[8] 王晓军,毛京丽.计算机通信网.北京:北京邮电大学出版社,2007.

[9] 张民,潘勇,徐荣.宽带 IP 城域网.北京:北京邮电大学出版社,2003.

[10] 田瑞雄等.宽带 IP 组网技术.北京:人民邮电出版社,2003.

[11] 曾志民.数字数据网.北京:人民邮电出版社,1999.

[12] 王晓涛等.通信系统原理.北京:人民邮电出版社,1998.